DAS

PFLANZENREICH

Regni vegetabilis conspectus

Im Auftrage der Deutschen Akademie der Wissenschaften zu Berlin

herausgegeben von

H. Stubbe

Redakteur S. Danert

IV. 276c (108. Heft):

Campanulaceae - Lobelioideae Supplementum et Campanulaceae - Cyphioideae

von

F. E. Wimmer

Mit 83 Figuren, davon 70 Fig. auf 69 Kunstdrucktafeln

Ausgegeben (Bogen 53—66) am 15. 3. 1968

AKADEMIE-VERLAG · BERLIN
1968

Erschienen im Akademie-Verlag GmbH, 108 Berlin, Leipziger Straße 3–4

Lizenznummer: 202 · 100/536/68
Gesamtherstellung: VEB Druckerei „Thomas Müntzer", 582 Bad Langensalza
Bestellnummer: 5082/III · ES 18 G 2
57,–

Zum Geleit

Kurz nachdem Franz Elfried Wimmer den Nachtrag zu seiner Monographie der Campanulaceae-Lobelioideae abgeschlossen hatte, verstarb er am 2. Mai 1961 in Wien. Die Bearbeitung des nachgelassenen Manuskriptes über die Campanulaceae-Cyphioideae übernahm dankenswerterweise Herr Universitätsprofessor und Erster Direktor der Botanischen Abteilung des Naturhistorischen Museums Wien, Dr. K. H. Rechinger. Seine jahrelange Verbundenheit mit dem Autor ermöglichte es, diese Arbeit ganz im Sinne von F. E. Wimmer zu Ende zu führen. Im „Taxon", Band 10 (1961), 239—240, hat er ihm einen Nachruf gewidmet.

Wir schätzen uns glücklich, nach der Überwindung zahlreicher Schwierigkeiten den Abschluß des Lebenswerkes von F. E. Wimmer endlich der Öffentlichkeit übergeben zu können.

H. Stubbe

Vorwort

Seitdem in Engler, „Das Pflanzenreich", (IV. 276 b, erster Band 1943, zweiter Band 1953) die Monographie Campanulaceae-Lobelioideae erschienen ist, sind viele neue Arten entdeckt wurden, die zum Teil schon in verschiedensten Zeitschriften beschrieben worden, zum größten Teil aber noch unbekannt sind und namenlos in den Herbarien liegen.

Dies und der Wunsch mehrerer botanischer Autoren und Kollektoren gaben mir den Mut, die in oben genanntem Werk nicht enthaltenen und neuen Arten und Varietäten in einem Nachtrag zusammenzufassen, manches auch auf Grund besseren Materiales textlich zu ergänzen oder zu berichtigen und eine Menge neuer Fundorte derselben mitzuteilen.

Soweit gute Exsikkate es ermöglichten, habe ich mich bemüht, das Werk durch Abbildungen als Photos oder Handzeichnungen zu illustrieren. Diese betreffen die neuen Arten und Varietäten und kritische Formen, besonders jene Pflanzen, die anderswo noch nicht abgebildet worden sind. Die entsprechende Literatur ist bei den einzelnen Arten angegeben.

Das System ist dasselbe wie in meinem Hauptwerke. Unter Hinweis auf die Seitenzahlen der dort beschriebenen Arten am Rande der Seiten im Supplement, ist eine Orientierung und Einfügung der neuen Arten leicht möglich. Dabei bedeutet die erste Zahl (z. B. 612/263) die Seite, die zweite Zahl die betreffende Nummer der Art im Hauptwerke.

Häufig ist auch nach den Standortsangaben einer neuen Art in einer Bemerkung die ihr am nächsten stehende bekannte Art und deren Unterschiede zur leichteren Erkennung angegeben.

Ein Verzeichnis der Kollektoren zur schnelleren Bestimmung der Arten wird vielen Vorständen und Benützern der großen Herbarien gute Dienste leisten.

Ein alphabetisches Register der wissenschaftlichen Namen und ein gesondertes der Volksnamen bildet den Abschluß.

Ich hätte gern noch mehr aus den neueren Pflanzensammlungen verarbeiten können, aber Alter und Kränklichkeit ließen es leider nicht zu; es ist mir schon diese Arbeit oft recht beschwerlich gefallen.

Ich hoffe aber, daß ich im Laufe dieses Jahres eine kleinere Arbeit über die Campanulaceae-Cyphioideae, die ich schon früher begonnen und zum größeren Teil fertig gebracht habe, beenden und im „Pflanzenreich" erscheinen lassen kann. Dann wäre die Familie der Campanulaceen nach dem System in Engler & Prantls „Pflanzenfamilien" also wenigstens zur Hälfte bearbeitet; ausständig ist nur noch die Subfamilie der Campanuloideen.

Zum Schluß obliegt es mir, allen Instituten und deren Direktoren, die mir ihre Sammlungen zur Verfügung gestellt haben, und den Herren, die auch sonst gütig mich unterstützt haben, insbesondere dem Herrn Universitätsprofessor und Direktor der Botanischen Abteilung des Naturhistorischen Museums Wien, Dr. K.H. Rechinger, den Herren Dr. J. F. Rock und Dr. Otto Degener aus Oahu, ebenso dem Akademie-Verlag für die Herausgabe dieses Werkes gebührenden und aufrichtigen Dank zu sagen.

Wien, 20. März 1961

Der Verfasser

Abkürzungen

Im Text:

c.	circa, circiter
10 × 5 cm	10 cm longa, 5 cm lata

Herbarien:

B.	Bot. Garten und Museum Berlin-Dahlem
Bish. M.	P. Bernice Bishop Museum, Honolulu
Bol.	Herbarium Bolus, Rondebosch-Kapstadt
Br. M.	British Museum, London
DC.	Herbar De Candolle im Conservatoire Botanique Genf
Deg.	Herbar O. und I. Degener, Waialua, Oahu
(Hb. Deg.)	Von Degener mit anderen Kollektoren im Herbar Degener
Del.	Herbar Delessert (im Coservatoire Botanique, Genf)
F.	Field Museum, Chicago
Hamb.	Hamburg, Bot. Institut
Haussk.	Herbar Haussknecht, Jena
K.	Kew
Kirstb.	Kirstenbosch
Leid.	Reichsherbarium Leiden
Münch.	München, Botanische Staatssammlung
Nair.	Nairobi, East African Herbarium
NY.	New York, Bot. Garden
P. od. Pa.	Paris, Museé National d'Hist. Naturelle
Pret.	Pretoria, Transvaal Museum
Stellb.	Stellenbosch
Stkh.	Stockholm, Botanische Abteilung des Reichsmuseums
Univ. W.	Herbar der Universität Wien
Ups.	Herbar der Universität Uppsala, Schweden
Wash. oder US.	Washington DC., U.S. Nationalherbarium
W.	Wien, Naturhistorisches Museum
Witw. R.	Herbar der Univ. Witwaters Rand, Johannesburg
Z.	Zürich, Herbar der Universität

Die Kunstdrucktafeln wurden aus technischen Gründen in halben bzw. ganzen Bogen in den Text eingebunden. Daher konnte die Figurenreihenfolge nicht exakt eingehalten werden.

Inhaltsverzeichnis

CAMPANULACEAE – LOBELIOIDEAE SUPPLEMENTUM

Von

Franz Elfried Wimmer, Wien

Übersicht, Zahl und Verbreitung der Gattungen und Arten

Die Forschung in naturwissenschaftlichen Dingen schreitet stetig fort und so sind oft schon in wenigen Jahren die Ergebnisse der vergangenen Zeit wieder zu ergänzen oder umzuändern.

Dieses Ziel setzen sich auch die vorstehenden Ausführungen, insoweit die beschränkten Mittel es möglich machten.

Die Subfamilie der Lobelioideae, oder wie andere Botaniker es für richtiger halten, die Familie der Lobeliaceae hat bereits mehr als tausend Arten aufzuweisen, wie die folgende kurze Übersicht dartut.

Sie zählt 29 Gattungen mit 1208 Arten, die in allen fünf Weltteilen vorkommen, aber sehr ungleichmäßig verteilt sind, wie die folgende Aufstellung zeigt.

	Europa	Asia	Africa	America	Australia	Regio Pacifica
Genera	2	2	7	9	4	9
Species	4	43	238	784	50	31

Davon haben 482 Arten als Früchte Beeren (Bacciferae): Tribus Delisseeae Reichb., 725 Arten kapselartige Früchte (Capsuliferae): Tribus Lobelieae Presl.

Die Gattungen haben an Arten, nach deren Anzahl gereiht:

1.	Lobelia	388 Arten
2.	Centropogon	229 Arten
3.	Siphocampylus	219 Arten
4.	Burmeistera	84 Arten
5.	Cyanea	76 Arten
6.	Pratia	36 Arten
7.	Clermontia	32 Arten
8.	Laurentia	25 Arten
9.	Lysipomia	24 Arten
10.	Monopsis	14 Arten
11.	Rollandia	12 Arten
12.	Heterotoma	11 Arten
13.	Downingia	11 Arten
14.	Delissea	8 Arten
15.	Diastatea	7 Arten
16.	Dialypetalum	6 Arten
17.	Sclerotheca	4 Arten
18.	Hypsela	4 Arten
19.	Phyllocharis	3 Arten
20.	Apetahia	3 Arten
21.	Trematolobelia	3 Arten
22.	Legenere	2 Arten
23.	Howellia	1 Art
24.	Grammatotheca	1 Art
25.	Unigenes	1 Art
26.	Dielsantha	1 Art
27.	Dominella	1 Art
28.	Brighamia	1 Art
29.	Cyrtandroidea	1 Art

Conspectus brevis

Tribus I. **Delisseeae** Reichb.

Bacca bilocularis carnosa vel sicca.

Subtrib. I. Cyaneinae E. Wimm. — Flores in racemo vel corymbo axillari, pedunculus apud *Clermentiam* plerumque bi- vel raro uniflorus. Plantae indigenae insularum Hawaiiensium.

Subtrib. II. Burmeisterinae E. Wimm. — Flores solitarii in axilis foliorum decrescentium vel in racemis terminalibus, non saepe corymbiformiter dispositi. Corollae tubus in dorso fissus (*Pratia*) aut integer (*Cyrtandroidea, Hypsela, Burmeistera, Centropogon*). Plantae parvae herbaceae (*Pratia, Cyrtandroidea, Hypsela*) vel herbae validae, frutescentes vel arborescentes.

Tribus II. **Lobelieae** Presl

Capsula bilocularis vel unilocularis, apice duabus valvis loculicide dehiscens vel rimis lateralibus aut operculo apicali aut foraminibus se aperiens; ovarium in parte apicali conicum (non ut in bacciferis planum); corollae tubus in dorso integer (*Siphocampylus, Diastatea, Laurentia*) vel fissus (*Lobelia* etc.).

Subtrib. I. Siphocampylinae E. Wimm. — Ovarium et capsula bilocularis apice 2 valvis dehiscens; flores solitarii in axillis foliorum vel bractearum enascentes, non epiphylli, saepe in racemo terminali dispositi; folia plerumque alternantia, raro verticillata.

Subtrib. II. Phyllocharinae E. Wimm. — Flores epiphylli, singuli e pagina folii superiore enascentes. Plantae Novo-Guineae tantum.

Subtrib. III. Legenerinae E. Wimm., specimina nova non vidi.

Subtrib. IV. Unigeninae E. Wimm. — Capsula supera, unilocularis, monosperma, bivalvis. Genus monotypum. *Unigenes humifusa* (A.DC.) E. Wimm.

Subtrib. V. Apetahiinae E. Wimm. — Ovarium videtur marginibus introflexis primo biloculare, fructificans autem placentis parietalibus uniloculare (?), valvis 2 bifidis dehiscens. Species non satis cognitae. Frutices ve larbores insularum Polynesiae.

Subtrib. VI. Brighamiinae E. Wimm. — Ovarium biloculare, fructus primo carnosus, demum fissuris lateralibus disrumpens. Genus monotypum. In insulis Hawaiiensibus.

Subtrib. VII. Howelliinae E. Wimm. — Specimina nova non adsunt.

Subtrib. VIII. Lysipomiinae E. Wimm. — Capsula pyxidata, operculo apicali dehiscens. *Lysipomia, Dominella.*

Subtrib. IX. Sclerothecinae E. Wimm. — Capsula unilocularis, indurata vel lignosa, foraminibus se aperiens. *Sclerotheca, Trematolobelia.*

I. TEIL DER LOBELIOIDEEN

Arten, deren Früchte beerenartig sind.

Tribus I. Delisseeae

Fructus bacca bilocularis, polysperma, succulenta vel sicca.

p. 41[1]) Subtrib. I. **Cyaneinae** E. Wimm.

Inflorescentia axillaris, racemosa vel corymbosa pedunculo versus apicem plurifloro vel in *Clermontia* plerumque furcato-bifloro. Species hawaiienses indigenae.

---

[1]) Die am linken Rand der Blattseiten herausgestellten Zahlen beziehen sich auf meine Monographie der *Campanulaceae-Lobelioideae* in Engler, **Das Pflanzenreich IV,** *276***b** (Heft 106 und 107) und weisen auf die Species hin, bei denen etwas zu ergänzen ist, z. B. p. 94/22: die erste Zahl bedeutet die Seite, die zweite die Nummer der Art.

Delissea Gaudich.

Delissea undulata Gaudich. var. **argutidentata** (E. W.) E. Wimm. comb. nov. — *Cyanea argutidentata* E Wimm., Pflanzenr. H. 106 (1943) 75. Folia oblonga, basi acuta, apice breviter subacuminata, margine aequaliter arguto-dentata. Pedunculi et pedicelli fere duplo longiores; hypanthium oblongo-cylindricum sicut bacca; corolla 16 mm longa tantum.

Hawaii: Wald unterhalb Koa, Kanehaha—Kona (C. N. Forbes n. 263! Typus; n. 196! — Bish. M., W.).

Nach Rock Synonym zu *D. undulata* in Occas. Pap. Bishop Mus. XXII (1957) 66, aber die Unterschiede lassen doch wenigstens eine Varietät erkennen.

Cyanea Gaudich.

p. 44/8 **Cyanea regina** (Wawra) Rock ist seit Hillebrands Zeiten nicht mehr gefunden worden. Nun hat Dr. Rock ein Pflanze aus dem Niutal erhalten, die mit Wawras *C. regina* gut übereinstimmt, nur etwas kleinere Ausmaße hat. Vielleicht wird eine Suche im Wailupetal, einem Seitental des vorigen, Aufklärung über diese Arten bringen.

p. 52/2 **Cyanea leptostegia** A. Gray, adde: Kauai: Kokee region, leaves of young plants (Hb. Degener n. 21514! — B., W.); Kohua Ridge (Hb. Degener n. 23903! 23958! — W.). — Fig. 1.

var. **velutina** Skottsb. — Kohua Ridge, forest (Hb. Degener n. 23904! — W.).

p. 53/4 **Cyanea carlsonii** Rock in Occas. Pap. Bishop Mus. XXII (1957) 60, f. 14. — Arbor palmaeformis, trunco 8 m alto, 10 cm in diam., erecto simplici, inermi, foliis coronato. Folia sessilia, oblongo-oblanceolata, 60—70×10 cm, apice acuta, ad basin decurrentia, margine callose denticulata, supra glabra, subtus in nervis puberula, costa crasso-carnosa et prominens. Pedunculus? Pedicelli 8—10 mm longi, carnosi, purpurei; calycis tubus obconicus, glaber, obscure purpureus, 20—30 mm longus, apice 15 mm latus, nervi 10 impressi; lobi calycini sublineares, 40—45 mm longi, 6—7 mm lati, apice rotundati, mucronulati. Corolla 45 mm longa, 4 mm lata, obscuro-purpurea, fissura dorsali ad 20 mm longa. Stamina glabra, antherae 2 inferiores apice penicillatae. — Fig. 2a.

Hawaii: South Kona, Hononau Forest Reserve, 1400 m, 10. III. 1957 (Rock n. 25711 — Bish. M., photo vidi).

Den Blättern nach ähnelt diese neue Art der *C. procera* und der *C. hamatiflora*, beide haben auch sitzende Blätter, kommen aber auf Hawaii nicht vor.—Dem Herrn Norman Carlson aus Hilo, der den Baum entdeckt und in seinen Garten verpflanzt hat und später auch die Blüten des dann blühenden Baumes beibrachte, zu Ehren von Rock benannt.

p. 56/11 **Cyanea atra** Hillebr., adde: West-Maui: Mauka of McGregor, rain forest, III. (Hb. Degener n. 22067! 22245! — B., W.); Ridge N. of Amalu stream, 1300 m, corolla dark claret (Hb. Degener n. 25022! — W.).

Cyanea magnifica E. Wimm. spec. nov. — Truncus ad 2 m altus et 1 cm in diam. Petioli crassi, 3—4 cm longi, scabri tuberculis acutis sparsis praediti. Folia oblongo-obovata, 74×17 cm (unum folium in nostro specimine tantum adest!), apice rotundata et brevissime apiculata (?), ad basin in petiolum longe sensim angustata, margine irregulariter callose denticulata, (c. 5 dentes pro cm), membranacea, supra glabra, subtus pallidiora, scabriuscula, in nervis hirsutula, nervus medius crassus et valde prominens, nervi secundarii 50—53 utrinque et sub angulo 70—80° subrecte excurrentes. Pedunculus crassus, solitarius in axillis foliorum superiorum, floribus corymbosis in vertice, longus?; pedicelli c. 20 mm longi, hirsutuli, basi bractea lineari 15—20 mm longa hirsutula muniti. Hypanthium obconico-oblongum,

10 mm longum, 5 mm in apice latum, hirsutulum, lobi calycis 20 mm longi, 3 mm lati, lineares, obtusi, mucronulati, integri, extus hirsutuli, suberecti. Corolla 65 mm longa, subarcuata, hirsutula, tubus 40 mm longus, 5 mm latus (in statu compresso), lobi sublineares, 10—15 mm longi, demum recurvati. Filamenta 50 mm longa, glabra: antherarum tubus glaber, 14 mm longus, 3 mm latus, 2 inferiores apice barbatae. — Fig. 2b.

Hawaii: Hilo, near Stainback Highway, Panaewa forest lg. Anny Greenwell 10. VIII. 1950 (Hb. Degener n. 20715! — W.).

Diese Art steht der *C. gibsonii* ziemlich nahe, unterscheidet sich durch das in den Blattstiel lang und schmal verengte Blatt, dessen Unterseite blaß und mit zerstreuten Knötchen- und krausen Haaren besetzt ist, wahrscheinlich auch durch die Blüte.

p. 60/19 **Cyanea gayana** Rock var. **duvelii** Rock in Occas. Pap. Bishop Mus. XXII (1957) 50, f. 7. — Truncus inermis, ad 3 m altus, in vertice foliis densis coronatus. Folia subsessilia, lanceolato-oblonga, 55—80×10—13 cm, apice subacuminata, basi acuta, margine callose denticulata, supra nitida, subtus dense pubescentia. Pedunculi 6—8 cm longi; pedicelli 1,8—2 cm longi. Calyx purpureus, lobi crassi, triangulares, acuminati, 5 mm longi. Corolla pallide lilacina et obscure striata, ad 35 mm longa, intus albo-grisea. Bacca subglobosa, aurantiaca. — Fig. 3.

Kauai: SE. end of the island, in the forest on the flat adjoining Mt. Kahili, c. 1000 m, 15. II. 1956, coll. cum Albert A. Duvel, Associate Forester (Rock n. 25675 — Bish. M.); Hanahanapuni, 7 miles NE. of Kahili, c. 300 m (Noel Krauss n. 16 — Bish. M., diese nur 1,50 m hoch gleicht mehr dem Typus).

var. **wainihaensis** Rock l. c. 56, f. 11. — Folia obovata, basi in petiolum 5 cm longum angustata, 32×13 cm, chartacea, supra glabra, subtus sparsissime puberula. Pedunculus 4—6 cm longus, subhirsutus; pedicelli 5—10 mm longi. Calyx subglobosus, lobi triangulares, acuti, 4 mm longi. Corolla 4 cm longa, subglabra.

Kauai: Wainiha Valley, 200 m, in rain forest along stream 24. II. 1927 (L. H. McDaniels n. 866 — Bish. M.).

p. 61/21 **Cyanea grimesiana** Gaudich.

Clavis varietatum:

1. Folia dense hirsuta petiolis hirsutis et muricatis. Corolla puberula; calycis lobi lineares acuminati .... var. *hirsutifolia*.
1' Folia glabra, interdum costa subtus et petioli muricati; si folia subtus pubescentia vide var. lydgatei 2
2. Calycis lobi pro maxima parte connati 3
2' Calycis lobi inter se soluti vel basi parum connati 4
3. Tubus loborum calycis cylindricus 25—35 mm longus, loborum pars libera lanceolata 4—10 mm longa .... var. *cylindrocalyx*.
3' Tubus loborum calycis 8 mm tantum longus, loborum pars libera ovata 12—16 mm longa .... var. *lydgatei*.
4. Calycis lobi inter se soluti vel basi paulo connati 5
4' Calycis lobi late lanceolati 10—13 mm longi, 4—6 mm lati .... var. *munroi*.
5. Calycis lobi sublineares acuti, basi interdum parum connati; corolla alba glabra .... var. *mauiensis*.
5' Calycis lobi liberi lanceolati 10—36 mm longi, 8—12 mm lati; folia glabra, in costa subtus et petioli muricati .... var. *grimesiana*.

var. **grimesiana**, adde: Central Haleanau Gulch, south of Kaala, shrubby slopes, 1030 m, VI. (Hb. Degener n. 24350! — W.); small gulch north of Opaeula, on steep dark shrubby slope, VII. (Hb. Degener n. 24350! — W.).

var. **hirsutifolia** Rock in Occas. Pap. Bishop Mus. XXII (1957) 64.— Petioli hirsuti, muricati; folia pinnatifida, 30 cm longa, supra subglabra, subtus hirsuta, pinnae 6—10 cm longae, sinuato-dentatae. Pedunculi puberuli, supra medium multobracteati. Calycis lobi lineares, acuminati, subglabri, uninervati. Corolla 40 mm longa, puberula, lobi hirsuti. — Fig. 10b.

Oahu: Waianae Mts., Kaaikukai (G. W. Russ, Oktober 1929 — Bish. M.).

Cyanea shipmanii Rock in Occas. Pap. Bishop Mus. XXII (1957) 44, f. 3, 4. — Arbor 3—4 m alta trunco robusto, interdum a basi ramoso, muricato. Plantae novellae undique dense muricatae. Folia in vertice coronam laxam formantia, pinnata, in ambitu subelliptica, in medio latiora, 30×14 cm, pinnis late sessilibus lobatis, segmento terminali 4—5-lobato vel irregulariter inciso, nervo mediano crasso, pubescente, petiolo 2,5—5,5 cm longo, sparse muricato. Inflorescentia pubescens: pedunculus ad 3 cm longus, bracteatus; pedicelli 1 cm longi vel plus. Calycis turbinati viridis lobi oblongi, purpurei, tubum eius superantes. Corolla 45 mm longa, pallide virenti-alba, apice flava, in dorso fissa tantum per longitudinem 2 cm, lobi tenuiter muricati. Filamenta connata, alba, pubescentia. Antherarum tubus caeruleoalbus, dense pilis albis vestitus, antherae 2 inferiores albo-penicillatae. Stylus in summa parte incrassatus et purpureus, stigmatis lobi subrotundi, viriduli, subtus annulo pilorum alborum ornati.

Hawaii: Northeastern slopes of Mauna Kea, above Onomea, Papaikou, 1800 m, collected with H. Shipman Dec. 1955 (Rock n. 25619 — Bish. Mus.).

Diese schöne *Cyanea* gehört an die Seite der *C. ferox* Hillebr. von Molokai, der sie bis auf die deutlich gefiederten Blätter, den glatten Kelch mit kürzeren Kelchzipfeln und die kleinere weißlich-haarige Korolle sehr ähnlich ist. Sie scheint — nach Rocks Meinung — einer der ältesten Typen der Gattung *Cyanea* zu sein und gedeiht in einer geologisch sehr alten Höhenregion, wohin sonst keine andere *Cyanea* mit fiederteiligen Blättern (*C. asplenifolia*, *C. grimesiana*) emporsteigt.

p. 62/23 **Cyanea ferox** Hillebr. var. **laevicalyx** Skottsb. in Acta Horti Gotoburg. XV (1944) 487. — Caulis aculeatus. Pedunculi ad 30 mm longi, plus minusve aculeati, 6-flori; pedicelli ad 10 mm longi, subhirti in medio bibracteolati. Hypanthium obconico-cylindraceum, laeve, lobi calycini lineari-oblongi vel subovati, obtusi, 8—10 mm longi, 3—4 mm lati. Corolla alba vel albo-rubra, 75 mm longa, angusta, subcurvata, apice hamato hirsuto. Stamina 70 mm longa: filamenta hirsuta, antherarum tubus albus, 10—11 mm longus.

Molokai: Top of Pelekunu ridge, west-side (Skottsberg n. 3402).

p. 63 **Cyanea horrida** (Rock) Degener & Hosaka in Degener, Fl. Hawaiiens., fam. 339, tab. (1940). — *C. ferox* var. *horrida* Rock in Torrey Bot. Club Bull. XXXXIV (1917) 235 et Hawaii. Lobelioid. (1919) 245, t. 133—145. — Frutex a basi ramosus, rami purpurascenti-virides, novelli dense, postea minus dense aculeati. Petioli c. 15 cm longi; folia pinnati-secta, in ambitu oblongo-elliptica, c. 50 cm longa, 15 cm lata, in lacinias c. 24 partita, hae ovato-lanceolatae, irregulariter et saepe profunde dentatae, utrinque muricatae, subtus insuper ad nervos et venas hirtae. Pedunculi 2—7 cm longi, versus verticem c. 10 flores gerentes, aculeati; pedicelli 25 mm longi, supra medium bibracteolati; basi bracteis 20—30 mm longis. Calycis tubus obconicooblongus, 12 mm longus, 10-nervatus, hirtellus; lobi lineares, acuti, 13—16 mm longi, 4 mm lati, muricato-denticulati. Corolla 80 mm longa, curvata, viridula, ad basin et in nervis longitudinalibus et lobis obscure purpurea et muricato-pilosa, tubus c. 40 mm longus et 10 mm diametiens, lobi superiores c. 25 mm longi, ceteri subbreviores. Stamina 70 mm longa, purpurascentia; antherae 15 mm longae, apice omnes longo-pilosae. Stylus viridis, stigma purpureum.

Ost-Maui: adde: North of Kuiki in a dense jungle beyond the boundary of the Haleakala section of Hawaii National Park (Hb. Degener n. 12543).

p. 63/25 **Cyanea solanacea** Hillebr., adde: Molokai: Seitental des Mapulehu-Tales in feuchtem Wald, 23. VII. 1928 (Degener n. 7790! 7791! — B.).

p. 64/27 **Cyanea quercifolia** (Hillebr.) E. Wimm. — Supple: Truncus 11 cm in diametro, producens 17 ramos erectos 5 m vel plus metra altos, tota planta fere 6 m alta, verticem in solem extendens. Aliud specimen c. 2 m altum 4 ramos erectos fere a basi proferens, trunco aculeato, sed pili plerumque delapsi. Corolla alba, leviter viridulo-tincta, extus versus apicem purpurascens, iste color descendit per marginem petalorum ut linea subtilis usque ad mediam fere partem corollae. Stamina alba, stigma viridulum, stylus partim purpurascens.

Molokai: South of Pepeopae and head of Waihanau stream in rain forest (Degener n. 7785! 7787a! — B., W.); upper end of Hanalilolilo pipe-line (Degener 7788!); head of Waikolu Valley, rainswept shrubby slope (Hb. Degener n. 22135! 23729! — B., W.).

Cyanea marksiae Rock in Occas. Pap. Bishop Mus. XXII (1957) 52, f. 8. — Planta frutescens, ad 2 m alta, excepto flore, undique aculeis viridi-purpureis obsita. Petioli 6—8 cm longi, aculeati. Foliorum lamina obovato-oblonga, 25—30×8 — 10 cm, acuta, basi subrotundata, utrinque aculeata, supra obscure virenti-purpurascens et opaca, subtus pallida, reticulata, margine repando-crenulata. Pedunculi solitari-axillares, 5—8-flori, 5—10 mm longi, basi bracteati; pedicelli 20 mm longi, pubescentes, basi bracteolati. Calycis receptaculum, oblongum, puberulum, nitidum, viride, ad 15 mm longum, 8 mm latum; lobi lanceolati, acuti, puberuli, 10 mm longi, basi 4 mm lati. Corolla atro-purpurea, hirsuta, arcuata, apice submuricata, 8 cm longa, 8 mm lata; lobi lineares, acuminati, fere aequilongi, coerulescenti-marginati. Staminum tubus purpurascens, glaber; antherae purpureae, 2 inferiores apice penicillatae. (Diagn. auct.).

Hawaii: South Kona, McKandles Ranch, on slopes of Mauna Loa, 1200 m, in mixed rain forest, 10. XII. 1956, flower buds (Rock n. 25631 Holotypus, n. 25631a, flourishing — Bish. M.).

Diese schöne Art hat Rock zu Ehren der Frau A. Lester Marks benannt, welche sie zuerst entdeckt hat und dann in ihren Garten pflanzte, wo sie blühte, und so die ganze blühende Pflanze beschrieben werden konnte. Sie wächst auf gefallenen, moosbedeckten Stämmen von *Cibotium* und treibt aus einem Wurzelstock viele Stämme empor. Verwandt mit *Cyanea nolimetangere* Rock, von der sie sich hauptsächlich durch die Blüte unterscheidet.

Cyanea bryanii Rock in Occas. Pap. Bishop Mus. XXII (1957) 47, f. 5, 6. — Truncus simplex, 2—3 m altus, solidus, luteo-muricatus usque fere ad apicem, corona foliorum 150 cm lata et laxa terminatus. Folia oblanceolato-oblonga, 30—50 × 10—16 cm, obtuso-acuminata, sensim attenuata in petiolum 18—22 cm longum crasso-carnosum, sparse muricatum, lamina inaequaliter eroso-dentata, glabra, nitida, sed venae leviter muricatae, supra obscuro-viridis, subtus pallidius viridis. Pedunculi solitari-axillares, 18—22 cm longi, foliaceo-bracteati, in apice brevi-bracteati. Pedicelli 15—20 mm longi, muricati. Calycis tubus obconicus, 6—7 mm longus; lobi anguste lanceolati, acuminati, 4—5 mm longi. Corolla candida, arcuata, 50 mm longa, in medio 10 mm lata, versus apicem fissa per longitudinem 20 mm; lobi anguste lanceolati. Stamina libera a corolla, albo-viridia; antherae virides, inferiores penicillatae. Bacca aurantiaca, subglobosa, 10 mm longa, 8 mm lata. — Fig. 4.

Hawaii: Waiakea Forest Reserve back of Hilo, 300 m, in dense rain forest under tree ferns, 2. XII. 1955 (Rock n. 25500 Holotypus).

Diese Art ist verwandt mit *Cyanea rollandioides* Rock, ist aber größer und trägt eine schüttere Blätterkrone, der Blütenstiel ist viel länger und hat blattartige Brakteen, während das Blütenstielchen ohne Brakteolen ist. Junge Pflanzen haben eiförmige Blätter (12×6 cm), die unregelmäßig eingeschnitten sind, auf der Mittelrippe und den Venen Stacheln haben. — Die Art ist benannt nach L. William Bryan, Associate Forester, der mit Rock diese Pflanze gesammelt hat.

Cyanea mceldowneyi Rock in Occas. Pap. Bishop Mus. XXII (1957) 43. — Caulis simplex, 2—3 m altus, muricatus. Plantae juveniles dense muricatae. Petioli et folia vetusta aculeis carent. Folia ovato-oblonga, 17—27×6—8 cm, irregulariter crenato-dentata, glabra, supra aculeis luteis, subtus aculeis purpureis munita. Petioli 15—55 mm longi, aculeati. Pedunculi 15—25 mm longi, crassi, aculeati. Pedicelli 10 mm longi, hirsuti. Hypanthium ovatum, lobi calycini late oblongi, obtusi, subglabri, 1—3-nervii. Flores et fructus ignoti. (Diagn. auct.) — Fig. 5a.

East Maui: Northern slopes of Haleakala, west of Waikamoi in rain forest, 2. II. 1954 (Rock n. 25610 — Bish. M.); Honomanu Gulch, V. 1911 (Rock n. 8796 — Bish. M.).

Auch diese Art ist *Cyanea rollandioides* Rock verwandt, sie unterscheidet sich durch den sehr kurzen Pedunculus und den steifhaarigen Pedicellus, durch die Abwesenheit von blattähnlichen Brakteen am Pedicellus und die breiten Kelchzipfel.—Benannt nach Mr. George Mceldowney von Kula auf Maui.

Cyanea pulchra Rock in Occas. Pap. Bishop Mus. XXII (1957) 58, f. 12. — Suffrutex inermis. Petioli 4—11 cm longi. Foliorum lamina obovato-oblonga, chartacea, supra glabra, subtus puberula, 14—16×6—13 cm, apice breviter acuta, basi acuta, subrotundata vel subcordata, margine denticulata. Pedunculi 2—7 cm longi, apice bracteis 2—6 mm longis praediti. Pedicelli 15—25 mm longi, fere in medio minute bibracteolati. Calycis tubus oblongo-obconicus, puberulus, 8—10 mm longus; lobi anguste triangulares, acuminati, 5—12 mm longi. Corolla „obscure magenta", intus „alba", 40—60 mm longa, falcata, puberula, apice subhirsuta. Fructus ignotus. (Diagn. auct.)

Hawaii: Hamakua, Hiilawe Valley, Waipio, VII. 1909 flowering (Rock n. 4664 Holotypus, n. 4663 — Bish. M.); Waipio, Upper Hamakua Ditch trail, 1000 m, I. 1932 (St. John et Hosaka n. 11470 — Bish. M.).

Diese Art steht der *Cyanea fernaldii* Rock nahe und wurde von Rock und z. T. auch von mir zu dieser Art gestellt, ist aber verschieden durch das Fehlen der Stacheln, durch die Blattform und den kürzeren Pedunculus.

Cyanea linearifolia Rock in Occas. Pap. Bishop Mus. XXII (1957) 60, f. 13. — Caulis simplex, 2,5 m altus. Folia linearia, 28—33×0,3—0,6 cm, apice cuspidata, ad basin sensim in petiolum 4—7 cm longum angustata, margine revoluta, glabra. Pedunculus tenuis, 6—7 cm longus, 10—12-florus; pedicelli 12—15 mm longi. Hypanthium subglobosum, glabrum, lobis dentiformibus. Corolla arcuata, glabra, circiter 20 mm longa. (Diagn. auct.).

Kauai: Hii Mountains, probably near the Lydgate Mountain Cabin (J. M. Lydgate — Bish. M.).

p. 70/38 **Cyanea angustifolia** (Cham.) Hillebr. var. **elliptica** (Rock) E. Wimm. — *C. angustifolia* f. *elliptica* Rock in Occas. Pap. Bishop Mus. XXII (1957) 64. — Folia ovato-elliptica, 10—12×4—5 cm, apice acuta, basi rotundata, margine fere usque ad basin dentata, petioli 4—6,5 cm longi. Pedunculi 15—18 mm longi, filiformes; pedicelli 5—10 mm longi. Corolla glabra, 20—25 mm longa. — Fig. 5c.

Maui West: Ridge west of Waihee, VIII. 1910 (C. N. Forbes — Bish. M.).

var. **isabella** E. Wimm. var. nov. — A planta typica differt foliis latioribus (18×7 cm), elliptico-oblongis, glaberrimis. Pedunculo 65 mm longo, pedicello 20 mm longo. Corolla 20 mm longa, virenti-alba et purpurascenter suffusa.

Maui West: Wailuku, Black Gorge, bottom of gorge, near waterfall, 16. XI. 1954 (Otto et Isa Degener n. 23750! — W.).

Cyanea dentata E. Wimm. spec. nov. — Caulis vel rami herbacei, hirtelli. Petiolus subcrassus, 4—8 cm longus, pubescens; lamina foliorum oblonga, 21—28 ×6—9 cm, apice acuta, mucronulata basi subrotundata, margine dentata — dentes antrosum curvati, basi grossius, sursum sensim minus profunde dentata — supra

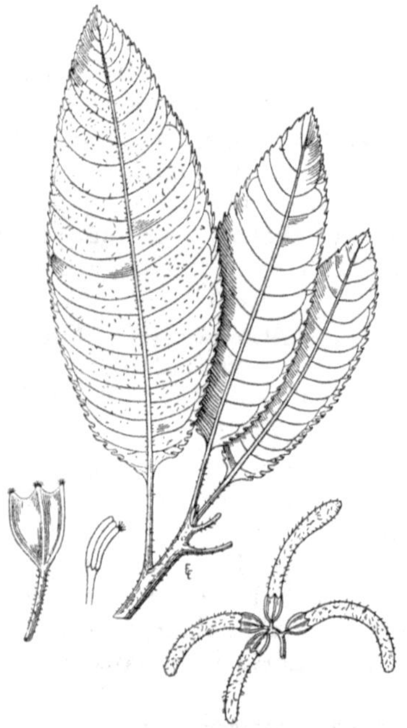

Fig. 6. *Cyanea dentata* E. Wimm.
Zeichnung nach einem Exemplar im Herbar Berlin.

sparsissime crispo-hirtella, subtus, imprimis folia juniora, densius crispo-hirtella, nervi secundarii 25—27 sub angulo subrecto leviter ascendentes, venae fere invisibiles. Pedunculus deest, alabastra tantum in specimine nostro adsunt; pedicelli 15 mm longi, hirtelli. Hypanthium semi-obovoideum, glabrum, 4,5 mm longum, lobi calycini triangulares, obtusi, ciliolati, 1 mm longi, sinus inter eos rotundati. Alabastrum (majus) 30 mm longum, in medio 3 mm latum, subarcuatum. Antherarum tubus glaber, 10 mm longus, 2 inferiores apice penicillatae. Inflorescentia 10 flores habet. — Fig. 6.

Oahu: Northeast Ridge of Puu Kanehoa, near top in wet forest, 31. III. 1940 (Hb. Degener n. 12750! — B).

Der Blüte nach scheint sich diese neue Art der *Cyanea angustifolia* anzuschließen, sie hat aber zum Unterschied von dieser längliche breitere Blätter mit fast gerundeter bis breitspitziger Basis, mit groben hackiggekrümmten Zähnen, längeren Antheren. Die jüngeren Teile der Pflanze sind ziemlich dicht behaart.

p. 72/42 **Cyanea coriacea** (A. Gray) Rock var. **serratifolia** Rock in Occas. Pap. Bishop Mus. XXII (1957) 65. — Frutex 2 m altus. Petioli 7—8 cm longi. Lamina foliorum late lanceolata, 28—30×7—8 cm, apice acuta, basi subacuta, margine acuto-serrata, chartacea, supra glabra, subtus pallida, in costa puberula. Pedunculi 3—5 cm longi, hirsuti; pedicelli 1,5—2 cm longi, hirsuti. Corolla alba, 30—40 mm longa, 3 mm lata. Filamenta glabra; antherae 8 mm longae, purpureae, glabrae. — Fig. 5 b.

Oahu: Waianae Mountains, Puu Kanehoa, on dry wooded ridge, 700 m, flowering, 13. VI. 1948 (G. L. Webster n. 1636 — Bish. M.).

Diese Varietät unterscheidet sich von der Art durch die papierartigen, scharf gesägten Blätter, die behaarte Infloreszenz und die weiße Korolle, von der var. *fauriei* durch den kurzen Pedunculus.

Cyanea chockii Rock in Occas. Pap. Bishop Mus. XXII (1957) 58. — Frutex (?) inermis. Folia lanceolata, 10—12,5×1,5—2cm, apice acuminata, ad basin in petiolum 25—35 mm longum angustata, margine crenato-denticulata, supra glabra, subtus sparse pubescentia in nervis. Pedunculi 8—10 mm longi, luteo-pilosi, apice bracteati; pedicelli 6—8 mm longi, filiformes, pilosi. Hypanthium ovoideum vel globosum, hirtellum, 6 mm longum, 5 mm latum; lobi breves, triangulares, hirtelli. Gorolla 25 mm longa, purpurascens (?), hirtella, in dorso fissa usque ad basin, lobi sublineares, apice hirsuti. Bacca ovoidea. — Fig. 5 d.

Kauai: Waimea, Na Pali Kona Forest Reserve, Kapukapaia Ridge, Ka Lehua Hakihaki, Waialeale trail, 1400 m, 18. VIII. 1953 (A. K. Chock n. 972 — Bish. M.)

Der *Cyanea spathulata* nahe stehend, unterscheidet sie sich von ihr besonders durch die kurzen Blütenstiele, die gleich wie die Korolle behaart sind.

p. 72/43 **Cyanea spathulata** (Hillebr.) Heller, adde: Arbor 4 m alta et pauciramosa, calyx virenti-purpureus, corolla alba virenti-suffusa (Deg.).

Kauai: Along Kokee stream (Degener n. 7867! — B.); Kokee, east rim of Kalalau Valley, among staghorn, c. 1000 m, XII. (Degener n. 21468! — W. B.).

Cyanea crispohirta E. Wimm. spec. nov. — Habitus ignotus, *Cyaneae copelandii* similis. Caulis in parte superiore 7 mm diametiens, tuberculis sparsis et pilis crispis vestitus sicut petioli et pedunculi. Petioli 7—9 cm longi, c. 3 mm in diam.; lamina foliorum oblonga usque elliptica, 24—30×11—13 cm, apice acuminata, basi subrotundata usque late acuta, margine leviter undulata vel repanda et conferte denticulata, supra glabrescens, subtus in nervis densius, inter nervos sparsius crispo-pilosa, nervi secundarii c. 15 utrinque sub angulo 80—60° ascendentes. Pedunculi 30—45 mm longi, solitarii in axillis foliorum superiorum, subpatentes, versus apicem pluriflori; pedicelli c. 16 mm longi, crispo-pilosuli, fere in medio inconspicue bibracteolati. Calycis tubus obconico-oblongus, pilosulus, 9 mm longus; lobi anguste triangulares, apice subrecurvati, 2 mm longi. Corolla 45 mm longa, „alba purpurascenti-suffusa", pilosula, tubus 26 mm longus, rectus apicem versus curvatus, 4 mm latus (in statu compresso), lobi lineares, superiores 15, 3 inferiores c. 10 mm longi. Filamentorum tubus 40 mm longus, glaber; antherarum tubus 8 mm longus, stramineus, glaber, 2 inferiores apice barbatae. — Fig. 7a.

Hawaii: in wet jungle between Glenwood and 29 miles, 18. VI. 1929 (Degener n. 7870! — W.).

Diese Art ähnelt der *C. copelandii* und unterscheidet sich von ihr durch die größeren, am Grund meist gerundeten Blätter, ihre Behaarung mit untermischten sehr kleinen Knötchenhaaren. In meiner Monographie II, 761 führte ich sie als *Cyanea multispicata* Lévl. an, besseres Material zeigte, daß sie eine neue Art darstellt, was auch die Ansicht Dr. Rocks ist, der die Pflanze im Wiener Herbar sah.

p. 74 **Cyanea rockii** E. Wimm. spec. nov. — Caulis multi-cicatricosus, saltem superne ± crispo-hirtus, apice foliosus, digiti crassitie. Petioli 20 mm longi, supra canaliculati, hirsutuli; folia membranacea, supra glabra, subtus in nervis prominentibus hirsutula, in venis planis parce hirsutula, nervi secundarii c. 15 utrinque, sub angulo fere acuto ascendentes, lanceolata, 12—18×2,5—3 cm, utrinque acuta, margine callose denticulata — 8 denticuli obtusiusculi pro cm — in pagina inferiore pallidius viridia, pili e tuberculo minutissimo et pilo longiore constantes. Pedunculi 7—10 mm longi, hirti, saepe 3-flori; pedicelli 8—15 mm longi, basi brevi-bracteati, hirti. Calycis tubus longi-obconicus, 10 mm longus, apice 4 mm latus, hirtus; lobi dentiformes, 2 mm longi. Corolla 38 mm longa, hirta, parum curvata, in medio 3 mm lata, tubus 12 mm longus, lobi c. 10 mm longi. Staminum tubus 36 mm longus; antherae 6,5 mm longae, glabrae, 2 inferiores apice penicillatae. — Fig. 7b.

Kauai: Kokee — Alakai, thelephone-line trail, 1200 m, bog forest, 1. II. 1950 (Hatheway & Lane n. 428! — W.).

Eine schöne Pflanze, der *C. larrisonii* ähnlich, unterscheidet sich durch die fast doppelt so breiten Blätter, ihre lanzettliche Form und Zähnung und der nur blass- rgrünlichen Unterseite, durch die Pedicelli, den lang-verkehrtkegeligen Kelch und andere Korolle. Von Dr. Rock als gute neue Art bezeichnet, ohne sie zu benennen, weshalb ich der Art zu Ehren desselben seinen Namen gab.

p. 74/49 **Cyanea stictophylla** Rock var. **inermis** Rock in Occas. Pap. Bishop Mus. XXII (1957) 63. — Arbor 5—6 m alta, inermis, ramis rectis paucis. Pars trunci carnosa puberula. Petioli 15—35 mm longi, puberuli; foliorum lamina oblonga, 25—37 × 5—8 cm, apice acuminata, basi angustata, margine inciso-denticulata, supra glabra, subtus puberula. Pedunculi 30 mm longi, subglabri; pedicelli 13—22 mm longi, basi bracteati. Flores ignoti. Calycis lobi in fructu immaturo 3—4 mm longi. — Fig. 8.

Hawaii: South Kona, Honaunau Forest Reserve in dense rain forest, 1400 m, 9. III.] 1957 (Rock n. 25 703 — Bish. M.).

Die Varietät unterscheidet sich von der var. *stictophylla* durch das Fehlen der Stachelhaare, durch die breiteren, länglichen Blätter und die ungefähr doppelt kürzeren Blüten- und Blütchenstiele.

Cyanea membranacea Rock in Occas. Pap. Bishop Mus. XXII (1957) 63. — Folia obovato-oblonga, 25 × 6 cm, membranacea, utrinque puberula, margine inaequaliter serrata, apice acuta, basi subacuminata, petioli 4—6 cm longi, hirsuti. Inflorescentia hirsuta: pedunculi 2—4 cm longi et pedicelli 0,5—1 cm longi, hirsuti; hypanthium puberulum, calycis lobi brevissimi, triangulares, denticulati, apice hirsuti. Corolla 3 cm longa, hirsuta. Antherarum tubus pilis albidis in suturis obsitus. (Diagn. sec. Rock, non vidi, nisi Photo orig.). — Fig. 9.

Oahu: Waianae Mountains, Kaaikukai, X. 1929 (G. W. Russ! Typus). — Bish. M.

Diese ungenügend bekannte Art ist verwandt mit *Cyanea knudsenii*, von der sie sich wenigstens habituell gut unterscheidet.

p. 75/50 **Cyanea hirtella** (H. Mann) Rock var. **striata** E. Wimm. var. nov. — Caulis 4 m altus, pilis strigosoformibus plus minusve vestitus. Folia lanceolata, 20 × 3,5 cm, apice longe sensimque acuta, ad basin in petiolum 4—5 cm longum angustata. Pedunculi 10, pedicelli 8 mm longi. Calycis lobi triangulares, 1,5 mm longi. Corolla 35 mm longa, inferne albo-viridis, ceterum extus et intus albida et longitudinaliter obscure violaceo-striata, lobis intensius violaceis et albido-marginatis. Tubus staminum albidus et fusco-striatus, glaber; antherae 9 mm longae.

Kauai: Southeast rim of Kalalau Valley, rain forest, 7. IX. 1955 (Degener n. 23 866! — W.).

var. **subglabra** E. Wimm. var. nov. — Dense multiramosa caule glabro. Petioli 3—5 cm longi; lamina foliorum glabra, laevis, lanceolata usque obovato-lanceolata, margine denticulata. Pedunculi et pedicelli adpresse hirti. Calycis lobi dentiformes, 1 mm longi. Corolla 35 mm longa, sparse hirta. Tubus antherarum 7 mm longus, glaber.

Kauai: Kokee, near Rangerstation, rain forest, 23. IX. 1955 (Hb. Degener n. 23 990! — W.).

Cyanea longipedunculata Rock in Occas. Pap. Bishop Mus. XXII (1957) 54, f. 9, 10. — Caulis erectus, eramosus, 2—4 m altus, interdum plures caules e radice exsurgentes, inermes, dense pilosi, lignosi, ad verticem foliosum, subherbacei, lacte luteo impleti. Petioli 2—4 cm longi; folia dense albo-pilosa (foliis novellis splendorem argenteum reddentibus), obovata, 18—30 × 10—12 cm, apice acuminata, basi subacuta usque subrotundata, margine eroso-dentata. Pedunculi 12—18 cm longi, villosi, 15—30 flores gerentes; pedicelli 10 mm longi, hirsuti. Hypanthium oblongum, glabrum, 6 mm longum; lobi calycini anguste lanceolati, 4 mm longi. Corolla 25 mm longa, albo-viridis, purpureo-striata, glabra, semi-fissa in dorso; lobi 2 laterales 7 mm longi, 3 lobi medii subbreviores. Columna filamentorum albida, apicem versus puberula; antherarum tubus viridulus, 8 mm longus, in suturis pilosus, 2 inferiores antherae apice penicillatae. Stigma purpureum. (Diagn. auct.) — Fig. 10a.

Hawaii: Hilo Forest Reserve, in Kipuka of the Mauna Kea Saddle Road, c. 1400 m, in dense rain forest, 5. XII. 1956 (Rock n. 25630 — Holotypus, n. 25750, 25751 — Bish. M.).

Von der ähnlichen *Cyanea pilosa* A. Gray unterscheidet sie sich leicht durch die dicht behaarten und vielmals längeren Pedunculi.

.761/53a **Cyanea floribunda** E. Wimm., nach Rock (Occas. Pap. Bishop Mus. QQIII, 1961, p. 75) ist damit identisch *C. pilosa* A.Gray vatr. *glabrifolia* Rock, diese Varietät ist also auf p. 77 zu streichen und als Synonym zu der genannten Art zu stellen.

Clermontia Gaudich.

Sect. I. **Clermontia**

Calyx tam longus quam corolla, saltem in alabastro, connatus, coloratus, cum corolla deciduus.

p. 82/2 **Clermontia leptoclada** Rock var. **holopsila** E. Wimm., adde: Hawaii: Pololo Valley, open woods, 22. III. 1930 (Degener n. 7816! — K., NY.).

var. **urceolata** Rock in Occas. Pap. Bishop Mus. XXII (1957) 39.

Frutex ramosus 3—5 m altus foliis oblongo-lanceolatis, margine serrulatis, petiolis 4—5 cm longis glabris vel puberulis. Pedunculi 10—12 mm tantum longi; pedicelli 15 mm longi glabrati. Hypanthium urceolatum cum lobis glabrum. Corolla purpurea, 25—30 mm longa. Bacca urceolata aurantiaca. — Fig. 10c.

Hawaii: Kohala Mts., 1000 m, 20. III. 1957 (Rock n. 25737! — Bish. M.)

p. 82/3 **Clermontia hawaiiensis** (Hillebr.) Rock, adde: Molokai: Maunakui, in forest, 8 ft. high branching, 15. IV. 1928 (Degener n. 7826! — B specimen mancum, 2 alabastra tantum adsunt, fortasse var. n. refert). — Hawaii: Kapoho Puna, sunny forest (Degener n. 7815! 7819! specimina fere glabra!); Hilo, jungle (Degener n. 2190); Bird Park, Kilauea (Degener n. 18074! — alle NY.).

Clermontia lindseyana Rock in Occas. Pap. Bishop Mus. XXIII (1962) 67, f. 2. — Frutex vel arbor 5—6 m alta ,truncus 20 cm vel plus in diam., ramuli hirsuti. Folia obovato-oblonga, 22—24×5—8,5 cm, apice acuta, apiculata, in petiolum crassum 4—6 cm longum angustata, margine denticulata, subcoriacea, supra nitida, glabra, subtus pallida, dense pubescentia. Peduncali 25—30mm longi, crassi, hirsuti, 2-flori; pedicelli 1,5—2 cm longi, cusbri, infra apicem bibracteolati. Hypanthium turbinatum, luteo-viride, 10-costatum, puberulum, 20 mm altum, 20—22 mm superne latum, lobi longitudine corollae, virides, puberuli, 5—6 mm lati. Corolla 7—9,5 cm longa, pallide viridis vel alba, albido-pubescens. Staminum tubus albus, glaber; antherae albidae, glabrae, 10 mm longae, 2 inferiores apice penicillatae. Bacca globosa, aurantiaca, 5—5,5 cm in diam. — Fig. 11 a.

Hawaii: Nordost-Abhang des Berges Mauna Kea, im *Metrosideros*-Wald über Onomea im Puakala Gehege 1, Papaiku, 1800—2000 m, III. 1957 (Th. Lindsey, Rock n. 25768! — Bish. M. nur mit Blütenknospen; zwei Meilen westlich von Puu Oo, 2000 m, 5. IV. 1957 (Lindsey & Mrs. W. J. Stephens) Hb. Rock n. 25900! — Typus Bish. M.); Mauna Kea, Ostabhang Puu Kala, 2000 m, I. 1958 (Rock n. 26030! — Bish. M.).

Diese *Clermontia* hat die größten Blüten und Früchte. Sie steht zwischen *Cl. hawaiiensis* und *Cl. kakeana* und zeichnet sich aus durch ihre dicht behaarten Blätter, ihre weißen, sternartig ausgespreizten Blumenblätter und die großen Beeren, die im reifen Zustande keine Rippen zeigen. Die Staminal-Röhre ist matt-weiß wie die innere Seite der Korolle. — Benannt zu Ehren des Herrn Thomas und Frau Jane Lindsey, Entdecker dieser Art und um die Lobelioideen-Forschung sehr verdient. Von den oben genannten Exemplaren habe ich nur die von Dr. Rock mir gesandten Photos gesehen.

var. **livida** Rock in l.c., 69. — Arbor 3—4 malta. Folia obovato-oblonga, apice acuta, 15—18 cm longa, supra fusco-viridia, subtus livida, prope marginem fusco-purpurea. Corolla minor, 6 cm longa. Bacca ignota.

Hawaii: Ostabhang des Mauna Kea, Puu Kala im *Metrosideros*-Wald, 2000 m, I. 1958 (Rock n. 26029 — Bish. M.).

p. 83/4, 762 **Clermontia kakeana** Meyen, adde: Ovarium albidum, 10-costatum, calycis lobi virentes, corolla virenti-lutea, staminum tubus albidus, superne cum antheris 10 mm longis purpurascens.

Oahu: Red Hill and Pitso trail; Central Haleanau gulch, S. of Kaala, 1000 m (Hb. Degener n. 17783! 20891! — NY., W.). — Molokai: Western branch of Mapulehu Valley (Degener n. 18061! — W.). — West-Maui: Kailua, shrubby roadside; south ridge of Jao Valley (Degener n. 17141! 17142! — NY.); near Makamakaole stream (Hb. Degener 21138! — W.); makai of Hailaau, Kaulelewelewe, common on shrubby sunny slopes; lower part of Honokohau Valley, ditch trail, among bushes of *Dicranopteris* (Hb. Degener n. 25027! 25029! — W.).

f. **gracilis** E. Wimm. f. nov. — Folia longius petiolata 5 cm (loco 3 cm in typo), oblongo-lanceolata 17×3,5 cm, acuta, subtus brevissime hirtella fere ut in pl. typ.; pedunculus subcrassior, 25 mm longus, pedicelli 15 mm longi (loco 20 et 10 mm). Hypanthium 12 mm longum, 10 mm latum; corolla gracilior et longior, 42—45 mm longa et in medio 7 mm lata (loco 40 et 9 mm); filamenta 35 mm, antherae 11 mm longae. Bacca fortasse oblongo-globosa.

Maui: Keanae Valley, open woods, 660 m, 27. VII. 1954 (Hb. Degener n. 23782! — W.).

Zu berichtigen wäre bei dem Namen *Cl. kakeana* Meyen, es soll heißen nicht „Reise um die Welt", sondern „Reise um die Erde". Der Name „Kakeana" leitet sich nicht, wie Hillebrand erklärt, von „Jack" her (siehe Anmerkung auf Seite 83), sondern von dem malaischen Wort „Kakea" = weißer Berg; er ist ungefähr 550 m hoch, liegt bei 21,19° n. Br. und 157,49° w. L. und soll heute den Namen „Round Top" führen (Deg.).

p. 84/5, 762 **Clermontia kohalae** Rock, adde: Hawaii: Forest above of „Old Koa Mill", Kilauea Forest Reserve, Keauhou, 1200 m, 29. X. 1950 (Hatheway & Richards n. 435! — W.); Pololo — Honokanenui region and Pololo Valley, 450 m (Hb. Degener n. 21878! 21900! — B., W.)

var. **hiloensis** E. Wimm. — Supple: Folia lanceolata etiam angustiora 20×3,2 cm, adpresse callose denticulata, utrinque omnino glabra, petioli ad 4 cm longi. Pedunculi 1—2 cm longi, 2—3-flori pedicelli 1—1,5 cm longi, interdum in medio longius bibracteolati. Hypanthium ± obconicum vel oblongo-urceolatum, 12—18 mm longum, apice 8 mm latum. Antherae 12 mm longae. Bacca matura non visa, verisimiliter ellipsoidea vel oblongo-urceolaris, 25 mm longa (?), 12 mm lata.

Hawaii: Saddle Road (Degener n. 20014!).

Diese Varietät ist auch der *Cl. hawaiiensis* nahe verwandt, ist aber durch die kahlen Blätter, die Blütenstiele und durch Kelch und Frucht verschieden, ähnlich auch die typische Art.

p. 84/6 **Clermontia montis-loa** Rock f. **molokaiensis** E. Wimm. f. nov. — Differt a planta typica foliis majoribus, 20×5,5 cm, pedunculo 12 mm longo et pedicello 8 mm longo (in specimine alabastra tantum adsunt), calycis pars ovarii semi-globosa.

Molokai: Western branch of Mapulehu Valley, forest, 20. VII. 1928 (Degener n. 7847! — NY.).

Die var. *tenuifolia* Skottsb. in Acta Horti Gotoburg. II (1926) 269 zieht der Autor l. c. XV (1944) 489 zu *Clermontia parviflora* var. *grandis* Rock, s. diese!

Clermontia convallis E. Wimm. spec. nov. — Caulis glaber, laevis. Folia subcoriacea, glabra, opaca, lanceolata, 18—20×3—3,2 cm, acuta vel breviter acuminata, ad basin longe sensimque angustata in petiolum 2—3 cm longum, margine conferte adpresse callose denticulata — dentibus 6 pro cm — supra nervis impressiusculis, subtus nervis secundariis 20 utrinque prominulis. Pedunculi (in nostro specimine manco) non bene cognoscendi, verisimiliter breves (6 mm?), hirtelli, 3—4-flori (?); pedicelli circiter 20 mm longi, hirtelli, in medio 2 bracteolis anguste linearibus 9 mm longis muniti. Calyx longitudinem corollae aequans, glaber; eius pars ovarii in pluribus floribus oblongo-campanulata, in paucis magis turbinata. Corolla evoluta deest! Alabastra tubo subrecto ad apicem perparum curvato, maximum eorum 32 mm longum, glabrum. Antherarum tubus glaber. — Fig. 12a.

Hawaii: East slope of Pololo Valley, 11. VIII. 1926 (Degener n. 2186! — NY.).

Leider gestattet das mangelhafte, aber anderen Clermontias wenig ähnliche Material keine ausführlichere Beschreibung. Die Art dürfte der *Clermontia montis-loa* am nächsten stehen, ist aber durch die Form und Kahlheit der Blätter, die Pedicelli und das Hypanthium deutlich verschieden.

86/8 **Clermontia persicifolia** Gaudich. — *Cl. epiphytica* St. John, vide Nr. 15.

Oahu: Pupukea-Kahuku, forest near summit, common (Hb. Degener n. 20719! 24102! — W.); summit of Kaala (Degener n. 17699! — NY.); Peahinaia trail; Palehua — Palikea trail, Waianae Mts.; Wiliwilinui Ridge; near Summit Ridge, 1 mile SE. of Black Junction (Hb. Degener n. 12785! 19278! 19712! 20545! — K., NY., W.).

Clermontia aspera E. Wimm. spec. nov. — Caulis vel ramus a pilis striguliformibus asperatus. Petioli 3 cm longi, crassi, crispo-pilosi. Lamina foliorum oblongo-lanceolata, 37×7,5 cm, acuta vel brevi-acuminata, basi inaequalis: acuta et leviter subrotundata, margine repando-denticulata (dentes callosi c. 4 pro cm), membranacea, supra glabra, nitida, subtus minute strigulosa, nervi laterales c. 30 utrinque sub angulo subrecto a costa crasso-prominente paulo curvatim excurrentes. Pedunculus axillaris, crassus, hirtus, 2-florus, 25 mm longus; pedicelli 20 mm longi, glabrati. Calyx longitudinem corollae aequans; pars ovarii semi-globosa vel late turbinata, 10—12 mm longa, glabra, 10-nervata. Corolla (nondum plene evoluta) 55 mm longa, in medio 12 mm lata, valde curvata. — Fig. 12b.

Oahu: East Ridge of Manoa Valley, 23. III. (Degener & Martinez! — Typus, W.).

Den Blättern nach würde man diese Art eher für eine *Cyanea* oder *Rollandia* halten, aber die Infloreszenz läßt keinen Zweifel walten, daß es sich um eine *Clermontia* handelt, aus der Nähe der *Cl. oblongifolia*.

p. 86, 88. **Clermontia oblongifolia** Gaudich., adde: Oahu: Palikea, Waianae Mts. (Hb. Degener n. 19276 — W.); Palehua — Palikea trail (Hb. Degener n. 19277! — W.); Palikea, at top in forest, 1030 m (Hb. Degener n. 21043! 20900! — W.). — Lanai: Mts. of Koele (Forbes n. 44 L!). — var. **brevipes** E. Wimm. — Molokai: Ohialele Pali in rain forest, 8. V. 1928 (Degener n. 7836! 7846!—B., NY., K.); above Papaala Pali (Degener n. 7824! — W.).

p. 88/12 **Clermontia grandiflora** Gaudich. var. **grandiflora.** — West-Maui: Mauka of McGregor in sheltered rainy jungle gulch, 7 ft. h., sprawling weak branched shrub (Hb. Degener n. 22065 b! — B., W.); Hailaau, Kaulalewelewe, 1000 m (Hb. Degener n. 25020! — W.); along trail north of Puu Kukui summit, fogswept sheltered open gulch 1500 m, 5 ft. h., densely leafy dingle trunked twiggy tree, 25. III. 1959 (Hb. Degener n. 25024! — W.).

var. **vulgata** f. **nitida** E. Wimm. f. nov. — Folia tenui-chartacea, utraque pagina valde nitida. Pedunculi et pedicelli fructiferi terni (3) cm longi.

Lanai: Puu Alii, 14. VII. 1940 (E. Ordonez in Hb. Degener sine no.! — NY.).

Clermontia loyana Rock in Occas. Pap. Bishop Mus. XXII (1957) 36, f. 1. — Arbor 3—4 m alta, truncus 10 cm in diametro, candelabri formiter ramosa. Petioli 1—4 cm longi. Lamina folii oblongo-lanceolata, 10—22×2—4 cm, apice acuta, ad basin acuta et decurrens, margine undulata irregulariter callose denticulata, supra glabra, nitida, subtus purpurascens, nitida, puberula praeter nervum medianum prominentem et nervos prominentes laterales. Pedunculi 2—3 cm longi, 2-flori, crassi, puberuli, bracteis 2—4 cm longis prope apicem insertis; pedicelli 15—20 mm longi, bibracteolati. Hypanthium turbinato-campanulatum, purpurascens, 10-costatum, costa dorsalis crasso-prominens, lobi calycini connati et corollam primo includentes, mox corolla se elongante 2—3 cm breviores sunt quam corolla efflorata et demum cum ea decidunt. Corolla virenti-purpurea, puberula, subcurvata, 50 mm longa, 20 mm lata; lobi corollae uno excepto se solvente connati manent. Staminum tubus purpureus, 60—65 mm longus, glaber; antherae 15 mm longae, 2 inferiores apice longe albo-pilosae. Lobi lati stigmatis infra eos annulo e pilis albis constante muniti.

Hawaii: Southern slopes of Mauna Loa, South Kona, between Komakawei and Kaunene on the McCandles Ranch, 2000 m, on the grassy upplands, 14. III. 1956 lg. cum Mrs. A. Lester Marks, R. Trent, K. Isenberg (Rock n. 25651! — Bish. M.).

Der Korolle nach gleicht diese neue Art der *Cl. grandiflora* und erinnert auch an die *Cl. rockiana*, die auch in diesem Gebiete wächst.—Benannt zu Ehren der Frau A. Lester (Loy) Marks, die sich um die Erhaltung der Flora Hawaiis sehr bemüht.

p. 92/18 **Clermontia parviflora** Gaudich. — Supple: Interdum species etiam (ex notis Degeneri) arbor pyramidalis, 5 pedes alta, foliosa; ovarium viride versus apicem fuscescenti-purpureum; pagina interior perianthi, stamina, stylus alba viridi-tincta; corolla intus alba, extus purpurascenti-rosea. Pedunculus etiam ad 7 mm longus sicut pedicelli, hirti. Varietates difficulter distingui possunt, ut sequentes ostendunt.

1. Folia chartacea, apice breviter acuminata, subtus subpubescentia vel subglabra . . 2.
1′ Folia tenuia, longius acuminata, cum calyce glabra . . . . var. *umbraticola*.

2. Pedunculi 2-flori; corolla 30—35 mm longa; folia et pedunculi parum minora .... var. *intermedia*.
2' Pedunculi 3—7(9)-flori 3

3. Corolla 20—25 mm longa; bacca ovoidea .... var. *parviflora*.
3' Corolla ad 45 mm longa; bacca suglobosa, 25 mm in diam. .... var. *grandis*.

var. **parviflora**. — Folia subobovato-oblonga vel oblongo-elliptica, c. 10×4 cm, breviter acuminata, basi subacuta, denticulata, tenui-petiolata, sparsissime pubescentia in pagina inferiora. Pedunculi 10—12 mm longi, 3—9-flori, pedicelli parum breviores. Corolla 20—25 mm longa. Bacca ovoidea, c. 9 mm longa. — Fig. 11 b.

Adde Olau forest; Kohala, Kulani Prison road; Pololo — Honokanenui region along ditch trail, open forest and small gulch; Kohala, Kaukini Cabin (Hb. Degener n. 20960! 21791! 21879! 21879 a, b, c, d! 21880! 21880 a! — W.).

var. **umbraticola** Skottsb. in Acta Horti Bot. Gotoburg. II (1926) 270. — Folia tenuia, longius acuminata, cum pedunculis et calyce glaberrima. Corolla c. 20 mm longa (?), lilacino-fusca, intus cremeo-alba (Skottsb.), lavendulacea extus (Greenwell).

Hawaii: Kulani road just of Saddle Road, common, c. 800 m, 12. IV. 1950 lg. Anny Greenwell (Hb. Degener n. 20648! — W.); Panaewa forest (Hb. Degener n. 20950! — W.); along Saddle Road, 7 miles from Hilo, 600 m, IX. (Hb. Degener n. 20177! 20332! — W.); Hilo forest (Hillebrand & Lydgate! — W., zu löschen bei var. *parviflora* in I. no. 18 im Pflanzenr.).

var. **intermedia** Skottsb. in Acta Horti Bot. Gotoburg. XV (1942—44) 489. — Folia minora, 7—9(—12)×2,5—3,5(—4,5) cm, subtus praecipue in nervis parce pubescentia, elliptico-lanceolata, petioli 1,5—2,5 cm longi, pedunculi 0,8—1,5 cm longi, biflori. Corolla 3—3,5 cm longa.

Hawaii: Kohala Mts., above Kamuela (Skottsberg n. 1136); upper Hamakua ditch trail, between Koiawe and Alakahi Valleys, c. 1100 m, fl/fr. 7. IX. (Sk. n. 3149, 3149b); Waipio headwaters, fl. 20. VI. (Sk. n. 3511). Diagn. auct., specimina non vidi!

var. **grandis** Rock, Haw. Lobel. (1919) 339 in textu. — Specimen non vidi, diagnosin in opere meo p. 92, no. 18. Plura de speciminibus Hillebrandii vide apud Rock p. 339.

var. **calycina** Rock vide sub *Cl. waimeae* var. *longisepala* Rock et confer notas Rockii post hanc varietatem in Occas. Pap. Bishop Mus. XXII, p. 42.

Sect. II. **Clermontioideae** Hillebr.

Calycis lobi discreti et jam ab initio multo breviores quam corolla, persistentes et fructum coronantes.

p. 93/19 **Clermontia tuberculata** Forbes, adde: Maui: Olinda, along pipe-line trail in rain forest, fr. 29. VI. 1927 (Degener n. 2950! — NY.).

p. 93/20 **Clermontia clermontioides** (Gaudich.) Heller, adde: Kauai: Nördlich von Wahiawa, VI. 1926 (Degener n. 7851! 7854!); Waineke swamp, Kokee (Degener n. 7855!); nordöstl. von Kalalau im Regenwald, 1300 m (Hb. Degener n. 20455!); östl. von Kalalau, Lookout und Mohihi, Kokee Region, 13. I. 1952 (Hb. Degener

n. 21636! 21636 a!); Alakai swamp among bushes and trees, corolla red without, greenish white within, stamens greenish white, 19. I. 1952 (Hb. Degener n. 21727! — W.).

var. **hirsutiflora** Rock in Occas. Pap. Bishop Mus. XXII (1957) 39. — Arbor 5 m alta. Folia ovato-oblonga, 17,5 × 5,5 cm, petiolo 3—6 cm longo. Pedunculi 1 cm longi, hirsuti, pedicelli eadem longitudine, hirsuti. Calycis tubus obconicus vel oblongus, hirsutus. Corolla 35 mm longa, 4—7 mm lata, purpurascens, hirsuta.

Kauai: Pole-line trail, 300 m, 31. I. 1920 (Rock n. 17244 — Bish. M.).

p. 94/22 **Clermontia arborescens** (Mann) Hillebr., adde: Planta arborea, truncus ad 20 cm in diametro, vel fruticosa, sic frequentius in insulis Molokai et Lanai; corolla in istis plantis saepius gracilior cum lobis calycis brevissimis, ovalibus, apice rotundatis, rarius late acutis.

West-Maui: Mauka of Hailaau, Kaulalewelewe, locally common, c. 1000 m III. (Hb. Degener n. 25021! 25028! — W.). — Molokai: Trail on ridge E. of Mapulehu Valley, 700 m, rain forest (St. John & Fosberg n. 12902! — Bish. M.); S. of Kaulahuki, 11. IV. 1928 (Degener n. 7845! — NY., „upper base of corolla whitish to faint yellow or purplish tinged, flowers green without, greenish white within, stamens dark reddish purple“, hypanthium distincte obconicum 20 × 12 mm; Pukoo, Kainalu in open rain forest lg. Degener & Murashige (Hb. Degener n. 20163! — W.); S. of Pepeopae; S. of Ohialele; Waikolu Valley (Hb. Degener n. 7827! 7835! 7844! — NY.). — Lanai: Waialala gulch lg. E. Ordonez (Hb. Degener n. 17780! — B., K., NY.); Munro trail, along summit, VIII. (Hb. Degener n. 24351! — W.). — Kauai: Kokee (Hb. Degener n. 7856! — NY.); ? Pole-line trail, 650 m, II. 1927 (L. H. McDaniels n. 706! — Bish. M.).

p. 94/23 **Clermontia pyrularia** Hillebr. — Supple: „Arbor parva ramosa, 3 m alta, floribus albis“ (Greenw.). Calyx oblongo-obconicus, 10—12 mm longus, 7—8 mm latus, lobi triangulares, acuminati, acuti vel obtusiusculi, 2—4 (fr.—6) mm longi. Corolla 40 mm longa, subpubescens, alba. Staminum tubus glaber; antherae 10 mm longae, 2 inferiores apice longe barbatae. Bacca late obovoidea, subglabra, etiam tantum 22 mm longa, 12 mm lata.

Eine vornehme Art, die wegen ihrer bogenartig nach abwärts geneigten Pedunkel an *Cl. drepanomorpha* erinnert.

p. 95/24 **Clermontia caerulea** Hillebr. var. **parvifolia** Rock in Occas. Pap. Bishop Mus. XXII (1957) 39, f. 2. — Frutex epiphyticus, candelabri formiter ramosus, ad 1,50 m altus. Folia chartacea, oblongo-lanceolata, 6—8 × 1,5—2 cm, viridia et purpurascenter suffusa, apice obtusiusculo-acuta, basi in petiolum 1,5—2 cm longum angustata. Corolla lutescenti-viridis, ad 35 mm longa, 8 mm lata, pedunculus usque ad 30 mm longus. — Fig. 13.

Hawaii: South Kona, on the land of Kealia 2, 1600 m, 14. III. 1956 (Rock n. 25650! — Typus Bish. M.).

Der Strauch ist gemein in dieser ganzen Gegend, wurde aber nur als Epiphyt beobachtet.

Die var. **degeneri** Skottsb. (in Acta Horti Bot. Gotoburg. XV (1942—1944) 495: Hypanthio semigloboso, tubo corollae albae crassiore) ist von der var. *caerulea* kaum zu unterscheiden, da alle Teile sehr variieren. Es scheint eine Art zu sein, die in ihrer Entwicklung noch nicht zur Ruhe gekommen ist.

p. 95/25 **Clermontia rockiana** E. Wimm., adde: South part of Hilo, flow. purple (Hillebrand! — K.).

Fig. 1. *Cyanea leptostegia* A. Gray. Die dünnstämmigen Bäume mit dichter Blätterkrone an der Spitze, bis 15 m hoch werdend, im Metrosideroswald auf der Insel Kauai. — Photo Rock.

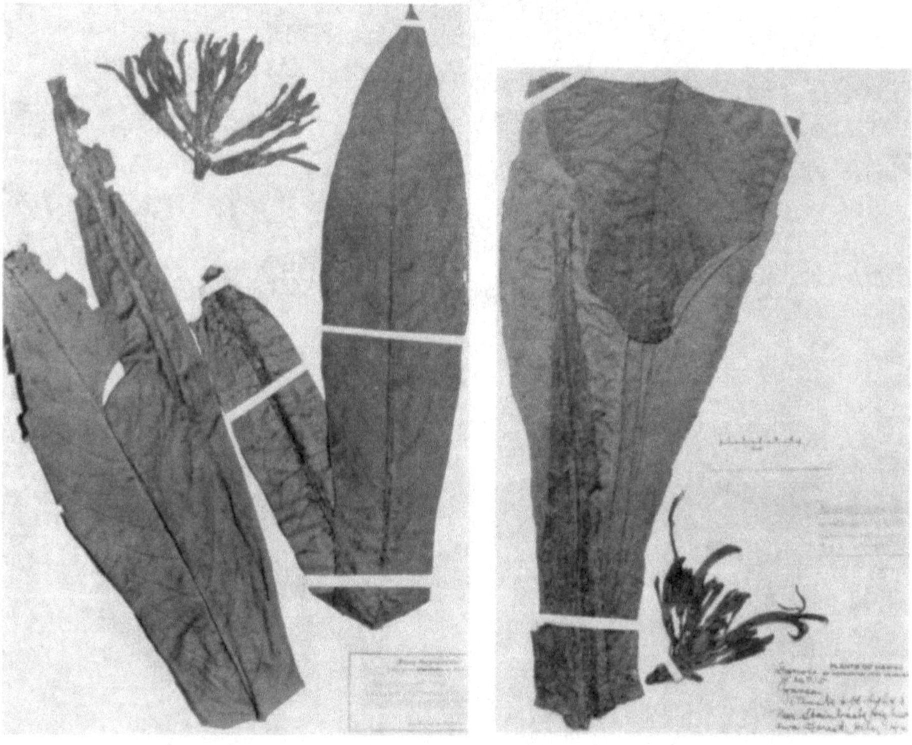

Fig. 2. a *Cyanea carlsonii* Rock (Rock n. 25711), palmähnlicher 8 m hoher Baum in Hawaii. — b *Cyanea magnifica* E. Wimm. (Degener n. 20715). Baum bis 3 m hoch in Hawaii.

Fig. 3. *Cyanea gayana* Rock var. *duvelii* Rock. Aus Samen gezogen im botan. Garten Kopenhagen. Nat. Größe des Stammes 3 m.

Fig. 4. *Cyanea bryanii* Rock. Baum mit palmartigem Habitus, bis 3 m hoch. Insel Hawaii. — Photo Rock.

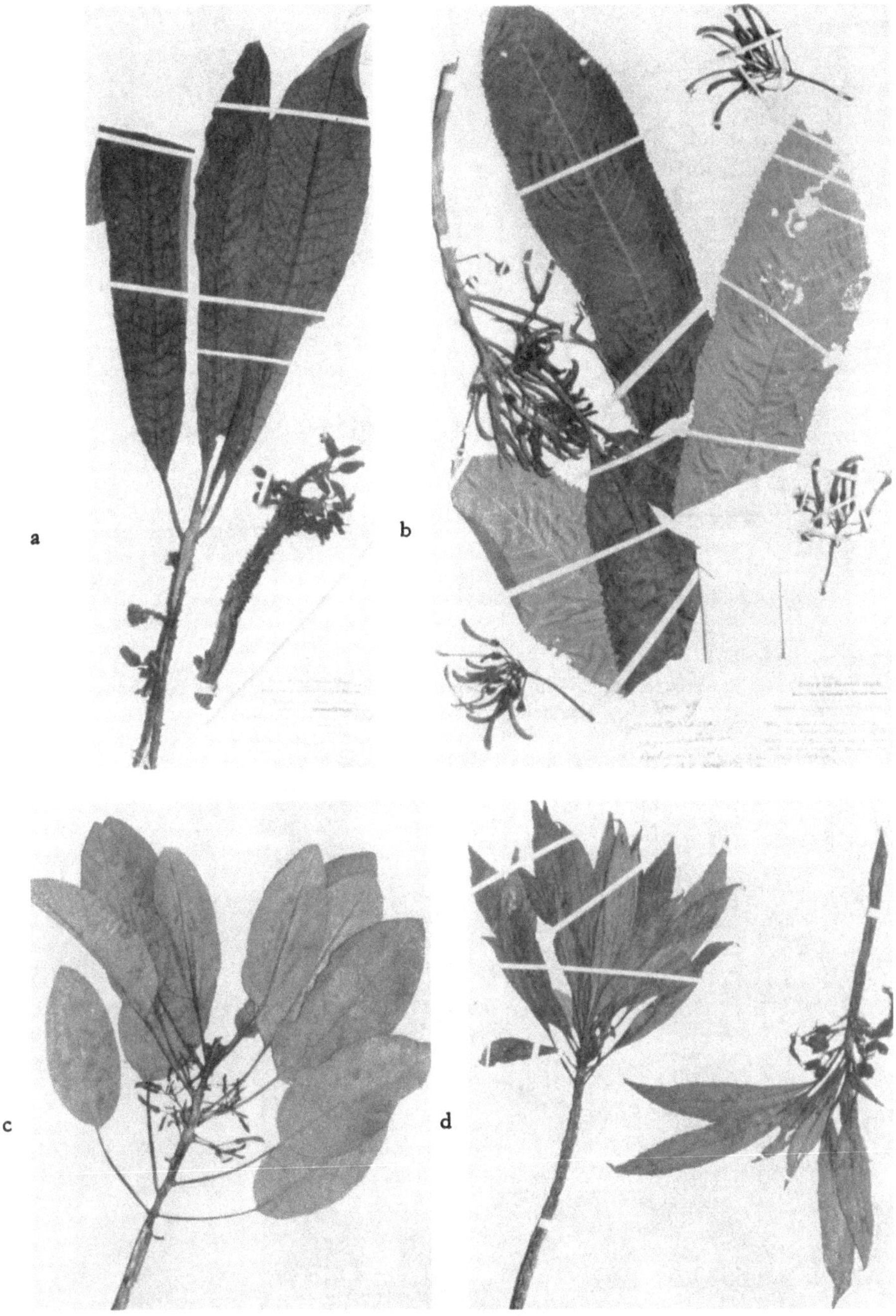

Fig. 5. a *Cyanea mceldowneyi* Rock. — b *Cy. coriacea* (A. Gray) Rock var. *serratifolia* Rock (Typus! Webster n. 1636). — c *Cy. angustifolia* (Cham.) Hillebr. var. *elliptica* (Rock) E. Wimm. (Typus! Forbes — Bish. M.). — d *Cy. chockii* Rock (Chock n. 972). — Photo Bishop Mus.

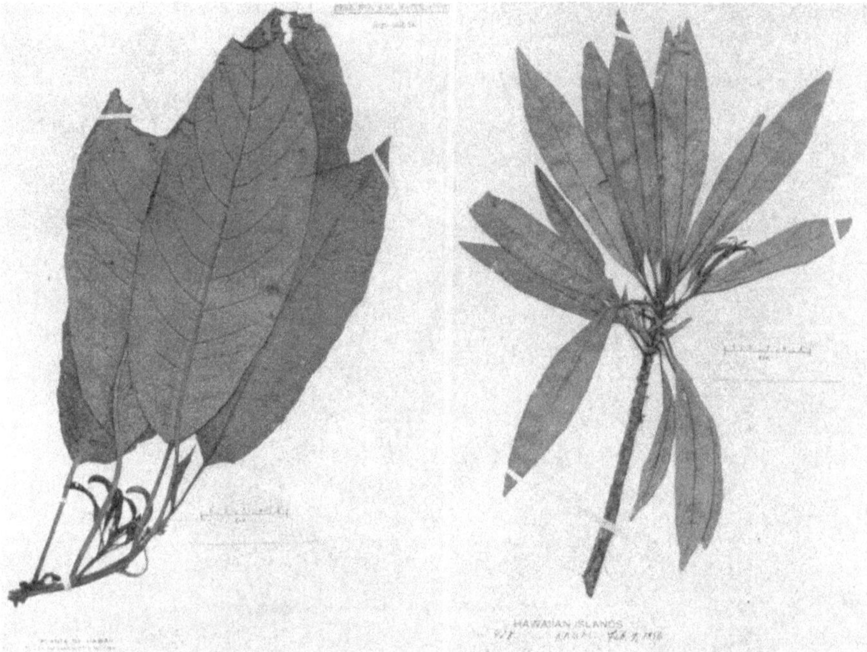

a b

Fig. 7. a *Cyanea crispohirta* E. Wimm. (Degener b. 7870). — b *Cy. rockii* E. Wimm. (Hatheway & Lane n. 428).

Fig. 8.
Cyanea stictophylla Rock var. *inermis* Rock.
— Photo Rock.

Fig. 9. *Cyanea membranacea* Rock (Typus! Russ). — Photo Bishop Mus.

Fig. 10. a *Cyanea longipedunculata* Rock. — b *Cy. grimesiana* Gaudich. var. *hirsutifolia* Rock (Typus! Russ). — c *Clermontia leptoclada* Rock var. *urceolata* Rock. — d *Cl. waimeae* Rock var. *longisepala* Rock. —Photos Bishop Mus.

a

b

Fig. 11. a *Clermontia lindseyana* Rock. — b *Cl. parviflora* Gaudich. — Photo Rock.

Tafel 10

a

b

Fig. 12.
a *Clermontia convallis* E. Wimm.
Zeichnung nach einem Exemplar
im Herbar N. York.
— b *Cl. aspera* E. Wimm.

Fig. 13. *Clermontia caerulea* Hillebr. Aus Samen gezogen im botan. Garten von Kopenhagen; in Hawaii ein Baum mit einem Stamm von 4—6 m Höhe und 12 cm Dicke.

a b c

Fig. 14. a *Pratia montana* (Reinw.) Hassk. var. *deleiensis* C. E. C. Fischer (Ward n. 8460). — b *P. wardii* (C. E. C. Fischer) E. Wimm. (Ward n. 8445). — c *P. longipedicellata* (C. E. C. Fischer) E. Wimm. (Ward n. 8443).

a b c d

Fig. 15. a *Burmeistera splendens* E. Wimm. — b *Burm. weberbaueri* A. Zahlbr. — c *Burm. pittieri* E. Wimm. — d *Burm. sylvicola* A. Zahlbr. (Killip & Garcia n. 33784).

a b c d

Fig. 16. a *Centropogon albolimbatus* E. Wimm. (Triana). — b *C. solanifolius* Benth. var. *hirtellus* E. Wimm. (Alston n. 7934). — c *C. medusa* E. Wimm. (Jameson n. 726). — d *C. mellitus* E. Wimm. var. *peruvianus* E. Wimm. (Sandeman n. 53).

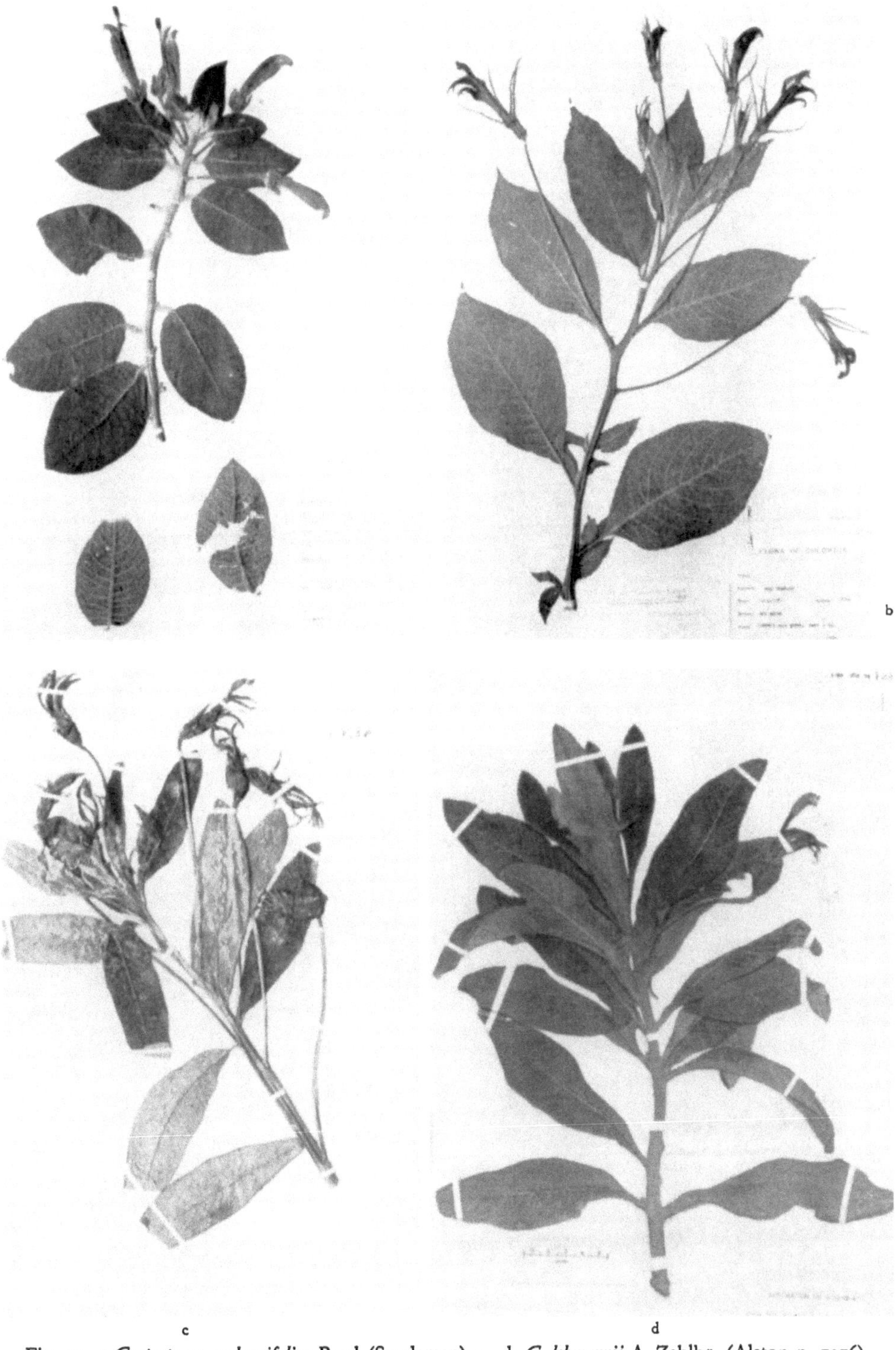

a b c d

Fig. 17. a *Centropogon verbascifolius* Presl (Sandeman). — b *C. lehmannii* A. Zahlbr. (Alston n. 7976). — c *C. willdenowianus* (Presl) E. Wimm. (Triana n. 86 = 3069/26). — d *C. varelae* E. Wimm.

Vergleiche die Bemerkungen Rocks über diese Art in Occas. Pap. Bishop Mus. XXII, p. 38, wo er auf die verschiedenen Höhenstufen hinweist, in denen mehrere Arten von *Clermontia* in diesem Gebiet auftreten, so *Cl. caerulea* f. *flavescens* (Fig. 13) in ungefähr 4500 Fuß, die var. *parvifolia* in 5000 Fuß, *Cl. loyana* in 6000 Fuß, die *Cl. rockiana* in 6200 Fuß und die *Cl. haleakalensis* in 7000 Fuß, die größte Höhe in der bis jetzt eine *Clermontia* gefunden worden ist.

p. 95/26 **Clermontia waimeae** Rock var. **waimeae**. — Folia oblongo-lanceolata, utrinque acuta, 12 × 3 cm, petioli 3 cm, margine conferte adpresso-denticulata, glabra. Hypanthium pyriforme, sparse hirtum; lobi 5—8 mm longi. Corolla 35 mm longa, sparse hirta.

var. **obovata** Rock in Occas. Pap. Bishop Mus. XXII (1957) 41. — Folia obovato-oblonga, 11 × 4 cm, apice rotundato subacuta, basi acuta, petioli 1—2 cm longi. Pedunculi 2-flori, 1 cm longi, hirsuti; pedicelli 5—7 mm longi. Hypanthium oblongum usque turbinatum, 10 mm longum, puberulum; lobi calycis triangulares, 7 mm longi. Corolla 30—40 mm longa, hirtella, inferne luteolo-alba, superne purpurea.

Hawaii: Kohala Mountains, Puu Ahia, Kawaihe, in wet forest, 1600 m, 2. I. 1932 (St. John & Hosaka n. 11500 — Bish. M.).

var. **longisepala** Rock l. c. 42. — Folia obovata, 5—9 × 3—5,5 cm, supra glabra, subtus puberula, apice subrotundato acuta, basi acuta, petioli 15—20 mm longi, puberuli. Pedunculi 10—12 mm longi, hirsuti, 2—4-flori; pedicelli 10 mm longi, hirsuti. Calyx hirsutus, lobi sublineares, 18—20 mm longi, 1—2 mm lati. Corolla 25—30 mm longa, hirsuta. — Fig. 10d.

Hawaii: Mountains back of Waimea, c. 800 m, in rain forest, VII. 1910 (Rock n. 25671 — Bish. M.).

f. **lanceolata** E. Wimm. f. nov. — Planta ex eodem loco et tempore a Rockio collecta, sed folia omnino lanceolata, glabra, utrinque acuta, petioli 3 cm longi. Calyx oblongo-pyriformis, lobis linearibus, basi 2 mm latis, 20 mm longis. Corolla 30 mm longa, apicem versus tantum subhirta.

Hawaii: Waimea, VII. 1910 (Rock sine no.! — K.).

p. 96 **Rollandia** Gaudich.

p. 98/2 **Rollandia angustifolia** (Hillebr.) Rock, adde: Oahu: Wiliwilinui Ridge, rain forest, c. 800 m, 27. VI. 1949 lg. Greenwell & Murashige (Hb. Degener n. 19716! — W.).

var. **ochreata** E. Wimm. — Oahu: Bowman trail, mauka of Honolulu, dark forest, 19. VI. 1949 lg. Greenwell & Mark Kerr (Hb. Degener n. 20933! — W.).

p. 99 **Rollandia longiflora** Wawra, adde: Oahu: Laie, west of Poamoho trail, forest, fr. 25. VIII. 1935 (Hb. Degener n. 11479! — W.).

p. 99 **Rollandia sessilifolia** Deg. — Syn.: *Rollandia longiflora* var. *pupukea* Deg., Fl. Haw. fam. 339.

Oahu: Between Pupukea and Kahuku, forest, fl. V. 1931 lg. Degener, Hiray & Park.

p. 101/9 **Rollandia lanceolata** Gaudich. var. **tomentella** (Wawra) E. Wimm., adde: Oahu: C. C. C. Trail, Kawailoa, shrubby slope; westslope of Kaala, 900 m; Anahulu Trail, Koolau Range at summit; Pupukea — Kahuku, open forest, near top 1 mile

S. of Black Junction, branched, 2 feet high, fleshy shrub, corolla dark claret (Hb. Degener n. 12055! 12195! 11480a, b! 20726! — W.).

Degener beschreibt die Blüten wie folgt: „Calyx tube green, lobes purplish; corolla in bud greenish-white outer, 1/4 purplish-tinged and often from base with central veins of petals purplish; corolla lobes purple especially so on inner surface but with margins white; staminal column faint-purple; anthers deep purple with whitish apex".

Rollandia degeneriana E. Wimm. ex Degener, Fl. Haw. Isl. fam. 338 (1960) c. t. — Planta *Rollandiae lanceolatae* et *R. calycinae* proxima, fortasse earum hybrida. Folia obovato-oblonga vel elliptico-oblonga, 30×10 cm, apice subacuminata, ad basin in petiolum ad 8 cm longum angustata, margine crenulato-denticulata, supra tuberculis sine seta sparsa, subtus pallida, nervis venisque conspicuis, pilis fuscis simplicibus furcatis intermixtis dense vestita, nervi secundarii sub angulo subrecto subcurvatim ascendentes. Pedunculi solitari-axillares, crassi, basi 9 mm diametientes, 35 mm longi, glabri, laeves, floribus 4—7 racemosis ornati; pedicelli 10 mm longi, glabri. Calycis tubus angusto-obconicus, lobi 6 mm longi, connati vel soluti, tunc pars libera loborum 1—2 mm longa et late ovata, mucronulata. Corolla sigmoideo-curvata, 75 mm longa, glabra, e basi angustiore sensim dilatata (—9 mm), tubo integro 45 mm longo, lobi corollae lineares, patenti-deflexi, c. 20—30 mm longi. Staminum tubus exsertus, glaber, 82 mm longus; antherae 12 mm longae, basi pilosulae, 2 inferiores apice penicillatae.

Oahu: Pig-God trail, Punaluu in forest at summit, 4. VII. 1937 (Hb. Degener n. 11484! — W.).

p. 103/12 **Rollandia humboldtiana** Gaudich., adde: Oahu: Summit of Wiliwilinui Ridge, Wailupe, 6. XI. 1948 (Hb. Degener n. 19387! — W.).

Eine der schönsten *Rollandia*-Arten mit lang herabhängenden weißleuchtenden Blütentrauben, selten.

p. 104 Subtrib. II. **Burmeisterinae** E. Wimm.

Flores solitarii in axillis foliorum vel bractearum aut in racemis terminalibus, saepe etiam corymbiformiter dispositi. Corollae tubus integer, *Pratia* excepta, cuius tubus in dorso longitudinalter fissus est.

p. 104 **Pratia** Gaudich.

Typus generis: *Pratia repens* Gaudich.

Sect. I. **Pratia** (*Eupratia* Endl.)

Herbae parvae, procumbentes, radicantes vel repentes, saepe carnosulae; flores solitarii in axillis foliorum.

p. 111/14 **Pratia wollastonii** S. Moore — Supple: Tseng, Study of Chinese Campanul. in Contrib. Instit. Bot. Nat. Acad. Peiping III (1935) 118, fig. 17 C.

p. 112/15 **Pratia nummularia** (Lam.) A. Br. & Aschers. — Supple: Ch. Clarke, Pl. of Kohima and Muneypore in Journ. Linn. Soc. XXV (1887) 41.

Adde: Tonkin (Vietnam)[1]), Vallee de Lankok, Mt. Bari, dans les cultures, Mars 1888 (Balansa n. 3611!). — Auf Java weit verbreitet: nach Waitz n. 131,

[1]) Bei geographischen Namen, die sich in den letzten Jahren verändert haben, wurde aus Gründen des besseren Vergleichs mit den Heften 106 und 107 der Schriftenreihe „Das Pflanzenreich" der ursprüngliche Name belassen und die gegenwärtig gebräuchliche geographische Bezeichnung dahinter in Klammern gesetzt.

Kavak — nassie, Kraut gebraucht gegen alte Wunden; Mt. Rindjanie, c. 2100 m, repens ad saxa, 8. VIII. 1846 (Zollinger n. 3224! — P.).

p. 114 **Pratia brachyantha** (Merrill & Perry) E. Wimm. comb. nov. — *Lobelia brachyantha* Merrill & Perry in Journ. Arnold Arb. XXII (1941) 385; E. Wimm. vide II, p. 487.

p. 116 Sect. II. **Colensoa** (Hook. f.) Hemsl.

Herbae erectae, validiores et majores, flores solitari-axillares (*Speirema*) vel in racemis terminalibus, occasionaliter etiam cum lateralibus.

p. 116/21 **Pratia montana** (Reinw.) Hassk. var. **deleiensis** (C. E. C. Fischer) E. Wimm. comb. nov. — *Lobelia deleiensis* C. E. C. Fischer in Kew Bull. 1940, 207 (1941). — Herba glabra, ramosa, ad 1 m alta. Pedunculi 3—4 cm longi, patenti-deflexi, versus apicem sursum curvati. Calycis tubus cupularis, 5 mm longus; lobi anguste lineares, 16—20 mm longi, divaricati, demum deflexi. Corolla cremeo-alba. — Fig. 14a.

Assam: Delei Valley, 28°21′ N., 96°37′ E., 1850—2150 m, temperate rain forest, fls. July (F. K. Ward n. 8460! — K.).

p. 116 **Pratia wardii** (C. E. C. Fischer) E. Wimm. comb. nov. — *Lobelia wardii* C. E. C. Fischer in Kew Bull. 1940, 298 (1941). — Herba erecta, turiones longi, pendentes vel arcuati, fistulosi, superne puberuli. Folia oblongo-lanceolata, subcuspidata, basi subacuta, 4—8 × 1—2,3 cm, margine callose dentata, nervi supra hirtelli vel glabrescentes, subtus costa hirtella excepta glabrata, petioli 4,8 mm longi. Flores solitarii in axillis foliorum superiorum minorum. Pedunculi 3,7 cm longi, tenues. Calycis tubus cupularis, 4—6 mm longus, lobi angustissime lineares, 4—5 mm longi, saepe apice recurvati. Corolla violacea, 22 mm longa, 2 lobi laterales lineares, acuti, 12 mm longi: labium inferius 3-fidum lobis obovatis et apiculatis, 6,5 mm longis et 5 mm latis, intus pubescentibus. Staminum tubus 11 mm longus, glaber; antherarum tubus 5 mm longus, in suturis hirtus, 2 inferiores antherae apice barbatae. Stigma bilobum, subtus pubescens. — Fig. 14b.

Assam: Delei Valley, on the edge of thickets in the undergrowth, 1600 m, fls. July (Ward n. 8445! — K.).

Der vorigen Art sehr ähnlich, doch durch die eigentümliche Unterlippe der Korolle klar verschieden.

Pratia longipedicellata (C. E. C. Fischer) E. Wimm. comb. nov. — *Lobelia longipedicellata* C. E. C. Fischer in Kew Bull. l. c. — Herba glabra, ad 1 m alta. Caulis simplex, foliatus, 5 mm in diametro. Folia (radicalia desunt) oblongo-oblanceolata, acuminata, inferiora apice brevi-obtuso-acuminata, basi cuneata, superiora lanceolata, caudato-acuminata, basi obtusa, 5—15 cm longa, 1,3—3,5 cm lata, margine minute callose dentata, basin versus integra, pelluciduli-punctata, glabra, luteo-viridia, opaca, subtus pallida et nervis secundariis planis, sub angulo acuto excurrentibus praedita; petioli 5—10 mm longi, crassi. Flores solitarii in axillis foliorum superiorum, nec autem foliorum summorum. Pedunculi 5—8 cm longi sigmoideo-patentes, bracteolis 2 supra basin 2—15 mm longis muniti; ovarium obovoideum usque subglobosum 6—7 mm longum, lobis sublinearibus, obtusis, integris vel subdenticulatis, 15—30 mm longis. Corolla 18 mm longa, obscure purpurea, subglabra, nitida; lobis 2 superioribus (lateralibus) linearibus 11 mm longis, 3 inferioribus (mediis) lanceolatis, 7—8 mm longis. Stamina 14 mm longa, ciliolata: antherarum tubus 6 mm longus, glaber, 2 inferiores apice parce-pilosae. Bacca subglobosa, 8 mm in diam. Semina 0,7 mm longa. — Fig. 14c.

Assam: Delei Valley, 28°21′ N., 96°37′ E., 1850—2450 m, fl.—fr. VII. (Ward n. 8443! — K.).

p. 119 **Hypsela** Presl

p. 120/1 **Hypsela reniformis** (HBK.) Presl, adde: Bolivia: Dept. La Paz, SE. shore of Lake Titicaca, 4000 m (W. M. A. Brooke n. 6374! — Br. M.).

p. 122, 767 **Burmeistera** Triana

Sect. I. **Imberbes** E. Wimm.

Tubus antherarum orificio pilis mollibus sparsis circum obsessus vel sine pilis.

Burmeistera crebra McVaugh in Brittonia IX (1957) 31. — Herba ad 50 cm alta, puberula. Folia elliptica, 45×16 cm, utrinque acuta, margine conferte dentibus angustis acutis ciliatis munita, supra glabra, subtus dense puberula, petioli ad 25 mm longi, puberuli. Flores solitarii in axillis foliorum superiorum paulum decrescentium. Pedunculi fructiferi 7—8 cm longi, sparse puberuli, ebracteolati, suberecti. Calycis tubus cupularis, 8 mm longus, lobi lanceolati, denticulati, erecti, 6 mm longi, 2 mm lati. Corolla 37 mm longa, viridula (?), glabra: tubus ad 20 mm longus, anguste cylindricus, abrupte in faucem ampliatus: lobi superiores ovato-lanceolati, falcati, circiter 13 mm longi; lobi inferiores similes, breviores. Staminum tubus exsertus: filamenta versus apicem pubescentia, 25 mm longa: tubus antherarum 6 mm longus, in dorso sparse pilosus, orificio aperto et nudo. Bacca oblongo-ellipsoidea, utrinque subrotundata, circiter 6 mm longa et 2 mm lata. Semina subcompresso-oblonga, 1 mm longa, reticulata.

Costa Rica: Prov. San José, Cordillera de Talamanca, forest north of San Isidro del General, 2100 m, 15. V. 1956 (L. O. Williams n. 20013! — Univ. Mich.).

Der *B. connivens* Gleas. nahe stehend, unterscheidet sie sich von ihr durch die elliptischen, dicht gesägten Blätter und die schmalröhrige Korolle. — Von der *B. connivens* fand ich im selben Herbar eine Pflanze, die von O. Haught n. 5393 in Colombia, Dept. Cauca, San Juan de Micay Valley, along stream, c. 100 m gesammelt wurde und zu der er bemerkt: „Slender arching shrub, 1 m h., fls light green". Die Kelchzipfel sind im Gegensatz zum Typus nicht gezähnt.

p. 132/14 **Burmeistera macrocalyx** E. Wimm., adde: Costa Rica, ohne nähere Ortsangabe (Pittier & Durand n. 1985! — Brux)., sieht fast wie eine Mittelform zwischen dieser und *B. pittieri* E. Wimm.[1]) aus: pedunculi ad 16 cm longi, calycis tubus oblongo-campanulatus, lobi calycis lineares, denticulati, 23 mm longi, 3 mm lati, corolla 22 mm longa, antherae 10 mm longae, apice nudae.

Burmeistera curviandra E. Wimm. in Brittonia VIII (1955) 107. — Frutex ramosus, circiter 1 m altus. Rami teretes, glabrati, in vertice hirtelli. Folia in petiolum ad 2 cm longum angustata, tenuia, pilis brevissimis scabrida, opaca, ovato-oblonga, 12×4 cm, ad apicem acuta vel acuminato-cuspidata, basi subrotundata usque subacuta, margine remote callose denticulata, nervi laterales 6—8 sub angulo fere 50° a nervo medio curvatim ascendentes. Flores 8—10 solitarii in axillis foliorum superiorum diminutorum. Pedunculi 45 mm longi, ebracteolati, in vertice plus minusve congesti. Hypanthium globosum, glabrum, circiter 5 mm longum et latum; lobi calycis lineari-lanceolati, obtusi, 10 mm longi, callose denticulati, glabri, patentes. Corolla viridula, glabra: tubus rectus, subconicus, in dorso 15, in latere ventrali 9 mm

p. 134/16 [1]) *Burmeistera pittieri* (Fig. 15c) ist eine auffallende schöne Art und hat mit *B. vulgaris* E. W., wie McVaugh in N. Am. Fl. 32 A (1943) 129 angibt, wohl Ähnlichkeit, ist aber zu ihr nicht synonym ebenso wenig wie *B. macrocalyx* selbst.

longus infra faucem inflatam 3 mm latus: lobi corollae inaequales, falcati, superiores 11, lobi labii inferioris laterales 6, medii 4 mm longi. Filamenta 20 mm longa pubescentia; antherarum tubus curvato-cylindricus (inde nomen!), glaber, purpureus 7 mm longus, apice antherae omnes pilis mollibus ciliatae.

Colombia: Dpt. de Caldas, Cordillera Central, Quebrada Romeral, Rio Chinchina, temperate forest with *Chusquea*, 3445 m, 26. XI. 1944 (H. St. John n. 20868! — Univ. Mich.).

B. pennellii Gleas. similis. sed folia angustius ovato-oblonga elliptica, remote adpresse denticalata, pubescentia brevis et sparsa. pedunculi glabri et duplo breviores, calycis lobi et corolla glabra.

136/21 **Burmeistera ramosa** E. Wimm. var. **campii** E. Wimm. in Brittonia VIII (1955) 108. — Suffrutex ad 2 m altus, rami arcuato-dependentes usque ad 3 m. Folia oblonga margine leviter repando minute callose denticulata, subtus in nervis brevissime hirtella. Corolla rubicunda, superne virens, tubo in dorso 19, in pagina inferiore 12 mm longo. Antherarum tubus subcurvatus, apicem versus leviter ampliatus, 7 mm longus, orificio molli-pilosus. Bacca globosa, c. 10×10 mm. Semina fusiformia, fere 1 mm longa.

Ecuador: Prov. Santiago-Zamora („Oriente"), Cordillera Cutucú, c. 2°40′ S., 78° W., on banks of Rio Ontza, 1400 m, 17. XI. —5. XII. 1944 (W. H. Camp n. E-1177! — Typus, Univ. Mich.); eastern slope of the Cordillera, Valley of the Rio Negro and Rio Chupianza, Tambo Chontal to Tambo Consuelo, 1500—2600 m (Camp n.E-1587! — Univ. Mich.). — Colombia: Cordilleras between Pitalito and Mocoa, 8. IV. 1899 (T. A. Sprague n. 342 A! — K.), sed planta glabra ut var. *ramosa.*

Burmeistera oblongifolia E. Wimm. in Brittonia VIII (1955) 108. - Frutex epiphyticus, glaber. Folia petiolata, membranacea, opaca, nervi subtus prominentes, laterales 8—9 sub angulo c. 50° subcurvatim ascendentes, lamina oblonga 4—8×1,4—2,5 cm, acuminata, basi acuta et in petiolum tenuem 8—14 mm longum breviter angustata, margine callose denticulata, dentibus infra apicem interdum accrescentibus. Flores in axillis foliorum superiorum solitarii. Pedunculi 4—6 (8) cm longi, suberecti, ebracteolati. Hypanthium globosum, 5 mm longum et latum, demum inflatum; lobi calycis anguste triangulares, basi utrinque 1 dente muniti, 2 mm longi. Corolla dilute viridis: tubus rectus, basi 8, infra faucem inflatam 3 mm latus, in latere dorsali 16, in latere ventrali 11 mm longus; lobi superiores sublineares, acuti, falcati, 12 mm longi, 3 inferiores ovato-acuti, fere duplo breviores. Staminum tubus 29 mm longus glaber: antherae in tubo 6 mm longo subcurvato, apice nudo connatae. Bacca ellipsoidea, inflata, 3×2 cm. Semina anguste oblonga, fusca, vix 1 mm longa, cellulae testae oblongae.

Ecuador: Prov. Santiago-Zamora („Oriente"), near junction of Rio Pailas and Rio Negro, 2000—2500 m, 20.—24. VIII. 1945 (W. H. Camp E-4925! Typus, — Univ. Mich.); dense forest between Campanas and Arenillas, along Rio Tintas, 2195 m, VII. (J. A. Steyermark n. 53586! — Univ. Mich.).

Burmeistera aëribacca E. Wimm. in Brittonia VIII (1955) 108. — Frutex epiphyticus, glaber. Petioli tenues, 5—12 mm longi. Folia tenuiter membranacea, fere concoloria vel subtus violascenter suffusa, oblongo-ovata, 13×5 cm et minora, apice acuminata, basi rotundata, margine perparum repando minute denticulata, nervi secundarii 8—9 sub angulo fere recto arcuatim ascendentes. Pedunculi solitarii in axillis foliorum superiorum minorum, 45 cm longi, ebracteolati, patentes. Hypanthium oblongum, 9×4 mm, lobi calycis triangulares, 2 mm longi, sinus inter eos late rotundati. Corolla viridula, glabra: tubus e basi inflato attenuatus (3 mm), in latere dorsali 17 mm, in latere ventrali 8 mm longus: lobi corollae lineares acuti falcati: 2 superiores 14 mm, 3 inferiores 8—6 mm longi et ovato-acuti. Filamenta pubescentia, 24 mm longa; antherarum tubus subcurvatus, glaber, orificio pubescenti-ciliatus. Bacca valde inflata, oblongo-ellipsoidea, luteo-viridis, 48 mm longa, 32 mm lata. Semina oblonga, fusca, 0,8 mm longa, cellulae testae oblongae.

Colombia: Dept. Cundinamarca, Cordillera Oriental, Caraucha Range, east of Ibama, 13 km east of Yacopi, near the Boyaca border, temperate forest, 2290 m, 8. V. 1944 (M. L. Grant n. 9153! — Univ. Mich.).

Steht der *Burmeistera vulgaris* nahe, unterscheidet sich von ihr durch die Blattform, die fast doppelt kürzeren Pedunculi, durch die behaarten Filamente und die Form der Beere.

p. 139/30 **Burmeistera mindoana** E. Wimm., adde: Colombia: Dept. of Nariño, Barbacoas, forest, near sea level, 8. V. 1939 (Alston n. 8486! — Br.M.) Costa Rica: Prov. Alajuela, Canton Alfaro Ruiz, La Pena de Zarcero, 1400 m, base large forest tree, Carrib cloud zone, 11. VII. 1938 (A. Smith n. 893! — NY.).

Das Exsikkat aus Costa Rica hat etwas breitere elliptische Blätter mit kürzerer, plötzlich verschmälerter Spitze und die Korolle ist ein wenig kleiner, kaum Ursachen, daß man daraus eine Varietät annehmen müßte.

p. 143/39 **Burmeistera succulenta** Karst. & Triana, adde: Venezuela: State Aragua, Colonia de Tovar, in meadows and forests, 1700—2300 m, corolla deep pink (H. Pittier n. 9317! — Wash.); Federal District, Headwaters of Chirichiriviche and Pentaquire Rivers, Coastal Range, 1800—2000 m (H. Pittier n. 8120! — Wash.); Colonia Tovar (Linden n. 231!, Funck & Schlim n. 442!, Gollmer!, Moritz n. 875!, Fendler n. 731! — Del., B.).

var. **meiophylla** A. Zahlbr.—Ecuador: Westabhang des Pichincha (W. Jameson n. 703! — Br. M.). Colombia: La Linea, Quindio, 3200 m (Dryander n. 2146! — W.).

var. **latisepala** E. Wimm. var. nov. — Folia latiora et breviora quam in var. *succulenta*, late elliptica, 7,5×4 cm, secus ut in typo. Calycis lobi 6 mm longi, sublineares, obtusi, undulati. Corollae lobi fere duplo minores.

Ecuador: in Andibus (R. Spruce n. 5119! — K.).

var. **breviloba** E. Wimm. var. nov. — Folia ut in typo (8 —12×3—4,5 cm). Pedicelli 8 cm longi. Corollae tubus 12 mm longus et lobi c. 13 mm longi. Stamina 35 mm longa. Calycis lobi dentiformes, 1,5 mm longi.

Ecuador West: San Carlos de los Colorados, primärer Regenwald, 150 m, 28. IX. 1935 (H. Schultze-Rhonhof n. 1929! — B.).

Burmeistera splendens E. Wimm. sp. nov. — Suffrutex glaber. Rami fistulosi, plumbi crassitie, straminei, laeves. Folia sessilia, glaberrima, valde nitescentia, fere concoloria, oblonga, 50×18 mm, apice acuminata, basi angustata, conferte serrata, subcoriacea, supra nervis impressis, subtus reticulato-nervosa, nervis secundariis c. sub angulo semirecto curvatim ascendentibus. Flores solitarii in axillis foliorum decrescentium. Pedunculi uniflori, 50—60 mm longi, erecti, ebracteolati, apice in calycem obconicum in summo disciformiter ampliatum, 5-lobum, lobi sublineares, 9 mm longi, integri, erecti. Corolla 20 mm longa, tubo ad faucem paulo ampliato, 15 mm longo et 5—6 mm lato, lobis superioribus falcatis 6 mm longis, ceteris gradatim brevioribus. Filamenta glabra; antherae in tubum cylindricum, virentem, glabrum, 6 mm longum connatae, apice obliquo circum leviter subciliato. Bacca pyriformis, subcurvata, c. 10 mm longa, 5-costata, videtur deorsum declinata. — Fig. 15 a.

Colombia: Andes del Norte VII. 1851 (Triana n. 3059/23! — Br. M.).

Mit *B. weberbaueri* (Fgi. 15b) nahe verwandt, ist sie dennoch reichlich verschieden durch die länglichen, kürzer zugespitzen Blätter, die Kelchform und die Kelchzipfel. Sie gehört in die Subsect. *Aequilatae*.

p. 145

Sect. II. **Barbatea** E. Wimm.

Antherarum 2 inferiores apice barbatae, pili plerumque villosi, 1—3 mm longi.

. 146/45 **Burmeistera cylindrocarpa** A. Zahlbr. var. **candida** E. Wimm. in Brittonia VIII (1955) 109. — Herba robusta caule crispo-pubescente. Folia oblonga, 7—14×3—5 cm, subtus dense puberula. Flores in vertice côngesti, pedicelli 4—5 cm longi, bracteis foliaceis parvis suffulti; hypanthium longe obconicum lobis triangularibus 3 mm longis. Corolla luteola tubo ab incisura dorsali 15 mm longo, lobis falcatis inaequilongis. Filamenta inconspicue puberula; antherae glabrae, 5 mm longae. Bacca ovoidea, candida.

Colombia: Dept. El Valle, Cordillera Occidental, Hoya del Rio Sanquinini, La Laguna, 1250—1400 m, 10.—20. XII. 1943 (J. Cuatrecasas n. 15513! — Univ. Mich.).

. 147/46 **Burmeistera xerampelina** E. Wimm., adde: Colombia: Dept. del Valle, Cordillera Occidental, vertiente occidental, Hoya del Rio Cali, vertiente izquierda del Rio Pichinde, Tareas, Bosque, 2250—2260 m, VII. (J. Cuatrecasas n. 21603! — Univ. Mich.).

Zu dieser Herbarpflanze bemerkt der Sammler: „Suffrutex, ramas intricadas divaricadas en el extremos. Hoja crassiuscula verde obscura haz, enves id. o verde violacea, corola verde violacea o verde". Von der typischen Form ist sie durch schwache kurze Behaarung und weniger spitze Blätter unwesentlich verschieden.

Burmeistera corei E. Wimm. in Brittonia VIII (1955) 109. — Frutex glaber ramis dependentibus. Folia tenuiter membranacea, glauco-viridia, fere concoloria oblongo-lanceolata, 10—12×2,5—3,5 cm, apice cuspidata, basi in petiolum 8—10 mm longum attenuata, margine irregulariter serrato-dentata (dentes arguti antrorsum curvati conferti minores inter majores), nervi laterales 12—13 prominuli sub angulo fere semirecto a costa albida curvatim ascendentes. Pedunculi in axillis foliorum lanceolatorum solitarii, 45 mm longi, ebracteolati, folio breviores. Hypanthium obconicum, 3 mm longum; lobi triangulari-lineares, 5 mm longi, integri, erecti. Corolla dilute viridis, tubus rectus, 15 mm longus (in dorso), 1,5 mm latus, anguste cylindricus; lobi corollae falciformes, 3 inferiores breviores. Filamenta 21 mm longa; antherarum tubus 5 mm longus, 2 inferiores antherae apice barbatae. Bacca fere matura, globosa, 9×9 mm. Semina compresso-cylindrica vel -clavata, fusca, 0,8 mm longa, cellulae testae isodiametricae!

Colombia: Intendencia of Choco, Rio Dauro, tributary of Rio Habita, east of Carmen, 2200 m, 3. III. 1944 (Earl L. Core n. 358! — Univ. Mich.).

. 152/57 **Burmeistera carnosa** Gleas. var. **metastasia** E. Wimm. var. nov. — „Frutex, ramis scandentibus, corolla viridi violaceo-maculata, intus violacea", planta glabra, exceptis calyce, parte superiore corollae, filamentis, antheris. Folia oblongo-elliptica, 7—12×3—4,5 cm, subacuminata vel abrupte breviter acuminata, basi subacuta usque rotundata, subtus glabra vel inconspicue hirtella. Pedunculi 5—7 cm longi. Calycis lobi lineares, 10—16 mm longi, expansi, demum plus minusve reflexi. Corollae tubus 19 mm longus. Tubus filamentorum hirtellus, antherarum 7 mm longus, circum pilosus, 2 inferiores antherae apice barbatae.

Colombia: Dept. del Valle, Cordillera Occidental, Los Farallones, vertiente NW., Quebrada de Las Nieves, abajo de la Mina El Diamanta, 2900 m, 30. VII. 1946 (J. Cuatrecasas n. 21800! — Univ. Mich.).

Von der var. *carnosa* nur durch die oben angedeutete Behaarung und die größeren Blätter, Pedunculi und Korolle verschieden. Metastasis = Umstellung mit Bezug auf den Blütenstand, der hier bei der im Beginn des Blühens befindlichen Pflanze einzeln in den Blattachseln stehende lang gestielte Blüten zeigt.

Burmeistera fruticosa E. Wimm. spec. nov. — „Frutex, folia supra glauca, subtus violacea". Caulis fusco-ozotricho-tomentosus, foliatus. Internodia foliorum 15—25 mm longa. Folia in petiolos 4—7 mm longos crassiusculos angustata, lanceolata, 9—15 × 1,9—3,5 cm, in medio latissima, ad apicem longe sensimque acuminata, fere cuspidata, basi sensim acuta, margine denticulis callosis 3 mm distantibus munita, supra sparse actinotricha, subtus eodem modo pilosa, sed in nervis tomentosa, nervi secundarii c. 11 sub angulo 50—70° ascendentes et anastomosantes. Pedunculi solitarii in axillis foliorum superiorum, frcutiferi 5—7 cm longi, tomentosi, divergentes. Bacca depresso-globosa, subinflata, sparse ozotricha, 12 mm longa, 15 mm lata (in statu compresso). Semina compressiusculo-ovalia, fusca, reticulata, 0,7 mm longa, cellulae testae isodiametricae.

Propter flores deficientes positio systematica mihi adhuc incerta, forsan ad genus *Centropogon* pertinens.

Colombia: Dept. del Valle, Cordillera Occidental, Los Farallones, vertiente NW., Quebrada de Las Nieves, abajo de la Mina El Diamanta, 2900 m, 30. VII. 1946 (J. Cuatrecasas n. 21806! — Univ. Mich.).

p. 155/61 **Burmeistera sylvicola** A. Zahlbr., adde: Colombia: Dept. El Valle, El Silencio, Yanaconas, 1700—2200 m, dense forest, erect shrub, c. 1 m high, corolla green, fl. 22. II. 1939 (Killip & Garcia n. 33784! — W.). — Fig. 15 d.

Centropogon Presl

Zu den 1943 im ersten Band meiner Monographie Camp.-Lobelioid. beschriebenen 216 Species kamen im zweiten Band 1953 10 neue Species dazu und jetzt noch 5 neue Arten, ergibt zusammen 231 Arten.

Typus generis: *Lobelia surinamensis* L. = *Centropogon cornutus* (L.) Druce

Sect. I. **Centropogon** (*Eucentropogon* B. & H. f.)

Antherarum 2 inferiores apice cornutae (appendice triangulari cartilaginea), interdum pilis brevissimis in basi additis. Flores racemosi vel solitari-axillares.

p. 169/8 **Centropogon granulosus** Presl, adde: Peru: Carfisullo (Imgo Maria), 2000 m (Ch. Sandeman! — Br. M.). — Colombia: Prov. Ocaña, forêts Pericos (L. Schlim n. 703! — Br. M.).

p. 171/11 **Centropogon casapiensis** E. Wimm., adde: Bolivia: Dept. Cochabamba, Incachaca, 30 miles N.E. of Cochabamba, 17° S., 65,30° W., forest (Brooke n. 6773! — Br. M.).

Centropogon vaughianus E. Wimm. in Brittonia VIII (1955) 110. — „Herba succulenta, 40 cm alta, crassis radicibus, floribus purpureis". Caulis glaber, fistulosus, foliatus. Folia oblonga, leviter obovata, 8—14 × 2,7—6 cm, in apicem brevem acuminata, ad basin in petiolum brevem indefinitum angustata, margine dentibus glandulaceis intramarginalibus munita, membranacea, obscuro-viridia, opaca, glabra, subtus nervis fereplanis, folia superiora inflorescentiam subumbellatam parum superantia. Pedunculus terminalis 6 cm longus. Pedicelli ad 16 mm longi, bracteis foliaceis circiter aequilongi. Calycis tubus depresso-globosus, 5 mm longus, glaber; lobi inferne per 7 mm longitudinem connati, partes eorum liberae 5 mm longae, ovato-acutae, denticulatae. Corolla 32 mm longa, 6 mm lata, fauce inflata, lobis curvato-triangularibus, superioribus 10 mm longis, basi 6 mm latis, reliquis 7—5 mm longis. Filamenta hirta; antherarum tubus 8 mm longus, in suturis superioribus dense hirtus, antherae 2 inferiores apice cornutae.

Colombia: Dept. Cundinamarca, Subata — San Francisco road, 2000 m, 26. VIII. 1947 (O. Haught n. 6107! — Univ. Mich.).

Diese schöne Art ist dem *Centropogon roseus* verwandt, von dem sie sich unterscheidet durch die blattartigen Brakteen, die spitzen und gezähnten Kelchzipfel und die staubig-fläumliche Behaarung der Korolle.

178/28 **Centropogon grandis** (L. f.) Presl, adde: Colombia: Prov. Bogota, en el salto de Tequendame, Fenasuca, 2500 m, III. 1856 (Triana n. 3069/1! — Br. M.).

179/30 **Centropogon curvatus** Gleas., adde: Colombia: Prov. Mariquita, en el Azufzal del Quindio y en Fenasuca, 1800 m, VII. (Triana n. 1568! — Br. M.).

182/40 **Centropogon planchonis** A.Zahlbr., adde: Colombia: Prov. Bogota, Quetame, 1500m (Triana n. 3059/19! —Br. M.; var. *planchonis* et f. *glabrifolius*); Cordill. Orient., E. slope between Rio Chipayacu and (fenca) Pedrogoso en route to Puerto Asis, c. 700 m, 10. I. 1948 (J. A. Ewan n. 16742! — Univ. Mich.). — Venezuela: Caracas (Linden n. 305! 357!; Moritz n. 1301 b! et sine no.! — Br. M.).

186/47 **Centropogon beslerioides** (HBK.) A. DC., adde: Colombia: Dept. Tolima, Quindio road, wet rocks, near Waterfall, 3000 m (Alston n. 7733! — Br. M.).

186/48 **Centropogon albolimbatus** E. Wimm., adde: Colombia: Prov. Mariquita, pendiente occident. del Alto San Juan; Quindio en el Roble, Buenaventura via del Puerto, 1200 m, VI. (Triana n. 3069/6,8! — Br. M.). — Fig. 16a.

190/60 **Centropogon solanifolius** Benth. var. **hirtellus** E. Wimm., adde: Colombia: Dept. El Valle, Pass above Queremal, margin of forest, 1500 m, fl. orange, 5. IV. 1939 (Alston n. 7934! — Br. M.). — Fig. 16b.

var. **speciosus** (Planch.) E. Wimm., adde: Colombia: Dept. Cauca, Tocota, 1800 m (Lehmann n. 3416!); Munchique, 2500 m, margin of forest, fl. vermillion, IV. (Alston n. 8166! — Br. M.).

C. solanifolius ist nach dem *C. cornutus* die verbreitetste Art dieses Genus und variiert dementsprechend häufig. Die Figur 16b gibt ein gutes Bild des durchschnittlichen Charakters der Pflanze.

193/66 **Centropogon pulcher** A. Zahlbr., adde: Peru: Dept. Ayacucho, Rio Apurimac valley, 400 m, fr. V. (Killip & Smith n. 23038! — NY.); Dept. Junin, La Merced 700 m; Huacapistana, 1800—2600 m, VI.; Colonia Perene, 680 m, forests, VI. (Killip & Smith n. 23162! 24266! 25048! — NY.); ohne nähere Ortsangabe (R. Pearce! — Br. M.).

196/73 **Centropogon aristi** E. Wimm. var. **subterpilis** E. Wimm. var. nov. — Folia subtus hyalino-pilosa, oblonga, 9×3,7 cm, apice subacuta, basi in petiolum 1 cm longum attenuata. Lobi calycis 8—9 mm longi; corollae tubus 19 mm longus, antherae 6 mm longae.

Colombia: Dept. Caldas, Cordillera Central, Filo Cachiri, W. of Quebrada Termales, 3260 m, moist forest with tree ferns, feather palms, *Chusquea* etc. 24. XI. 1924 (St. John n. 20858! — Univ. Mich.).

p. 197/76 **Centropogon bonplandianus** (R. & S.) Presl, adde: Colombia: Dept. Pasto, Meneses in Alto di Aranda, 2700 m, fl. Jun. (Triana n. 1543 = 3059/11, ohne Ort n. 75). Brasilien: Sierra de Arape, Prov. Ceará, IX. (Gardner n. 1750— Br. M.)?

Sect. II. **Siphocampyloides** B. & H. f.

Antherarum 2 inferiores apice setis liberis penicillatae. Flores solitari-axillares, in vertice interdum corymbiformiter dispositi.

Centropogon delicatulus McVaugh in Brittonia IX (1957) 30. — Herba puberula ex pilis crispis sordidis. Petioli 5—12 mm longi, tenues, dense puberuli sicut partes novellae plantae; lamina foliorum ovata, basi truncata vel subcordata, apice acuminata, 4—6×1,5—2,5 cm, margine inaequaliter callose dentata, supra glabra, subtus dense puberula. Flores solitarii in axillis foliorum superiorum remoti. Pedicelli ad 65 mm longi, patentes, ebracteolati. Calycis tubus ellipsoideus, glaber, 5 mm longus; lobi anguste triangulares, c. 3 mm longi, apice obtuso recurvati. Corolla „rubra", puberula, 40 mm longa: tubus 26 mm longus, fere rectus, supra basin constrictus (1,5 mm), sursum dilatatus (5 mm), lobis superioribus 10 mm longis, inferioribus brevioribus. Filamenta glabra; antherarum tubus 5 mm longus, glaucus, glaber, antherae 2 inferiores setis penicillatae. Bacca subglobosa. Semina ovoideo-lenticularia, 0,6 mm longa, foveolata. (Diagn. auct.).

Costa Rica: Prov. Cartago, south slope of Volcan Turrialba, canon above Santa Cruz, 1500 m, 6. V. 1956 (L. O. Williams n. 19639 — Univ. Mich.).

Nahe zu *Centropogon palmanus* gehörend und von ihm schwer zu unterscheiden, etwa durch das Fehlen der Brakteolen, die ellipsoide Kelchröhre und die kahle Antherenröhre.

p. 217/102 **Centropogon oaxacanus** E. Wimm. var. **oaxacanus.** — Folia oblongo-ovata, basi subrotundata usque obtusa, apice subacuminata, margine inaequaliter dentata. Pedunculi glabri, circiter 5 cm longi. Calycis lobi lineares 3 mm longi.

var. **berterioides** E. Wimm. var. nov. — „Frutex scandens ad 6 m, floribus purpureis." Rami, petioli et nervi paginae inferioris folii puberuli ut in varietate *oaxacano*. Folia ovata, basi truncata et rotundata, apice acuminata, 55—70×55—33 mm, margine inaequaliter plano-dentata et denticulata, nervi secundarii 7 untrinque. Pedunculi solitarii in axillis foliorum superiorum, parce puberuli, 6—7 cm longi, ebracteolati, divaricati. Calycis tubus oblongo-cylindricus, 5 mm longus, lobi 1,5 mm longi, apice recurvi. Corolla 38 mm longa, inconspicue puberula, tubus in latere dorsali 28 mm, in latere ventrali 22 mm longus, ab isthmo 2 mm lato usque ad faucem ad 5 mm sensim dilatata (in statu compresso), lobi gradatim profundius soluti, circiter 10 mm longi. Bacca (immatura) oblongo-globosa, 6 mm longa.

Costa Rica: South slope of Volcan Turrialba, 1430 m, 25. VI. 1949 (R. W. Holm & H. Iltis n. 120! — Univ. Mich.).

Diese Varietät sieht aus wie eine Mittelform zwischen dem *C. oaxacanus* und dem *C. berterianus*, ist aber von letzterem durch ganz andere Korollenform deutlich getrennt.—McVaugh stellt den *Centropogon oaxacanus* als Synonym zu *Centropogon grandidentatus* var. *diversidens* E. Wimm., was total unmöglich ist, da unsere Pflanze ein Klimmer ist und ganz andere Korollenform hat: Korolle schmal und ihre Zipfel schmal-linear, gerade und auseinandergespreizt.

220/110 **Centropogon grandidentatus** A. Zahlbr. var. **valerii** (Standl.) McVaugh f. **vulcanius** E. Wimm. f. nov. — Differt caule glabro, petiolis longioribus (15 mm lg.), foliis latioribus (16×4 cm), pedunculis longioribus (5—6 cm lg.), calycis depresso-globosi laciniis 4—5 mm longis apice incurvis, corolla 35 mm longa hirta.

Mexico: Volcan Tacana west, 2800 m, Prov. Chiapas, 30. III. 1939 (E. Matuda n. 2900! — NY.).

Centropogon stenophyllus E. Wimm. spec. nov. — Suffrutex (?) glaber. Folia alterna, internodia 2 cm longa; petioli c. 1 cm longi, glabri; lamina sublinearis, 10—13×0,9—1,3 cm, utrinque sensim angustata, margine conferte callose denticulata (denticuli glandulacei, c. 1 mm inter se distantes), glaberrima, opaca, subtus pallida et nervis prominentibus, 4—8 mm inter se distantibus, curvatim ascendentibus. Flores in axillis foliorum superiorum solitarii. Pedunculi 5—7 cm longi, glabri, patentes, versus apicem sigmoideo-curvati, supra basin 2 bracteolis filiformibus brevibus ornati. Calycis tubus depresso-globosus, 3 mm longus, 5 mm latus, laciniis 3 mm longis, anguste triangularibus, callose denticulatis, erectis, sinus inter eas plano-rotundati. Corolla 35 mm longa, rubra, glabra, primo valde curvata, in anthesi subarcuata: tubus angustus, ab isthmo 1,5 mm lato ad faucem sensim ad 4 mm latum dilatatus; lobi sublineares, circiter 10—6 mm longi, patento-deflexi. Filamenta pubescentia; antherarum tubus 8 mm longus, plumbeus, glaber, antherae 2 inferiores apice penicillatae. Bacca (immatura) depresso-globosa, 5 mm longa, 8 mm lata, superne plana et lobis calycinis coronata. Semina subfusca, ellipsoidea, reticulata, 0,8 mm longa.

Costa Rica: El Páramo, 600 m (H. Pittier! — Brux., Hb. Instit. physico-geogr. nat. Costaric. n. 10551).

Steht dem *Centropogon grandidentatus* var. *valerii* nahe, ist aber doch zu verschieden, als daß man ihn nur als eine Form desselben betrachten könnte. Unterschiede: Fehlen jeder Behaarung bis auf die Staubfäden, Blätter linear und viel schmäler, Pedunkel fast doppelt länger, Kelchröhre breit-kugelig, Kelchzipfel jederseits mit einem Zahn, Korolle schmal, halbbogig gekrümmt.

223/120 **Centropogon ferrugineus** (L. f.) Gleas. var. **glabrifilaris** E. Wimm. f. **subaequus** E. Wimm. f. nov. — Differt folio basi obtuso et calycis lobis 5—6 mm longis.

Ecuador: Prov. Cañar, uplands called „Huairacaja", 10—20 km NE. of Azogues, 3200 m, 6. II. 1945 (W. H. Camp n. E-1806! — Univ. Mich., wo ich dieselbe als „*C. ferruginoides*" bezeichnet habe, hat aber wie obige Varietät unbehaarte Staubfäden und Staubbeutel).

Centropogon ewanii E. Wimm. in Brittonia VIII (1955) 110. — „Frutex sparse ramosus, rami flores gerentes in vertice fere sine foliis". Partes plantae inferiores glabrescentes, superiores dense bruneo-tomentosae. Folia petiolata (10 mm), herbacea, supra pilis simplicibus strigosiformibus vestita, subtus ozotricha et in nervis tomentosa, pili arbusculiformes sicut in petiolis, pedicellis, calycibus, corollis, lamina ovata, 10×5 cm, ad apicem acuta vel subacuminata, basi rotundata, margine conferte callose denticulata, nervi laterales 12 sub angulo circiter 75° a nervo medio excurrentes. Flores in axillis foliorum superiorum saepe jam delapsorum solitarii. Pedunculi 4—6 cm longi, patentes, in fructu deorsum versi. Calycis receptaculum depresso-globosum, 4 mm longum, 6 mm latum; lobi sublineares, acuti, integri, 5 mm longi, erecti. Corolla „obscure scarlatino-rubra lobis intus lutescentibus", circiter 35 mm longa: tubus subcurvatus, in latere dorsali 26 mm longus, ab isthmo 2 mm lato ad faucem 7 mm latam dilatatus: lobi falcati, inaequilongi, 12—6 mm longi. Filamentorum columna 35 mm longa, pubescens; antherarum tubus 7 mm longus pilis paucis longis obsitus, antherae 2 inferiores apice penicillatae. Bacca globosa. Semina subfusca, oblonga, 0,7 mm longa, cellulae testae isodiametricae!

Venezuela: Sierra Nevada de Mérida, on trail to Pico de Bolivar, below Paso de Toro, 3000—3600 m, 9. III. 1945 (J. A. Ewan n. 16947! — Univ. Mich.).

p. 236/149 **Centropogon floccosus** Planch. f. **glabrifilis** E. Wimm. f. nov. — Tomentum plantae lutescenti-griseum. Stamina 36 mm longa, glabra.

Ecuador: in valle Leveusi (?), 3000 m, V., VI. (Jameson n. 523! — Br. M.).

Centropogon verbascifolius Presl, adde: Peru: Prov. Huanuco, Carfish, 2800 m, common in moist shady situations, VI. 1958 (Ch. Sandeman! — Br. M.). Fig. 17a.

Der Kollektor bemerkt: „Shrubby plant, flowers red, yellow tipped". Die Korolle ist hier 50 mm lang und etwas breiter als bei der typischen Art.

p. 247/181 **Centropogon yarumalensis** E. Wimm. var. **puniceus** E. Wimm. — Differt „habitu robusto ramis suberectis, floribus puniceis", calycis hemisphaerici lobis longioribus (11—15 mm lg.), corolla subbreviore (38 mm lg.), tubo staminum glabro.

Colombia: Dept. Cauca, Cordillera Central, quebrada del Rio San Marcos, entre Jardin y San Rafael, 2700—2900 m, VII. (J. Cuatrecasas n. 14752! —Univ. Mich.).

p. 247/182 **Centropogon medusa** E. Wimm., adde: Ecuador: prope Papallacta, I. (Jameson n. 726! — Br. M.). — Fig. 16c.

Eine mit den langen, dünnen, fliegenden Kelchzipfeln schöne und seltene Art.

p. 247/164 **Centropogon mellitus** E. Wimm. var. **peruvianus** E. Wimm. — Folia late elliptica usque lanceolata, interdum in parte superiore triente parum latiora et ad basi sensim angustata. Antherarum tubus 6 mm longus et dorso pilosulus.

Peru: Between Almirante and Malinopompa, shrub, salmon red flowers, (Ch. Sandeman n. 53! — Br. M.). — Fig. 16d.

p. 250/184 **Centropogon erianthus** B. & H. f. var. **diversipilis** E. Wimm. var. nov. — Differt imprimis pagina foliorum superiore pilis simplicibus vestita, dum pagina inferior communi indumento bruneo-tomentoso praedita est. Cetera plus minusve var. *eriantho* aequalia sunt.

Peru: Chachapoyas (Matthews! — K.).

p. 254/202 **Centropogon lehmannii** A. Zahlbr., adde: Colombia: Dept. Cauca, near Popayan, dry scrub, fl. pale green, 2 ft. h., IV. (Alston n. 7976! — Br. M.); Pacho—San Cayetano Highway, erect herb, 75 cm high, stems black, leaves soft, fl. greenish-yellow, on wet soil, 2800 m, 2. VIII. 1947 (O. Haught n. 6030! — W.). — Fig. 17b.

Die Blüten bei n. 6030 sind fast doppelt so groß wie bei den anderen Exsikkaten.

p. 256/208 **Centropogon willdenowianus** (Presl) E. Wimm., adde: Colombia: Paramo de Quindio, 2900 m, L. (Triana n. 86 = 3069/26! — Br. M.). — Fig. 17c.

Centropogon varelae E. Wimm. sp. nov. — „Herba erecta, ramosa, c. 1 m alta, odore valde foetido". Caulis dense cinereo-pulverulento et verosimiliter viscido tomento. Folia oblonga, 11×4 cm, apice subacuta, basi subacuta et in petiolum 10—15 mm longum crassum subangustata, margine conferte minutissime denticulata, supra nervatura impressa, scabriuscula, subtus reticulata et pulverulento-tomentosa.

Flores in axillis foliorum superiorum solitarii; pedunculi crassi, floccosi, patentes, c. 9 cm longi; calycis receptaculum obovoideum, 16 mm longum et latum, costatum, tomentellum, lobi calycini ovati nervo medio elongato mucronem formante, 9 mm longi. Corolla „lutea, intus virenti-alba“ et glabra, extus pilis stellatis minutis tomentella, tubo 10 mm lato et ab incisura ventrali 10 mm longo, lobis falcatis, 30—25 mm longis. Filamenta c. 34 mm longa, glabra, exserta; antherarum tubus 15 mm longus, in connectivis dense pilosulus, 2 inferiores apice penicillatae.

Colombia: Dept. Tolima, alonge divide, near Quindio Highway, 3300—3500 m, 27. III. 1939 (K. & G. Varela n. 34618! — W.). — Fig. 17d.

Die Ähnlichkeit mit dem *C. willdenowianus* ist augenfällig, dennoch ist diese Art so eigentümlich, daß man an ihr nicht zweifeln kann.

257/210 **Centropogon mandonis** A.Zahlbr., adde: Bolivia: Incachaca, about 80 miles NE. of Cochabamba, 2500 m, VIII. (Brooke n. 6753! — Br. M.); Valley of Pelechuco, 3000 m, VI. (Pearce! — B. M.).

258/211 **Centropogon brittonianus** A. Zahlbr., adde: Bolivia: Unduavi, 3000 m, thicket near river (Brooke n. 6584! — Br. M.).

259/260 **Centropogon aquilinus** E. Wimm. var. integer E. Wimm., adde: Bolivia: Unduavi, 16° S., 68, 30° W. (Brooke n. 6584! — Br. M.).

II. TEIL DER LOBELIOIDEEN

Die Lobelioideen dieses Teiles haben kapselartige Früchte, jedoch öffnen sie sich in sehr verschiedener Weise.

Trib. II. Lobelieae

Fructus capsula, apice valvis duabus loculicide dehiscens, rarius alio modo se aperiens. Ovarium apice plerumque conicum, biloculare, raro uniloculare. — Herbae, suffrutices, frutices arbusculi, arbores tenui-caulines. Folia alternantia, rarissime opposita aut verticillata. Flores solitari-axillares vel racemosi aut subcorymbosi, rarissime fasciculati; corolla tubulosa limbo quinqe-lobato et plerumque bilabiato.

Subtrib. I. **Siphocampylinae** E. Wimm.

Capsula bilocularis, apice 2 valvis dehiscens. Tubus corollae integer vel in dorso longitudinaliter fissus, rarissime fere nullus.

Siphocampylus Pohl

Typus generis: *Siphocampylus corymbiferus* Pohl

. 277/17 **Siphocampylus orbignianus** A. DC., adde: Bolivia: Dept. La Paz, Coroico, 1600 m, VII. (Miss Broke n. 6633!); Chalumani, Yungas Distr. (Brooke n. 6517! — Br. M.).

Siphocampylus tenuisepalus E. Wimm. sp. nov. — Suffrutex ramis teretibus, medullosis, glabris. Folia verticillata (opposita et ternata), internodiis 5—9 cm longis. Petioli 1 cm longi, glabri; lamina foliorum anguste lanceolata, 10×2 cm, basi acuta, ad apicem longe sensimque angustata et cuspidata, margine fere eroso-dentata, dentibus acutis 0,5—2 mm longis, utrinque puberula, nervi secundarii sub angulo acuto excurrentes. Pedunculi singuli in axillis foliorum, fructiferi 20—24 mm longi, teretes, puberuli, ebracteolati, fructiferi. arcuato-deflexi. Calyx semi-globosus, limbo 5-fido: laciniae filiformes, 12—17 (fr.) mm longi, patentes, mox reflexi, hirtelli. Corolla 65 mm longa, 3—6 mm lata, obscuro-purpurea, subrecta, velutina. Staminum tubus glaber; antherarum tubus 8 mm longus, 2 inferiores antherae penicillatae. Capsula subglobosa, 11 mm longa, 12 mm lata, glabra. Semina cinereo-luteola, nitida, 0,6 mm longa.

Bolivia: Nordyungas, Polo-Polo bei Coroico, 1100 m, X. und XI. 1912 (O. Buchtien n. 3927! — NY.).

Von dem nah verwandten *S. orbignianus* ist unsere neue Art durch die schmalen Blätter, längeren Kelchzipfel und die viel kürzeren Blütenstiele verschieden.

. 283/24 **Siphocampylus lucifer** E. Wimm., adde: Colombia: Dept. Santander, between Giron and Lebrija, bank of stream, 1300 m (Alston n. 7351! — Br. M.).

. 285/31 **Siphocampylus reticulatus** (Willd.) Klotsch & Karst. f. **karstenii** E. Wimm. f. nov. — Folia oblongo-ovata, apice acuminato-caudata. — Fig. 18a.

Venezuela: Ohne nähere Ortsangabe (Karsten! — B.; Funck & Schlim n. 702! — Ernst n. 418! — Br. M.).

Siphocampylus rostratus E. Wimm. sp. nov. — Frutex scandens ramis dependentibus pulverulento-puberulis, saepe epiphyticus. Folia petiolata — petioli 6—10 mm longi — lamina ovato-elliptica usque oblonga et elliptica, 2—6×1,5—3 cm, apice acuminata, basi rotundata, margine denticulata, obscuro-viridis et nitida in pagina superiore, subtus pallide viridis, reticulata, puberula. Flores in racemo secundo, multifloro, solitarii in axillo foliorum deminutorum, summi 3 mm longi, 1 mm lati et pedicello 23—20 mm longo puberulo adnati; hypanthium turbinatum, lobi late triangulares, obtusi, 2 mm longi. Corolla 50 mm longa, hirta, intus alba, posterius rubescens et demum fusco-rubra, extus in basi obscuro-fuscescenti-rubra, apicem versus viridula, lobi sublineares, saepe spiraliter recurvati, 20—25 mm longi. Alabastra subarcuata, apice longius „rostrata". Stamina longe exserta, glabra; antherae 9 mm longae, chalibeiae. — Fig. 19.

Ecuador: Prov. Azuay, East Cordill., 4—6 km north of the village of Sevilla de Oro, c. 3000 m, 14. VIII. 1945 (W. H. Camp n. E-4699! — W.).

Siphocampylus rotundifolius E. Wimm. spec. nov. — Suffrutex glaber ramis teretibus medullosis. Folia inferiora non vidi, superiora orbicularia, 25—28×22—25 mm, crassiuscula et margine revoluto (in statu exsiccato), apice obtuse apiculata, basi subacuminata et in petiolum 5—8 mm longum, crassum, marginatum angustata, nervi subtus valde prominentes, secundarii 3—4 curvatim ascendentes. Flores in racemo floribundo. Bracteae? parvae. Pedicelli arcuato-deflexi, 7 mm longi (?). Hypanthium turbinatum lobis subulatis 1,5 mm longis (?). Corolla 42 mm longa: tubus angustus, 2—4 mm latus, subarcuatus, glaber; lobi anguste lineares, superiores circiter 10 mm longi, reliqui breviores, gradatim profundius soluti. Filamentorum et antherarum tubus glaber, ultimus 6 mm longus, 2 inferiores antherae apice penicillatae.

Ecuador: Horta — Naque, 3200 m, 8. XI. 1946 (R. Espinosa n. 970! — Univ. Mich.).

Das Exsikkat ist halb verfault und sehr mangelhaft, die Beschreibung dementsprechend lückenhaft und manche Angaben fraglich.

p. 299/54 **Siphocampylus biserratus** (Cav.) A. DC., adde: Peru: Dept. Lima, moist stream bank above Rio Blanco, c. 1200 m (Pennell & Maldonado n. 15934! — NY.).

p. 300/56 **Siphocampylus tupaeformis** A. Zahlbr., adde: Bolivia: Quime, small town about 100 miles from Oruro, via Eucalyptus, crossing the Quimcruz Mts. by the Trees Cruces Pass, 16,30° S., 67° W., 2600 m (Miss. Brooke n. 5407! — Br. M.); Choro, above the Cocapata river, about 100 miles NW. of Cochabamba, 3000 m (Brooke n. 6114! — Br. M.). Peru: San Gaban Valley above Chichacori, 3100 m, flow. yellow with hiddy pink edges (P. B. Fischer n. 8! — Br. M.). — Fig. 18b.

p. 306/64 **Siphocampylus andinus** Britt. var. **elegantissimus** E. Wimm., adde: Bolivia: Dept. La Paz, Coico, valley of the Yungas, 1600 m, large shrub in roadside hedge (Miss. Brooke n. 6641! — Br. M.); Unduavi, shrub with long weak shoots, usually with 2 flowers, 3000 m (Brooke n. 6595); Unduavi, evergreen climber in the woods (R. Pearce! — Br. M.).

Siphocampylus fruticosus E. Wimm. spec. nov. — Frutex caule et ramis glabratis, tenuiter striatis, superne hirtis. Petioli 15 mm longi, hirti; lamina foliorum elliptica, 5—7×2,8—4 cm, ad apicem late subacuta et callose apiculata vel abrupte brevissime acuminata, basi obtusa, margine subintegro adpresse callose denticulata, supra scabriuscula, opaca, subtus pallide viridis, hirtella, nervi secundarii prominuli 6 sub angulo fere semirecto curvatim ascendentes. Flores in axillis foliorum superiorum solitarii. Pedunculi 20—30 mm longi, hirti, suberecti, ebracteolati. Calyx depresso-globosus, 5 mm longis, 7 mm latus, hirtus; lobi subulati, 4 mm longi, erecti. Corolla „rubra", hirta, fere recta, ab isthmo ad faucem sensim ampliata, 45 mm longa, lobi sublineares, 12—7 mm longi. Staminum tubus 52 mm longus: filamenta glabra; antherae 7 mm longae, glabrae vel paucis setis munitae, 2 inferiores apice penicillatae.

Ecuador: Cerros de Atacama, 30 km N. of Loja, 2400—2500 m, 11. III. 1947 (R. Espinosa n. 1447! — Univ. Mich.).

Das Exemplar ist schlecht konserviert und zum großen Teil verschimmelt, aber so eigentümlich, daß ich meinte, es doch zu beschreiben, wäre nützlich; es ist nur entfernt dem *S. bogotensis* ähnlich.

p. 311/73 **Siphocampylus bogotensis** E. Wimm., adde: Colombia: Dept. Cundinamarca, upland east of Sesquile, 3000 m, 5. VII. 1945 (O. Haught n. 5925! — Br. M.). — Fig. 18c.

p. 311/74 **Siphocampylus popayanensis** Benth., adde: Colombia: Dept. Cauca, Purace, 2950 m (Alston n. 8096! — Br. M.). — Fig. 18d.

p. 315/82 **Siphocampylus argentinus** (Griseb.) Hieron. var. **hirticorollinus** E. Wimm. var. nov. — Folia ut in var. *cuspidatus*, sed magis cuspidato-caudata, supra scabrida, subtus puberula. Inflorescentia longe foliato-racemosa, folia sensim decrescentia. Pedicelli 30—35 mm longi, hirtelli, erecti. Calyx depresso-globosus, basi in pedicellum acuminatus, 6 mm longus, 7 mm latus, lobi 11—13 mm longi, hirtelli, integri, erecti. Corolla 35 mm longa, hirtella, lobi 12—16 mm longi, tomentosuli. Filamenta glabra, ad 27 mm longa; antherarum tubus murinus, glaber, 2 inferiores apice penicillatae. — Fig. 21a.

Argentinien: Prov. Tucuman, Dept. Tafi, La Cienaga, en la playa del arroyo, 2500 m, 27. I. 1950 (H. Sleumer n. 305! — W.).

Hauptsächlich durch die lang geschweiften Blätter und die behaarte Korolle auffällig.

p. 315/83 **Siphocampylus werdermannii** E. Wimm., adde: Bolivia: Incachaca (Brooke n. 6645! 6714!); Coroico, in valley of the Yungas, about 100 miles east of La Paz, 16° S., 68° W. (Brooke n. 6642! — Br. M.).

Bei letzterem Exsikkat sind die Blätter viel dichter behaart und der Kelch mehr halbkugelig als beim Typus.

Siphocampylus cinerascens E. Wimm. spec. nov.—Planta *S. macropodo* approximans, cinerascens. Specimen initio florescentiae alabastra tantum praebet. Caulis vel ramus inferne glabrescens, superne velutino-tomentellus. Petioli 4—6 mm longi; lamina oblongo-ovata, 8×4 cm, apice subacuta, basi late rotundata, margine dense callose denticulata, supra scabrido-hirtella, subtus albo-cinereo-tomentella, nervi secundarii 8 sub angulo semirecto ascendentes. Pedicelli folio fulcrante multo breviores, ebracteolati, solitarii in axillis foliorum superiorum. Hypanthium semiglobosum, lobi 4—5 mm longi, anguste triangulares, denticulati, parce puberuli. Corolla alabastri glabra, 26 mm longa, subrecta, 3 mm lata. Stamina glabra; antherarum tubus 5 mm longus, 2 inferiores apice barbatae. — Fig. 20a.

Brasilien: Estado São Paulo, Campinas, Rua Paulo Bueno, arbusto, 14. II. 1936 (J. Santoro n. 370! — W.).

p. 319/89 **Siphocampylus boliviensis** A. Zahlbr., adde: Bolivia: Quime, 100 miles from Oruro, via Eucalyptus, crossing the Quimcruz Mts. by the Trees Cruces Pass (Brooke n. 5392! — Br. M.).

Dieses Exsikkat weicht vom Typus ein wenig ab durch nur 2 mm lange Kelchzipfel und eine kahle Korolle.

Siphocampylus quindioros E. Wimm. spec. nov. — Herba flaccida, ramosa, ramis tenuibus et minutissime puberulis, internodiis circiter 1 cm longis. Petioli 5—8 mm longi, supra canaliculati, puberuli; lamina anguste lanceolata, in medio latior, 65×4—10 mm, flaccida, utrinque scabrido-hirtella, apice subacuminta, basi acuta, remote subrepanda et denticulata — dentibus 3—8 mm distantibus. Pedunculi uniflori, solitarii in axillis foliorum, tenues, apice recurvati; calycis tubus campanulatus, 3 mm longus, lobi 5—6 mm longi, lineares, subdenticulati, arcuato-reflexi. Corollae tubus 37 mm longus, e basi angusta sensim paulumque ampliatus, glaber, lobi anguste triangulares, 8—10 mm longi. Filamenta 40 mm longa, glabra; antherae 4,5 mm longae, glabrae, 2 inferiores apice barbatae. — Fig. 20b.
Colombia: Quindio, 2000 m, I. 1852 (Triana n. 78 = 3059/17! — Br. M.).

Diese neue Art ist kaum einer anderen ähnlich; der Blüte nach erinnert sie an *S. elsworthii*, aber deren Blätter sind total verschieden.

p. 321/95 **Siphocampylus trianae** E. Wimm., adde: Colombia: Pasto, Jacuanquen, VI. 1853 (J. Triana n. 1572 = 3069/16 — Br. M.).

p. 327/98 **Siphocampylus planchonis** E. Wimm. Corrige in clave: A. Flores plurimi, in axillis ......

f. **glabrifolia** E. Wimm. f. nov. — Folia lanceolata, elongata, glaberrima, 12,5 cm longa, 2,5 cm lata, ceterum ut in var. *planchonis*. — Fig. 21b.

Colombia: Prov. Bogotá, Quetame, 1500 m (Triana n. 3059/19! una cum specimine var. *planchonis* — Br. M.).

var. **polyphyllus** (Planch.) E. Wimm. — Folia hic utrinque sparse hirta, oblongo-ovata, longius acuminata, basi rotundata, inferiora 11 cm longa, 5 cm lata, secus ut in diagnosi huius varietatis.

Colombia: Dept. Magdalena, camp about 10 km east of Codazzi, 1000—1200 m, abundant in open grassland, 10. XI. 1943 (O. Haught n. 3824! — Univ. Mich.).

Siphocampylus polyanthus E. Wimm. spec. nov. — Caulis vel rami pubescentes, teretes, foliosi saltem in partibus superioribus. Petioli crassi, 2—4 mm longi; lamina foliorum rigida, glabra, sed folia juniora subtus ad nervos hirta, nitentia, oblongo-obovata usque elliptica, 4×2 cm, apice subacuminata vel acuta, basi rotundata, nervi secundarii 5—6 utrinque, prominentes, sub angulo fere semirecto ascendentes, lamina in margine callose denticulata — dentibus 5 pro cm. Flores solitarii in axillis foliorum parum decrescentium, videntur in racemo foliato dispositi. Pedicelli 20 mm longi, apice recurvati, hirtelli, patentes, basi minute bibracteolati; hypanthium campanulatum vel turbinatum, 5-costatum, hirtellum, 4—5 mm in diametro, lobi, calycini anguste triangulares, 8 mm longi, integri, erecti. Corolla 36 mm longa pubescens, tubus in latere ventrali 23 mm longus, subcurvatus lobi 2 superiores ceteris duplo latiores (13 mm longi, 4 mm lati), 3 alii 2 mm lati. Filamenta 35 mm longa, glabra; antherarum tubus angusto-cylindricus, 7 mm longus, glaber, 2 inferiores barbatae. Lobi stigmatis subrotundi, subtus dense pilosi. — Fig. 21c.
Colombia: Prov. Ocaña, La Cruz, 1200 m, V. 1851 (Triana n. 125 = 3059/22! — Br. M.).

Durch die eigentümliche Blüte dem *S. quetamensis* und dem *S. planchonis* verwandt, sonst aber dem *S. biserratus* ähnlich.

Siphocampylus sissi E. Wimm. spec. nov. — Frutex scandens ramis fusco-hirsutis, remote foliatis. Petioli flexuosi, dense hirsuti, c. 1 cm longi; lamina ovata, basi subcordata, apice acuminata, 5×3 cm, margine dentibus callosis, atro-purpureis, 1—2 minoribus inter longiores munita, supra glabra, obscuro-viridis, subtus pallida, reticulata, costa prominula et dense hirsuta, nervi secundarii 5 utrinque, furcati, parum hirsutuli, videntur fusci. Flores solitarii in axillis foliorum, remoti, 11 cm longe pedunculati; pedunculi hirsuti, patentes, apice in calycem sensim ampliati; calycis tubus obconicus, superne disciformiter dilatatus, circiter 12 mm longus et superne 9 mm latus, lobi calycini anguste triangulares 10 mm longi, utrinque 2 denticulis muniti. Corollae tubus 50 mm longus, subcurvatus, sursum infundibulariter ad 10 mm ampliatus, fusco-hirsuta, lobi lineari-triangulares; subfalcati. Staminum tubus e corolla exsertus, glaber; antherae 10 mm longae, 2 inferiores apice barbatae. — Fig. 21d.

Colombia: Proc. Antioquia, 2300 m, II. 1852 (Triana n. 3059/6! — Br. M.).

Diese Art hat, könnte man sagen, die Kelchform von *S. hypsophilus* und die Blattform von S. *tolimanus*, ist auch sonst ihnen ähnlich.

335/116 **Siphocampylus megalanthus** A. Zahlbr. var. **costaricanus** E. Wimm. var. nov. — Folia ut in var. *megalanthus*, sed paulo brevius fimbriato-dentata. Hypanthium obovoideum, pubescens, 5 mm longum, lobi anguste lineares, 8 mm longi, remote exserte denticulati, ciliati, erecti. Corolla 40 mm longa, parum curvata, pubescens, tubo 34 mm longo, videtur minus late infundibulari. Antherarum tubus 7 mm longus, in suturis longius pilosus. Capsula oblonga, semi-infera, 1 cm longa.

Costarica: Cuesta de los Borucas, I. 1897 (H. Pittier, Herb. Instit. phys. geogr. nat. Costar. n. 10533! — Brux.).

336/117 **Siphocampylus schlimianus** Planch., adde: Colombia: Dept. Santander, Corcoba, near Bucaramanga, margin of forest, 2800 m, 1. III. 1939 (Alston n. 7368! — Br. M.). — Fig. 21e.

Das Exsikkat Schlim n. 416 im Herb. Brit. Mus. gehört auch hierher, während das im Herb. Kew von mir unter *S. laevigatus* zitiert wurde; ob richtig, was ich glaube, da öfter unter derselben Nummer eines Kollektors verschiedene Arten ausgegeben werden, oder Irrtum, kann ich nicht entscheiden, da mit das betreffende Exemplar nicht mehr vorliegt.

339/126 **Siphocampylus pyriformis** A. Zahlbr. var. **reflexisepalus** E. Wimm. var. nov. — Folia ovato-lanceolata 8×2 cm, apice longi-cuspidata, basi rotundata, glaberrima. Pedunculi 11 cm longi. Calycis lobi anguste lineares, 12—14 mm longi, glabri, integri, reflexi. Filamenta glabra; antherarum tubus versus apicem pilosus. Capsula obovoidea, fere infera, 14 mm longa. Semina oblonga, subcompressa, brunea, opaca, 0,6 mm longa.

Colombia: Dept. Magdalena, Cordillera Oriental, Sierra de Perijá, temperate forest, 2375 m, 2. II. 1945 (M. L. Grant n. 10763! — Univ. Mich.).

Die Korolle ist „scharlachrot, die Zipfel innen gelblich". Sie unterscheidet sich von der var. *pyriformis* hauptsächlich durch die langfeinspitzen Blätter und die bedeutend längeren herabgeschlagenen Kelchzipfel.

Siphocampylus hypoleucus E. Wimm. spec. nov. — Frutex cum ramis dependentibus. Petioli 5—6 mm longi; folia rotundo ovata 40—70×30—55 mm, basi rotundata, apice late obtusa et calloso-apiculata vel abrupte brevissime obtuso-acuminata, margine conferte dentibus callosis, angustis acutis c. 7 pro cm munita, membranacea, luteo-viridia, supra glabra, vernicosa, reticulato-impresso-nervosa, subtus inter nervos et venas albo-tomentosa, nervis et vines fuscescentibus et glabris. Flores in vertice ramorum congesti, ramus dependens cum floribus sursum curvatus, pedicelli 25—30 mm longi, puberuli, solitarii in axillis foliorum late ellipticorum minorum. Hypanthium turbinatum, tomentosum, 4 mm longum, lobi calycini angusti-lineares, 8 mm longi, tomentelli, integri, suberecti. Corolla rubra, 40 mm longa, subcurvata, ab isthmo 2 mm lato ad faucem 4 mm latam sensim dilatata, puberula, tubo 29 mm longo, lobis linearibus c. 11 mm longis, 1 mm latis, extus tomentellis. Staminum tubus glaber; antherae 6 mm longae, 2 inferiores apice penicillatae.

Peru: Dept. Cuzco, Prov. Conventión, alturas de Pintobamba, borders de bosques ralos, 2400 m, 4. VIII. 1943 (C. Vargas n. 3525! — Univ. Mich.).

Diese schöne Art ist durch die regelmäßige scharfe Blattzahnung und den weißlichen Toment auf der Blattunterseite auffällig und leicht erkennbar.

p. 342/133 **Siphocampylus onagrius** E. Wimm., adde: Peru: Macchu Picchu, 2000 m, trailing through shrubs, river bank (D. Stafford n. 1081! — Br. M.).

p. 354/139 **Siphocampylus dependens** (Ruiz & Pav.) G. Don, adde: Huanuco, below Carfish, 2600 m, VI. (Ch. Sandeman n. 224! — Br. M.).

p. 357 **Siphocampylus yumuriensis** Marie-Victorin in Contrib. Inst. Bot. Univ. Montreal No. 49 (1944) 4, f. l. — Planta semi-lignosa ramis pubescentibus, griseo-virentibus. Folia ramorum numerosissima, c. 1 cm longe petiolata, membranacea, reticulata, supra nervis impressis, subtus prominentibus, 11—12×1,5—3 cm, elliptico-lanceolata, acuminata, basi acuta, margine subintegro callose denticulata (3—4 dentes pro cm). Flores solitarii in axillis foliorum superiorum. Pedunculi filiformes, 4—5 cm longi, valde pubescentes, in medio bibracteolati. Hypanthium obconicum, 4 mm longum et latum, lobi anguste triangulares, 4 mm longi. Corolla ad 25 mm longa, leviter rubro-tincta, superne ampliata (6—9 mm), inferne constricta (2 mm) et fenestrata, lobi oblongo-lanceolati, inferiores c. 8 mm longi. (Diagn. auct.).

Cuba: Vallée du Rio Yumuri (Oriente), IV.—VI. 1940 coll. Prudencio Matos (Typus Léon n. 17910 — Hb. Collegio de la Salle, Habana, Cuba; Isotypus in Hb. Univ. Montreal).

Steht dem *S. cernuus* sehr nahe und unterscheidet sich von ihm hauptsächlich durch die um die Hälfte kürzeren Kelchzipfel und die kleinere Korolle.

p. 357 **Siphocampylus baracoensis** Marie-Victorin in Contrib. Inst. Bot. Univ. Montreal No. 49 (1944) 6, f. 2. — Planta semi-lignosa inflorescentia valde pubescente. Folia 1 cm ab invicem distantia, coriacea, supra glabra, lucida, subtus in nervis prominentibus longi-pilosa, lanceolata, 7—8×1,5—2 cm, apice acuminata, basi acuta et in petiolum c. 1 cm longum attenuata, margine revoluto 3—5 dentibus callosis per cm munita. Pedunculi in axillis foliorum superiorum solitarii, 5—7 cm longi, 2 bracteolis subulatis 8—10 mm longis prope calycem insertis. Hypanthium obconicum 7—8 mm longum pubescens, lobi subulati 10 mm longi. Corolla 20 mm longa, supra basin constricta, lobis c. 7 mm longis. Antherae 6—7 mm longae, 2 inferiores apice barbatae. (Diagn. auct.).

Cuba: Environs de Jauco, sud de Baracoa (Oriente), V. 1940 coll. Prudencio Matos (Typus Léon n. 17746 — Hb. Colleg. de la Salle, Habana; Isotypus in Hb. Univ. Montreal).

Auch diese Art ist mit dem *S. cernuus* nahe verwandt, von ihm durch die dichte Pubescenz, die schmäleren Blätter und durch die kleinere, etwas anders geformte Korolle verschieden.

Es erscheint mir notwendig, für die folgende neue Art eine eigene Subsectio zu schaffen, da sich die Eigenheiten derselben in den anderen Subsektionen nicht gut zum Ausdruck bringen lassen, nämlich:

Subsectio IV. **Isochilus**

Limbus corollae brevis, lobis aequilongis, sed 3 inferiores lobi latiores quam 2 lobi superiores (in omnibus aliis *Siphocampylis* inversum est!); antherarum tubus apice obliquus ut in genere *Burmeistera*, omnes antherae in ipso apice pubescenti-ciliatae.

Siphocampylus isochilus E. Wimm. in Brittonia VIII (1955) 111. — Suffrutex glaberrimus, c. 1 m altus. Caulis teres, striatus, foliosus. Folia alterna, sessilia, rigida, luteo-viridia, opaca, supra impresso-reticulata, subtus pallida, nervatura prominente, lamina oblonga, 4—7×1,4—2 cm, apice acuta, basi subacuta, margine saepe violascenter suffusa, dense callose denticulata, nervi laterales 7 sub angulo acuto excurrentes. Flores in vertice corymbose congesti, paulo deorsum versi. Pedicelli 3 cm longi, violascentes, ebracteolati, singuli in axillis foliorum minorum. Calycis tubus turbinatus, 7 mm longus, lobi anguste triangulares, integri, erecti, 8—9 mm longi, sinus inter eos plani. Corolla rubra, 30 mm longa: tubus subarcuatus, cylindricus, sursum parum ampliatus (ad 7 mm); lobi corollae triangulares, omnes fere 4 mm longi, sed inferiores latiores. Staminum tubus quam corolla brevior, 24 mm longus, corollae c. 5 mm supra basin adnata. Tubus antherarum 5 mm longus, apice obliquus et piloso-ciliatus. Ovarium biloculare, apice conicum, maturum certe dehiscens.

Colombia: Dept. Cauca, between Cerro San Pedro et San Alfonso, along camino at top of Cordillera, 2700 m, very abundant in paramillo and along trail in thickets, 11. IX. 1944 (Earl L. Core n. 1232! — Univ. Mich.).

369/192 **Siphocampylus sceptrum** Decne. var. **tachirensis** E. Wimm. var. nov. — Caulis teres, angulatus, medulla farctus, puberulus. Folia alterna, sed superne etiam opposita inveniuntur. Folia subsessilia, oblongo-lanceolata, 85×20 mm, floralia etiam minora, 40×14 mm, acuminata, basi obtuse angustata, margine callose subdenticulata, supra glabra, subtus puberula. Pedunculi solitarii in axillis foliorum superiorum, 7—8 cm longi, puberuli, versus medium 2 bracteolis sublanceolatis 8 mm longis praediti. Calycis tubus patelliformis, 10-costatus, cum lobis puberulus; lobi anguste triangulares, 9 mm longi, denticulato-crenulati, subpatentes. Corolla (totaliter evoluta deest) 35 mm longa, „rubra", inconspicue puberula, a basi ad faucem sensim paulumque attenuata. Stamina a corolla libera, puberula; antherarum tubus 7 mm longus, glaber, apice omnes pubescenti-ciliatae.

Venezuela: Estado Táchira, Páramo Batallón hacia Pregonero, 2500 m, IX. 1956 (L. Aristeguieta n. 2523! — NY.).

Vom *S. sceptrum* var. *latifolius* verschieden durch Blattform, längere und mit Hochblättern versehene Blütenstiele und fast doppelt kürzere Kelchzipfel.

Sect. II. **Brachysiphon** E. Wimm.

Tubus corollae tam longus vel brevior quam limbus corollae.

Subsect. III. **Megastomi** E. Wimm.

Corolla ampla tubo aequilato vel fauce magno-dilatata; filamente plerumque a corolla libera.

p. 371/94 **Siphocampylus vatkeanus** A. Zahlbr., adde: Bolivia: Gran Poder, small goldmine about 4 km N. of Sorata in narrow wooded valley below Tacacoma, 15,30° S. and 68,30° W., small tree with handsome white blossoms, VI. (Brooke n. 6487! — Br. M.).

Diese Art steht dem *S. veteranus* ziemlich nahe, unterscheidet sich von ihm durch die pulverig-flockenhaarigen Zweige, die überaus engstehenden Blattzähne und die größere Blüte. Die Zellen der Samenschale sind polygonal.

p. 374/198 **Siphocampylus giganteus** (Cav.) G. Don var. **giganteus.** — *S. giganteus* var. *angustifolius* Vatke in Linnaea XXXVIII (1874) 734. — Folia lanceolata, 14—20 cm longa, 1,5—3 cm lata, apice acuminata, basi in petiolum angustata, margine calloso-denticulata. Calycis tubus semiglobosus vel late campanulatus, lobi anguste triangulari-lineares, saepe apice recurvati, 16—27 mm longi, basi ad 2 mm lati, subintegri vel denticulati. Corolla c. 45 mm longa, lobi subfalcati, 20—25 (30) mm longi. Ecuador: Inter Gurandam et montem St. Antonii (Typus Née! Hb. Madrid); Andes Quitenses (F. Hall! — B.); S. America (Warscewicz n. 18! — B.); in monte Pichincha (Jameson n. 248! Karsten! — W.); Quilotoa Mt. (A. Stübel n. 298b!); — Neuer Standort: Prov. Chimborazo, Cañar border, western escarpment, between Santa Rosa and Joyagshi; shrub to 5 m high, corolla pale yellow, the tube slightly flushed with pink; these usually bare-stemmed shrubs with the leaves tufted at the ends of the numerous branches are a characteristic sight around the paramo margins in this region, being one of the most abundant of the plants in the Chaparral especially so in the small ravines which cut back into the grassy paramos (W. H. Camp E 4089! — W.). Colombia: Cordill. merid. prope Casapamba ad littus lacus subandini „Laguna Cocha" (André n. 2928! — K.).

var. **latifolius** Vatke l. c., adde: Colombia: Dept. Cauca, Purace, 2600 m, IV. (Alston n. 8142! — Br. M.).

Die Blätter dieses Exsikkates sind bis 5 cm breit, dazu die Anmerkung: „6 Fuß hoher Strauch, Blüten grünlich-weiß, außen purpuraszent".

p. 375/199 **Siphocampylus radiatus** Rusby, adde: Bolivia: Dept. Cochabamba, Choro, above the Cacapata river, across the Tunari Range, 17° S., 66, 30° W., in river bed, 3000 m, I. (Brooke n. 6064!); Dept. Cochabamba, Luruni, bank above river, 3100 m, 12. IX. 1950 (Brooke n. 6794! — Br. M.).

p. 376/200 **Siphocampylus umbellatus** (HBK.) G. Don, adde: Brasilien: Prov. Párana, Dept. Campo Largo, Conceicao de S. Sylvestre, 20. XII. 1952 (G. Hatschbach n. 2953! — W.). Ost-Bolivia: Dept. Cochabamba, nordöstliche Hänge der Sierra Cochabamba bei Incachaca, gesellig an lichter Stelle, 2500 m, VII. (Werdermann n. 2057! — B.); Incachaca, offener buschiger Abhang, VIII. (Brooke n. 6752! — Br. M.).

p. 377/203 **Siphocampylus rusbyanus** Britton, adde: Bolivia: Dept. La Paz, Chaluméni, 16,30° S., 67° W., am Rand des Waldes, 2000 m, VI. (Brooke n. 6503! — Br. M.).

p. 380 **Diastatea** Scheidw.

p. 382/1 **Diastatea micrantha** (HBK.) McVaugh, adde: Colombia: Dpt. Narino, between Ricuarle and Tuquerres, 1800 m (Alston n. 8556! — Br. M.). Bolivia: Dpt. La Paz, Quime, c. 2500 m, wast ground on open slope (Brooke n. 5412! — Br. M.). Mexico: Mirador (Galeotti n. 1974! — Brux.).

var. **ovatifolia** (Robins.) E. Wimm., adde synonymum novum: *D. serrata* Standl. & Williams in Ceiba I. (1950) 91.

Honduras: Dept. Morazán, 2 km NW. of Zamorano, 850 m, Oakpine forest, 26. II. 1948 (L. O. Williams n. 14786! — F.).

Die bisher aus Honduras unbekannte Art bietet kaum nennenswerte Unterschiede gegenüber der *D. micrantha* var. *ovatifolia.*

p. 386/7 **Diastatea lemairei** E. Wimm. — Supple: Eine aus Mexiko stammende Pflanze wurde im Garten von Goslar kultiviert, im August 1857 gepflückt und ist im Herbarium Bremen aufbewahrt. Dieses Exsikkat sieht einer von Ghiesbreght in Mexiko gesammelten Pflanze äußerst ähnlich, hat aber eine deutliche Kelchröhre, die halbkugelig ist, 2,5 mm lang, 3 mm breit, die Kelchzipfel 4 mm lang und an der Basis mit einem kaum sichtbaren Zahn; die Korollenröhre ist 19 mm lang, schmal und gerade und am Rücken in der Länge von zwei Dritteln gespalten, sonst kein Unterschied. Dieses Exemplar müßte also eher eine *Lobelia* sein als eine *Diastatea*; sie käme am nächsten der *Lobelia isotomoides* p. 501/106 = **L. stenosiphon** (Adamson) E. Wimm. (gültiger, weil älterer Name!), die aber im Kapland beheimatet ist.

Ich betrachte daher die *Diastatea lemairei* als dubios, bis weitere Funde die Sache geklärt haben.

Laurentia (Mich.) Adams.

Sect. I. **Laurentia** (*Solenopsis* Endl.)

Filamenta a corolla libera. Corollo tubo subinfundibulari vel angusto-cylindrico, limbo bilabiato, interdum subregulari.

p. 388/1 **Laurentia minuta** (L.) A. DC., adde: Nomen vulg. ex Bertoloni: „*Lobelia de Ruscelli*".

p. 390/2 **Laurentia gasparrinii** (Tineo) Strobl, adde: Nordafrika, Algier: Petit marécage au pied du Djebel Azeib, Dahra, 20. V. 1875 (E. Cosson! — Brem.).

p. 394/8 **Laurentia bifida** (Thunb.) Sond., adde: Kapland: Peninsula, on path of Steenberg slopes, 19. VII. 1896 (Wolley-Dod n. 1292! — Bol.).

p. 394/9 **Laurentia arabidea** (Presl) A.DC., adde: Corolla coerulea fauce lutea (Rudatis), alba (Guthrie). — Cap. B. Sp. in parte inferiore occidentali (Typus Preslii in hb. Mus. Prag.); Africa Austral. Extratrop. (Burchell n. 4739! — P.); Caledon Div. Hermanus, near water in river bed, Mossel River (Guthrie! — Pret.); Viljoen's Pass (Hafström & Acocks n. 1474! — Pret.); Prince Albert Div., sandy soil, near shallow streams, Zwartberg (Pocock n. 593! — Stellb.); Farm Bezemfontain, north foot of Klein Zwartbergen, 1100 m, XII. (Stokoe n. 1897! — Pret.); Station Fairfield, Dumisa, Alexandra City, Bachrand, 700 m, XI. (Rudatis n. 164! — B.); Natal, Greytown (J. Wylie, Natal hb. n. 33712! — Pret.); Paarl Div., Dwarf River (Schlechter n. 139! — P.).

p. 395/10 **Laurentia secunda** (L. f.) O. K., adde: Kapland: In planitie aperta Kenilworth prope Capetown, c. 22 m s. m., fl. Jan. (Bolus n. 3395! — Pret.).

Die *Enchysia repens* Presl var. *reflexa* Kuntze, Ind. Sem. Horti Lips. (1846) = *E. secunda* Sond. var. *reflexa* Sond. III, 551 ist nur durch „pedicelli reflexi", wahrscheinlich zufällig an kultivierten Exemplaren erscheinend, gekennzeichnet; ein Exemplar aus dem Leipziger botan. Garten ist im Herbar des Wiener Museums aufbewahrt, ganz kahl, und ist sonst von der *L. secunda* nicht verschieden, der Name ist also wohl als Synonym zu derselben zu betrachten.

Laurentia mariae E. Wimm. spec. nov. — Plantula caespitosa, 2 cm alta, glabra, foliis et floribus partim radicalibus collocatis, partim caulibus lateralibus florigeris paucis ad 25 mm longis. Folia oblanceolata 15 mm longa, 2 mm lata, obtusa, integra vel denticulata, basi in petiolum indefinitum parum angustiorem attenuata, subcarnosula, radicalia longiora quam caulina. Caules anguste bialati, praecipue in parte inferiore. Pedunculi radicales scapiformes, 5 mm longi, foliis breviores; flores caulium in racemis foliatis, laxis, pedicelli eorum 1 mm longi, minute bibracteolati. Hypanthium obconico-oblongum, 1 mm longum, lobi calycis parum inaequales, sublineares, integri, erecti, glabri, 1,5 mm longi. Corolla 6 mm longa, cyanea et in fauce flavescenti-maculata: tubus rectus, angustus vel perparum infundibularis, integer, 3,6 mm longus; lobi corollae fere aequales, obovato-oblongi, mucronulati, 2,25 mm longi. Staminum tubus 4 mm longus: filamenta corollae non adnata; antherae 1 mm longae, obscuro-fuscae, inferiores 2 apice biaristatae et brevi-setulosae. Capsula subglobosa, c. 2,5 mm in diam., infera, lobis calycinis coronata. Semina ellipsoidea, subcompressa, fusca, 0,5 mm longa.

Südafrika: Cape Prov., Worcester Div., plateau between Matroosberg and Sonklip Peak, c. 1800 m, in dry mud on floor of small pan, 17. I. 1959 (Esterhuysen n. 28132! — Bol., W.)

Ein hübsches Pflänzchen, das dichte Rasen zu bilden scheint. Der *Laurentia secunda* f. *erecta* ähnlich, aber verschieden durch die grundständigen Blütenstiele, die dieser fehlen ebenso wie die Brakteolen, ferner verschieden durch die längere Korolle und deren verkehrt-eiförmige Korollenzipfel und durch die kugelförmige Frucht.

Benannt zu Ehren der Frau Maria Theresia Schiexl, Gesangs- und Musiklehrerin, Zeichnerin vieler Lobelien.

p. 396/11 **Laurentia hedyotidea** Schlechter, adde: Kapland: Caledon Div., Louws hoek Peak, 1000—1300 m, XII. (Esterhuysen n. 11177! — Bol.); Ceres Div., east-slopes of Olifant's River Mts., flow. blue! (Esterhuysen n. 13376! — Bol.); Paarl Div., Seven Sisters Mt., Wemmershoek Peak, 2000 m, flow. white!, II. (Esterhuysen n. 13731!, 11240! — Bol.); Clanwilliam Div., on floor of lower sheltered cave in cliffs on Pakhuis Peak, Cedarbergen, 1600 m (Esterhuysen n. 14994! — Bol.).

var. **major** E. Wimm. var. nov. — Planta major caulibus usque ad 30 cm longis et foliis majoribus; petioli 5—12 mm longi, subtilissime puberuli sicut omnes aliae partes excepta corolla. Folia late ovato-orbicularia, 10×12 vel 10×9 vel 5×5 mm, basi truncata, margine ovato-dentata, dentibus plerumque 3 utrinque, acutis vel obtusiusculis. Pedunculi 20—25 mm longi, ebracteolati. Calycis tubus oblongus, lobi 1,5 mm longi. Corolla 6 mm longa, tubo perparum infundibulari, lobis superioribus oblongis, labium inferius 3-fidum lobis triangularibus. Capsula oblonga, 4 mm longa.

Kapland: Tulbagh Div., at the Tulbagh Waterfall, 7. XII. 1938 (Hafström & Acocks n. 1996! — Bol.).

Diese Varietät ist der *Laurentia hederacea* sehr ähnlich, aber die Basis der Blätter ist stets trunkat und die Pedunkel fast doppelt so lang. Am besten wäre es, *L. hedyotidea* und *L. hederacea* als eine Art aufzufassen.

p. 396/12 **Laurentia hederacea** Sond., adde: Kapland: Swellendam Div., Tradouw Pass, in fissuris rupium, 500 m, I. (Schlechter n. 2086! — Witw. R., Bol.); Albany Div., Paradies Kloof, near Coldspring, c. 600 m, II. (L. Britten n. 5078! — Pret.).

p. 396/13 **Laurentia pygmaea** (Thunb.) Sond. var. **pygmaea**, adde: Kapland: Clanwilliam Div., Cedarberg Mts., Langberg, 2000 m (Esterhuysen n. 7341! — Bol.); Piquetberg Div., east-slopes of Aventuur Hill (N. S. Pillans n. 7395! — Bol.);

Paarl Div., Haalhoek, Sneeuwkop (Esterhuysen n. 9578! — Bol.); Landdrost Kop (Esterhuysen n. 3513! — Bol.); Landdrost Kop, Cave (Stokoe n. 8254! — Bol.); Uniondale Div., Outeniquas, near Joubertina (Esterhuysen n. 13570! — Bol.); Uitenhage Div., Cockscomb, Gt. Winterhoek Mts. (Esterhuysen n. 27524! — Bol.).

var. **glabra** Sond. — Piquetberg Div., Muis Hoek Berg, X. (Pillans n. 8598! — Bol.); Ceres Div., Neethlingsberg, Witzenberg, flow. pale mauve (Esterhuysen n. 22530! — Bol.); Worcester Div., Roodeberg, Hex River Mts. (Esterhuysen n. 20970! — Bol.); Du Toits Peak in Kloof (Esterhuysen n. 16643! — Bol., f. transiens); Cape Peninsula, Skeleton Ravine, Kirstenbosch (S. Garside n. 16486! — Bol.).

var. **obtusiloba** Sond. — Kirstenbosch (Esterhuysen n. 7690! — Bol.); Cape Peninsula, Water Fall, Devil's Peak (Wolley Dod n. 701!; Bolus n. 3300! — Bol.); Cape Peninsula, Cave in Farmer Pecks Valley (Salter n. 2995! — Bol.).

Laurentia frontidentata E. Wimm. spec. nov. — Herba glabra, caules decumbentes vel ascendentes, teretes, tenues, 10—20 cm alti, sparse foliati. Folia inferiora non visa, reliqua petiolata (3—4 mm), flabelliformi-orbicularia, orbiculari-elliptica, 3—6 mm longa, 3—6 mm lata, vel 4×5, basi late cuneata, antice subrotundata et ibi tantum dentibus triangularibus serrulata, ceterum integerrima, nervi plerumque 3 in dentes excurrentes, tenuia. Flores in axillis foliorum superiorum paulo minorum solitarii, 8—14 flores minutos numeravi. Pedicelli capillacei, 2—7 mm longi, ebracteolati. Hypanthium obconicum vel saepius oblongum, vix 1 mm longum, lobi calycini subulati, 1 mm longi, erecti. Corolla 3 mm longa, alba, tubo integro, limbo bilabiato, lobis subaequalibus. Stamina 2 mm longa, glabra: filamenta 1,2 mm longa, antherae rubentes, 0,8 mm longae, 2 inferiores apice bisetosae. Cetera non vidi.

Südafrika: Cape Prov., Swellendam Div., Anysberg, sheltered south side rocks, 1600 m, 21. V. 1950 (E. Esterhuysen n. 17070! Typus — Pret., Bol.); Worcester Div., Andensberg, Ridge Peak, near Worcester, 1000 m, 1. I. 1950 (Esterhuysen n. 16679a! — Bol.).

Der vorhergehenden Art wohl ähnlich, aber sonst reichlich verschieden, besonders durch die seltene Form der Blätter.

Lobelia L.

p. 408 Subgenus **Lobelia** — (*Lagotis* E. Wimm.)

Herbae saepe annuae, rarius fruticuli graciles. Corolla distincte bilabiata, labiis valde inaequalibus: 2 superiores lobi parvi, erecti vel reclinati, 3 lobi inferiores patentes vel deorsum declinati; stamina breviora quam corolla et e fissura dorsali corollae paulum egredientia, raro in tubo corollae inclusa.

Typus generis: *Lobelia dortmanna* L.

Sect. I. **Lobelia** (*Hemipogon* Benth.)

Antherarum 2 inferiores et subbreviores apice piloso-barbatae.

Subsect. **Trachyspermae** E. Wimm.

Semina rugosa-scabrae. Species Americae Septentrionalis.

p. 411/1 Zu *Lobelia cardinalis* und den anderen Arten Kanadas und der Vereinigten Staaten von Amerika wäre zu bemerken: Dr. Bowden (Bull. Torr. Club 86 (1959) 94—108) hat eingehende Versuche mit den dort wachsenden Lobelien gemacht und ist bei manchen Arten und den durch künstliche Befruchtung erzeugten Hybriden zu manchen anderen Resultaten gelangt, als bisher angenommen oder vermutet. *L. cardinalis* L. subsp. *cardinalis*, subsp. *graminea* McVaugh var. *graminea* McV., var *pseudosplendens* McV., var. *phyllostachya* McV. Daß *L. cardinalis* die Stammform dieser hochrotblütigen Arten ist, also auch der nur in Mexiko vorkommenden *L. splendens* Willd. und L. *cordigera* Cav. (= *fulgens* Willd.) ist, habe ich schon in meinem Werke p. 411 gesagt, aber ich betrachte sie auch weiter als selbständige Arten, entsprechend ihrer Beständigkeit, auch in der Kultur.

p. 425/7 **Lobelia puberula** Michx. — Supple: subsp. **pauciflora** (Bush) Bowd. l. c. 97. — *L. puberula* var. *pauciflora* Bush. — *L. reverchonii* Turner in Field and Laborat. XVIII (1950) 46. — *L. vaughiana* E. Wimm., Camp. — Lobel. II (1953) 425 in Engler, Das Pflanzenr. IV., 276 b.

Texas: Freestone Co., 14,5 miles S. of Fairfield, 2. X. 1949 (B. L. Turner n. 1594); HardinCo. Silsbee, Newton Co., Kirbyville, Tyler Co., Woodville und Warren (V. L. Cory n. 49881, 50933, 49944, 54906, alle Standorte nach Turner a. a. O.).

L. puberula bildet viele Hybriden, nur mit *L. amoena* nicht, wie von mir angenommen (?), sagt Bowden.

L. azurea Hort. nach Bowden keine Hybride, sondern = *L. amoena*. Siehe dort die Liste der übrigen Hybriden.

p. 438/23 **Lobelia spicata** Lam. — Corrige: var. **spicata** f. **campanulata** (McVaugh) Bowd. l. c. 96. — *L. spicata* var. *campanulata* McVaugh.

Corrige: Das Exsikkat Hitchcock n. 752 aus Kansas, Cherokee, gehört nach dem Exemplar im Hb. Bremen nicht zu *L. spicata* var. *leptostachys*, sondern hierher: Calyx globoso-inflatus, glaber, sine appendicibus!

Als Synonym muß auch *Lobelia cyphioides* Harv. & Sond., Fl. Cap. III (1865) 548 betrachtet werden, nach Einsichtnahme des Holotypus im Herb. der Univ. Dublin. Damit scheidet sie als Art der Flora Capensis aus. Vergleiche meine Anmerkung a. a. O. p. 438.

Subsect. 2. **Leiospermae** E. Wimm.

Semina laevia, testa tenuissime reticulata vel subtiliter longitudinaliter striata.

p. 459

Grex **Rosulatae** E. Wimm.

Folia pro maxima parte rosulantia, folia caulis perpauca et minore, raro folia partim rosulata, partim caulina, uti videmus apud *Lobeliam nudam*.

p. 462/42 **Lobelia lepida** E. Wimm. — Supple: Herba 1—multicaulis foliis rosulatis. Caules erecti, teretes, filiformes, 2—7-flori. Bracteolae, si non desint, 2—4 mm longae. Corollae lobi 2 superiores lanceolati.

Angola: Huilla, feuchte Wiesen, 1750—1800 m, II. 1899 (Antunes n. 872!— P.). Nom. incolarum: „*Omutyina*“.

p. 463/43 **Lobelia lydenburgensis** E. Wimm. adde: S. Rhodesia: Vumba Mountains near Umtali, 2000 m (Obermeyer n. 2023! — Pret.); Stapleford Forest Reserve 1600 m (N. C. Chase n. 5881! — K.). — Transvaal: Barberton (R. Pott n. 5446!); Rose's Creek, Aug. (E. Williamson!); Spelenken (T. J. Jenkins n. 8148!); P. P. Rust und Waterval River (R. Leendertz n. 5908! 803! 5083!); Pietersburg (Obermeyer!); Nylstroom, public garden (R. G. N. Young! — alle Hb. Pret.); Waterval Berg (M. Moss! — Witw. R., W.). — Angola: Benguella (Gossweiler n. 1943! — K.).

Diese Art sieht der *L. nuda* sehr ähnlich, ist aber von ihr durch die bedeutend kürzeren Pedicelli und besonders durch die viel schmälere und am Rücken nur halb gespaltene Korollenröhre verschieden.

p. 464/46 **Lobelia nuda** Hemsl. var. **nuda.**—Caules inferne subpubescentes, sursum glabrati. Folia ima lanceolata vel oblanceolata, longe petiolata, petioli ciliati, folia superiora caulina linearia, remote denticulata, item bracteae. Corolla 8 mm longa, minor quam in var. *rosulata*.

Zwischen dieser und der var. *rosulata* zahlreiche Übergänge vorhanden. — Häufig und weit verbreitet von Rhodesia bis Transvaal und bis Südwestafrika, im Kapland aber seltener. Einige Angaben aus den Randgebieten:

Nord-Rhodesia (Sambia): Hochland im Batoka-Gebiet, VII.—X. 1860 (Livingstone's Zambesi Exped. lg. J. Kirk! — K., Typus); Choma, 14. VII. 1927 (R. G. N. Young! — Hb. Moss n. 14849). — Transvaal: Pretoria, XI. (J. W. C. Kirk n. 26! — K.); Nylstroom, public gardens (R. G. N. Young n. 2334! — Witw. R.); Tygerpoort road, range of Kopje (R. G. N. Young n. 2419! — Witw. R.); Witwaters Rand, Frankenwald (Moss n. 25896! — Witw. R.).

var. **rosulata** (S. Moore) E. Wimm. — *L. transvaalensis* Schlechter. — Folia subrotunda usque spathulata et oblanceolata, glabra vel puberula. Racemi pluriflori quam in var. *nuda* et corolla parum major, „caerulea vel cyanea cum centro albo vel luteo" vel „lobi albi, caeruleo-marginati et in fauce viridi-oculata", interdum „alba" 12 mm longa.

Von Süd-Rhodesia bis Kapland, besonders in Transvaal häufig und oft in großen Mengen verbreitet, auch in Südwestafrika scheint sie nicht selten zu sein, wird öfter auch mit *L. erinus* verwechselt; diese kommt aber außerhalb des Kaplandes wild nicht vor.

Transvaal: Damp ground, near Johannesburg (Rand n. 734, 865 — ex auct., Typus); Distr. Zoutpansberg, Entabeni Forest Reserve, at Muchindudi Falls, 1500 m, 5. VI. 1948 und Distr. Waterberg, 3,5 miles of Zandrivierspoort on road to Nylstroom, 1300 m, 27. IX. 1948 (L. E. Codd n. 4198! 4422! — Pret.). — Oranje-Freistaat: Kroonstad, X. 1928 (W. J. Port n. 643! — Pret.). — Süd-Rhodesia: Inyanga (E. A. Robinson n. 1916! — W., K.). — Nord-Rhodesia (Sambia): Kapiri (D. B. Fanshawe n. F 3417! — K.).

p. 449

Grex **Subspicatae** E. Wimm.

Flores brevi-pedicellati in racemo terminali spiciformi, pedicelli breviores quam flores. Herbae erectae.

Lobelia paulista E. Wimm. spec. nov. — Herba erecta, c. 60 cm alta, caulis 5 mm in diam., videtur alatus e decurrentia foliorum, superne parce pubescens. Folia sessilia, late decurrentia a folio ad folium, sublinearia, 90×9 mm, ad apicem acutum longe sensimque angustata, margine remote denticulata et sparse pubescenti-ciliata, supra glabra, subtus in nervo medio parce pubescentia, nervi plani, secundarii 4—5 utrinque sub angulo acutissimo ascendentes. Flores in racemo terminali laxissimo elongato. Bracteae triangulares, 8 mm longae, calloso-denticulatae. Pedicelli 2—3 mm longi. Hypanthium obconicum, in uno latere convexum, in altero subconcavum, brevi-alato-costatum, 3 mm longum, lob icalycis angusto-triangulares, parum inaequilongi, 3—5 mm longi. Corolla c. 14 mm longa, subglabra, lobi oblongi (?). Filamenta e tubo corollae exserta, glabra, 6 mm longa: antherarum tubus 3 mm longus, in connectivis pilis crispis albidis obsitus, 2 inferiores apice setoso-barbatae. — Fig. 22a.

Brasilien: Prov. São Paulo, Boa Vista (Weir n. 395! — Br. M.).

Das Exsikkat ist ziemlich mangelhaft, gehört in die Nähe der *Lobelia camporum* und ist auffällig durch die am Stengel lang-herablaufenden Blätter, die geflügelten Rippen am Kelch und die kraushaarigen Antheren. Auch der *L. salicina Lam.* sieht sie habituell, besonders durch die Infloreszenz, ähnlich, ist aber sonst reichlich von ihr verschieden, abgesehen davon, daß diese nur auf den Antillen vorkommt.

p. 466 Grex **Pterocaulinae** E. Wimm.

Caules et praecipue rami saltem in partibus superioribus distincte alati, alae circiter latitudine caulis vel rami. Si anguste lineati, non huc pertinent.

Lobelia reinekeana E. Wimm. spec. nov. — Herba annua, glabra. Caulis erectus vel ascendens, cum ramis et pedicellis latius alatus, sparse foliatus, circiter 30 cm altus. Folia alterna, sessilia, sublinearia, ima non visa, cetera 30—60 × 3—7 mm, apice obtusa, basi vix angustata, margine obsolete denticulata, fortasse crassiuscula (in sicco tenuissima). Flores solitarii in axillis foliorum superiorum, mox in bracteas lineares acutas pedicellis plus duplo breviores transeuntium. Pedicelli 15—30 mm longi, ancipites, subcrassi, verosimiliter ebracteolati. Calycis tubus oblongus, maturescens obovoidea-oblongus, 4—8 × 2—4 mm, glaber; lobi 5—7 mm longi, sublineares, obtusiusculi, utrinque denticulo uno muniti, subpatentes. Corolla 15 mm longa, coerulea (?), glabra, tubo 7 mm longo: lobi 2 superiores oblanceolato-lineares reliquis minores; labium inferius trifidum lobis obovatis basi duabus plicis et maculis obscuris ornatis. Stamina 7 mm longa, glabra: antherae nigrescentes, glabrae, 2 inferiores apice barbatae.

Transvaal: Distr. Pietersburg, Broederstroom Orchards, Haenetsburg, 6. VI. 1913 (E. Reineke — Govt. Hb. Salisb. n. 1980! — Pret.).

Der *Lobelia mearnsii* etwas ähnlich, unterscheidet sie sich von derselben durch die fast linearen stumpfen, schwach gezähnten Blätter, den länglichen Kelch und die gezähnten Kelchzipfel. Auch ist die Korolle um die Hälfte größer.

p. 472 **Lobelia molleri** Henriq., adde: Fernando Póo: Moka beim Missionshaus, 1200 m (G. Tessmann n. 2873! — B.). — Uganda: Kigezi, Kachwekano Farm, pasture swamp, 3100 m, XII. 1951 (J. W. Purseglove n. P 3747! — K.).

f. **latifolia** E. Wimm. in Kew Bull. 1952, 138. — Folia inferiora ovata, basi subcordata vel oblongo-ovata, basi rotundata, apice acuta, 15—35 × 11—22 mm, folia reliqua ovato-oblonga, 20 × 8 mm, margine dentata vel denticulata.

Tanganyika Territ. (Tansania): Songea Distr., Matengo Hills, Miyau by irrigation furrow in kitchen garden, 1620 m, flow. white with mauve spots in throat, anthers dark blue, stigma white, 6. III. 1956 (Milne-Redhead & Taylor n. 9042! — K., W.).

p. 473 **Lobelia heyneana** R. & S. var. **inconspicua** (A. Rich.) E. Wimm., adde: Tanganyika Territ. (Tansania): Songea Distr., Litenga Hills, 1300 m (Milne-Redhead & Taylor n. 9777! — K.); Madschame, Jochplateau, 1500 m (M. Mücke n. 186! p. p. — Pret.). — Kenya Col. (Kenia): West Suk Kenya, roadside bank Nyangai, 30 miles of Kitale — Lodwar (Verdcourt n. 737! — K.).

var. **viridissima** E. Wimm. var. nov. — Glabra, viridissima (in nostro specimine saltem!). Caulis alatus, 3—10 cm altus. Folia late ovata usque late elliptica, sursum vix decrescentia, circiter 20 × 18 mm, obsolete crenulata vel obtuse dentata. Pedicelli solitarii in axillis foliorum superiorum, 10—20 mm longi. Calycis lobi sine denticulis. Corolla 4 mm longa. De cetero ut planta typica.

Nord-Rhodesia (Sambia): Mapanza Mission, c. 1150 m, örtlich häufig, 28. II. 1953 (E. A. Robinson n. 107! — K.).

Die Blütenfarbe wird vom Sammler angegeben als „tube pale mauve, lip 3-lobed marked with 3 lengthways stripes of bright mauve".

Lobelia ingrata E. Wimm. spec. nov. — Herba annua, inutilis, pubescens. Caulis erectus, tenuis, violascens, saltem in partibus superioribus anguste alatus et in alis pubescens, ramosus, sparse foliatus, circiter 12 cm altus. Folia alterna, subpetiolata, suborbicularia, ovata usque ovato-elliptica, 8—10×6—8 mm, apice rotundata, obtusa vel acuta, basi rotundata et in petiolum 1—2 mm longum abrupte attenuata, violascenti-suffusa, margine crenulato-denticulata et ciliata, supra parce, subtus sparse pubescentia. Flores laxe racemosi — interdum 1—2 flores solitarii in axillis foliorum summorum — bracteis lanceolatis sessilibus brevibus suffulti. Pedicelli capillacei, 5 mm longi, violascentes, minus pubescentes, ebracteolati. Hypanthium turbinatum, sparse pubescens, 1—3 mm longum; lobi calycini subulati, 1 mm longi, integri, glabrati, erecti. Corolla 3 mm longa, bilabiata, glabra, alba, lobi labii inferioris in basi macula punctati, oblongi; lobi 2 superiores minores, lineares, acuti, erecti. Stamina 2,5 mm longa; filamenta alba, glabra; antherarum tubus solus 0,5 mm longus, in connectivis pilosulus, antherae 2 inferiores apice barbatae. Capsula ellipsoidea, 3 mm longa, subinfera. Semina ellipsoidea, fusca, nitida, subtilissime longitudinaliter lineata, 0,3 mm longa.

Nord-Rhodesia (Sambia): Distr. Abercorn, Garden at Chilongowelo, lästiges Unkraut in Gärten, an Wegen und Böschungen, 1600 m, 19. IV. 1952 (H. M. Richards n. 1468! — Pret.).

Der *Lobelia heyneana* var. *inconspicua* ähnlich, ist diese Art durch reichere Behaarung, sehr kurze Blattstiele und andere Kelchzipfel verschieden.

p. 477 **Lobelia anceps** L. f., adde: Sudan: Aequatorial Prov., Nagichot Didinga Mts., 2200 m, muddy edge of stream, frequent, 25. IV. 1939 (J. G. Myers n. 11119! — K.). — Kenya Col. (Kenia): Northern Prov., Dandu, 3°26′ N., 39°54′ E., 750 m, (J. B. Gillett n. 12601 — K.,W.); Seyidie Prov., Malindi, sea level, X. 1951 (Tweedie n. 997! — K.). — Tanganyika Territ. (Tansania): Mafia Island, Baleni, c. 30 m, „*Kinwale*" (Kiswah) (Greenway n. 5214! — Pret.); Tanga Prov., Pangani, Dahau, Madanga, flowers blue aromatic, leaves vegetable, „*Bondei Sambaye*" (R. Tanner n. 3021! — K.). — Sansibar (Tansania): Kitunda road (J. L. Smith n. 106! — K.).

f. **ugandensis** E. Wimm. p. 777. adde: Südliches Abessinien (Äthiopien), Agheremariam (Alghe), 5°38′ N., 38°14′ E., 2100 m, dissected plateau, lavas, grassland, 9. XII. 1952 (J. B. Gillett n. 14699! — K.). — Uganda: Kapchawa, 2100 m, common (E. Lind n. 240! — K.).

Der Sproß ist bei dieser Form ziemlich schmal geflügelt wie die Exemplare vom Mt. Elgon. Sie ist auch der *L. neumannii* ähnlich, weshalb ich sie unrichtigerweise zuerst im Herb. Kew *L. neumannii* var. *fallax* benannte.

p. 479

Grex **Eriniformes** E. Wimm.

Plantae herbaceae, humiles, annuae, rarius suffrutescentes. Caules vel rami teretes vel anguste lineati et subangulati. Flores solitarii in axillis foliorum vel bractearum, vel racemose dispositi, longius pedicellati.

Typus: *L. erinus* L.
Circiter 130 species huc pertinent, quae vix in bonos subgregesseparari possunt.

§ 1. Prostratae.

Humistratae vel caespitosae, caules interdum radicantes.

p. 485 **Lobelia modesta** Weddell, adde: Venezuela: Páramo de Corejos, Mérida, 3900 m, „fl. coeruleo-violacei" (T. Hanbury-Tracy n. 75! — K.).

Bemerkt sei zu diesem Exsikkat, daß diese Pflanze bisher nur in Colombia gefunden wurde; sie ist 26—50 mm hoch, die unteren Blätter des Stengels und der Ausläufer sind spatelförmig, die oberen schmäler und meist lanzeolat und an der Spitze stumpf.

p. 486 **Lobelia minutula** Engl., adde: Uganda: Behungi swamp, 2600 m, locally common (B. D. Burtt n. 2927! — Nair., W.).

var. **kiwuensis** (Engl.) E. Wimm. adde: Notizblatt. Berl Bot. Gart. und Mus. VIII (1923) 407; Robyns, Fl. Parc Nat. Albert (1947) 408. —. Kamerun: Distr. Bamenda, Lakom, 2000 m, an Flüssen, IV. 1931 (Macintosh n. 1773! — K.); Brit. Kamerun (Burtt n. 2727! — K.). — Uganda: Slopes of Mt. Mgahinga, Kigezi, 2100 m (Eggeling n. 4120! — Nair.).

var. **rugegensis** (Th. Fries j.) E. Wimm. — Kenya Col. (Kenia): Mt. Kenya Armstrong n. 3637! Bally n. B 3350!—K.).—Tanganyika Territ. (Tansania): Mbeya Distr., Kikondo, 2250 m (Mrs. H. M. Richards n. 6659! — K.). — Uganda: Kigezi Distr. (Rogers & Gardner n. 368!, A. S. Thomas n. 2422!, 1061!, Chandle-Harcoch n. 2670!, J. W. Purseglove n. 2066!, 2168!).

p. 487 **Lobelia kinangopia** E. Wimm. vide II, 777. adde: Kenya Col. (Kenia): Rift Valley Prov., Nakura Distr., E. Mau Forest Reserve, 0°28′ 30″ S., 35°58′ 30″ E. W., open savannah woodland, 2300 m (R. A. Maas Geesteranus n. 6151! — K.).

Lobelia amaroënsis E. Wimm. spec. nov. — Herba prostrata. Caules 3—25 cm longi, glabri vel cum pilis raris vestiti, angulati, floribus laxe racemosis terminati. Folia ima plus minusve orbicularia, cetera ovato-rotunda sensim in bracteas ellipticas usque lanceolatas transeuntia, 7—8×5—8, 2—5×1—2 mm, basi rotundata usque acuta, apice subrotundata usque acuta, margine angulato- vel obtuso-dentata (dentibus 2—3), glabra vel supra parce pilosa, nervi fere invisibiles, 2—3 secundarii. Flores 2—3 in speciminibus parvis, ad 12 in majoribus. Pedicelli 8 mm aut 12—35 mm longi, filiformes, suberecti, basi minute bibracteolati. Calycis tubus brevis, late turbinatus, glaber, lobi subulati, 2—3 mm longi, integerrimi, plus minusve patentes, demum patentissimi. Corolla coerulea, in fauce alba obscurius maculata, 9—10 mm longa: lobi 2 superiores sublineares, minores, lobi 3 inferiores usque ad medium labii soluti, obovati. Antherarum tubus nigrescens, glaber, 1 mm longus, antherae 2 inferiores apice barbatae. Capsula oblonga, 4 mm longa, 1/3 tantum infera. Semina oblonga, subcompressa, dilute fusca, nitida, c. 0,5 mm longa. *Lobeliae kinangopiae* et *L. albomaculatae* approximans, flore et fructo et seminibus ab utrisque diversa.

Südliches Abessinien (Äthiopien): Amaro Mountains, east slopes of Mt. Delo, 5°18′ N., 37°54′ E., volcanic mountains, open rocky places, the small individuals on level rocks, the large on damp N-facing rocks, 3100—3600 m, frequent, 28. I. 1953 (J. B. Gillett n. 14993! — K., W.).

p. 488 **Lobelia lindblomii** Mildbr. var. **nanella** Mildbr. — Kenya Col. (Kenia): Satima, Aberdares, 1100 m, boggi grassland (R. Meinetshegen AH 9443! — Nair.).

p. 489 **Lobelia rhodesiaca** R. E. Fries, adde: Süd-Rhodesia: Matobo Distr., 1400 m (O. B. Miller n. 4043 — K.).

p. 490 **Lobelia trullifolia** Hemsl., adde: Nyassaland (Malawi): a. 1891 (Buchanan n. 316! — K., nicht aber B.); Namasi (Kenneth J. Cameron n. 21! — K.); Zomba Mt., 1150 m, on moist banks in ravine (L. J. Brass n. 16031! — K., Wiehe n. 647! — W.); Zomba Plateau, 1600 m (E. Lawrence n. 434! — K.). — Mocambique: S. E. Forest (Hornby n. 3768! — K.). — Tanganyika Territ. (Tansania): Morogoro, steep slope, 1000 m, erect plants, later becoming procumbent and trailing, flowers blue with a paler lip and in the throat dark blue spotted, 19. VIII. 1951 (Greenway & Eggeling n. 8598 — W.).

var. **saliensis** (E. Wimm.) E. W. f. **glabricalycina** E. Wimm. f. nov. — Differt calyce omnino glabro et pedicellis glabris.

Nyassaland (Malawi): Mlanje Mt., east ridge of Chambe Peak, 2300 m, 26. V. 1957 (R. Goodier n. 267! — K.).

491/85 **Lobelia unamata** E. Wimm. — Fig. 25 c.

493/91 **Lobelia duriprati** Th. Fries j., adde: Kenya Col. (Kenia): Mt. Elgon, near stream (Wallace n. 14a! — K.); Thiba Riber, Embu Distr., 2000 m (H. Copley n. B 402! — K.); Endebess Distr. (M. V. Webster n. EAH 10155! — Nair.); Nakuru Distr., Eastern Mau Forest Reserve, open grassland on hillside with numerous clumps of shrubby Compositae, 2750 m, scattered along runlets, 28. VIII. 1949 (R. A. Maas Geesteranus n. 5957! — K.); Nyanza Prov., Londiani Distr., Tinderet Forest Reserve (Maas-Geesteranus n. 5504! — K.).

Lobelia kalobaënsis E. Wimm. spec. nov. — Herba erecta vel decumbens, pulviniformiter saxa obducens, glabra, ramosa, foliosa. Folia sessilia, anguste lanceolata, 15×3 mm, ad apicem obtusiusculum acuta, ad basin sensim angustata, margine subcrenulata, glabra, interdum atro-violascentia. Flores solitari-axillares, plerumque racemose dispositi. Bracteae deminuto-foliaceae, pedicellos superantes. Pedicelli 5—8 mm longi, basi inconspicue bibracteolati, sursum curvati, sublaeves. Hypanthium primo campanulatum, postremo breviter semiglobosum, 2—1 mm longum, 2 mm latum; lobi calycis 3—4 mm longi, anguste lineares, acuti, integerrimi, erecto-patentes, demum divergentes. Corolla 10 mm longa, cyanea et circa faucem obscurius maculata, glabra: lobi 2 superiores anguste lineares, 3 inferiores oblongo-obovati. Antherarum tubus 1,2 mm longus, glaber, antherae 2 inferiores apice barbatae. Capsula oblongo-ovoidea, vix 6 mm longa, semi-infera. — Fig. 22 b.

Kongo: Chute de Kaloba, Lofoi, tapissant roche humide (Quarré n. 5678! — Brux.); gorge de Kaloba, Lofoi, rampant sur roches, VII. 1939 (Quarré n. 5694! — Brux.).

Diese beiden Exemplare sehen auf den ersten Blick einander nicht sehr ähnlich. Die Ursache dürfte sein, daß Nr. 5678 einen sonnigen, Nr. 5694 einen schattigen Standort hatte, daher erstere dunkelviolett überlaufen und die Blüten mehr traubig gestellt sind, letztere einfach gelblich-grün erscheint und die Blüten blattachselständig geblieben sind. Andere Unterschiede konnte ich nicht finden.

494/93 **Lobelia galpinii** Schlechter var. **dentosa** E. Wimm. var. nov. — Folia spathulato-cuneata, 8×3 mm, apice subrotundata, ad basin late decurrentia, margine in apice tantum vel in lateribus dentata vel interdum integerrima, glabra, carnosula. Pedicelli solitarii in axillis foliorum, folio fulcranti circiter aequilongi. Lobi calycis turbinati inaequilongi. Corolla „coerulea". Antherae 1,6 mm longae.

Kapland: Distr. Middelburg, east slopes of Wapadsberg Plateau, Karroid *Danthonia* Mountain Veld, seepage areas, locally abundant, c. 1700 m, 29. X. 1951 (J. P. H. Acocks n. 16216! — Pret.).

Die Varietät ist bemerkenswert durch die vorn abgerundeten und gezähnten Blätter, die kreiselförmige länglich-glockige Kelchröhre, die blaublütige Korolle und die größere Antherenröhre. Ganze Pflanze graublau.

p. 496 § 2. Pusillae

Plantae pusillae, erectae, simplices vel ramosae, 2—10 cm altae, formae quaedam etiam parum altiores.

p. 498/96 **Lobelia maranguensis** Engl., adde: Tanganyika Territ. (Tansania): Njombe Distr., about 8 km S. of Njombe in drainage ditch by roadside in secondary upland grassland, 1840 m, 8. VII. 1956, corolla very pale lilac, stigma green (Milne-Redhead & Taylor n. 10774! — K., W.).

Lobelia luruniensis E. Wimm. spec. nov. — Plantula pusilla, caespitosa, acaulis, vix 2 cm alta, glabra. Folia radicalia, spathulata, 9—17 mm longa incl. petiolo, obtusa, minute denticulata, in petiolum latum, ciliatum, 2—3 mm longum angustata. Pedunculi radicales, pauci, uniflori, erecti, 7—13 mm longi. Flores folia superantes. Hypanthium turbinatum, 1 mm longum, lobi calycini subulati, 1,2 mm longi, erecti. Corolla 5,5 mm longa, bilabiata: tubus 3 mm longus, lobi oblongi, 2,5 mm longi. Stamina glabra; antherae 1,6 mm longae, 2 inferiores apice barbatae.

Bolivia: Dept. Cochabamba, Luruni, Hot Springs in Tunari Range some miles above Quillacollo on rail to Cochabamba, 17° S., 66,30° W., short dry grass, 3000 m, 11. IX. 1950 (W. M. A. Brooke n. 6787! — Br. M.). — Fig. 23b.

Die kleinste und zugleich stengellose Art in der Gruppe der *Pusillae*. Frucht sah ich keine, so daß also das Genus dieser Art nicht ganz sicher ist. Im Habitus erinnert sie an manche *Lysipomia* und dürfte gleich diesen dichtrasige Boden-Überzüge bilden.

p. 500 § 3. Subgrandiflores

Herbae erectae vel ascendentes, corolla major 17—24 mm longa, stamina 9—14 mm longa.

p. 501/106 **Lobelia stenosiphon** (Adamson) E. Wimm. comb. nov. — *Mezleria stenosiphon* Adamson in Journ. S. Afr. Bot. VIII (1942) 276, XII (1946) 436. — *Lobelia isotomoides* E. Wimm., Campanul.-Lobel. II (1953) 501.

Diagnosis suppleta: Caules basi decumbentes, dein ascendentes, 10—30 cm longi, foliis inferioribus confertis. Racemi simplices vel etiam compositi et sic corymbosi, ut affirmat Adamson. Corolla rosea („bright rose-pink"). Antherae coeruleo-nigrae. — Fig. 23a.

Kapland: Südwest, upper Wellington Sneeuwkop, 1800 m (Adamson n. 3605, Typus — Bol.); E. of Kogelberg (Stockoe); Mountains near Palmiet River, SE. slopes, 500—600 m, 20. I. 1947 (E. Esterhuysen n. 13666! — Pret.); Mountains S. of Wemmershoek, marshy spots, 1350 m (H. Andreae n. 685! — Pret.); Mts. N. of French Hoek Pass (Pillans n. 6738! — K.).

Diese Pflanze fällt besonders auf durch ihre lange schmale Korollenröhre und die fast gleichlangen Kronenzipfel und erinnert dadurch an die *L. rotundifolia* Juss., die aber nur auf Haiti vorkommt.

p. 502 § 4. Latifoliae

Folia — summis et bracteis exceptis — lata. Corolla minus quam 16 mm longa et staminum tubus minus quam 8 mm longus, plerumque 5 mm longus tantum.

p. 507/111 **Lobelia rubescens** De Wild. var. **rubescens.** — Folia ovato-acuminata, denticulata, utrinque sparse hirta vel glabrescentia. Flores primo in axillis foliorum superiorum solitarii, serius in axillis bractearum foliacearum ovato-lanceolatarum, apice acuminatis.

Kongo-Gebiet (Kongo-Kinshasa): Ruwenzori, Butagu, ravin humide sur terre fraiche, 1800—2000 m, 25. IV. 1914 (J. Bequart n. 3909! Typus — Ups.); Kabanga, XI. (J. Bequart n. 6181 ex auct.). — Uganda: Kigezi, Mushagiri, near Lake Mulanda, 2600 m und Chabaya — Behungi (Rogers & Gardner n. 301! 359! — Nair.); Kabale sur la route (R. Germain n. 1215! p. p. — Brux.); Mushongero, grassy lake edge und Mt. Sabinio, forest and bamboo zone und Rubande (Purseglove n. 2124! 2437! 1642! — Nair.). — Sierra Leone II. (Jaeger n. 4257!).

507/112 **Lobelia kamerunensis** Engl. ex Hitch. & Dalz., Fl. W. T. Afr. II (1931) 193. — Folia ovata, acuta, margine serrulata (in formis transeuntibus etiam adpresse vel crenulate denticulata), subtus glabrata, supra saepe sparsissime hirta. Flores in racemo laxo. Bracteae lanceolatae, pedicellis breviores vel eos aequantes, acutae usque acuminatae.

Kamerun: Kamerunberg östlich von der Manusquelle, 2300 m (Preuss n. 748! Typus — B.); Umsake Camp, 1800 m, rambling plants among grass and bushes, I. 1931 (T. Z. N. (?) n. 1239! — K.); Bamenda Div., Bafut-Ngemba und Adamava Div., Matsamart, II. I. (Hepper n. 2106! 1667! — K.). — Fernando Póo: Moka and Mioka area, 1300 m (A. S. Boughey n. 38! 90! — K.). — Nigeria: Prov. Bamenda, 20. VI. 1951 (K.); 8 miles from Bamenda on Santa Road, 2. I. 1951 (R. W. J. Keay n. FHI. 28343! — K.); Ogoja Prov., Obudu Div., Sonkwala Area, Ikwette, in bog amongst grass, 1700 m, 30. XII. 1948 (Savory & Keay n. FHI 25247! — K.); Ogoja Prov. Okudu, Cattle Ranch, grassland, 1800 m, 30. VIII. 1955 (R. H. Stone n. 80! 59! — K.). — Sierra Leone: Mt. Loma, 460—560 m (Paul Jaeger n. 1979! — Hb. Jaeger).

Lobelia filipes E. Wimm. spec. nov. — Herba annua, procumbens. Caules cum ramis ascendentibus pubescens, exalatus, filiformis, sparse foliatus, ad 15 cm longus. Folia alterna, petiolata, ovata usque ovato-oblonga, 10—20×9—12 mm, nonnulla inferiora suborbicularia, apice subrotundata usque subacuta, basi rotundata et in petiolum anguste alatum angustata, dentibus obtusis vel angulatis in margine munita, tenuia, glabrescentia, fere concoloria. Flores solitarii in axillis foliorum superiorum, sursum parum decrescentium. Pedicelli capillacei, glabrescentes, circiter 18 mm longi, basi conspicue bibracteolati. Hypanthium oblongum, glabrum, 1,5 mm longum; lobi calycini sublineares, 1,3 mm longi, integerrimi, erecti. Corolla 4 mm longa, tubo recto, angusto, albo, lobis bilabiatis, coeruleis, inferioribus oblongis mucronulatis, superioribus minoribus, erectis. Stamina 2,5 mm longa: filamenta alba, antherae solae 0,8 mm longae, 2 inferiores apice barbatae.

Südwest-Afrika: Great Namaqualand, South of Grootfontein on dark black soil, 17. IV. 1934 (E. B. Schoenfelder n. S 622! — Pret.).

Ähnelt der *Lobelia adnexa*, noch mehr der *L. kamerunensis*, von der sie durch die Behaarung, durch die achselständigen Blüten, länglichen Kelch und kleine Korolle verschieden ist.

511/119 **Lobelia sapinii** De Wild., adde: Nigeria: Prov. Kamerun, Distr. Bamenda, Babess, 2 miles east of village in open woody savannah, 22. X. 1947 (S. Tamajong FHI n. 22101! — K.); Naraguta, an Flußufer (Hepper n. 1072! — K.). — Kamerun: Adamava Div., Vogel Peak, c. 2000 m (Hepper n. 1484! — K.).

3 et 778 **Lobelia orbiculata** E. Wimm., Camp.-Lobel. II, 778, adde: Kenya Col. (Kenia): Mt. Elgon, 2500 m, 16. XI. 1951 (Mrs. P. H. Irwin n. 89! — W., K.).

Lobelia polyodon E. Wimm., Comp.-Lobel. II, 778, adde: Süd-Rhodesia: Distr. Melsetter, Chimanimani Mts. 1800 m, 23. IV. 1957 (J. A. Whellan n. 1254! — K.).

p. 518/134 **Lobelia kirkii** R. E. Fries var. **kirkii**. — Folia ima non visa, caulina brevipetiolata, elliptica, superiora paulatim lanceolata, margine plano-crenulata vel subintegra, 10—20×2—7 mm.

Süd-Rhodesia: Victoria Falls, „flow. purple!", 14. IX. 1935 (Galpin n. 14986! — K.); Victoria Falls (R. E. Fries n. 50! 59! Typus — Ups.); Zimbabwe Ruins, „flow. pale blue!", 1. VII. 1930 (Hutchinson & Gillett n. 3333! — K.).

var. **microphylla** Schlechter — Folia lanceolata vel linearia, multo minora, 5—10×0,6—1 mm, plerumque integerrima.

Süd-Rhodesia: Victoria Fälle (A. Engler n. 2981! Typus — B.); Victoria Falls, rain forest, 12. X. 1938 (Hafstroem & Acocks n. 1480! — Pret.).

Lobelia oranjensis E. Wimm. spec. nov. — Herba glabra, annua (?). Caules e radice plures, ramosi, flaccidi, sparse foliati, circiter 50 cm alti. Folia alterna, tenera, glabra, petiolata, spathulata usque oblanceolata, 12—30×4—8 mm, apice rotundata vel obtusa, ad basin subrotundata vel sensim in petiolum 5—50 mm longum attenuata, margine subintegra vel repanda vel remote inconspicue obtuso-dentata, nervis fere et venis planis. Flores in racemis terminalibus, longe pedunculatis, laxis, 4—6-floris. Bracteae lineares, ad 5 mm longae, pedicello adnatae. Pedicelli 7—15 mm longi, ebracteolati, patento-ascendentes. Calycis tubus campanulatus, lobi subulati, 2,5 — 3 mm longi, integri, subpatentes. Corolla circiter 11 mm longa, „coerulea, albo-oculata et obscuro-coeruleo-maculata", glabra: lobi 2 superiores oblanceolati, erecti; lobi inferiores 3 obovato-oblongi (5×2 mm), basi bigibbosi. Stamina 5 mm longa, glabra: filamenta coerulea, antherarum tubus rubiginoso-striatus (1,5 mm lg.), 2 inferiores antherae apice barbatae.

Oranje-Freistaat: Clarence, XI. 1917 (W. van Hoepen n. 18261! — Pret., W.). — Kapland: Albert Div., Broughton bei Molteno, 2075 m, XII. 1892 (Flanagan n. 1609! — Pret.).

Habituell der *Lobelia laxa* ähnlich, aber Blätter nicht basal-rosettenartig. Ein Exemplar aus Transvaal, Distrikt Rustenburg, auf Felsen unterhalb des Wasserfalles in einer Kloof, 5. XI. 1940 (S. M. Lanham n. 60! — Pret.) ist recht dürftig und mag auch zu dieser Art gehören: die wenigen vorhandenen Blätter sind aber lanceolat, kürzer gestielt, die Kelchzipfel 4 mm lang und fast filiform, der Antherentubus vorn oben kurzhaarig.

Lobelia lobata E. Wimm. spec. nov. — Herba annua, subglabra. Caules e radice plures, suberecti, ramosi, leviter angulati, straminei, inferne glabrati, superne minute puberuli, circiter 35 cm alti. Folia alterna, sparsa, petiolata, plus minusve orbicularia, 10—15×12—14 mm, summa etiam paulo angustiora e. c. 10×8 mm, basi latissime cuneata vel rotundata et in petiolum 5—11 mm longum angustata, apice subrotundata usque acuta, in basi lata integra, de cetero inciso-serrato-lobata — dentes ovati et mucronulati — in sicco tenuissima, glabra, sinus inter dentes subacuti. Flores solitarii in axillis foliorum superiorum, longe pedicellati. Pedicelli filiformes, puberuli vel glabrati, ebracteolati, 25—32 mm longi, patento-erecti. Hypanthium oblongo-obovoideum, 3 mm longum; lobi calycini sublineares, acuti, integri, 2 mm longi, patentes. Corolla coerulescens (?), glabra, 9 mm longa: lobi 2 superiores oblanceolati, lobi labii inferioris obovato-oblongi. Stamina 5 mm longa, glabra: antherarum 2 inferiores apice barbatae. — Fig. 24.

Süd-Rhodesia: Matopo, III. (F. Eyles n. 1040! — Pret.).

Diese schon im Verblühen befindliche, von Eyles gesammelte Pflanze steht den im Kapland heimischen Arten der *L. erinus*, *L. cuneifolia* und *L. pubescens* überaus nahe, besonders der *L. pubescens* var. *incisa*, dennoch sind gewisse Eigenheiten und die große geographische Distanz dieser Art so, daß ich sie mit den genannten südlichen Arten nicht vereinen möchte. Vielleicht führt mehr Material zu anderen Ergebnissen.

523/126 **Lobelia cuneifolia** Link & Otto var. **cuneifolia.** — Caulis et folia glabra, rarius parce pubescentia. Folia subcordata vel ovata, apice obtusa, bracteae lanceolatae, pedicellis breviores. Calycis lobi 7 mm longi. Corolla 16—20 mm longa, lobi labii inferioris oblongi, extus glabri. Staminum tubus 9 mm longus.

Kapland, Gebiet zwischen Port Elizabeth und Knysna, beschrieben nach einer im botanischen Garten in Berlin gezogenen Pflanze.

var. **ananda** E. Wimm. var. nov. — Folia basalia non vidi, inferiora rotundo-ovata usque late elliptica, 20—25 × 16—17 mm, basi rotundata et in petiolos 10—12 mm longos fere abrupte angustata vel acuta, apice rotundata usque acuta, margine repanda vel inaequaliter dentata, demum in bracteas lanceolatas transeuntia, glabra, petioli et caules pubescentes. Pedicelli 20—30 mm longi, apice subcurvati. Calycis lobi 4—5 mm longi. Corolla 15 mm longa, „coerulea et alba", lobi labii inferioris subobovati. Staminum tubus glaber, 6—7 mm longus.

Transvaal: Distr. Rustenburg, Farm „Ananda" und Dankerhoek, örtlich häufig (R. Rose Innes n. 227! — Pret.).

529/143 **Lobelia melleri** Hemsl. var. **melleri.** — Glabra, parte basali caulis excepta parce hirtella. Folia ovata, sursum sensim angustiora usque ad lanceolata, obtusa vel acuta basi rotundata vel in petiolum brevem angustata, margine obtuso-dentata. Bracteae sublinereas, pedicellis breviores. Calycis lobi ciliolati. Corolla coerulea albo-oculata, 8 mm longa, glabra.

Grenzgebiet zwischen Nyassaland (Malawi) und Mocambique: c. 16° S., 35° E., Island Dakanamaio (Livingstone's Zambesi Exped., lg. C. J. Meller! Typus — K.); Nyassaland (Malawi), Niguleni Mission, 1000 m, IX. (Miss H. Faulkner n. K.50! — Nair.). — Tanganyika Territ. (Tansania): Moshi, Mashami, c. 1600 m (A. Haarer n. 344! — Nair.).

var. **grossidens** E. Wimm. in Kew Bull. 1952, 139. — Glaberrima. Folia ovata, apice subacuminata et apiculata, basi rotundata vel cuneata, margine serrato-dentata. Calycis lobi non ciliati. Corolla c. 10 mm longa.

Kenya Col. (Kenia): Mt. Elgon, 2300 m, X.—XI. 1930 (Major Lugard n. 149! Typus — K., Nair.).

var. **trichella** E. Wimm. var. nov. — Herba hirta. Folia caulina majora subcordata, c. 18 × 20 mm, ramealia ovata, basi rotundata, c. 8 × 5 mm, apice obtusiuscula vel acuta. Flores in racemis laxis. Bracteae lanceolatae, pedicellis fere duplo breviores. Pedicelli 17 mm longi et calyces pubescentes. Lobi calycini 2 mm longi, ciliati. Corolla 9 mm longa, extus glabra, intus hirtella. Stamina 4,5 mm longa.

Nyassaland (Malawi): Mt. Mlanje, 2000 m, VII. X. 1839 (A. P. S. Forbes n. 157! — Nair.).

529/145 **Lobelia intertexta** Bak., adde: Nyassaland (Malawi): Mlanje Mt., Chambe plateau, common on grassland paths, 2000 m, (Vernay Nyasaland Exped. lg. L. J. Brass n. 16769! — K.); Kota-Kota Distr., Nchisi Mt., occasionally among rocks in *Brachystegia*-woodland, 1600 m (L. J. Brass n. 16972! — K.); Cholo Mt., 1200 m, in a clearing in the edge of rainforest (L. J. Brass n. 17699! — K.); CH'Radzulu Mt., 1800 m und Zomba plateau, hillside (F. M. Benson n. 460! 827! — Pret.).

var. **arida** E. Wimm. — Nyassaland (Malawi): VII. 1935 (J. C. Smuts n. 2170! — K.).

Lobelia zombaënsis E. Wimm. spec. nov. — Herba annua, caule erecto, circiter 30 cm alto, subangulato, inferne cum foliis puberulo, superne glabrato. Folia alterna, ima non visa, suborbicularia, 5—9×6—7 mm, superiora sensim angustiora (oblonga usque linearia), crenulata vel denticulata, petiolata, in petiolum 3—4 mm longum puberulum angustata, apice rotundata vel subacuta, supra minus, subtus plus puberula. Flores in racemo terminali, laxo, plus minus longe pedunculato, 5—10-floro. Bracteae lineares, circiter 5 mm longi, pedicellis multo breviores. Pedicelli 11—20 mm longi, glabri, suberecti, ebracteolati. Hypanthium nullum, sepala a basi leviter saccata libera, sublinearia, 3 mm longa, integra, glabra, erecta. Corolla pallide coerulea, 8 mm longa, in nostro specimine duplex, staminibus abortivis, glabra, lobi anguste oblanceolati, 2 superiores sublineares. Cetera non visa. — Fig. 25 b.

Nyassaland (Malawi): Zomba Plateau, in kurzgrasigen Salzpfützen (Vlei), 1600 m, 24. XII. 1946 (F. M. Benson n. 1054! — Pret.).

Mit der *Lobelia intertexta* Baker nahe verwandt; von ihr verschieden durch die Blattform (nierenförmig-rund bis rundlich, die oberen gleichen denen von *L. intertexta*), durch das Fehlen der Kelchröhre und die freien Sepalen, durch die bedeutend kleinere, hier doppelte Korolle, eine sehr seltene Erscheinung bei den Lobelien.

p. 539 **Lobelia wildii** E. Wimm. II, 781, adde: Nyassaland (Malawi): VII. 1935 (G. C. Smuts n. 2170! — Pret.). — Transvaal: Distr. Zoutpansberg (Obermeyer, Transv. Hb. n. 30312!); Distr. Waterberg, Nylstroom, public gardens (R. G. N. Young n. 2334! — Pret.). — Mocambique: Mts. Mangota, 1166 m (Mission G. Vasse n. 49! — Pa.).

Lobelia melsetteria E. Wimm. spec. nov. — Herba (biennis?) erecta, multicaulis, ramosa, partim vel totaliter hirta (corolla excepta). Caulis angulatus, folia radicalia sub anthesi jam deficiunt, reliqua oblongo-lanceolata vel lanceolata, 30—40× 3—11 mm, basi in petiolum marginatum indefinitum angustata, apice obtusa vel acuta, margine remote denticulata, utrinque vel supra tantum hirta. Flores in racemis laxis terminalibus multifloris. Pedicelli in axillis bractearum linearium, 3—10 mm longarum. Pedicelli 15—30 mm longi, glabrati vel puberuli, sine bracteolis. Calycis tubus oblongus, 3 mm longus, glaber vel puberulus; lobi subulati, 2—3 mm longi, integri. Corolla ad 12 mm longa, coerulea, albido-oculata et in fauce bigibbosa: lobi superiores minores lanceolati, lobi inferiores obovato-oblongi, 4 mm longi. Tubus stamineus 5—6 mm longus, antherae in dorso hirtae, 2 inferiores apice barbatae. Capsula anguste oblonga, fere infera, subglabra, 7 mm longa. Semina non visa.

Süd-Rhodesia: Distr. Melsetter, c. 1800 m, „Albany" Lands, weed in wet patches—black soil (vlei), cultivated for several years, common only on this and adjacent lands, 22. VII. 1950 (A. O. Crook n. M 15! — Pret.). — Nord-Rhodesia (Sambia): Kansuaja, VI. 1890 (F. O. Stohr n. 83! — Pret.).

Steht der *Lobelia filiformis* var. *natalensis* nahe, von der sie sich durch die stumpfen Blätter, den schmalen Kelch, Farbe der Blüte und oblonge Frucht unterscheidet.

p. 543 **Lobelia altimontis** E. Wimm. II, 1780, adde: Nord-Rhodesia (Sambia): Itawa Dambo, Ndola, 330 m (E. A. Robinson n. 2224! — K.). — Süd-Rhodesia: Manicaland, Mt. Nuza, 2200 m, 9. XI. 1938 (J. Lanjouw n. 1236! — Brux.); Umtali Distr., Inyamkarara Hights, 1800 m, Stapleford Forest Reserve (N. C. Chase n. 5889! — W., K.).

543/162 **Lobelia dealbata** E. Wimm. — Corrige e specimine Stolz: Folia inferiora caulis late elliptica (subrhombea), 20×12 mm incluso petiolo vix 2 mm longo marginato, glabra, margine adpresse dentata.

Nyassaland (Malawi): Kyimbila, Bergwiesen, 1350 m, 14. IX. 1910 (A. Stolz n. 277! — Pret.). — Uganda: Kigezi, Kachwekano Farm, 2150 m, II. 1951 (Purseglove n. 3577! — Nair.).

544/164 **Lobelia welwitschii** Engl. & Diels var. **welwitschii**. — Caules basi procumbentes et radicantes, foliis sparsis, late ovatis, ellipticis usque lanceolatis obsiti. Pedicelli remoti, 10—20 mm longi, erecti vel patentes. Corolla ad 12 mm longa, saturate cyanea.

Angola: Huilla prope Lopollo (Welwitsch n. 1142! Holotypus — B., DC.); Benguella (J. Gossweiler n. 3827! — K.). — Kenya Col. (Kenia): Kipkarren Distr., c. 1900 m, in marshy ground in masses, common, flowers, purple or mauve, II. 1932 (Brodhurst-Hill n. 710! — K.). — Tanganyika Territ. (Tansania): Central-Prov., Rufunse to Lusaka (Greenway & Brenan n. 8067! — K.); Songea Distr., Kimarampaka stream, about 12 km W. of Songea in boggy grassland overlying „laterite", 960 m (Milne-Redhead & Taylor n. 7797 — K.); c. 1,5 km E. of Mawesi River, 430 m, stems succulent, white below, rooting at lower nodes, anthers brownish (Milne-Redhead & Taylor n. 7826! — K.); Luhila Valley (S. R. Semsei n. 2482! 2624! — K.); Njombe Distr., near Mkenja Village, 2100 m, fl. azurblue (H. M. Richards n. 7789! — K.). — Nord-Rhodesia (Sambia): Abercorn Distr., Abercorn, c. 1700 m, fl. from bright cobalt to pale lilac blue (E. A. Robinson n. 1705! — K.); Abercorn, swampy Mshito with palms, on main road (A. A. Bullock n. 2118! — K.); Lake Chila, c. 1800 m (H. M. Richards n. 373! 558! — K., n. 1755! — W.).

Lobelia borleana E. Wimm. spec. nov. — Herba verisimiliter palustris, erecta, glabra. Caulis c. 13 cm altus, quadrangularis, sparse foliatus et ramosus. Folia remota, sessilia, linearia, 5—20×0,5—1 mm, obtusiuscula, 2—3 dentibus utrinque munita, plus minusve erecta. Flores racemose dispositi, in axillis foliorum in bracteas transeuntium, quam pedicelli multo breviorum. Racemi laxi, 5—7-flori. Pedicelli 12—20 mm longi, ancipites, patentes, sine bracteolis conspicuis. Calycis receptaculum turbinatum, demum semiglobosum; lobi calycini 1,5 mm longi, subulati, integerrimi, glabri, erecti. Corolla 8—9 mm longa, glabra, coerulea fauce alba, tubo in parte ventrali obscurius maculata: lobi 2 superiores lanceolati, erecti, minores, lobi inferiores labium trifidum formantes, obovati, c. 4 mm longi. Staminum tubus 4 mm longus, glaber; antherae 2 inferiores apice barbatae. Capsula ellipsoidea, 3/4 infera. Semina oblongo-acuta, fusca, nitida, c. 0,3 mm longa. — Fig. 26a.

Nord-Rhodesia (Sambia): Distr. Sefula, Barotse Valley, sandy, 1000 m, VII. 1921 (Mme. G. Borle n. 238! — Pret.).

Habituell der *L. welwitschii* sehr ähnlich, durch Kelch, Korolle und Frucht deutlich unterscheidbar.

Lobelia uliginosa E. Wimm. spec. nov. — Herba annua, glabra, palustris. Caulis rectus, simplex, 13—20 cm altus. Folia alterna, minima, arrecta, sessilia, ima fere orbicularia, 1×1 mm, reliqua triangulari-lanceolata, acuta, 2—3×0,5—1 mm, integerrima vel pauci-denticulata. Flores in racemo terminali, secundo, 4—9 cm longo, 6—13-floro. Bracteae lineari-lanceolatae, subcuspidatae, 2—4 mm longae, subdenticulatae. Pedicelli 5—7 mm longi, filiformes, basi minute bibracteolati, patentissimi, fructibus cernuis. Calycis tubus anguste obovoideus, 1—2 mm longus; lobi calycis 2 mm longi, subulati, erecti, integri. Corolla 8 mm longa, cyanea, albo-oculata et ibi obscurius maculata, bilabiata: lobi 2 superiores lanceolati, erecti, minores quam labium inferius lobis ellipticis acutis. Stamina 4 mm longa, glabra: antherarum tubus fuscescens, vix 1 mm longus, antherae 2 breviores apice barbatae. Capsula 4 mm longa, ellipsoidea, subinfera. Semina ellipsoidea, fusca, nitida, 0,3 mm longa. — Fig. 25 a.

Tropisches Ostafrika; Tanganyika Territ. (Tansania): 36 miles of Uvinsa, 5°5′ N., 30°20′ E, c. 1500 m, small pitty bog overlying rock (A. A. Bullock n. 3294! Typus — K., W.). — Nord-Rhodesia (Sambia): Abercorn Distr., Kambole Escarpment, 1500 m, 6. VI. 1957, in wet swampy ground (H. M. Richards n. 10049! — K.); Kawambwa, drying moorland, 1400 m, 21. VI. 1957 (E. A. Robinson n. 2341! — K.).

Diese neue Art ist der *Lobelia welwitschii* ähnlich, hat aber zum Unterschied einfache dünne Stengel mit sehr kleinen fast schuppenartigen Blättern. Die Blüten stehen in einseitswendigen Trauben, von einander kaum 10 mm entfernt und horizontal abstehend; ältere Blüten und Früchte sind nach unten geneigt. Die Kelchzipfel zeigen keine Zähne.

p. 545/166 **Lobelia benguellensis** Hiern, adde: Südwest-Afrika: Hereroland, Uridum, a. 1886 (Schinz n. 443! — Brem., stark zerfressene Stücke, aber die untersten Blätter, die beim Typus fehlten, sind hier erhalten): Folia ima petiolata, spathulata usque elliptica, acuta vel obtusa, basi in petiolum indefinitum 3—5 mm longum subacuminata, irregulariter dentata, subglabra, 10—12×5—7 mm.

p. 546/169 **Lobelia usambarensis** Engl., adde: Tanganyika Territ. (Tansania): Uluguru 1300 m, bracken association, 7. VII. 1935 (N. V. Rounce n. 402! — K.). — Uganda: Bulambuli Elgon, 3000 m, lower edge of the Bamboo Zone, 11. XI. 1933 (T. 2279 Hb. Bot. Dept. Agric. Uganda! — K.). — Transvaal: Distr. Zoutpansberg, Louis Trichardt (M. E. Blankiron! — Witw. R.).

var. **calantha** E. Wimm. var. nov. — Herba annua, pumila, glabra, inflorescentia simplex vel ramosa, flores multi, solitarii in axillis foliorum superiorum. Folia parva, elliptica, oblonga, brevi-petiolata, acuta, serrulata, 3—5×2—3 mm. Pedicelli filiformes, 5—15 mm longi, bibracteolati. Corolla 8 mm longa, coerulea, versus faucem alba et lutescens et cyaneo-maculata: lobi 2 superiores cyanei, lanceolati; lobi labii inferioris oblongi, acuti.

Nyassaland (Malawi): Nyika Plateau, on peat, 24. VI. 1952 (G. Jackson n. 871! — Pret.).

Diese Varietät ist ausgezeichnet durch den reichen Blütenflor und die schöngefleckte Blüte; die Blättchen des Stengels nehmen nach oben an Größe kaum ab, auch als Brakteen nicht. Sie gäbe eine schöne, sehr niedrige, blütenreiche Zierpflanze ab.

var. **hispidella** E. Wimm., adde: Nyassaland (Malawi): Mt. Mlanje, Likabula Valley track, 1800 m, 17. X. 1941 (Greenway n. 6327! — K.).

p. 547/172 **Lobelia tenera** HBK. f. **fendleri** E. Wimm. f. nov. — Planta 35 cm alta, ramosa, usque ad inflorescentiam foliata, in parte inferiore magis pilosa quam planta typica, adde: Venezuela: Colonia Tovar, a. 1856—57 (A. Fendler n. 724! — Brux.). — „N. Grenada" (Funck et Schlim n. 813! — Br. M.). — Peru (Mathews n. 3022! 909!). — Das Exsikkat ist im unteren Teile mehr behaart als es gewöhnlich der Fall ist, 35 cm hoch und verzweigt und bis zum Blütenstand beblättert.

p. 551/176 **Lobelia mossiana** R. Good, adde: Süd-Rhodesia: On Inyanga road, 2000 m, XII. und Umtali Commonage, c. 1200 m (B. S. Fischer n. 1170! 1142! — Pret.). — Transvaal: Zoutpansberg Distr. (Gillitt n. 3115!); Louis Trichard (C. Letty n. 244!), Minastone (Breyer n. 19531!); Pietersburg Distr., Moketsie (G. van Dam

n. 25018!); Houtbosch (H. Bolus n. 10954!); Makoutsie River (Breyer n. 25208!); Pretoria, Rietvlei Dam near stream (J. E. Repton n. 421!); Waterkloof (A. J. J. Janse n. 2796!); Kruger National Park, 600 m, common in vlei (H. P. van der Schyff n. 1986! 2635!); Shiluvane (Junod n. 4916); Pilgrims Rest Distr., Summit of Blijde River Gorge (Galpin n. 14423), — Swaziland: between Stegi and eastern foot of Lubombi, VI. 1911 und between Stogoti and Black Mbelusi (J. Burtt-Davy n. 10570! 10647!). — Zululand: Umfoluzi River (V. A. Wager n. 22409!); Mkungi River c. 50 m, (Galpin n. 13303!); Melmoth, Umfulazane (Mogg n. 6107); Distr. Vryheid, 6 miles N. of Zwartfolozi on road to Stylrand, edge of forest (L. E. Codd n. 1559!) — Natal: Greyton (Galpin n. 14705!); Estcourt, Cathkin Park, Drakensburg (Galpin n. 11879!). — Oranje-Freistaat: Harrismith, Monkey Point, V. (M. van Wyk n. 122! — alle Pret.).

551/178 **Lobelia senegalensis** A. DC. var. **senegalensis,** adde: Senegal: Basse du Sénégal, IV. (Heudelot n. 512! — Pa.). — Kongo (Kongo-Kinshasa): Elisabethville (P. P. Salesiens n. 963! — Brux.). — Abessinien (Äthiopien): Kofaljaló, 2500 m, grasbewachsene moorige Stelle (J. B. Gillett n. 5279! — K.). — Tanganyika (Tansania): Iringa Prov., Lupembe road, c. 1800 m, XI. (Haarer n. 1581! — Nair.). — Nord-Rhodesia (Sambia): Mufulira, woodland, 6. XI. 1947 (A. Cruse n. 67! — K.); Munali, 4 miles E. of Lusaka, 1400 m (A. E. King n. 63! — K.); Chalimbana, 35 miles E. of Lusaka (E. A. Robinson n. 2214! — K.); Muckle Neuk, 12 miles N. of Choma (E. A. Robinson n. 594! — K.). — Süd-Rhodesia: Umtali Distr., Vumba Mts., c. 1500 m, 15. V. 1955 (N. C. Chase n. 5579! — K.); Bank of Zambesi River near Victoria Falls, 1000 m (F. A. Rogers n. 5134! — K.). — Mocambique: Rechtes Ufer des Zambesi (M. Surcouf n. 472! — K.); Magaba (E. de Sousa n. 174! — Pret.). — Transvaal: Barberton Distr., Nelspruit, XII. (H. G. Breyer n. 17967! — Pret.).

var. **turgida** E. Wimm., adde: Nord-Rhodesia (Sambia): Abercorn Distr., roadside by Kawimbe, 1530 m (H. M. Richards n. 6355! — K.).

var. **subaspera** E. Wimm., adde: Süd-Rhodesia: Inyanga Distr., Farm Blue Mountain, 2000 m, X. 1956 (O. B. Miller n. 3746! — K.); — Transvaal: Nelspruit, 8 mils SE. of Pretoria Kop, 660 m (L. E. Codd n. 6498! — K.). — Natal: Distr. Berville, Cathedral Peak, locally common, 2300 m (D. J. B. Killick n. 1409! — K.).

Sect. II. **Holopogon** Benth.

Subsect. II. **Delostemon** E. Wimm.

Grex 1. **Impares** E. Wimm.

Lobi labii inferioris corollae impares: lobus medius distincte longior vel major quam lobi laterales; lobi 2 superiores parvi, reclinati. Semina plerumque trigona. Species Australiae tantum.

560/189 **Lobelia dentata** Cav., adde: N.S. Wales: Ohne nähere Ortsangabe (E. Dänell!).

564/195 **Lobelia rhombifolia** De Vriese var. **bidentula** E. Wimm. var. nov. — Folia sparsissima, lanceolata, utrinque fere in medio 1 dente exserto munita. Caulis simplex vel subramosus. Corolla 12 mm longa. — Fig. 26c.

West-Australien: Wooroloo, X. (Max Koch n. 1744! p. p. — Brem., W.).

Lobelia kochiana E. Wimm. spec. nov. — Herba annua, glabra, erecta, inflorescentia subpaniculata. Caulis simplex, teres, tenuis, purpurascens, circiter 10 cm altus sparse foliatus. Folia alterna, sessilia, purpurascentia, linearia, 10×1 mm, apice obtusiuscula, margine integerrima, suberecta. Pedunculi pauci, erecti, 1—2-flori. 12—20 mm longi. Pedicelli c. 6 mm longi. Calycis tubus obliquo-obovoideus, basi acutus, 4 mm longus; lobi calycini subulati, 3 mm longi, integri, erecti. Corolla cyanea, 16 mm longa, extus glabra: tubus 3 mm longus, intus cum 2 lineis hirtis: lobi 2 superiores 3 mm longi, sublineares, recurvati; lobi 3 inferiores inaequales, lobo medio obovato, apice mucronulato, 10 mm longo et 6 mm lato, lobis lateralibus rotundo-obovatis, 7 mm longis et 5 mm latis. Stamina 4 mm longa, glabra; antherae omnes apice piloso-ciliatae. — Fig. 26b.

West-Australien: Wooroloo, X. 1901. (Max Koch n. 1744! — Brem., W., doch unter derselben Nummer wurde auch *L. rhombifolia* var. *bidentula* ausgegeben).

Eine von demselben Standort und Sammler unter Nr. 1428 ausgegebene und im Hb. Bremen befindliche Pflanze ist *L. rhytidosperma* Benth.

p. 566 Grex 2. **Gratioloides** E. Wimm.

Caulis usque ad inflorescentiam foliatus; flores solitari-axillares, interdum versus apicem plus minusve in racemum laxum transeuntes. Semina (saltem specierum Asiae) trigona.

p. 567/201 **Lobelia thermalis** Thunb. var. **thermalis.** — Folia late elliptica usque oblonga, obtusa vel acuta, serrata, subtus subhirsuta vel glabrata, interdum lanceolata et adpresse dentata. Pedicelli, calyces, corolla plus minusve hirsuta. Corolla 16—18 mm longa, „dilute coerulea" (Dinter). Semina ellipsoidea, fusca, nitida, c. 0,4 mm longa.

In Südafrika ziemlich weit verbreitet, einige neue Standorte: Oranje-Freistaat: Jauresmith (M. Henrici n. 2887! — K.). — Bechuanaland Protektorat: Distr. Kanye, Majana Village on banks of Kolobeng River (Hillary & Robertson n. 567! — K.). — Transvaal: Barberspan (Hb. Moss n. 16703! — Witw. R.); Woodbusch (H. Wager n. 23092! — Pret.). — Süd-Rhodesia: Bulawayo (F. Eyles n. 1076! — Pret.; Miss E. Cecil n. 263! — K.); Matopo Hills (L. S. Gibbs n. 31! — K.); Charter, 1600 m, river banks, flow. mauve (Eyles n. 2801! — K.); Gwelo (J. Gardner n. 10! 26! — K.). — Angola: Mossamedes, Rio Coroca, Pinda, in den Dünen, 14. V. 1937 (Exell & Mendonça n. 2214!); Boa Vista, XI. 1900 (Gossweiler n. 52!; Welwitsch, It. Angolense n. 5813! — Univ. Coimbra).

var. **pungens** E. Wimm., adde: Südwest-Afrika: upper region, Karieboemfontein (H. H. W. Pearson n. 4990! — K.).

p. 570/206 **Lobelia djurensis** Engl. & Diels, adde: Ghana: Near Burufo, N. Ts., 18. XII. 1950 (Adams & Akpabla n. 4383! — K.). — Nigeria: Side of drain about 5 miles N. of Minna, 4. XII. 1949 (R. D. Meikle n. 728! — K.).

Meikle bemerkt dazu: „Stengel purpurn, oben blaßgrün, saftig und schwammig, Blätter blaßblaugrün, Blüten blaßlila".

p. 571/207 **Lobelia alsinoides** Lam. var. **cantonensis** E. Wimm. — *L. chinensis* var. *cantonensis* E. Wimm. ex Danguy in Lecomte et Gagn., Fl. Gen. Indo-Chine III (1930) 681. — *L. hancei* Hara in Journ. Jap. Bot. XVII (1941) 23. — *L. chinensis* Hance in Journ. Linn. Soc. XIII (1873) 110, non Lour. — *L. trigona* sensu Yamamoto in Trans. Nat. Hist. Soc. Formosa XIX (1929) 107. — adde: Philippinen: Luzon central, Manila (A. Loher n. 4341! — K.); Davao Distr., Mindanao, IX. X. (E. B. Copeland n. 368! — K.). — Nach Hara auch in Japan: Inseln Kyusyu (Tikugo, Hiuga); Ryukyu und auf Formosa.

Einheim. Namen in Japan nach Hara: „*Tati-mizokakusi*", „*Abunome-mizokakusi*", „*Taiwan-mizokakusi*".

76/214 **Lobelia succulenta** Blume var. **succulenta.** — *L. zeylanica* var. *affinis* Kurz in Journ. As. Soc. Bengal. LIV (1877) 211. — *L. zeylanica* f. *viridis* Hochreutiner in Candollea V (1934) 292 excl. *L. Heyneana* et *L. dichotoma.* — Folia ovata, basi truncata usque rotundata vel parum attenuata, apice acuta vel obtusiuscula, subtus in nervis parce hirtella. Calycis tubus ovoideus, cum petiolis, pedicellis subpubescens, lobis inaequalibus, ciliatis, anguste lanceolatis, erectis. Corolla ad summum 11 mm longa. Folia 8—25 mm longa.

Neue Standorte: Sumatra: NW. Hoek Karolanden, 2400 m (Galoengi n. 487!); Palembang ± 600 m, 29. X. 1929 (v. Steenis n. 3379!); Lampong helling (G. Raté! — alle Hb. Leiden). — Borneo (Kalimantan): Nord-Borneo: Mt. Kinanbulu, Penibukan ridge, 1000—1600 m, on rocks in Dahobang river bed, Penibukan (J. & M. S. Clemens n. 40277 A! 30692! und ohne Nr.!); Tenompok, flow. white to lavender (J. & M. S. Clemens n. 30056! — alle Hb. Leiden). — Java: Buitenzorg (Bogor) (V. Schiffner n. 2725!, Bakhuyzen n. 1060! 1965! — Leid.); Soekamantri und Pasir Honje by Leuwilliang, 350 m (Bakhuyzen n. 3675! 5495! — Leid.); Banter djati, VI. (H. Raap n. 530!—Leid.); Plateau de Dieng und Mt. Pangenan, 2130 m (Hochreutiner n. 2404, 2482 — ex Hochreut.). — Malayische Halbinsel: Johore, in high swampy forest with *Bonnaya reptans* (E. J. H. Corner n. 30741! — Leid.). — Neuguinea: Sattelberg, 1030 m, flow. lavender purple (J. & M. S. Clemens n. 764! — Leid.).

f. **rubescens** Hochreut. in Candollea V (1934) 292. — Folia omnia rubescentia, suborbiculata vel ovata, variantia a forma subrotunda usque ad formam lanceolatam, petiolo ± longo vel nullo. Corolla „lilacina".

Java: Plateau de Dieng, 2130 m, 7. XI. 1904 (Hochreutiner n. 2483 — ex Hochreut.).

var. **lobbiana** (Hook. f. & Thoms.) E. Wimm.

Sumatra: Benkoele, Kepahiang, 11. II. 1932 (de Voogd n. 1248!); Berenong 400 m, 23. XI. (Iboet n. 178! — beide Leid.).

578/215 **Lobelia ardisiandroides** Schlechter, adde: Montagu-Pass, 3. XI. 1894 (Schlechter n. 2068! — Pret.); ohne nähere Ortsangabe (Burchell n. 5924! — K.).

Grex 3. **Genistoides** E. Wimm.

581/216 **Lobelia zeyheri** Sond., adde: Tanganyika Territ. (Tansania): Iringa Distr., Iringa just N. of township in hollows dug for sowing *Eucalyptus* trees in secundary grassland, 1650 m, 15. VII. 1956 (Milne-Redhead & Taylor n. 11205! — K., W.). — Nord-Rhodesia (Sambia): Choma, Dambo, 1400 m, 2. V. 1955 (E. A. Robinson n. 1268! — K.). — Süd-Rhodesia: Matobo Distr. (O. B. Miller n. 2971! 3633! — K., W.); Umtali Distr., Chimedza River, 990 m, damp sandy stream bank (R. B. Drummond n. 4867! — K.).

581/217 **Lobelia ovina** E. Wimm., adde: Tanganyika Territ. (Tansania): Njombe Distr., Kipengere Mts., Mtorwi Peak, 2490 m, 12. I. 1957 (Mrs. H. M. Richards n. 7704! — K., W.); Songea Distr., Mitengo Hills, Lupembe Hill, 1860m (Milne-Redhead & Taylor n. 8093! — K.); Songea Distr., Mpapa, Matengos, Southern

Prov., very common in burns in open *Brachystegia-Uapaca* woodland, 22. IX. 1956 (S. R. Semsei n. 2491! — K.).

„Flores penduli, corolla malvacea, albo-oculata, antherae cinereae, stigma luteum, planta lacte luteo plena."

p. 583/220 **Lobelia eurypoda** E. Wimm. — Supple diagnosis speciei: Herba radice filiforme repente, sparse hyalino-hirsuta, 5—25 cm alta. Folia valde variabilia, petioli plerumque late alati a lamina distincti vel indistincti, saepius irregulariter dentati, 4—18 mm longi; lamina subrotunda, ovata, subspathulata, sublyrata, 20—30×7—35 mm, apice obtusa, basi rotundata vel cuneata, margine irregulariter obtuso-dentata, utrinque plus minusve hirsuta. Flores in racemo terminali, pedunculato, interdum paucifloro.

var. **eurypoda.** — Corolla „lutea, lutescens vel luteo-fusca", 10—16 mm longa.

Transvaal: Pietersburg Distr., Top of Mt. Zoutpansberg, Downs, 1500 m, II. (Junod n. 4301! — Pret., P., W.); Woodbusch (Wager n. 23064! — Pret.). — Zululand: Nkandhla, 1300—1500 m, III. lg. Wylie (Hb. J. M. Wood n. 8863! — P.); 9 miles south of Nkandhla Mts. among rocks, 1400 m, II. (L. C. Codd n. 6982! — W., Pret.).

var. **fissurarum** E. Wimm. var. nov. — Herbae plerumque humiliores. Corolla „coerulescens vel coerulea", 9—10 mm longa; antherarum tubus 1,5 mm longus. — Fig. 30a.

Kapland: Prince Albert Distr., Seven Weeks Poort Mt., ridge on east-side adjoining highest part, in rock crevices closely pressed together, 2100 m, XII. 1928 (T. P. Stokoe n. 1809! — Pret. sub „*L. fissurarum* E. Wimm."); Ladismith Div., Swartberg, between Toverkop and Elandsberg, grassy gullies and ledges on south side, rare and locally, about 2000 m, V. (E. Esterhuysen n. 28245! — Bol.).

p. 583/221 **Lobelia cobaltica** S. Moore. — Ab ea vix specifice differens: *L. longipilosa* E. Wimm.

Adde: Süd-Rhodesia: Melsetter Distr., Chimanimani Mts., 1300 m (McCoch n. 17705! — Govt. Salisb., K.); Chimanimani Mts., lower half of the „Long Gully", 22. II. 1957 (R. Goodier n. 139! — K.); southern slopes of „Uncentoured Peak" Chimanimani Mts., 2150 m (R. Goodier n. 181! — K.); Chimanimani Mts., 1600 m, 23. IV. 1957 (J. A. Whellan n. 1257! — K.); Chimanimani National Park, 2000 m, 7 VII. 1950 (S. Thompson n. 27! — Pret.).

L. longipilosa läßt sich von *L. cobaltica* fast nur durch die "pili septati molles" unterscheiden.

p. 583/222 **Lobelia preslii** A. DC., adde: Basutoland: Distr. Mamalapi, 2600 m (A. J. Guillarmod n. 685! — Pret.). — Natal: Giant's Castle, XII, (R. E. Symons n. 14575! — Pret.); Mount aux Sources, 800 m lg. E. Dyke (Hb. Marloth n. 5437! — Pret.); Distr. Utrecht, Kafir — Drift — Sweekloof (J. Thode n. A 332! — K.).

f. **glabra** E. Wimm. — Kapland: In montibus rupestribus Witbergen prope Bambooshoek, 600—700 m, 15. I. 1833 (Drege n. 6255! — B., manu Preslii); Summit of Katberg in shade (Hb. Moss n. 15374! — W. Witw. R.).

Lobelia esterhuyseniae E. Wimm. spec. nov. — Herba multiramosa, hirsutula (pilis albis patentibus vix 0,5 mm longis), rami decumbentes vel ascendentes, angulati, in angulis brevissime alati et ciliati. Folia alterna, plus minusve orbicularia, 7—16× 9—17 mm, palmato-lobata, basi subcordata, truncata usque subcuneata et in petiolum 3—10 mm longum, anguste alatum, ciliatum attenuata, lobi utrinque 2—3, ovati, 2—5 mm longi, basi 1—4 mm lati, fere integerrimi, brevi-ciliati et apice mucronulati, lamina supra fere glabra, subtus parce hirta, tenuis. Flores in racemis terminalibus, brevi-pedunculatis, 2—3-floris. Bracteae subulatae, 2—3 mm longae. Pedicelli 4 mm longi, sursum curvati, adpresse hirtelli, basi inconspicue bibracteolati. Calycis tubus campanulatus, subglaber, 2 mm longus et latus, eius lobi 2 mm longi, subulati, integri, ciliolati, erecti. Corolla 8 mm longa, glabra: tubus 4 mm longus, pallidus; limbus bilabiatus, lobi superiores breves, lineares, erecti, 1,8 mm longi; lobi inferiores obovato-oblongi, extus glabri, 3 mm longi, omnes pallide malvacei. Stamina 4—5 mm longa, glabra: antherarum tubus 1,2 mm longus, purpureo-striatus, apice omnes antherae pilosae. Capsula ellipsoidea, semi-infera, 4 mm longa. Semina trigona, atro-fusca, 0,8 mm longa.

Kapland: Distr. Clanwilliam, Keerom, base of cliffs along Olifants River, 3. XII. 1950 (Esterhuysen n. 17861! — Pret.).

Diese neue Art ist verwandt mit *L. cobaltica*, der Blattform nach ähnelt sie der *L. pubescens*, ist aber sonst von beiden reichlich verschieden.

Zu Ehren der Vorsteherin des Bolus-Herbariums Frau Elsie Esterhuysen, der eifrigen Sammlerin vieler Pflanzen des Kaplandes benannt.

584/224 **Lobelia vanreenensis** (O. K.) K. Schum. var. **vanreenensis**. — Folia rotundo-ovata vel triangulari-ovata, basi cordata vel subcordata, 18—30×12—26 mm, irregulariter lobata — lobi triangulares obtusi, lobo terminali plerumque protracto —, supra glabra, subtus saepe parce hirtella. Caules glabri. Corolla 8—10 mm longa, extus glabra.

Natal: Van Reenen's Pass (O. Kuntze! Typus — B., K.); adde: Bergville Distr., Cathedral Peak, c. 2100 m, locally common, diffuse herbe, flow. white, 8. I. 1951 (D. J. B. Killick n. 1259! — K.); Drakensberg, Umlambonja Valley (W. E. Mariott n. 22646!) — Pret.; Bergville, National Park, 2000 m (T. L. Sidey n. 1632! — Pret.); Giant's Castle (R. E. Symons n. 392! — Pret.). — Transvaal: Nelspruit Distr., 2,4 miles from Kaapsche Hoop, 1500 m, flow. blue (E. A. Bruce n. 333! — Pret.); Ermelo Distr., Standerton Road (P. Potter n. 1698! — Pret.); Witzie's Hoek (Junod n. 17570! — Pret.).

Ein von J. Thode n. 3475 im Hb. Stellenbosch aufbewahrtes Exemplar aus Natal, Altemovi, stellt eine Übergangsform zu *L. preslii* dar, hat ganz die Blattform von *L. vanreenensis*, aber die Blüte wie *L. preslii*, könnte demnach eine Hybride zwischen denselben sein.

585/225 **Lobelia patula** L. f., adde syn. nov.: *L. genistoides* (Presl) A. DC. e Wimm., Camp.-Lob., pag. 599/249 cum locis ibi allatis. — Neue Standorte: Kap-Prov.: Zwartberge, Ladysmith, south slope below Soverkop, 1300 m; Uniondale Div., kloof on SE. slopes of Kamassie Mts. at Laudina (Esterhuysen n. 18537! n. 13983, n. 16480! — Pret.); Montagu Pass, George Div., 450 m (Fourcade n. 1592!; E. Wall n. 209/37!); Knysna, Prince Alfred's Pass, 1000 m (E. Wall n. 360! — Stkh.).

Das neue Material überzeugte mich, daß diese beiden Arten nur eine gute Art sind. Die oberen Blätter sind auch bei *L. patula* oft linear.

586/227 **Lobelia hartlaubii** Buchenau, adde: Uganda: Kigezi, Usheshe Gorge Forest, 1300 m, III. 1946 (Purseglove n. 2010! — Nair., K.). — Tanganyika Territ. (Tansania): Kobwe, II. 1946 (F. L. Hendrickx n. 3933! — Nair.).

Zahlreiche weitere Standorte auf Madagascar siehe in Humbert, Fl. Madagasc. 186. Fam. Lobeliac. auct. F. E. Wimmer, 1953, 26, f. II, 6—10.

586/228 **Lobelia baumannii** Engl., adde: Kenya Col. (Kenia): Katamayu Forest, uplands near Limuru, c. 2300 m, 16. IX. 1951 (Verdcourt n. 611! — K., Pret.). — Tanganyika Territ. (Tansania): Mt. Bomole, locally common on path in evergreen forest with

Oplismenus dominant and *Chlorophytum*, *Clidemia* and *Dolichometra leucantha*, c. 1200 m, 28. VII. 1950 (Verdcourt n. 296! — K.); Bomole, Amani (A. Zimmermann n. 8038! 8039! 8040! — Nair.). — Southern Nigeria: Ogoja Prov., Sonkwala area of Obudu Division, grass plateau, hegh forest Ikwette — Balegette, 1400 m, flowers white, purple markings on throat, 29. XII. 1948 (Savory & Keay! — K.).

var. **kummeriae** (Engl.) E. Wimm. — Mt. Kenya, 2000—2600 m, in forest and along river banks, hanging down amongst rocks, common, 8. IX. 1951 (D. Davis n. 55! — K.); ad flumen Iraru in pluvii silva II. (R.E. & Th. C. E. Fries n. 1905!— Stkh.). — Tanganyika Territ. (Tansania): Morogoro, Lupango, Uluguru (Miss E. M. Bruce n. 986! — K.); Rungwe Wald (Geilinger n. 2283! 2296! — K.).

p. 587/229 **Lobelia pinifolia** L., adde: Robertson Div., Langeberg, 1150 m, Garcias Pass, 300 m (Galpin n. 9956! 4292! — Pret.); Caledon Div., Zwartberg near Caledon (Galpin n. 4293! — Pret.); Kogel Bay (R. N. Parker n. 4208! — K.); 8 miles from Mt. Elgin (H. Story n. 3063! — K.)

p. 589/232 **Lobelia dichroma** Schlechter, adde: Boomriver Hills, 2200 m (H. G. Fourcade n. 3412! — K.).

p. 590/233 **Lobelia neglecta** R. & S., adde: Humansdorp Div., Uivlugt, 360 m, VI. 1933 (H. G. Fourcade n. 2624! — K.); Bredasdorp Div., Potberg (N. S. Pillans n. 9326! — Pret.); Mosselbay Div., Ruytersbosch (Van Niekerk n. 27! — Pret.); Swellendam Div., Tradouw Pass (Hafstroem & Acocks n. 1997! — Pret.); Uniondale Div., top of Prince Alfred's Pass, 3. IX. 1951 (Acocks! — Pret.); Knysna (Breyer n. 23355! — Pret.); Knysna River (Galpin n. 4285! — Pret.); Eiland Kop, Deepwallo, c. 500 m (J. Phillips n. 71! — Pret.); Port Elizabeth, N. c. 30 miles on Otterford Forest Reserve (R. J. Rodin n. 1110! — Pret.); Albany Div. (H. Story n. 2576! — K.); Melkhoutboom, Elands River, 1000 m (F. R. Long n. 1377! — Pret.). — Transvaal: Johannesburg, Killarney (Moss n. 14462! — Witw. R.).

p. 591/234 **Lobelia chamaepitys** Lam. var. **chamaepitys.** — Hermanus (Hb. Moss n. 18792! — Witw. R.); Steenbras Reservoire, fl. purple (Galpin n. 12247! — Pret.); Sir Lowrys Pass, fl. white (C. A. Smith n. 4783! — Pret.); Swartberg, Bergabhang, 1300—2000 m, V. (M. A. Pocock n. S 30! — Stellb.).

var. **ceratophylla** (Presl) E. Wimm., adde: Kap (Drege n. 6252! Typus, — Hb. Presl!, Ecklon n. 20!; N. J. Anderson! — Stkh.); Afr. austr. extratropica (Burchell n. 7812! — B.).

Hybride Formen zwischen *L. chamaepitys* und *L. coronopifolia* scheinen folgende zu sein: Caledon Div., rivier Zonderende, streams at base of mountains, fl. violet, 30. IV. 1950 (A. Middlemost n. 1529! — Kirstb.: folia glabra, ceratophylliformia, pedunculi filiformes, c. 10—20 cm longi 3—4-flori., corolla glabra, 16 mm longa, capsula 5 mm longi, et minor, sine seminibus). — Bredasdorp (Compton n. 14797! — Kirstb.: folia pilosa, magis *coronopifoliae* similis). — Clanwilliam, 27. I. 1947 (C. Leipoldt n. 4346! — Pret.: folia subpilosa, pedunculi plures 1-flori, pauci 2-flori). — Montagu, Keur Kloof (Compton n. 5732! — Kirstb.: habitus *L. chamaepitys*, sed corolla minor et pilosa, ut in *L. tomentosa*). — Riversdale, Garcias Pass (M. Steyn n. 309! — Kirstb.: habitus *L. chamaepitys*, sed planta major et flos major).

p. 591/237 **Lobelia coronopifolia** L. var. **coronopifolia.** — L. *coronopifolia* var. *uniflora* A. DC., Prodr. VII (1839) 363. — Folia lanceolata usque oblanceolata, pinnatifido-dentata dentibus 2—4 utrinque. Pedunculi 1—2-flori. Corollae labium inferius trilobatum lobis obovatis.

Verbreitet und häufig im südwestlichen Teil der Kap-Provinz, besonders um Kapstadt, östlich bis ungefähr Knysna reichend, zufällig und selten in Natal, Greytown (Hb. Moss n. 17137! — Witw. R.); Port Natal, comm. (Poeppig! — W.). Auffällig das Vorkommen in Australien, am Swan River, in den inneren Regionen, XI. (Preiss n. 1435! — Leningr., DC-Del., aber unter derselben Nr. findet sich auch *Goodenia filiformis* R. Br.).

var. **simsii** (Sweet) E. Wimm., non *Rapuntium simsii* Presl, quod ex eius herb. var. *coronopifolia* est. — Haec varietas differt praecipue folio latiore, elliptico cum lobis irregulariter dentatis, pedunculis 2—3-floris. Capsula oblique ovata, supera. Kap (Ecklon & Zeyher! — B.), selten.

593/236 **Lobelia caerulea** Sims var. **caerulea.** — Folia linearia, apice obtusiuscula, rarius acuta, ad basin vix angustiora, dentes obtusiusculi remoti, puberula vel glabrescentia (*L. caerulea* var. *glabrescens* et var. *latidens* (Presl) A. DC.). Pedunculi 4-flori. Lobi calycis ciliati. Corolla glabra, 20—32 mm longa, lobi labii inferioris obovati subretuso-mucronati, extus plus minusve pilosi.

Verbreitet im südöstlichen Teil des Kaplandes, etwa von George bis Natal. Weiterer Standort: Bathurst Div., Port Alfred (Barker n. 2179! — Kirstb.).

var. **macularis** (Presl) E. Wimm. — Folia oblanceolato-linearia, obtusa, margine dentibus obtusis fere adpressis remotiusculis munita, glabra. Pedunculi (3) 4—5-flori. Corollae lobi inferiores extus adpresse pilosi.

Auch diese Varietät hat fast das gleiche Verbreitungsgebiet, wie die var. *caerulea*. Weiterer Standort: East London, Grasland, 50 m, 5. III. 1894 (O. Kuntze!).

f. **procera** (Presl) E. Wimm. — Folia linearia, remote obtusiuscule adpresse dentata, plerumque glabra. Pedunculi longissimi, 2—4-flori. Corolla cyanea, lobi inferiores extus adpresse pilosi.

Adde: Scottsburgh, near Durban (R. Wahl n. 14027! — Pret.; Hb. Moss n. 17140! — Witw. R.); Port Shepstone, common, V., flow. white (A. Dohse & Lindahl n. 116!; C. Letty n. 16! — Pret.); Zululand: near Richards Bay (J. Gerstner n. 2798! — Pret.). — Rhodesia (Miss L. Turner n. 25! 25a! — Z.).

594/237 **Lobelia tomentosa** L. f. — Weitere Standorte: Humansdorp (H. G. Fourcade n. 2238!; E. P. Phillips n. 1593!; Barker n. 532! — K.); Bredasdorp, Potteberg (Compton n. 19542! — Kirstb.); Worcester Div., Bonteberg Erkenbosch Hoek (E. Esterhuysen n. 3660! — Pret.); Oudtshoorn, Rondeberg, 1000 m (Compton n. 8786! — Kirstb.); Swellendam, Tradouw Pass (P. Bond n. 213! — Kirstb.); Coast bell towards Fish River (R. A. Dyer n. 2264! — K.); Prince Albert, Swartberg Pass, 1300 m (Compton n. 7198! — Kirstb.); Port Elizabeth Div. (Barker n. 489!, Hb. Moss n. 14235! 14202! 17136! — Witw. R.; F. R. Long n. 657!, Galpin n. 9932! — Pret.); Albany Div., Assegai River (Compton n. 19053! — Kirstb.); Brit. Kaffraria, Keiskamma (Mrs. Hutton! — K.); Alexandria (Galpin n. 10680! — Pret.); Zululand: E. Ingwawama (Aitken & Gala m. 35!—Pret.); St. Lucia (J. Gerstner n. 22921! — K.).

Diese Art ist im bergigen Teil des Kaplandes am weitesten verbreitet, vom Distrikt Worcester und Bredasdorp bis Zululand und scheint am häufigsten im Distrikt Port Elizabeth zu sein.

595/239 **Lobelia humpatensis** E. Wimm., adde: Angola: Benguela, Bailundo — Luimbale, Colupiango (Mt. Moco), 2400 m, 12. II. 1938 (Gossweiler n. 12035! — Univ. Coimbra); Huilla, Humpata, Hügel oberhalb des Porto Zootécnico, 2200 m, Bl. purpurn, 20. VI. 1937 (Exell & Mendonça n. 3008! — Univ. Coimbra); zu No. 194 als Collector F. Newton! nach Hb. Univ. Coimbra.

p. 595/240 **Lobelia blantyrensis** E. Wimm., adde: Mt. Mlanje, SW. Ridge, 2400 m und Luchenya Plateau, 2150 m, rare (L. J. Brass n. 16491! 16747! — K.); lower slope of the „Main Peak" Tuchile Plateau (R. Goodier n. 297! — K.); 2150 m (T. D. Chapman n. 455! — K.); Zomba Plateau, 1400 m (H. H. Johnston! — K.).

p. 596/241 **Lobelia goetzei** Diels, adde: Süd-Rhodesia: Distr. Inyanga, Gairesi Ranch, 1800 m, 18. XI. 1956 (E. A. Robinson n. 1937! — K.); 2150 m, IX. (A. S. Boughey n. 55660! — K.) — Transvaal, Nord: Tzaneen, 23,5° S., 30,25° E., VI. (Rogers n. 18903! — Witw. R.).

p. 596/244 **Lobelia holstii** Engl. var. **holstii.**—Herba perennis(?) glabra vel parce pubescens, foliis oblanceolato-oblongis, spathulato-lanceolatis usque lanceolatis. Flores plerumque in racemo secundo. Corolla 15—18 mm longa, extus glabra.

Abessinien (Äthoipien), Süd: Mega, 4°5′ N., 38°20′ E., mountain up to c. 2200 m, partly lava with black clay soil and open grassland, partly sandstone with red sandy soil and *Juniperus* forest largely degraded to *Dodonaea* etc. scrub and *Cynodon* .... southward, some cultivation, rainfall 515 mm, locally common, fl. red-purple, 17. XI. 1952 (J. B. Gillet n. 14293! — K.). — Kenya Col. (Kenia): Northern Prov., Funoli (J. B. Gillet n. 13947! — K.); Mt. Kenya (Moreau n. 213!; Meinertshegen n. A. H. 9441!; H. Slade n. 7!); Timboroa (O'Meara n. 2908/34!; Brodhurst-Hill n. 606!); Chyulu Hills (P. R. O. Bally n. 201! 7985!); S. Kinangop und Mt. Mlinga (Verdcourt n. 602! 315!); Mau Forest (E. Whittall n. 91! 196!; Battiscombe n. K. 98!). — S. Rhodesia: Distr. Inyanga, 2300 m (N. C. Chase n. 5834!; Eyles n. 8470! — K.); Dannakay (G. D. Mowis n. 324! — Kirstb.).

f. **minor** Engl. — Kenya Col. (Kenia): Mt. Nyero, Südende des Rudolphsees und Kitale im Distrikt Elgon (Lex-Blake n. 1288! — K.); Massaihochland, Mau-Plateau, 2300—3000 m (S. Baker n. 73! — B.); Londiani Distr., Tinderet Forest Reserve (R. A. Maas Geesteranus n. 5035! 5519! — K.).

var. **subhirta** E. Wimm. II, 783. — Njombe Distr. (H. M. Richards n. 7540!); Songea Distr., Matengo Hills (Milne-Redhead & Taylor n. 9034! — K.). — S. Rhodesia: Inyanga Distr., 2000 m (O. B. Miller n. 3741! — K.).

Einheim. Namen: „*Ngedde*" (Abessinien (Äthiopien)); „*Löhay kiumb*", „*Muaso*" (T.).

Die Farbe der Blüte wird sehr verschieden angegeben: Purpurviolett mit 2 weißen Flecken auf der Unterlippe, Antheren purpurbraun, Narbe weiß (Geesteranus); blutrot und violett-gestreift oder lila und purpurn-gestreift, selten weiß (Troll); hellrot mit weißen Flecken im Schlund (Gillett); purpurn (Miller), karminrot (Moreau), wäre also eine Zierde für den Garten.

p. 598/245 **Lobelia spartioides** (Presl) D. Dietr. — Weitere Standorte: Muiskraal Ridge, near Garcias Pass, c. 400 m, fl. purple! 3. X. 1897 (Galpin n. 4395! — Pret.); Langekloof (Ecklon & Zeyher n. 84! 85! — Stkh.).

Selten und häufig verwechselt mit *L. linearis* Thunb. oder *capillifolia* A. DC. — Im Herbar Moricand-Delessert ein von Drege stammendes Exemplar unter „*Rapuntium capillifolium* Presl" enthält 2 Species: 1. *Lobelia spartioides*, 2. *L. linearis*.

Lobelia lasiantha (Presl) A. DC. — Selten, Port Natal als Standort ist zu streichen, nur im südwestlichen Gebiet des Kaplandes zu finden. Neue Standorte: Van Rhnsdorp Div., Zandkraal, 2. IX. 1948 (Compton n. 20819! — Kirstb.); Giftberg, 300—600 m (E. P. Phillips n. 7600! — K., specimen autem pedicellis 20 mm longis differt a forma typica cum pedicellis 7 mm longis.).

Lobelia linearis Thunb. var. **linearis.** — Glabra vel caule minute puberulo. Folia linearia, simplicia. Pedicelli puberuli, 5—12 mm longi. Calycis tubus turbinatus, puberulus, tam fere longus quam latus, lobi subulati, ciliati. Corolla 17 mm longa, extus puberula, lobi rotundo-obovati, mucronulati.

Hb. Thunberg folium α tantum, Typus, non folium β, in quo aliae species.— Weitere Standorte: Calvinia Div., Lokenburg, 21 miles S. of Niewoudville, seepage area, macchia on sandstone hills, frequent, 800 m, X. 1953 (R. Story n. 4377! Acocks n. 17378! — Pret.); Malmebury Div., near Hopefield (F. Bachmann n. 1258!, C. L. Leipoldt! — Pret.); Prince Albert Div., Seven Weeks Poort Mt., 1500—2000 m, frequent (Stokoe n. 1777!; H. Andreae n. 1215! — Pret.); Vindplaats, Koude Bokkeveld in monte Tafelberg, 2050 m (Schlechter n. 1773! — Pret.).

var. **gloveri** E. Wimm. var. nov. — Radix palaris, herba 30 cm longa, multicaulis. Caules teretes, striolati, cum foliis puberuli, superne glabrescentes, 65 cm alti, sqarroso-ramosi. Folia parca, anguste linearia, 5—15 mm longa. Pedicelli 17—40 mm longi, glabri, folio multo longiores. Calycis tubus obconicus, 5 mm longus, vix 2 mm in summo latus, in costis puberulus, inter eas areola cinereo-coerulea et glabratus, lobi subulati, 4 mm longi, margine integro purpurato ciliolato. Corolla 20 mm longa, extus glabra, sed in nervo mediano loborum hirtella, intus in fauce pubescens, lobi rotundo-obovati, 4,5 mm longi, 4 mm lati, lobi 2 superiores minores. Stamina 13 mm longa, glabra; antherarum tubus solus 3 mm longus, orificio circum ciliatus. Capsula obovoidea, subinfera, 7 mm longa, 4 mm lata, valvis brevibus inter lobos calycinos dehiscens. Semina non vidi.

Piquetberg Div., Het Kruis, sandy soil, 19. IX. 1912 (E. L. Stephens & R. Glover n. 8745! — K.).

var. **pinnata** Schlechter. — A var. *lineari* diversa foliis inferioribus remote subpinnatis, plerumque puberulis, pedicellis 10—20 mm longis, bracteas aequantibus vel fere duplo longioribus; corolla breviore, 10—12 mm longa.

Neue Standorte: Malmesbury Div., Umgebung von Hopefield, sandiges buschiges Feld, XI. 1916 (F. Bachmann n. 1257! — B.); in arenosis planitiei Cap prope Maidland, c. 30 m (P. Macowan n. 2929! — K.).

598/248 **Lobelia capillifolia** (Presl) A. DC., adde: Hauptsächlich verbreitet zwischen Caledon Division und Piquetberg Division, Zwartberg, 7. XI. 1936 (Hafstroem & Lindeberg! — Stkh.); Ceres Div., Westend of Mitchell's Paas, Shaw's Mt. top of Pass, XII. 1938 (Hafstroem & Acocks n. 1989! 2005! — Pret.); Worcester Div., (Ecklon & Zeyher! — B.); Onklaarberg, 1000 m (Marloth n. 106! — Pret.); Worcester (N. G. van Breda n. 1813! — Pret.); in convalle Hex River prope De Doorns, 550 m, I. 1908 (H. Bolus n. 13150! — W., Pret.); foothills of River Zonderend Mts. (A. M. Wilman n. 1000! — Pret.); Kraaifontein (Young n. 27343! — Pret.); Tulbagh, Waterfall Valley (Marloth n. 2843! — Pret.); Bainskloof, Slanghoek Mts., 500 m (R. Wall n. 1026/6! — Stkh.); Bredasdorp Div. 50 m (C. A. Smith n. 4907! — Pret.): Grootkliphuis, Clanwilliam Div. (Leipoldt n. 3707! — W.).

Stengel und Zweige sind bei dieser Art dicker (2 mm) und die Pedicelli kurzsteifhaarig, meist doppelt kürzer als bei der folgenden Art, deren Pedicelli kahl sind.

600/251 **Lobelia setacea** Thunb. var. **setacea.** — Folia anguste linearia, acuta, simplicia, 5—15 mm longa. Folia flores fulcrantia parum longiora vel subbreviora quam pedicelli 8—11 mm longi. Corolla 8—12 mm longa, extus puberula.

Weitere Standorte: In summitate Montis Tabularis, 3. XII. (Mundt! — B.); in planitie capensi prope Claremont, II. (Schlechter n. 258! — B., Cambr., Hauskn.); Doornhoogte (Ecklon & Zeyher! — B.); Table Mount, Disa Gorge above tunnel, large clumps on sandy soil, 600m (Marloth n. 10002! — Pret.); Muizenberg plateau and Klaaver Valley (Moss n. 4234! 7505! — Witw. R.); between Simonstown and Slangkop (Pillans n. 2883! — Pret.); Caledon Div., hills towards Elgin, and Babylons Tower (Marloth n. 8151!; E. Esterhuysen n. 4992! — Pret.).

var. **dissectifolia** E. Wimm. var. nov. — Caules teretes, tenuiter striati, ramosi, glabri vel parce puberuli. Folia subpinnata, 10—12 mm longa, laciniae angustissimae, 4—8 mm longae, patentes, 1—4 utrinque. Folia flores fulcrantia simplicia, pedicellis 10—18 mm longis circiter duplo breviora. Corolla 10—12 mm longa. Cetera ut in planta typica.

Caledon Div., Mieskraal, near river, flow. blue, 10. XI. 1944 (W. J. Barker n. 3350! Typus — Kirstb., W.; Compton n. 16821! Cotypus — Kirstb., Schlechter n. 1932! — Pret.); Houw Hoek, 300 m, Krantz by mountain stream (J. A. Guthrie n. 2270! — Kirstb.); Kleinmond, 29. XII. 1941 (Compton n. 12805! — Kirstb.); Bredasdorp Div., Strandkloof, Farengas Farm, VI. 1950 (B. Maguire n. 64! — Kirstb.).

p. 600 Subgenus II. **Mezleria** (Presl) E. Wimm.

Subgenus imprimis calyce, corolla, antherarum tubo notabile. Omnes species herbae humiles.

Typus subgeneris: *Lobelia depressa* L. f.

Sect. I. **Mezleria** (Eumezleria E. W.)

Antherarum 2 inferiores apice biaristatae. Caules prostrati saltem plerumque, rami ascendentes.

p. 603/252 **Lobelia capensis** E. Wimm. — *L. limosa* Adamson in Journ. S. Afr. Bot. VIII (1942) 276 qoad Syn. *L. depressa* var. *thunbergii*. — adde: Brackige Teiche in den Dünen bei Kapstadt, II. (Zeyher! — Stkh.: Folia distincte petiolata, spathulata, elliptica, summa lanceolata. Bracteae 4 mm longae, pedicelli 5—6 mm longi).

Lobelia quadrisepala (R. Good) E. Wimm. comb. nov. — *Metzleria quadrisepala* R. Good in Journ. Bot. VI (1925) 276; Adamson & Salter, Fl. Cape Peninsula (1950) 754. — Caulis decumbens, ramuli ascendentes, foliati. Folia distincte petiolata, summa in petiolum indefinitum cuneatim angustata, ovata usque elliptica et obovato-oblonga, 1—2 mm longa, apice obtusa vel subacuta, saepe subrotundata, basi rotundata usque cuneata, crassiuscula, glabra. Flores in axillis foliorum superiorum solitarii. Pedicelli 1—2 mm longi, filiformes. Calyx turbinatus, lobis triangularibus, integris, erectis, quattuor tantis. Corolla bilabiata, minima, quinque-lobata, lobi 2 superiores usque ad basin a labio inferiore 3-partito soluti. Stamina 1 mm longa. antherarum 2 inferiores apice biaristatae.

Kapland: Rondebosch, Sirkels Vlei, in shallow pools or vleis, submerged in the young state but exposed at flowering time (ex Adamson); dry bed of Riet Vlei, near Tygerberg, I.—II. (C. E. Moss 8781! Typus — Pret.).

Good zitiert Moss n. 8798 als Typus, die aber *Chenopodium multifidum* zu sein scheint, nach einer Bemerkung im Herb. Pretoria.

Lobelia limosa (Adamson) E. Wimm. comb. nov. — *Metzleria limosa* Adamson in Journ. S. Afr. Bot. VIII (1942) 276; Adamson & Salter, Fl. Cap. Peninsula (1950) 754. — *Metzleria depressa* Sonder in Harv. & Sond., Fl. Cap. III (1865) 532, non L. — Herba erecta vel prostrata, 2—4 cm alta, glabra. Folia caulina alterna, sessilia anguste lanceolata, integra, 2—3 mm longa, acuta, basi attenuata. Folia floralia oblan-

a b c d

Fig. 18. a *Siphocampylus reticulatus* (Willd.) Klotsch & Karst. f. *karstenii* E. Willd. (Moritz a 1865). — b. *S. tupaeformis* A. Zahlbr. (Fischer n. 8). — c *S. bogotensis* E. Wimm. (Triana n. 1536). — d *S. popayanensis* Benth. (Alston n. 8096).

Fig. 19. *Siphocampylus rostratus* E. Wimm. (Camp. n. 4699).

a b

Fig. 20. a *Siphocampylus cinerascens* E. Wimm. — b *S. quindioros* E. Wimm. (Triana n. 78 = 3059/17 —Br. M.).

a b c d e

Fig. 21. a *Siphocampylus argentinus* (Griseb.) Hieron. var. *hirticorollinus* E. Wimm. (Sleumer n. 305). — b *S. planchonis* E. Wimm. et var. *glabrifolius* E. Wimm. (ramus inferior) (Triana n. 3059/19). — c *S. polyanthus* E. Wimm. — d *S. sissi* E. Wimm. (Triana n. 3059/6.) — e *S. schlimianus* Planch. (Alston n. 7368).

Tafel 20

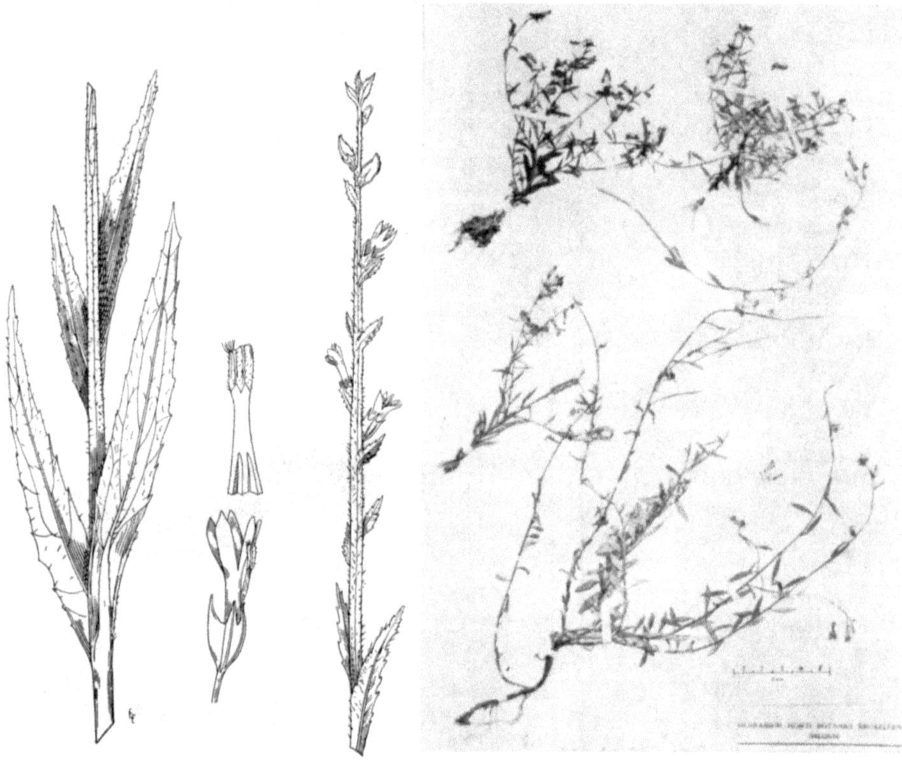

a b

Fig. 22. a *Lobelia paulista* E. Wimm. — b *L. kalobaënsis* E. Wimm.

Fig. 23. a *Lobelia stenosiphon* (Adamson) E. Wimm. (Esterhuysen n. 13 666). — b *L. luruniensis* E. Wimm.

Tafel 22

Fig. 24. *Lobelia lobata* E. Wimm.

a

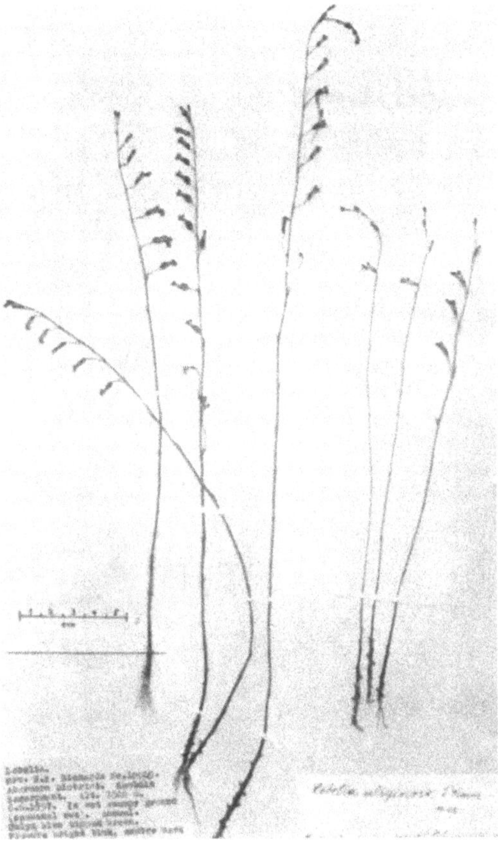

c

b

Fig. 25. a *Lobelia uliginosa* E. Wimm. (Richards n. 10049). — b *L. zombaënsis* E. Wimm. — c *L. unamata* E. Wimm.

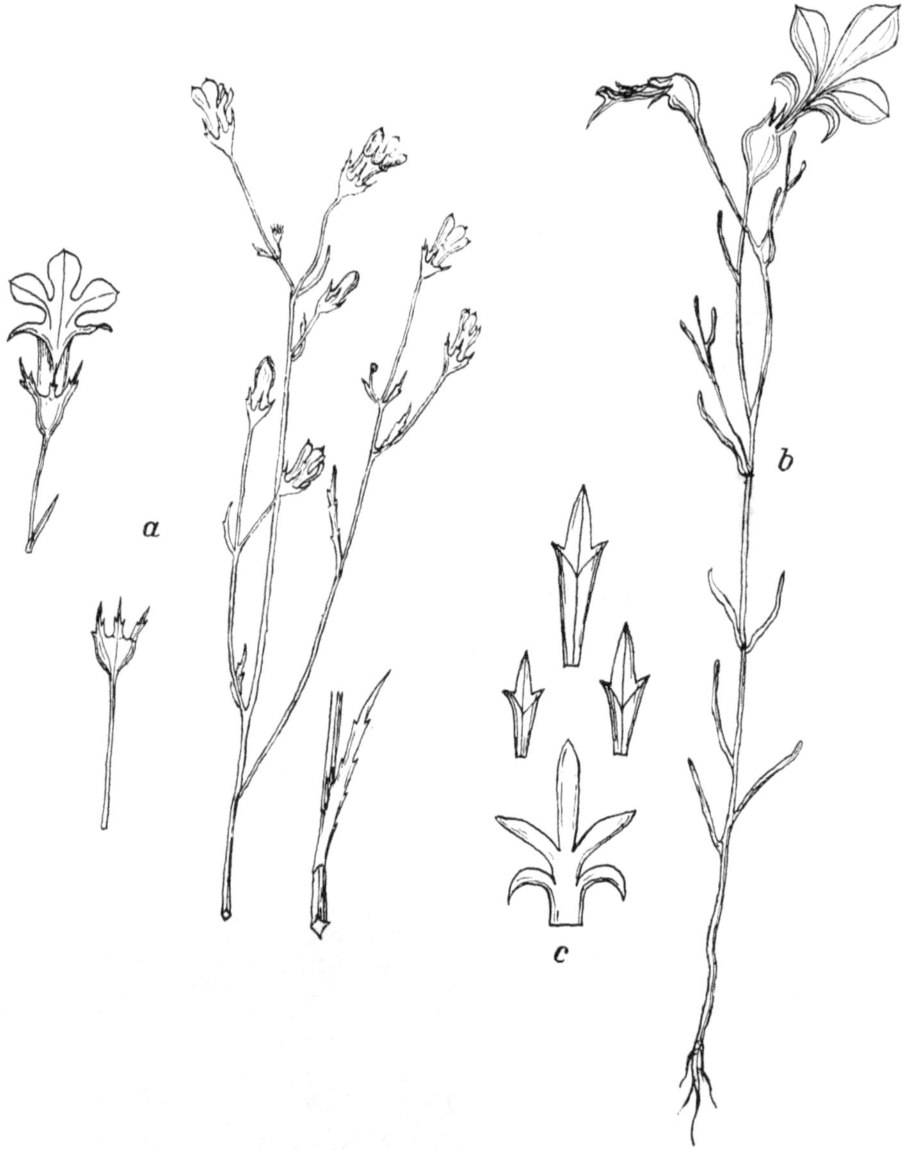

Fig. 26. a *Lobelia borleana* E. Wimm. — b *L. kochiana* E. Wimm. — c *L. rhombifolia* De Vriese var. *bidentula* E. Wimm., nur ausgebreitete Blüte und 3 Blätter.

a b

Fig. 27. a *Lobelia tupa* L. var. *pavonii* E. Wimm. (Ruiz & Pavon). — b *L. blanda* (D. Don) E. Wimm. zum Vergleich mit der nebenstehenden.

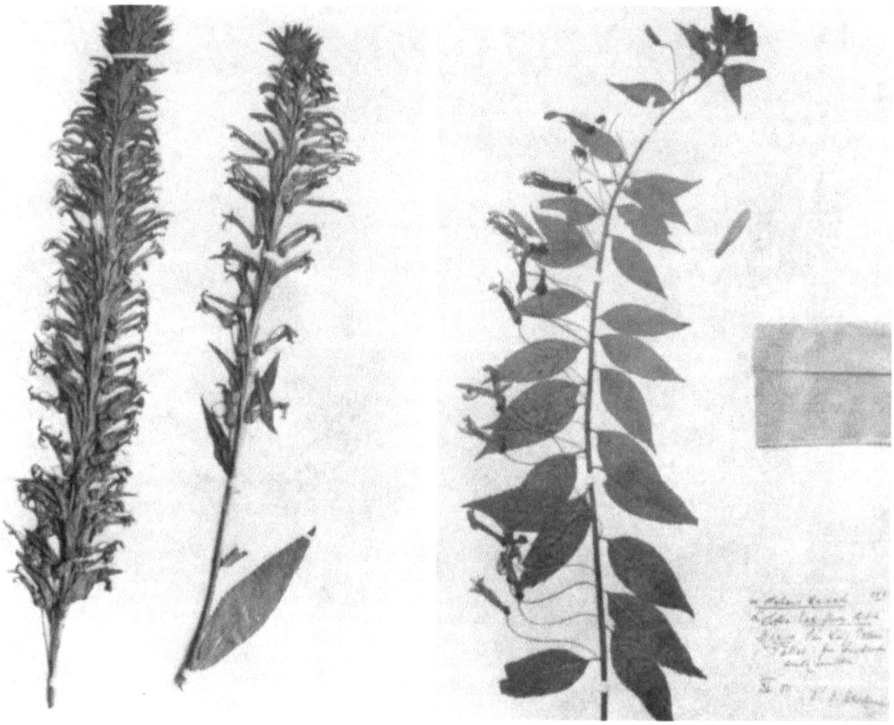

a b

Fig. 28. a *Lobelia laxiflora* HBK. var. *stricta* (Planch & Oerst.) McVaugh. — b *L. laxiflora* HBK. var. *patula* (Planch & Oerst.) E. Wimm.

Fig. 29. *Lobelia kauaiensis* (A. Gray) Heller. — Photo Rock.

Tafel 28

a

b

Fig. 30. a *Lobelia eurypoda* E. Wimm. var. *fissurarum* E. Wimm.
— b *Monopsis acrodon* E. Wimm. subsp. *herois* E. Wimm.

Fig. 32. *Trematolobelia kauaiensis* (Rock) Skottsb. (Wawra n. 2190).

ceolata, obtusa, mucronulata, plerumque pedicellos parum superantes. Flores solitarii in axillis foliorum superiorum racemose dispositi. Pedicelli 4 mm longi, glabri. Calyx obconicus, quinquefidus, glaber, in nonullis speciminibus in folio adglutinatis calycis tubus oblongus, hirsutus (f. *lasiocalyx* E. W.); lobi calycini, 1,5 mm longi, anguste triangulares, integri, erecti. Corolla 1,5 mm longa, bilabiata, lobis quinque. Stamina 1 mm longa; antherae in apice biaristatae.

Kapland: Cap B. S. Flats (Harvey! Typus — „*Metzleria depressa*“ nominata a Sondero in Hb. Kew)

Findet sich gelegentlich in Sümpfen und feuchten Gräben auf den Kapebenen, wird aber immer seltener infolge Trockenlegung und Kultivierung des Bodens, blüht X.—XI. (Adamson).

Lobelia dodiana E. Wimm. spec. nov.—Herba annua, glabra, caule simplici vel a basi ramoso, filiformi, sparse foliato, 2—4 cm alto. Folia petiolo c. 2 mm longo, lamina elliptica, 4×2 mm, lanceolata, 4×1,2 mm, usque leviter obovata, praesertim folia summa et floralia, apice et ad basin acuta, margine integerrima, subcarnosa. Flores in racemo terminali, 4—6-floro. Pedicelli filiformes, 4—8 mm longi, ebracteolati. Calycis tubus turbinatus vel campanulatus, lobi triangulares vel lanceolati, longitudine filamentorum. Corolla rubens, vix 2 mm longa, subbilabiata: petala sublibera, sublinearia, patentia, demum reflexa. Stamina 1,8 mm longa, ex eis antherae 1 mm longae, 2 inferiores apice bisetosae.

Clavis varietatum:

1. Caulis erectus .... var. *dodiana*.
1 Caulis prostratus, ad nodos radicans .... var. *radicans*.

var. **dodiana**. — Caulis erectus, plerumque simplex, flores racemose dispositi.

Kap-Halbinsel: Raapenberg Vlei, 10. XI. 1897 (A. H. Wolley Dod n. 3645! Holotypus et 647! — K.).

var. **radicans** (Schoenl.) E. Wimm. comb. nov. — *Laurentia radicans* Schoenland in Trans. Roy. Soc. S. Afr. I (1910) 446. — *Mezleria depressa* Schoenl. in Bot. Surv. S. Afr. Mem. I (1919) 98, non Sond. — Caules ramosissimi, radicantes. Foliorum petioli ad 4 mm longi; lamina utrinque minutissime puberula (?, ex Schoenl.), plurima lanceolata. Flores solitari-axillares. Stigma bilobum, lobi brevissime reniformes. Capsula subhemisphaerica, c. 1 mm longa (secundum Schoenl.!).

Kap-Provinz: Near Port Elizabeth on damp clayey ground, XI. (J.L.Drege! — K.).

Diese Art ist vor allem kenntlich durch die verhältnismäßig lang gestielten Blätter und die sehr kleinen Blüten.

604/256 **Lobelia depressa** L. f. var. **linearifolia** E. Wimm. var. nov. — Caules prostrati, radicantes, ramulis ascendentibus. Folia omnia anguste linearia, c. 7×1 mm, apice obtusiuscula, subsessilia, glabra. Pedicelli 8—10 mm longi. Corolla „pallide malvacea“, 6 mm longa, labium inferius trifidum. Stamina 4 mm longa, ex eis antherae 1,8 mm longae.

Tanganyika Territ. (Tansania): Njombe Distr., Mwakete — Njombe Road, 2100 m, in swamp at edge of shallow pond, 17. I. 1957 (H. M. Richards n. 8134! — K.).

Lobelia milneana E. Wimm. spec. nov. — Herba annua, parva, erecta vel plus minusve decumbens, simplex vel ramosa, puberula, 5—10 cm alta. Folia alterna, petiolata, ima orbiculari-ovata usque ovato-elliptica, summa etiam lanceolata, 5—9× 6—9 mm, 8×3 mm, apice obtusiuscula vel acuta, basi truncata, superiora cuneata, in petiolum 3—6 mm longum angustata, margine crenato-dentata, supra et ad marginem hyalino-pilosa, subtus glabra, raro parce pilosa. Flores in axillis foliorum jam mediorum solitarii. Pedicelli capillares, 9—22 mm longi, basi minute glandulosi, patentes, demum divergentes, glabrati. Calycis tubus fere nullus; lobi sublineares, 1,5 mm longi, integri, ciliolati, patuli. Corolla 5—8 mm longa, „coerulea et obscuro-striata, pallide malvacea cum maculis albescentibus in area obscurius malvacea" vel „tubo violaceo, labio inferiore pallidius violaceo, basi luteo cum duobus maculis albis in centro et maculis obscuro-violaceis in apice, labio superiore coeruleo". Stamina 3 mm longa; antherae 0,6—1 mm longae, virentes, glabrae, 2 inferiores apice barbatae. Stigma carneum. Capsula oblongo-ellipsoidea, 3×1,5 mm, supera, a corolla emarcida inclusa. Semina oblonga, acuta, fusca, nitida, 0,4 mm longa.

Tanganyika Territ. (Tansania): Songea Distr., Litenga Hills, 1300 m, 19. IV. 1956 (Milne-Redhead & P. Taylor n. 9777 A! — K., W.); NW. side of Matagoro Hills near Songea, 1110 m, 2. V. 1956 (M.-R. & T. n. 9873! 9877! — K.); Matengo Hills, Luwiri Kitesa amongst rock outcrops in upland, 1920 m (M.-R. & T. n. 10505! — K., W.); Morogoro Distr., Uluguru Gebirge, 1700 m, nordwestliche Felsgruppen, am Waldrand zwischen Felsenritzen, gruppenweise, häufig, 13. V. 1933 (H. J. Schlieben n. 3917! — B.).

p. 607 Subgenus III. **Tupa** (G. Don) E. Wimm.

Herbae robustae, suffrutices vel frutices vel magno cereo similes, saepe praealtae, exceptae 2 herbae humiles annuae sectionis *Isolobi*. Corolla unilabiata vel rarius ± bilabiata, sed lobi longitudine aequali vel 2 lobi laterales (superiores) etiam longiores quam lobi 3 medii, interdum lobi omnes cohaerentes vel raro omnes ± se solventes versus finem florescentiae; lobi patentes vel deflexi vel se revolventes. In maxima parte specierum huc spectantium antherae 2 inferiores sunt barbatae, raro omnes apice ciliatae vel rarissime omnes nudae.

Typus subgeneris: *Lobelia tupa* L.

p. 608 Sect. I. **Isolobus** (A. DC.) Clarke

Herbae debiles. Corolla unilabiata: lobi omnes patento-deflexi. Antherae 2 inferiores apice 2 setis munitae.

Lobelia jasionoides (A. DC.) E. Wimm. sensu ampl., adde: Cap Peninsula, Patris Vlei (Compton n. 19377! — Kirstb.).

In den Herbarien bekannt unter dem Namen *Lobelia corymbosa* Grah., der aber wegen des gleichen älteren Namens von Bergius nicht eingesetzt werden kann. DeCandolle schuf ein neues Genus *Isolobus* für diese und einige andere Pflanzen, die aber mit Ausnahme von *Isolobus radicans* (Thunb.) A. DC. so gering verschieden sind, daß sie nicht recht zu unterscheiden sind, so daß sich von all diesen Arten nur *L. jasionoides* (statt *L. corymbosa*) und *L. radicans* als gute Arten erhalten konnten. Doch auch für *L. radicans* trat der ältere Namen *L. chinensis* Lour. an die Stelle, der, obwohl der Holotypus Loureiros nicht mehr vorhanden zu sein scheint, nach dessen Diagnose sicher mit *L. radicans* identisch ist; auch Merrill ist dieser Meinung.

p. 611 Sect. II. **Tupa** (*Eutupa* A. DC.)

Herbae robustae, flores in racemo terminali, rarissime solitarii axillares. Corolla unilabiata, tubus staminum e corolla valde prosiliens et conspicue brevior quam corolla. Antherae 2 inferiores apice barbatae, rarius omnes apice ciliatae vel omnes nudae.

p. 611 Subsect. I. **Primanae** E. Wimm.

Comprehendit 1. Species e Chile, 2. Species ex Antillis.

§ 1. Species Chilenses

612/263 **Lobelia tupa** L. var. **pavonii** E. Wimm. var. nov. — Folia sessilia, ad folium sequentem late decucurrentia, subovato-lanceolata, subacuminata, margine integro minutissime denticulata, supra minute, subtus dense hirta, 10—20×2,6—4,5 cm. Bracteae ovato-acuminatae, decurrentes. Corolla 40 mm longa. Antherarum tubus 7 mm longus, in connectivis dense brevipilosus.[1]) — Fig. 27a.

Chile: Ohne nähere Ortsangabe (Ruiz & Pavon! — Br. M.).

§ 2. Species Antillanae

620/271 **Lobelia oxyphylla** Urban; Marie-Victorin in Contrib. Univ. Montreal No. 49 (1944) 17, f. 5 excl. syn. *L. shaferi*, *L. obtusata*, *L. nipensis.*

Cuba: Oriente, Sierra de Moa (Léon, Victorin & Alain).

627/284 **Lobelia santa-luciae** Rendle, adde: Santa Lucia (Anderson! — Br. Mus.).

630/289 **Lobelia assurgens** L. var. **santa-clarae** Marie-Victorin l. c. 16, f. 4.

Cuba: Las Villas, montagnes de Trinidad (Britton & Wilson n. 5331 ex Marie-Victorin l. c.)

var. **portoricensis** (A. DC.) Urban — *L. robusta* var. *robusta* Marie-Victorin l. c. 16.

p. 633 Subsect. 2. **Haynaldianae** E. Wimm.

§ 1. Barbiferae: a. Longipedicellatae

637/293 **Lobelia camptodon** E. Wimm. var. **camptodon.** — Rhachis crispo-pubescens, Pedicelli 2—3 cm longi, bracteis longiores. Calycis recepataculum hemisphaericum. lobis 12—16 mm longis, dentatis. Corolla 30 mm longa. Antherarum tubus 6 mm longus, glaber.

Ceylon: 1300—2300 m, a. 1864 (Thwaites n. 2592! Typus).

var. **brevipedicellata** E. Wimm. var. nov. — Folia ut in varietate *camptodon.* Rachis puberula. Pedicelli 15 mm tantum longi, ascendentes. Calycis receptaculum campanulatum: lobi 7—8 mm longi, dentati, lanceolati. Corolla 20 mm longa, glabra, in alabastro longius rostrata. Filamenta 12, antherarum tubus 4 mm longus, in dorso sparse pubescens.

Ceylon: A' Peak, 6. III. 1899 (Holtermann n. 439! — B.).

Ob diese neue Varietät tatsächlich zu dieser Art gehört, ist mir etwas zweifelhaft, da das Exsikkat im Hb. Berlin sehr mangelhaft ist, die Blätter stimmen aber ganz mit der var. *camptodon* überein.

652/313 **Lobelia epilobioides** E. Wimm. var. **epilobioides.** — Folia glaberrima, sessilia (saltem illa ramulorum), acuta, basi angustata, denticulata. Lobi calycis obconici 5—7 mm longi. Corolla 17 mm longa. Stamina 12 mm longa.

Celebes (Sulawesi): (Typus, Exped. v. Vuuren n. 426!); G. Bonthain, 1200 und 2300 m, 16. V. und 7. VI. 1921 (Bünnemayer n. 11578! 11767! 11893! — Leid.)

618/269 [1]) Zum Vergleich ist in Fig. 27b *Lobelia blanda* zu sehen. Die Infloreszenz ist deutlich einseitswendig, die Korolle hellrosa, etwas kleiner, am Schlusse trennen sich gern die Kronenzipfel, die Antheren sind kürzer und kahl. Außerdem ist die Species ganz kahl.

var. **sarasinorum** E. Wimm. — Folia petiolo 3—5 mm longo, acuminata, basi angustata, subtus in nervis hirsutula, margine denticulis callosis densis antrorsum versis munita. Calycis tubus obconicus, lobi anguste lineares, 6 mm longi, postremo elongati. Corolla „violacea", 18 mm longa, lobi laterales 10 mm, labium inferius trifidum lobis 6 mm longis. Capsula oblongo-cylindrica, 8 mm longa, 5 mm lata, in nervis hirtella, fere infera.

Typus — It. Celeb. Sarasinorum (fratrum) n. 1289! — B.

var. **luzonica** E. Wimm. var. nov. — Folia lanceolata, 10×1,2 cm, ad basin in petiolum brevem angustata, apice acuminata, supra glabra, subtus ad nervos et venas hirsutula, margine dentibus callosis antrorsum versis densis fere serrata. Flores in racemis 10—15 cm longis, bracteati. Bracteae pedicellis adnatae, anguste lanceolatae, c. 12 mm longae, integrae. Pedicelli 12 mm longi, in fructu ad 20 mm elongati, hirti, saepe in medio 2 bracteolis filiformibus minutis ornati. Hypanthium obconico-oblongum, 3 mm longum, subglabrum: lobi calycini angustissime lineares, acuti, 10 mm longi, integri, subpatentes. Corolla 13 mm longa, glabra; lobi angusti, laterales ad 10 mm longi, medii c. 6 mm longi, tubus intus puberulus. Filamenta 5 mm longa, glabra: antherarum tubus caesius, glaber, 2 mm longus. Capsula primo oblongo-cylindrica, postremo subglobosa, 7 mm longa, 5 mm lata, lobis calycinis parum elongatis.

Luzon: Benquet Subprov., Pauai, I. 1915 (M. S. Clemens n. 9170! Typus; K. Santos n. 31657!; E. A. Mearns 4327! — Leid.).

p. 660/327 **Lobelia columnaris** Hook. f. — Caulis plus minusve tomentosus, folia interdum supra glabra et subtus sparse hirtella. Antherarum tubus interdum etiam glaber, purpureo-coeruleus sicut et stigma.

Fernando Póo: lg. Mann sub n. 1316 ex Hutch. & Dalz., Fl. Trop. Westafr. II, 193, Moka, 1200 m (A. S. Bughey n. 25! — K.). — Kamerun: Kamerunberg, oberhalb Ukile, Waldrand, 30. III. 1948 (Cambridge Bot. Exped. 1947/48 n. 9536! — K.); oberhalb Bamenda, 2000 m (Migeod n. 360! — Brux.); Grasland und Wald im Gebirge, gegen 2000 m, nicht weit von Junction of Ndu, blühend und fruchtend im Feb. (F. N. Hepper n. 1937! — K.).

Die Behaarung dieser Art ist nicht immer gleich, nicht selten ist sie spärlich und kurzhaarig.

p. 661/328 **Lobelia xongorolana** E. Wimm., adde: Angola: zwischen Nova Lisboa und Quipeio, 1700 m (Exell & Mendonça n. 1852! — Univ. Coimbra).

Sect. III. **Rhynchopetalum** Benth. & Hook. f.

Corolla pro genere magna, plus minusve unilabiata: lobi corollae omnes in unum labium cymbaeformiter connati vel cohaerentes, apud plures species tamen lobi mox plus minusve se solventes. Antherae 2 inferiores apice barbatae, excepta *L. stricklandae*, in qua nudae sunt. Plantae altae, cereiformes vel paucae superne ramosae (*Lobeliae gigantes*).

§ 1. Cereiformes.

p. 663/329 **Lobelia deckenii** (Aschers.) Hemsl. var. **deckenii**. — *Tupa kerstenii* Vatke — Folia plerumque glabra. Bracteae oblongo-lanceolatae, subacuminatae, basi subangustatae, 60×15—18(20) mm, glabrae, margine versus basin sparse ciliatae vel sine ciliis. Calycis lobi triangulares, basi 2—3 mm lati, glabri, integri. Corolla coerulea, 35—40 mm longa. Stamina 45—50 mm longa: filamenta partim pubescentia vel glabra; antherarum tubus 10 mm longus.

Typus: Exemplar a Kersten Kilimandscharo collectum et in Hb. Berlin asservatum, sed pars racemi tantum sine foliis caulinis adest.

Weitere Standorte: Kilimandscharo, Nordhang, c 3300m, 18.II. 1933 (Rogers n. 425! — Nair.); Grasregion, c. 3000 m (A. Engler n. 1854! — B.); oberhalb Moschi, 3100 m (Uhlig n. 87! forma transiens): Nordhang des Kilimandscharo, 3500 m (Moreau n. 23! — K.).

var. **tayloriana** (Baker. f.) E. Wimm. comb. nov. — *L. tayloriana* Bak. f. in Journ. Bot. XXXII (1894) 67, t. 341. Folia caulina glabra vel saepius partim in nervo mediano longipilosa. Bracteae ovato-acuminatae, basi parumcontractae, glabrae vel in margine versus basin sparse ciliatae, 70×30 mm. Calycis lobi triangulares, basi 3—5 mm lati, ciliati vel sine ciliis, integri. Corolla 40—50 mm longa. Stamina 50—60 mm longa: filamenta glabra; antherae 10—12 mm longae.

Kilimandscharo: Oberhalb Mamba, 2600 m (G. Volkens n. 773! Typus — B.); auf trockener Bergwiese in der Nähe des Moltkesteines, 3000 m (G. Volkens n. 1144! Syntypus — B., W.); bei Peters Hut, 4260 m (Greenway n. 3734! — Nair.); zerstreut in Grasland, 3000 m (P. R. O. Bally n. 8365! — K.); Kilimandscharo (L. G. V. von Someren!, Grote, n. 6256! — Nair.); Nordhang, 4000 m (Rogers b. 432!—Nair.); auf grasigen Abhängen und Wiesen, c. 3000 m, XII. 1899 (W. L. Abbot! — Wash.).

Zur var. *cacuminum* R. & Th. Fries scheinen die folgenden Stücke zu gehören (kleinere Blüten, behaarte Blätter): Nordabhang des Kilimandscharo zwischen Umbwe- und Weru Weru-Fluß, 3500 m, aber nicht gemein (Greenway n. 4143!—Nair.); am Rande des Urwaldes auf Wiesen bei der Bismarckhütte, 2500 m (A. Peter n. 780! — B.).

665/330 **Lobelia elgonensis** R. E. & Th. Fries j., adde: Mt. Elgon, hauptsächlich auf sumpfigen Stellen in 2600—3500 m Höhe (P. M. Synge n. S 911!); 3000—3600 m, c. 2 m hoch, Traube c. 15 cm im Durchmesser, purpurn, VII. XI. (J. R. Dale n. 3193! U 70! — K.); an Wasser und in Sümpfen (Mrs. D. R. Tweedie n. 25! — Nair.).

Synge bemerkt dazu: Die Pflanze bildet eine große und dicht geschlossene Rosette von grünen, etwas fleischigen Blättern — manche sind über zwei Fuß breit — ; die tief blauen Blüten stehen zwischen den dichten, grünen, horizontal abstehenden Brakteen in einer obeliskförmigen Traube, deren Spitze sechs Fuß erreicht.

665/331 **Lobelia keniensis** R. E. & Rh. Fries j., adde: Mt. Kenya, 4500 m, 15. II. 1936 (R. Meinertzhegen n. A. H. 9442!—Nair.); Sirimon Valley. 26. VIII. 1942 (A. G. McLaughlin! — Pret., K.); Nanyuki — Chagoria Track, flow. deep purple (Moreau n. 154! — K., Nair.); in offenem Moorland, flow. blue-mauve (Mrs. Joy Bally n. B. 3366! — K.); in einem Sumpf (Rogers n. 592! — K.).

666/332 **Lobelia sattimae** R. E. & Th. Fries j., adde: Aberdares, 29. XII. 1932, flow. deep dull purple (W. Rammel n. 2410! — Nair.).

666/333 **Lobelia bequartii** De Wild. — Supple: Robyns, Fl. Parc Nat. Albert (1947) 416.

Adde: Ruwenzori, 3600 m, VIII. 1933 (W. J. Eggeling n. 1294! — Nair.); Mijussi Valley, Sumpf (J., Adamson n. 21! — Nair.); oberhalb Nyamleju, 8. IX. 1951 (H. A. Osmaston n. 1146! — K.).

Lobelia burtii Bruce, adde: Tanganyika Territ. (Tansania): Mbulu Distr., Mt. Loolmalassin Crater, 3600 m und Olorema Crater, 3500 m (Couchman n. A. H. 9829! n. 9! — Nair.).

p. 666/334 **Lobelia rhynchopetalum** (Hochst.) Hemsl. — Supple: Acad. Nat. del Lincei, Missione di Studio al Lago Tana VII., R. Pichi-Sermolli, Ricerche Bot. I. (1951) t. 50, 51.

subspec. **rhynchopetalum.** — Folia inferiora obovato-lanceolata, reliqua paulatim lanceolata, sensim acuminata, basi subrotundata vel subangustata, margine integra, supra minus, subtus densius pubescentia, interdum glabrescentia, herbacea, in caule fistuloso, 4—7 m alto approximata. Calycis receptaculum campanulatum. Antherarum tubus 12 mm longus. Racemus 2—3,5 m longus.

Abessinien (Äthiopien): (Dill & Petit!, Semien—Petit! — W.); in planitie ultima montium ab Ambarra usque ad descensum montis Selki, 3600—4000 m, V.—VIII. (Quartin Dillon). — Nom. vulg.: „*Djibarra*“ (Amhara), „*Djibarroa*“ (Tigré).

subspec. **callosomarginata** E. Wimm. subsp. nov. — Caulis „8—10-pedalis et racemus 3—4-pedalis“. Folia molli-subcoriacea, glaberrima, caesia, sublanceolata, 25—40×5,3—7,3 cm, ad apicem subacuminata, basi sensim angustata et sessilia, margine calloso-marginata, ciliata, glandulis densis intramarginalibus praedita, sed basin versus sine talibus glandulis, nervus medianus crassus, albidus, nervi laterales conferti, sub angulo acuto excurrentes, venis invisibilibus. Flores plurimi, densi, bracteis lineari-cuspidatis, c. 11 cm longis, 1 cm in basi latis, supra parce, subtus longe pubescentibus, saepe violascentibus. Pedicelli 6 mm longi, hirtelli. Calycis receptaculum oblongo-campanulatum, pubescens, lobi anguste triangulares cuspidati, 3 cm longi, integri, erecti. Corolla „cinereo-coerulea“, 5 cm longa, extus intusque pubescens, lobi lineares, mox usque ad medium soluti. Antherarum tubus atroviolascens, 10 mm longus.

Abessinien (Äthiopien): Shoa, Goshmeda, rain forest, c. 3700 m, open rocky mountain side, on volcanic rock (trachyte?), 23. III. 1957 (H. F. Mooney n. 6955! — K., W.).

p. 667/335 **Lobelia aberdarica** R. E. & Th. Fries j. — Synge, P. M., in Journ. Roy. Hortic. Soc. LXIII (1938) 462.

Adde: Mt. Elgon, c. 3500 m, II. fruct. (Mrs. R. Tweedie n. 3218! — Nair.); Aberdare-Gebirge, sumpfige Orte (Evans & Erens n. 1372!); Mt. Ginangop (Galpin n. 7902! — Pret.); Kenia: East Maui, im Sumpf Mariashoni, 3000 m, XII. (J. R. Dale n. 3200!, R. M. Graham n. 1023! — Nair.); Mau Forest, 2500 m, am Rande von sumpfigen Flüssen (Bally n. 8457!—K.); Timboroa (Tweedie n. 723! — K.; C. Tack n. 5928! — Nair.); Rift Valley Prov., Trans Nzoia Distr., Cherangani Mts., 1°5′ N., 35°26′ S., fairly common, c. 3000 m (R. A. Maas Geesteranus n. 6315! — K.).

p. 668/336 **Lobelia mildbraedii** Engl. — Lebrun, Asp. Végét. Parcs Nat. Congo Belg. sér. 1, Parc Nat. Albert I., fasc. 3—5 (1942) t. 26a.

var. **mildbraedii.** — Folia apice rotundata vel et subemarginata, mucronulata, supra glabra, subtus pubescentia. Bractae lineares, obtusiusculae, mucronulatae, utrinque puberulae, flores superantes. Calycis lobi lineares, obtusiusculi, 12—15 mm longi. Corolla 32—25 mm longa.

Tropisches Ostafrika: Kongo-Kinshasa, Grenzgebiet zwischen Rwanda und Kongo (Mildbraed n. 953! Typus— B.).

f. **acutifolia** E.Wimm. f. nov. — Folia lanceolato-linearia, apice acuta, 20 × 3,8cm, utrinque brevi-pubescentia vel glabrescentia, cetera plus minusve ut in var. *mildbraedii.*

Uganda: Kigezi, 2100 m, swamp meadow dryer parts, frequent, 14. XII. 1933 (A. S. Thomas n. 1064! — K.); Buhara, South Kigezi, swamp c. 2000 m, III. 1948 (Purseglove n. 2597! — Nair.); Distr. Kigezi, Kabale, Kumba, swamp, 11 ft. tall, pale blue flowers, petals greenish white, in small local stands (Greenway & Eggeling n. 7113! — Nair.); Muhavura — Mgahinga, Kigezi, bog, 3300 m (Purseglove n. 2167! — Nair.). — Kongo (Kongo-Kinshasa): Virunga Mts., great south extinct crater of the Ningongo Volcano, c. 3000 m, I. (Burtt n. 3180! — Nair.); Prov. Kiwu, Territ. Kabare, Kabare — Walunga embranchement, Mulume, marais, 2340 m; Territ. Shangugu, Astride — Bukavu vers 81 km, marais Kasale, 2180 m IX. 1956 (G. Troupin n. 2580! 2639! — K.).

Da mit die Pflanzen von den neuen Standorten nicht mehr vorliegen und ich seinerzeit über die Blattform nichts weiter angemerkt habe, so werden manche unter f. *acutifolia* auch zur var. *mildbraedii* gehören.

669/339 **Lobelia utshungwensis** R. E. & Th. Fries j., adde: Distr. Iringa: Iringa — Dabaya, 2000m, 29. VII. 1933, knospend (Greenway n. 3394! — Brux.), Bemerkung des Sammlers dazu: „Perennis, to 8 ft. tall, blue flowers, hollow stems: in dense clumps on the banks of a stream, fairly common in damp places in *Hyparrhenia* mountain grassland". Nom. vulg.: „*Mbongonbongo*" (Kihehe).

670/340 **Lobelia giberroa** Hemsl. —Supple: Hauman, Instit. Roy. Col. Belge, Sect. Sci. Nat. Méd. Mém. II. I (1934) 8; Robyns, Fl. Parc Nat. Albert II. (1947) 411.— *L. giberroa* var. *ulugurensis* (Engl.) Haum.

var. **intermedia** Robyns l. c. 413. — Weitere Standorte: Kenya-Col. (Kenia): Chyula Centre and South above c. 1700 m, edge of forest, common, VI. (P. O. R. Bally n. 7986! — W., K.); Limoru, IX. (L. B. S. Leakay n. 300, Coryndon Mus. n. 7452 — K.); Danyo Sabuk (J. Gedye! — Nair.); Timboroa (Ch. Jack, Corynd. Mus. n. 3104! — Nair.); Kisii (E. R. Napier! — Nair.); Taita Hills, c. 2100 m, lower edge of Ngangao Forest, rare, II. (Bally n. 8757! — K.); Aberdare Mts., Tuso, 3000 m (E. R. Napier n. 5929! — Stkh.); Mt. Elgon, 2700 m (Lugard n. 519! — Nair., folia glabra, dense uncinato-dendata). — Tanganyika Territ. (Tansania): Toroto Range, in wet forest (Evans & Erens n. 755! — Pret., folia conferte denticulata, utrinque plus minusve hirta); Mbeya Distr., Poroto Mts., 2340m, edge of forest, 18/5. 1957, in buds (H. M. Richards n. 9818! — K.); Distr. Iringa, East of Mufindi, 2150 m, VIII. (Greenway n. 3489! — Stkh.); Distr. Mbulu, I. (B. D. Burtt n. 599! — Nair.); Ussagara, felsige Hügel westlich von Kidete (A. Peter n. 45631! — B.). — Uganda: Western Ankole, 1600—2300 m (Dogget! Dawe n. 341! — Brux.); Kigezi, Kachwekano Farm, 2250 m, VII. (Purseglove n. 3032! — Nair.); Ruwenzori, Range, Mahona, forest (Joy Adamson n. 35! — Nair.); West Prov., Toro Distr., Ruwenzori Bujuhu Valley (H. A. Osmaston n. 3646! — K.); Bumboi, near Mbale (J. R. Dale n. 72! — Nair.); Mt. Elgon, (P. M. Synge n. 886!, folia, tantum adsunt). — Kongo (Kongo-Kinshasa): Mt. Ruwenzori (S. Elliot n. 7875! — Brux.); Ninagongo Volcano, in upper *Philippia* and *Senecio* belt (B. D. Burtt n. 3181! — Nair.); Rivière Mazima aux Marungu au source, 2250 m, VI. (P. van den Brande n. 204! — Brux.). — Nom. vulg.: „*Djbarra*" (Amhara), „*Djbarroa*" (Tigre).

var. **iringensis** E. Wimm., adde: Tanganyika Territ. (Tansania): Mbulu Distr., Ngorengoro Crater, usually in pure stands in the more open forest, 13. XI. 1955 (G. R. Williams n. 650! — K.).

var. **usafuensis** (Engl.) Haum., adde: Tanganyika Territ. (Tansania): Tukuyu Distr., Mporoto Mts., 2100 m, I. (B.D. Burtt n. 6332! – K.); Distr. Iringa, Rungwe Mts., 2000 m, common throughout the whole area from the west side of the Mporoto to Tukuyu in small ± pure stands in *Macaranga* – *Dombeya* – *Hagenia* – *Agaurea* forest, 20 ft. tall, inflorescentia 2–4 ft., flowers white tinged blue, latex yellow (Greenway n. 3569! – Nair.); Njombe Distr., in secondary upland grassland forming a large isoleted clump of plantes of all ages, 1840 m, stem to 4,2 m high, 8 cm d. at base, corolla tube outside very pale whitish green glossy, lobes pale dull mauve above, 8. VII. 1956 (Milne-Redhead & Taylor n. 11000!—K.); Schlucht im hohen Wald des Ngosiberges in Usafua, 2300 m, ex Engler. – Nyassaland (Malawi): Nördlich vom Nyassasee, Kyimbila Distr. (A. Stolz n. 1662! – Nair.).

p. p. 673/342 **Lobelia lanuriensis** De Wild. – Supple: Hauman, Le Ruwenzori (1937) 255. – Robyns, Fl. Parc Nat. Albert (1947) 414. – Adde: Uganda: Ruwenzori Range, Bigo, 3000–4000 m, IV. (J. Adamson n. 45!, Eggeling n. 1282! – Nair.); western District, Toro, Nyamleju, 3000 m, tree 8 m high (H. A. Osmaston n. 1127! – K., Brux.).

p. 674/343 **Lobelia telekii** Schweinf. – Supple: Synge, P.M., in Journ. Roy. Hortic. Soc. LXIII (1938) 463. – Adde: Mt. Kenya: 1600 m, corolla deep purple, leaves gray green with purple edged (Moreau n. 155! – Nair.); Mt. Kenya, open boggy hillside, 3800 m, II. (A. Meinertzhegen n. 9445! – Nair.); Mt. Kenya, moorlands, 4000 m, flowers blue with red centre, XII. (J. Bally n. 3355! – K.); Mt. Kenya, Srimon Valley, 4600 m, VIII. (A. G. McLoughlin! – K.); Mt. Elgon (P. M. Synge n. 5901!, Tothill n. 2412!, D. Tweedie n. 11884! – Nair.) – Wagagai Peak (Eggeling n. 5751! – Nair.).

p. 675/344 **Lobelia wollastonii** Bak. f., adde: Uganda: Mt. Ruwenzori (Geilinger n. 353!, Eggeling n. 1326! – Nair.); Ruwenzori, Mijussi Valley, 4000–4600 m, flowers pale blue, 8. IV. 1948 (J. Adamson n. 47! – Nair.). – Kongo (Kongo-Kinshasa): Virunga Mts., Muhavira Mt., 3000–3500 m (B. D. Burtt n. 2813! – Nair.); region du lac Kivou (G. Babault n. 1927!, specimen sine floribus).

p. 676/345 **Lobelia lukwangulensis** Engl. – Tanganyika Territ. (Tansania): Uluguru Mts., Lukwangule Plateau, 2600 m, westside in dry evergreen forest, I. (Moreau n. Hb. Amani 8706! – K.); Lukwangule (E. M. Bruce n. 698! – Nair.); Morogoro, 2400 m, IV. fr. (Bruce n. 1093! – Nair.).

p. 676/346 **Lobelia petiolata** Haum., adde: Kongo (Kongo-Kinshasa): Kahuzi, „Kokomandjolero" und Biega, IV. 1947 (F.L. Hendrickx n. 4494! 4594! 4092! – Nair.). Nom. vulg.: „*Mumimure*".

p. 677/347 **Lobelia stricklandae** Gilliland, adde: Süd-Rhodesia: Penhalonga (H. Wild n. 1978! – Nair.); Distr. Melsetter, Belmont 1600 m, in glade of forest, flowers blue mauve, X. (H. Wild n. 3655! – Nair.); Belmont, farm „Greenmount", forest, ± 200 m, dry stream bed of road to farm „Orange Grove", 16. IX. 1950 (A. O. Crook n. M. 128! – K.).

f. **uncinata** E. Wimm. f. nov. – Differt foliis glabris, margine dentibus confertis, uncinatis, minoribus (1 mm) inter majores (2–3 mm lg.).

Tanganyika Territ. (Tansania): Western Prov., Kigoma Distr., Ujimba, 2100 m, VII. 1958 (Game Coll. n. HSM/108. – Nair.).

p. 677

Sect. 4. **Homochilus** A. DC.

Corolla subbilabiata, tubus eius rectus, lobi corollae aequilongi (inde nomen *Homochilus*), labium inferius 3-dentatum vel 3-fidum, lobi interdum ± cohaerentes, inflorescentia racemosa, raro flores solitari-axillares. Corolla pro genere magna, 3—5 cm longa, rubra vel flavo-rubra, raro violacea vel alba. Species Americae, ornamentariae, perennes. — Surculi (Stecklinge) blühen im ersten Jahre meist nicht!

679/351 **Lobelia aguana** E. Wimm., adde: Mexico: Volcano Tacana West, 2800 m, 20. III. 1939 (E. Matuda n. 2893! — NY) Veracruz, Cerro Macuiltepec bei Jalapa, 1500 m, an Wegrändern, Zäunen, Savannen, I. (R. Endlich n. 1376! — B., calycis lobi perbreves!); — Guatemala: Dept. Zacatepequez, Volcan de Agua, 3300 m, IV. (J. D. Smith, Ex pl. Guatem. n. 2173! — B.).

679/352 **Lobelia laxiflora** HBK. var. **laxiflora**, adde: Prov. San Louis Potosi, VIII. (Virler, Hb. Fournier n. 1715!—P.); Plateau de Mexico, an Waldrändern, IV., fl. rubri (Ghiesbreght n. 22! 151! — P.); Vera Cruz, am Krater des Vulkans Tuxtla, 1000—1300 m, V., fl. rubri (Galeotti n. 1988! — P.); Orizaba (Botteri & Sumichrast n. 1742! Botteri! — P.). — San Salvador: Von San Martin nach der Laguna de Ilopango, gemein im mittleren und östlichen Teil, fl. coccinei (Standley n. 22519! — Wash.). — Fig. 28a, b.

var. **angustifolia** A. DC. — Mexico (Alexander & Macdougal 531! 532! — kultivierte Formen in bot. Gard. Edinburgh); Prov. San Louis Potosi (Virler, Hb. Fournier n. 1714! 1722! — P.).

f. **fragilis** (Robinson & Fern.) E. Wimm. — Ixtaccihuatl, entlang von Bächen, III.—VII. (Purpus n. 167! — Brem.); Prov. Oaxaca a. 1842 (Ghiesbreght! — P.); Xochicalco (Hahn! — P.).

685/353 **Lobelia haenkeana** (Presl) A. DC., adde: Costa Rica: San José (M. Valerio n. 61! — Brux.); Chemin de Corralillo, 1597 m, IV. (Ad. Tonduz n. 7888! — Brux.).

Sect. 5. **Revolutella** E. Wimm.

Corolla illi sectionis *Homochili* simillima, sed lobi corollae omnes vel saltem 2 spiraliter revoluti (inde nomen sect. *Revolutella*). Omnes species insulis Sandwicensibus indigenae.

686/359 **Lobelia hypoleuca** Hillebr. var. **hypoleuca** f. **macrophyta** Rock, adde: Hawaii: Deep gorge east of Honokanenui Valley, II. (Hb. Degener n. 21886! junges, noch nicht blühendes Exemplar).

var. **heterocarpa** E. Wimm. — Kauai: Kaholuamano, IX. (C. N. Forbes n. 393 K! — Bish. M.). — Maui: On ledge between camp and Koolau Gap within Haleakala Crater, 18. VIII. 1927 (Degener n. 7804! 7959! 7961! 7962! — B.).

687/360 **Lobelia grayana** E. Wimm. — Supple ad syn. *L. neriifolia*, Skottsberg in Acta Horti Gotoburg. XV (1944) 480.

Adde: Maui West: Mt. McGregor, common on gulch side in lower cloud belt, 9. III. 1952 (Hb. Degener, schwach verzweigt, ± aufrecht, 2,5—4 ft. h., nur Blattbüschel vorhanden, Blätter unterseits grauweiß). — Molokai: Head of Waikolu Valley among shrubs in cloud belt, 15. III. 1952 (Degener n. 22142! — W., B., frucht.). — Hawaii: Kohala Mts., upper Hamakue ditch trail, head of Kawanui Valley, c. 1150 m, IX. (Skottsberg n. 3161 — non vidi!).

687/361 **Lobelia yuccoides** Hillebr. — Supple: Skottsberg in Acta Horti Gotoborg. XV (1944) 479. — Adde: Oahu: In small marsh nearly overlooking head of the Makua

Valley, 22. VI. 1932 (Hb. Degener n. 7805! ohne Blüten!). — Kauai: East rim of the Kalalau Valley, 1000 m, 27. XII. 1950 (Hb. Degener n. 21469! 22065! — B., W.).

p. 690/366 **Lobelia hillebrandii** Rock var. **paniculata** Rock — Molokai: Upper rim of the Waikolu Valley, IV. (Degener n. 7777!); near end of the Hanalilolilo pine line, on cliff overlooking stream, IV. 1928 (Degener n. 7822!, beide Exemplare nur beblätterte Sprosse ohne Blüten, daher fraglich, ob hierher gehörend!).

p. 691 Sect. 6. **Galeatella** E. Wimm.

Flores magni in racemis terminalibus sublaxis. Corolla bilabiata: tubo recto vel subcurvato, lato, lobis 2 superioribus falcatis, patentibus vel deflexis, 3 inferioribus labium trifidum formantibus. Antherae omnes apice piloso-barbatae. Semina auriculiformia vel semi-arcuata. Plantae robustae, erectae, caulis simplex vel ramosus. Species Sandwicenses.

Clavis specierum:

1. Planta villosa, unum vel plures racemos gerens, corolla virenti-alba. Kauai *L. villosa.*
1' Plantae glabrae vel pars inflorescentiae tantum plus minusve vel costa folii subtus pilosa 2
2. Calycis lobi 8—12 mm longi; caulis 2—5 racemos proferens, folia lineari-lanceolata, acuta; corolla alba purpureo-striata. Kauai .... *L. kauaiensis.*
2' Calycis lobi 15—35 mm longi, glabri vel ciliati; folia oblanceolata, subacuminata 3
3. Planta oahuensis; folia 15—25 mm lata, costa subtus pubescens; bracteae lanceolatae pedicellos aequantes; corolla purpurea (in var. *albida*) .. *L. gaudichaudii.*
3' Plantae mauienses; folia utrinque glabra, caulis simplex; bracteae oblongo-cuneatae, superne denticulatae pedicellos plus minusve aequantes; calycis lobi 15—20 mm longi .... *L. gloria-montis.*
3" Caulis ramos florigeros 5—7 gerens; bracteae lineari-lanceolatae, c. 7 cm longae, basi ciliatae, pedicellos superantes; calycis lobi 28—35 mm longi .... *L. longibracteata.*

p. 692/365 Bei **Lobelia gaudichaudii** verbleibt nur die var. *koolauensis* Hosaka & Fosberg.

p. 693 **Lobelia kauaiensis** (A. Gray) Heller; Skottsb. in Acta Horti Gotoburg. XV (1944) 481. — *L. gaudichaudii* var. *kauaensis* A. Gray, E. Wimm., Camp.-Lob. II, 693. — Supple: Caulis ad 2 m altus, basi 3 cm in diametro. Folia subpetiolata, purpurascentia, coriacea, lineari-lanceolata, 12—15×1,5—2 cm, acuta, margine revoluto minute calloso-denticulata. Inflorescentia 2—4 ramos florigeros gerens, rachis purpurea, glabra vel puberula. Pedicelli 1,5—3 cm longi; bracteae lineari-lanceolatae, purpureae, pedicellos subaequantes. Hypanthium turbinatum, 6 mm longum, lobi anguste triangulares, 6—10 mm longi, glabri vel ciliati. Corolla „cremeo-alba et purpureo-striata", 45—55 mm longa, in medio 10 mm lata (in statu compresso), lobi 2 superiores falcati, 25 mm longi, labium inferius trifidum. Filamenta glabra, 45 mm longa; antherae 10 mm longae, apice omnes barbatae. Capsula nigrescens, ovoideaconica, 20 mm longa, 15 mm lata. Semina lineari-reniformia, vix 3 mm longa, rubrofusca, nitida, anguste dilute marginata. — Fig. 29.

Kauai: Alakai, bog between Lehua makanoe and Kilohana, c. 1200 m, and Waialeale (Skottsberg n. 2984, 3047).

p. 693 **Lobelia gloria-montis** Rock, Haw. Lob. (1919) 117, t. 17, 18, 58. — *L. gaudichaudii* var. *gloria-montis* St. John & Hosaka l. c. incl. f. *kukuiensis*. — Supple: Caulis ad 180 cm altus, 4 cm in diametro, glaber. Plantae novellae dense albo-pubescentes. Calycis tubus turbinatus, 15 mm longus. Filamenta, glabra, 65 mm longa; antherae 12 mm longae, cinereo-caeruleae, apice omnes barbatae. Capsula ovoideo-conica, 20 mm longa, 15 mm lata. Semina auriculiformia, dilute marginata.

p. 694 **Lobelia longibracteata** (Rock) E. Wimm. comb. nov. — *L. gaudichaudii* var. *longibracteata* Rock l. c.

Mehrere Eigentümlichkeiten: Die bedeutende Größe, die Verzweigung und Länge der Blütentrauben (50 cm und mehr), die langen und schmalen Brakteen nebst den bis 35 mm langen Kelchzipfeln charakterisieren die zur neuen Art erhobene Varietät.

Lobeliae excludendae, corrige et supple:

L. americana Willd. herb., non al.

L. parvifolia Berg.	**Lightfootia parvifolia** (Berg.) Adams.
L. phyteuma L.	**Cyphia phyteuma** (L.) Willd.
L. tuberosa Burm.	**Cyphia bulbosa** (L.) Willd.
L. volubilis Burm. f.	**Cyphia volubilis** (Burm. f.) Willd.

p. 698

Monopsis Salisb.

Typus generis: *Monopsis conspicua* Salisb. = **M. simplex** (L.) E. Wimm. var. **conspicua** (Salisb.) E. Wimm.

Sect. I. Monopsis (*Eumonopsis* Endl.)

Corolla subregularis; prophylla nulla; folia alterna.

p. 699/1 **Monopsis simplex** (L.) E. Wimm., adde: Südafrika, Kapland: Peninsula, Cirkels Vlei, 10. I. 1932 (T. M. Salter n. 1920! — K.); oberhalb der Camp Bay (R. G. N. Young n. 26530! — Pret.). — Australien: Ostküste, Botany Bay (Verreaux! — P.).

var. **conspicua** (Salisb.) E. Wimm. — Supple: Calyx interdum glabrescens. Corolla indigotica (Marloth), obscuro-violaceo-coerulea (Galpin), obscuro-purpurea (Pearson).

Kapland: Hopefield, fl. X. (Marloth n. 8216! — Pret.); Clanwilliam (McOwan n. 402! — K.); an ausgetrockneten Wasserläufen (Galpin n. 10700! — Pret.); Clanwilliam, fl. II. (F. A. Rogers n. 16810! 10703! — Pret.). — Oranje River: Damp places, near top of Picke Vleis Pass; river bed between Lang Kloof and Mardouw Kloof (Percy Sladen Exp. to Oranje River, lg. Pearson n. 5238! 5357! — K.).

p. 701/2 **Monopsis campanulata** (Lam.) Sond., adde: Kap, ohne nähere Ortsangabe, „corolla caerulea“ (Vaillant! — P.).

Sect. II. Dobrowskya Urb.

Corolla bilabiata, lobi 2 inferiores ad basin vel profunde soluti, lobi 3 alteri in labium 3-fidum coaliti; prophylla evoluta; folia alterna, opposita vel verticillata.

p. 703/4 **Monopsis acrodon** E. Wimm. var. **acrodon.** — Supple: Prophylla deesse videntur vel adsunt. Corolla 6—8 mm longa.

Kapland: Clanwilliam Div., Cedarberg Mts., Peak near Sneeuwkop, 1300 m; South Cedarbergen, Krom River Kloof, 2. II. 1942 (Esterhuysen n. 7533! 18011! — Bol.); S. slopes of Middelberg (Esterhuysen n. 7185! — Bol.).

subsp. **herois** E. Wimm. subsp. nov. — Prostrata, pubescens, caules vel rami ad 20 cm longi. Folia internodiis 2—5 mm longis, petiolo ad 1 mm longo, suborbicularia, 5×5 mm, superiora etiam spathulata et oblonga, parum minora, basi late cuneata, margine serrata: dentibus 2—3 utrinque argutis et mucronulatis. Pedunculi 8—20 mm longi. Lobi calycis anguste triangulares, mox subreflexi, ad 2 mm longi. Corolla lutea, 4 mm longa; filamenta inter se libera; antherae omnes in cylindrum rectum 1 mm longum connatae et apice pilosae. Stigma brevi-bicrurale et brevi-revolutum. — Fig. 30b.

Kapland: Clanwilliam Div., Mts. at Pakhuis, 1000 m; Pakhuis, SE. slopes (Esterhuysen n. 14974! Typ., n. 7413! — Bol.); Cedarberg Mts., Krakodonowsberg, 1900 m, Gt. Krakodonow Peak, 1300 m, 27. XII. 1947 (Esterhuysen n. 7493! 14313! — Bol.).

Durch Blattform und -Zahnung und anscheinendes Fehlen der Prophylla von var. *acrodon* verschieden.

p. 703/5 **Monopsis stellarioides** (Presl) Urban var. **schimperiana** (Urb.) E. Wimm., adde: Abessinien (Äthiopien): Süd, Agheremariam (Alghe), 5°38′ N., 38°14′ E.: 2100—2700 m, marshy ground by stream or in shade, creeping stems rough, flowers yellow, 5. XII. 1952 (J. B. Gillett n. 14633! — K.). — Kenya Col. (Kenia); East and SE. of Mt. Kenya in forest country, 2500—2600 m, IX. (D. Davis! — K.), Katamayu forest, uplands near Limuru (Verdcourt n. 616! — N.); Kavirana, Limuru (G. E. M. Meller n. H. 16/28 — N.); Distr. Kipkarren, bank of streams, 1800 m (Brodhurst-Hill n. 561! — N.); South Elgon, 2400 m, VI. (M. V. Webster n. 8912! — N.); Kinangop, c. 2700 m (C. Belcher, E. A. H. 10156!, Napier n. 730! — N.); East Aberdares, Kamakia forest station, flowers varying from clear yellow to purplish (D. M. Napper n. 660 — K.). — Tanganyika Territ. (Tansania): Nlombe Distr., Ndumbi River, 33°5′ E., 0,90°5′ S., 2700 m, X. (H. M. Richards n. 6617! — K.). — Uganda: Eastern Province, Bulucheke, Mbale, Manapwa stream (Maxwell-Forbes n. 203! — Pret.); Western Province, Distr. Kigezi, near Ruhiza, about 22 miles NW. of Kabale, 2600 m (H. C. Dawkins n. D 743! — K.); Kabale, 2000 m, fl. viol. (R. Germain n. 1215 p. p., altera est *Lobelia rubescens* De Wild.); Kigezi, Kachwekano Farm (Purseglove n. 2729!); slopes of Lake (Rogers & Gardner n. 273!). — Rwanda: Ruwenzo, near Bwera (Eggeling n. 4031!); Bulago, Bugishu (A. S. Thomas n. 309!); Butadiri, Bugishu (P. Chandler n. 478!); Virunga Mts., Behungi swamp (B. D. Burtt n. 2928!); Mt. Mfumbiro region (J. D. Snowden n. 1528! — alle Hb. N!); zwischen Mushao und Ruwengeri (Zappelli n. 41! — Brux.). — Kamerun: Distr. Cameroon Mountains, Liloka, c. 1400 m, IV. 1934 (H. D. Macintoch n. 1087! — K.); Bamenda Div., Jakiri, 13. II. 1958 (Hepper n. 1957! — K.). — Fernando Póo: Carretera de Moka, 23. I. 1947 (Emilio Guinea n. 1918 bis! — K.).

p. 705/6 **Monopsis brevicalyx** Th. Fries j. — Supple: „Herba prostrata, ascendens, folia obscuro-viridia, pilis albis minutis asperata; calycis lobi virides apice purpurei; corollae lobi lurido-purpurei extus, rubicundi intus, in fauce luteo-maculati; antherarum tubus fuscus; stigma album".

Kenya Col. (Kenia): Rift Valley Province, Naturu Distr., East Mau Forest Reserve, 2650—2750 m, VIII. IX. (M. Geesteranus n. 5909! 6038! — K.); SW. Mau Forest, grassland (E. Whittall n. 72! 123! — K.).

p. 705/8 **Monopsis unidentata** (Aiton) E. Wimm. — Typus *Lobelia tenella* Thunb., non L. Adde: Swellendam, 300 m, fl. violacei (O. Kuntze! — K. sub „*Dortmannia scabra* O. K.“); Distr. Humansdorp, Zitzikama, forest (Galpin n. 9370! — K.); Plettenberg Bay (Rogers n. 22793! 4633! Ort unleserlich — Pret.); Knysna Distr. (Breyer n. 23601! — Pret.); Montagu Pass, Lange Berge (F. v. Wettstein! — Münch.) Stengel, Blätter am Rand, Blütenstiele rauhhaarig, Blätter in der Mitte je einen Zahn, Korolle 10 mm lang.

p. 707/11 **Monopsis scabra** (Thunb.) Urb., adde: Verbreitet hauptsächlich im Kapland vom 20° ö. L. ostwärts bis Süd-Rhodesia. Alexandria (Galpin n. 10789! — Pret.); Albany Div., Grahamstown (Rogers n. 27395! — Witw. R.); Albany (Schönland! — Pret.); East London (A. M. Ottley n. 2608!; G. Rattray n. 86! — W., Pret.); Khomga Div., hillslopes E. of Morgan Bay (A. M. Wilman n. 1063! — Pret.); Kentani Div., Mazeppa Bay (G. C. Theron n. 1204! — Pret.); Umtata Falls (Hb. Moss n. 18975! — Witw. R.); Natal: Park Rhynie, Victoria Falls, Katberg (Hb. Moss n. 17141! 18978! 2001! — Witw. R.); top of Katberg (J. Hutchinson n. 1634! — K.). — Süd-Rhodesia: Manicaland, Nyumkwarara Valley, II. 1935 (Hb. Moss n. 24866! — Witw. R.).

var. **subhispida** E. Wimm., adde: Kapland: Komgha (Flanagan! — Pret.); Kingwilliamstown Div., Blaney Junction (Rogers n. 10803! — Albany Mus., Pret.); South coast (Rogers n. 1366! — Witw. R.).

var. **glabrata** (Sond.) Schoenl., adde: Kapland: Humansdorp Div., Company's Drift, flowers coffee colored (H. G. Fourcade n. 2866! — K.); in Sumpf bei Kopje bei der Mündung des Zwartkopriviers (Drege! — B.); Uitenhage, Zuurberg (F. R. Long n. 295! — K.); Kentani Div., Vallup, 1200 m, flowers orange or purple (Alice Pegler n. 416! — K.); S. Afr., Howies (?) Poort (unleserlich!), 17. II. (J. Hutchinson n. 1542! — K.); Port Elizabeth (ESCA-Hb. n. 69! — Hamb.).

p. 709/12 **Monopsis aspera** (Spreng.) Urban, adde: Corolla alba (Esterh.). — Kapland: George Div., Touws River, 12 miles E. of George in forest, XI. (J. Hutchinson n. 1284! — K.); Knysna, III. 1921 (Breyer n. 23603! — Pret.); Uniondale Div., Kouga Mts., Peak E. of Smutsberg; lower SE. slopes of Kamanassie Mts. at Laudina, XI. (Esterhuysen n. 7023! 16453! — Bol.); Uitenhage Div., Cockscomb, Gt. Winterhoek Mts., c. 1600 m, XI. II. (Esterhuysen n. 27523! 28047! — Bol.).

p. 784 **Monopsis kowynensis** E. Wimm., adde: Transvaal, Ost: Mt. Anderson summit, damp rock face, 1. I. 1952 (E. N. Prosser n. 1799! — Pret.).

p. 726

Subtrib. IV. Unigeninae E. Wimm.

Capsula unilocularis, monosperma, semine basifixo, valvis 2 semiglobosis dehiscens. Corolla bilabiata, in dorso fissa. Genus monotypum.

Unigenes E. Wimm.

Unigenes humifusa E. Wimm., adde: Kapland: Unteres Plateau des Tafelberges bei Kapstadt, 31. XII. 1922 (Hb. Moss n. 7534! — Witw. R.). — Insel Mauritius (Maire! — P.).

Daß dieses zarte Pflänzchen auch außerhalb Südafrikas vorkommt, wahrscheinlich eingeschleppt, war bisher nicht bekannt.

p. 728 Subtrib. V. **Apetahiinae** E. Wimm.

Ovarium fortasse primo biloculare, in fructu demum uniloculare, placentae parietales; capsula 2 valvis bifidis dehiscens, polysperma. Arbores vel frutices.

p. 729/2 **Apetahia longistigmata** (F. Brown) E. Wimm. — Supple: Frutex candelabriformiter ramosus ut in *Clermontia*. Bracteolae 2 oppositae oblanceolatae, 8 mm longae, 2 mm latae in medio pedunculi. Lobi calycis oblanceolato-lineares, mucronulati, integri, 9 mm longi, 3 mm lati. Corollae lobi „purpurei, basin versus albescentes", 2 superiores 15 mm longi, 4,5 mm lati, 3 inferiores 10 mm longi, 4 mm lati. Stamina triente breviora quam corolla. Antherae 10 mm longae, omnes apice albo-pilosae. Stylus unus, filiformis, stigmatis lobis 2 filiformibus dense pilosis, 6—8 mm longis terminatus. — Fig. 31.

Fig. 31. *Apetahia longistigmata* (F. Brown) E. Wimm.

Marquesas-Inseln: Insel Ua Poua, Teawaituhai, in low scrub of crest in cloud zone, c. 1000 m, 12. VIII. 1929 (Adamson & Mumford n. 641! — NY.).

Das Exsikkat ist stark zerfressen, eine reife Frucht nicht vorhanden, Gattung daher nicht sicher bestimmbar, nach der Blüte und besonders nach den langen, fast fadenförmigen und dicht behaarten Narbenzipfeln dieser Art zugehörend.

p. 730 Subtrib. VI. **Brighamiinae** E. Wimm.

Planta habitu singulari. Caulis carnosus sine foliis, apice autem foliis densis coronatus. Corolla tubo angusto longissimo limbo subregulari patentibus lobis. Filamenta corollae adnata; tubus anthereus orificio barbatus. Flores in racemis axillaribus. Fructus primo carnosus, postremo rimis lateralibus disrumpens.

p. 731 **Brighamia insignis** A. Gray, adde: Kauai: Waiahuatua Valley, Haena. — Kalalau trail, on cliffs, 150 m, truncus 1 m tall and about 4 cm in diam., 1. III. 1952 lg. A. Greenwell (Hb. Degener n. 21553! — B.).

f. **citrina** Forbes & Lydg. — *B. citrina* St. John in Pacif. Sci. XII (1958) 182.

Unterschied nach St. John: Kelchzipfel etwas kürzer (0,8—1 mm lang), Samenschale papillos. Nach Rocks mündlicher Mitteilung sei kein Grund vorhanden, den Status der forma *citrina* zu verlassen. Ein neuer Fundort wurde nicht angegeben.

p. 745 Subtrib. VIII. **Lysipomiinae** E. Wimm.

Adde: McVaugh, A Revision of *Lysipomia* in Brittonia VIII (1955) 69—105 et 20 fig.

Ovarium uniloculare, ovula placentae parietali affixa. Capsula operculo apicali semi-globoso circumscisse dehiscens. Corolla bilabiata, tubo integro, rarissime fisso, limbo 5-fido. — Herbae pusillae, caespitosae, plures acaules.

Ein neues reiches Material nahm McVaugh zum Anlaß, eine Revision der ganzen Gattung vorzunehmen. Er teilt sie nach Vegetationsorganen in 2 Gruppen: 1. *Caulescentes* mit längeren oder verkürzten Stengeln und fadenförmigen Adventivwurzeln, die aus den Achseln der untersten Blätter entspringen. Sie umfassen 19 Arten, die nur kleine Areale bewohnen. 2. *Acaulescentes*, ohne Entwicklung eines Stengels, mit kurzem Wurzelstock und dicklichen, fleischigen Seitenwurzeln, 2 Arten, von denen eine sich über ein großes Gebiet erstreckt. — 2 Genera.

Lysipomia HBK.

Clavis specierum

Ich folge hier McVaugh, da ich seine neuen Arten nicht gesehen habe und darüber kein Urteil fällen kann. Nur bei der *Lysipomia sphagnophila*, einer gar zu uneinheitlichen Art, machte ich eine Ausnahme und stellte die Subspecies als (auch geographisch bedingte) Arten dar.

1. Plantae caulescentes foliis plus minusve sparsis aut subacaules, foliis plus minusve rosulatis et lobis calycis plerumque distincte inaequalibus. Fibrillae radicales adventitiae et filiformes .... 1. Sect. *Lysipomia* 1
1 Plantae acaules foliis basalibus rosulatis. Fibrillae radicales crassae carnosae e rhizomate brevi orientes. Lobi calycis subaequales, sinus inter eos rodundati. 2. Sect. *Rhizocephalum* 22

1. Sectio.

1. Pedunculi 60—90 mm longi, multo longiores quam folia, 30 mm longi. Plantae ficte acaulescentes. Corolla 13, filamenta c. 5 mm longa. Calycis lobi subulati aequales. Peru .... 1. *Ly. gracilis.*
1′ Pedunculi 25 mm longi vel breviores. Folia breviora sessilia, si petiolata, flores multo minores 2

2. Pedunculi 12—25 mm longi, erecti, folia multo superantes. Plantae caespitosae ramis brevibus dense foliatis. Folia anguste linearia, 4—30 mm longa. Filamenta 5—6,5 mm longa. Lobi superiores corollae 11 mm longae ciliati. Calycis lobi subaequales. Peru .... 2. *Ly. brachysiphonia.*
2′ Pedunculi 8 mm longi vel breviores, fructiferi longiores 3

3. Filamenta 8,5—12 mm longa. Corolla 12—17 mm longa. Calycis lobi subinaequales, angusti 4
3′ Filamenta 6—7 mm longa vel breviora et basi corollae adnata. Corolla 10 mm longa, saepe multo brevior (*Ly. glandulifera* excepta), tubus campanulatus, cylindricus vel infundibularis 6

4. Folia mollia, fere acicularia, 0,5 mm lata, coarctata. Corolla in parte inferiore angustissime cylindrica, dein abrupte ampliata, filamenta tubo corollae adnata, 8,5—10 mm longa. Ecuador .... 3. *Ly. laricina.*
4′ Folia rigida, apice obtusa, 1,5—3 mm lata 5

5. Folia sulco centrali longitudinali et in utroque latere nervo prominente comitato insignia. Corolla ut in specie praecedente, filamenta 12 mm longa. 4. *Ly. bilineata.*
5′ Folia plana viridia. Corollae tubus aequali-cylindricus, non ampliatus in fauce, filamenta 9 mm longa .... 5. *Ly. tubulosa.*

6. Folia reflexa, ericoidea, 4—6 mm longa, in caule (ramo) erecto elongato imbricata. Corolla 9—10 mm longa. Calycis lobi subaequales. Ecuador ... 6. *Ly. lehmannii.*
6′ Folia non reflexa ut antea. Corolla 5 mm longa vel brevior, si autem longior, tunc pedicelli multo breviores quam folia 7

7. Folia crassa rigida, apice acro-cuspidata, lamina 15—35 ×1,5—4 mm, linearis usque lanceolata vel oblanceolata. Corolla 6—9 mm longa. Calycis lobi triangulares usque subulati subaequales. Ecuador 8
7′ Folia varia, si autem ut sub 7, tunc multo breviora, 10 mm longa vel breviora, aut molli-herbacea, lamina saepe hirtella. Calycis lobi valde inaequales 9

8. Folia vulgo sub medio denticulata, non ciliata. Corolla 6—7 mm longa, filamenta 2 mm longa .... 7. *Ly. cuspidata.*
8′ Folia vulgo sub medio 1 dente munita et ciliata. Corolla 9 mm longa, filamenta 5,5 mm longa .... 8. *Ly. vitreola.*

9. Filamenta 4—7 mm longa. Corolla 6—9 mm longa 10
9′ Filamenta 3 mm longa vel breviorea. Corolla 5 mm longa vel brevior 13

10. Caudex brevis crassus foliis densam rosulam formanibus, folia linearia, obtusa, 18—20×1 mm. Peru .... 9. *Ly. multiflora.*
10′ Caules breves vel elongati, lignescentes, tenues, infra folia vivida multis reliquiis foliorum vetustorum obsiti. Antherae e tubo corollae non exsertae 11

11. Planta hirta caule elongato. Folia lanceolata, 6 mm longa, erecta, imbricata. Flores subsessiles. Peru .... 10. *Ly. hirta.*
11′ Plantae glabrae, repentes vel prostratae 12

12. Rami prostrati foliis congestis oblanceolatis, 6—10 mm longis, brevi-petiolatis. Pedicelli 4 mm longi. Corolla campanulata tubo 4,5—6 mm longo. Ecuador 11. *Ly. rhizomata.*
12′ Rami repentes foliis proportionaliter paucis, ellipticis, longe petiolatis praediti. Flores fere sessiles, tubus corollae sursum sensim infundibularis, 4,5—6 mm longus. Peru .... 12. *Ly. glandulifera.*

13. Caules (rami) foliis linearibus, canaliculatis, ericoideis 2,5—6 mm longis imbricati; folia subtus versus marginem, lobi calycis et lobi corollae versus et in apice longius stricto-ciliati. Colombia .... 13. *Ly. muscoides.*
13′ Caules (rami) sparse foliati; folia glabra, prope basin forte ciliata, aut longiora et e basi elongata angusta sursum dilatata, lamina plana vel fere plana 14

14. Folia rosulas densas formantia, linearia, rigida, 4—8 mm longa. Flores sessiles, corolla 4—5 mm longa, filamenta 3 mm longa. Calycis lobi inaequales, fimbriato-ciliati apice excepto. Peru .... 14. *Ly. globularis*
14′ Folia herbacea, plerumque rosulata. Plantae acaulescentes non ramosi, foliis in hoc casu cum petiolo longo et angusto et lamina subexpansa. Corolla 2,5—4,5 mm longa 15

15. Flores sessiles. Plantulae erectae glabrae, 1—4 cm altae foliis crassiusculis c. 4 mm longis imbricatae. Corolla 2—2,5 mm longa, filamenta 0,8 mm longa. Calycis lobi inaequales, 1,4—1,6 mm longi. Venezuela .... 15. *Ly. bourgoinii.*

15′ Flores pedicellati, videntur subcorymbosi. Plantae parvae eramosae vel pauciramosae foliis elongatis 16

16. Pedicelli folio fulcranti ad eius dimidium adnati. Calycis lobi subaequales ciliati, in eorum sinus dente crasso muniti. Ecuador .... 16. *Ly. aretioides.*

16′ Pedicelli folio fulcranti non adnati. Flores et fructus paulo longiores quam folia saepa congesta. Lobi calycis plerumque valde inaequales 17

17. Plantae vulgo ramos graciles paucos cum internodiis elongatis producentes. Flores pauci in vertice ramorum. Folia oblanceolata obtusiuscula in petiolum indefinitum angustata, incl. petiolo c. 10 mm longa. Rami repentes. Calycis lobi ovati, apice rotundati. Col. Ecuador .... 17. *Ly. montioides.*

17′ Plantae plerumque eramosae. Folia, si caulis elongatus, imbricata, secus rosulata. Flores numerosi. Calycis lobi rotundati vel acuti in apice. Col. · Peru 18

18. Folia glabra, linearia, apice rotundata, basin versus dilatata et ciliata. Calycis lobi valde inaequales, oblongi, apice rotundati. Ecuador .... 18. *Ly. acaulis.*

18′ Folia glabra vel hirtella, linearia, vel lamina latiore, vel calycis lobi ciliati 19

19. Caulis erectus, 40—70 mm altus, foliis dense imbricatus, apice rosulantibus; folia linearia, ciliolata, apice obtusa, basi dilatata. Calycis lobi oblongi, subrotundati, ciliati. Peru .... 19. *Ly. sphagnophila.*

19′ Plantae subacaules, raro brevi-caulescentes. Folia rosulata vel subrosulata, oblanceolata vel elliptica, incl., petiolo 20—40 mm longa 20

20. Foliorum lamina elliptica usque oblongo-oblanceolata, obtusa, 10—20 × 2—5 mm, incl. petiolo 25—40 mm longa, utrinque hirtella, patentia. Calycis lobi valde inaequales, apice rotundati, ciliati. Ecuador .... 20. *Ly. variabilis.*

20′ Foliorum lamina anguste oblanceolata vel lanceolata, in petiolum indefinitum angustata, apice plus minusve acuti. 21

21. Calycis lobi acuti, glabri, 2—1 × 5—1 mm longi. Folia lineari-lanceolata, acuta, integerrima, novella supra hirtella. Peru .... 21. *Ly. acuta.*

21′ Calycis lobi obtusi, ciliati, 2 × 3—1 × 8—1 × 2 mm longi. Folia oblanceolata, acuta, basi in petiolum longum indefinitum angustata. Col. .... 22. *Ly. obliqua.*

2. Sectio.

22. Corolla 10—11 mm longa, tubo a basi ad faucem sensim ampliato, filamenta corollae parum supra basin adnata. Folia linearia, integerrima, apice calloso obtuso. Bolivia .... 23. *Ly. pumila.*

22′ Corolla 15—50 mm longa, tubo in inferiore parte anguste cylindrico et multo longiore quam pars corollae superior infundibulari-ampliata, filamenta tubo circiter ad faucem adnata. Folia petiolata, elliptica usque linearia, integra, dentata vel pinnatifida. Venezuela. Bolivia .... 24. *Ly. laciniata.*

1. Sectio.

752/16 2. **Lysipomia brachysiphonia** A. Zahlbr. var. **brevifolia** (A. Zahlbr.) E. Wimm. in Macbr., Fl. Peru VI (1937) 484. — *Rhizocephalum brachysiphonium* A. Zahlbr. var. *brevifolium* A. Zahlbr. in Engl., Bot. Jarb. XXXVII (1906) 461. — *Ly. subulata* G. Don meo sensu in Pflanzenr. IV. 276 b (1953) 751 et credo, istam sententiam esse bonam. Vide McVaugh l. c. 85.

4. **Lysipomia bilineata** McVaugh l. c., 88. f. 8. — Glabra, subacaulis, caudice brevi, ramoso foliis rosulatis. Folia crassa, anguste elliptica, 10 × 2—3 mm, apice

obtusa, basi attenuata, margine 1—5 glandulis munita, supra praeter sulcum longitudinalem medianum a duabus lineis parallelis prominentibus comitatum insignia. Pedicelli sub 10 mm longi. Corollae tubus 11—12 mm longus, eius pars inferior angustissimus, dein in fauce valde ampliatus et campanulatus, lobi triangulares, 6—4,5 mm longi, filamenta 12 mm longa, tubo angusto corollae adnata; antherae nigrae, 2 mm longae, 2 inferiores apice biaristatae. Calyx paulo crassior quam pedicellus, saltem primo, lobi eius lineari-lanceolati, subinaequales, 5 usque 4,1 mm longi, 0,9 mm lati, erecti.

Ecuador: Loja, Horta-Naque, 3700—3800 m (R. Espinosa n. E 996 — Mich.).

5. **Lysipomia tubulosa** McVaugh l. c. 88, f. 18. — Glabra, subacaulescens, folia rosulata, rigida, superficie vitreola, plana, crassa, oblanceolata, obtusa, incl. petiolo ad 13 mm longa, 1,5—2 mm lata, margine subintegra. Flores sessiles, c. 17 mm longi; corolla alba (?) tubo subcylindrico, c. 9 mm longo et fauce c. 1,5 mm lato; lobi anguste triangulares, dorsales 4 mm longi. Filamenta 9 mm longa; antherae nigrescentes, 1,6 m longae. Calycis oblongi laciniae aequales, lineares, obtusae, 4,5 mm longae.

Ecuador: Azuay, summit of Pillzhum on rocks (Jameson — K.).

7. **Lysipomia cuspidata** McVaugh l. c. 90, f. 9. — Glabra, caudex crassus, lignescens, ramosus, foliis rigidis, dense rosulatis. Folia lineari-oblanceolata, 25—35 mm longa, 2—4 mm lata, apice abrupte et acro-cuspidata, ad basin leviter attenuata, margine sub medio denticulata. Flores et pedicelli minus quam 20 mm longi. Corolla alba, 6—7 mm longa: tubus 3,5 mm longus, oblongo-campanulatus; lobi lanceolati, dorsales ad 3,5 mm longi, recurvati. Staminum tubus inclusus, 3,5 mm longus, antherae apice nudae. Capsula campanulata, basi acuta, ad 4 mm longa. Semina ovoideo-ellipsoidea, 0,8 mm longa, fuscescentia, laevia.

Ecuador: Azuay, Páramo de Tinajillas, south of Cuenca, 3300—3450 m, 17. III. 1945 (W. H. Camp n. E 2249 — Mich. Typ.); rocks near summit of Pillzhum (Jameson — K.); Loja: Horta-Naque, 3700—3800 m (Espinosa n. E 992 — Mich).

8. **Lysipomia vitreola** McVaugh l. v. 90, f. 10. — Glabra, folia dense rosulata in vertice crassi ramosi caudicis. Folia crassa, vitreola, lanceolata, 6—8×1,5—2 mm, abrupte acuminata in apicem minute serrulatum, basi bidentata et abrupte attenuata in petiolum paulo angustatum et spinuloso-ciliatum. Pedicelli 1—2 mm longi. Corolla alba, c. 9 mm longa; tubus subcylindricus, 5 mm longus, 1,5 mm latus, lobi videntur recurvati, dorsales c. 4 mm longi, 1 mm lati. Filamenta 5,5 mm longa; antherae apice brevi-setulosi et biaristatae. Calycis tubus primo vix crassior quam pedicellus, demum ad 2,7 mm diametiens laciniis subulatis ad 4 mm longis aequalibus et utrinque 1-dentatis coronatus; capsula operculo elongato-conico 2,5 mm longo conspicua. Semina ovoideo-ellipsoidea, fuscescentia, laevia, 0,8 mm longa.

Ecuador: Azuay, Páramos in vicinity of Toreador, 3810—3930 m, 15. VI. 1943 (J. A. Steyermark n. 53063 — Mich., F.).

9. **Lysipomia multiflora** McVaugh l. c. 83, f. 4. — Caespitosa, caule abbreviato c. 15 mm longo, foliis congestis cum floribus multis. Folia linearia, tenuia, apice obtuso et calloso, integra, plerumque ciliata, 18—20 mm×1 mm, versus basin angustiora, supra interdum sparse hirsuta. Pedicelli 6 mm longi. Corolla alba, 6 mm longa, late cylindrica, lobi angusti, dorsales ad 3 mm longi. Filamenta 5—6 mm longa, parum exserta; antherarum tubus niger, 1,6—2 mm longus, rectus, 2 inferiores biaristatae. Calyx obliquo-obconicus, subglaber, lobi ovato-oblongi, obtusi, inaequales, dorsales 3, laterales 2, ventrales 1,5 mm longi, sinus inter eos angusti, in imis

partibus cum 1 dente erecto. Ovarium uniloculare. Semina oblonga, fusca, sublaevia, 1 mm longa.

Peru: Huancavelica, Quebradas west of Huancavelica, in puna grass, 3900 m (Stork & Horton n. 10845 Typus.); Junin, Huancayo (Soukup n. 2731); Cerro de Pasco.

11. **Lysipomia rhizomata** McVaugh l. c. 84, f. 5. — Glabra, caudex ad 5 cm longus et ramosus, rami repentes. Folia fasciculata, linearia, 6—10×0,7—1 mm, apice obtusa et callosa, margine integra vel obsolete sinuata cum 1—5 glandulis callosis. Flores 1—3 in singulis fasciculis foliorum, pedicelli 4 mm longi. Corolla alba, in fauce purpureo-maculata, 7—8 mm longa: tubus sursum parum infundibularis, lobi lanceolati, dorsales apice recurvati, 4 mm longi: tres lobi ventrales uniti in labium 3-fidum. Filamenta 5 mm longa, basi corollae adnata; antherae purpureo-nigrae, 2 mm longae, 2 inferiores apice bicornutae. Calycis lobi paulum inaequales, sublineares, obtusi, integri vel dente uno circiter in medio, 2,7—2,5 mm longi. Ovarium uni-loculare.

Ecuador: Azuay, Páramo de Tinajillas, south of Cuenca, 3300—3150 m, 17. III. 1945 (W. H. Camp n. E 2295 — Mich.).

p. 749/7 12. **Lysipomia glandulifera** (Wedd.) Schlechtd. ex Wimmer in Macbr., Fl. Peru VI (1937) 484 (Field Mus. Publ. Bot. XIII).

subspec. **glandulifera**.—McVaugh l. c. 93, f. 14. — Folia petiolo 11—13 mm longo, lamina 3—6 mm longa, 2—4 mm lata, margine crenata et inter crenas dente calloso munita. Corolla 9 mm longa, tubus anguste infundibularis, sursum sensim ampliatus, lobi dorsales ad 3,5 mm longi. Antherarum tubus ad 2 mm longus.

Peru: Puno, Tabina (Lechler n. 2076, Typus).

subspec. **globulifera** McVaugh l. c., f. 15. — In omnibus partibus minor. Folia integra vel inconspicue denticulata. Petioli 2—4 mm longi, lamina 1,5—2,5 mm longa, ad 1 mm lata. Corolla alba, 7 mm longa, a basi angustissima sursum sensim, supra faucem latius dilatata; lobi dorsales 1,8 mm longi. Filamenta c. 5 mm longa et usque ad faucem corollae adnata; antherae 0.8 mm longae.

Peru: Cuzco, Paso de Tres Cruces, Cerro de Cusilluyoc, open grassy Páramo, 3800—3900 m (F. W. Pennell n. 13863, Typus— F.) ; wahrscheinlich auch hierher: Bolivia (lg. Steinbach n. 9567).

. 750/12 13. **Lysipomia muscoides** Hook. f.; McVaugh l. c. 85.

subspec. **muscoides**. — McVaugh l. c. 86, f. 6. — Folia 2,7—3,2 mm longa, 0,7 mm lata, in margine et versus apicem setoso-ciliata. Pedicelli 2—4 mm longi, saltem fructificantes. Corolla ad 2 mm longa, lobi dorsales ad 0,6 mm longi. Filamenta vix 1 mm longa, basi corollae adnata; antherae ad 0,8 mm longae. Capsula turbinata, tam fere lata (1,5 mm) quam longa.

Colombia: Quindiu (Purdie, Typus —K.); Pic Tolima (Goudot); Cordillera Central (Cuatrecasas — W.).

subspec. **simulans** McVaugh l. c. 87, f. 7.

Plantulae in pluribus partibus majores. Folia 4—6 mm longa, 0,4—0,6 mm lata, similiter ciliata ut subspecies *muscoides*. Pedicelli ad 1 mm longi, non elongati in fructu. Corolla ad 3,5 mm longa, lobi dorsales 1,2 mm longi. Filamenta 2 mm longa, basi corollae adnata; antherae 1,1 mm longae. Capsula campanulata, 2 mm longa, 1,5 mm lata.

Colombia: Norte de Santander, Cordillera Oriental, Páramo de Tama, alrededores de la Cueva, 3000—3200 m, 28. X. 1941 (Cuatrecasas, Schultes & Smith n. 12690 — US.).

p. 749/9 19. **Lysipomia sphagnophila** Griseb. ex Wedd., Chlor. And. II (1857) 15 sub *Lysipoma*; McVaugh l. c. 77 excl. subspeciebus *minor*, *acuta* et *variabilis*, fig. 1.

Die Subspecies *sphagnophila* fällt daher aus. McVaugh's Species *Ly. sphagnophila* kommt mir wie ein Konglomerat vor, dessen Teile habituell und partiell so verschieden sind, daß sie unmöglich — so scheint es wenigstens mir — unter eine Species gehören oder aus ihr hervorgegangen sein können.

20. **Lysipomia variabilis** (McVaugh) E. Wimm. comb. nov. — *Ly. sphagnophila* subspec. *variabilis* McVaugh l. c. 80, f. 19. — Planta subacaulescens, caulis 1,4—4 cm altus. Folia subradicalia, rosulata, patentia, lamina elliptica, 10—20 mm longa, 3—5 mm lata, ad basin attenuata in petiolum ad 15 mm longum, apice obtusiuscula, margine ciliata, in utraque facie hirtella vel glabrescentia, plus minusve herbacea. Pedicelli c. 5 mm longi. Corolla alba usque ad rosea, 2,5—3,5 mm longa, tubus 1—2 mm longus, infundibularis. Filamenta ad 1,5 mm longa, basi corollae adnata; antherae 1,5 mm longae, 2 inferiores apice biaristatae. Ovarium uniloculare. Capsula obliquo-obovoidea, ad 4 mm longa et 2,5 mm lata; lobi calycis inaequales, ciliati, dorsales 3—5 mm longi, reliqui gradatim breviores.

Ecuador: Cañar: Cañar (Rose n. 22676, Typus — US.); Azuay, Mountain of Pillzhum (Jameson — K.); „Oriente Border", eastern Cordillera, between Oña and Rio Yacuambi (Prieto n. P 261 — Mich., NY.); Andes Quitensium (Spruce — K.).

p. 747/3 21. **Lysipomia acuta** E. Wimm. in Macbr., Fl. Peru VI (1937) 483. — *Ly. sphagnophila* subspec. *acuta* McVaugh l. c. 79.

Adde ex McVaugh: Peru: Junin, Cerro de Pasco (Pearce n. 24); Ayacucho, Ocros und Andes de Huanta, a. 1867 (Pearce — K.).

p. 746/2 22. **Lysipomia obliqua** E. Wimm. in Annal. Mus. Wien LVI (1948) 374. — *Ly. sphagnophila* subspec. *minor* McVaugh l. c. 78, f. 20.

Adde ex McVaugh: Colombia: Santander, Páramo de las Vegas (Killip & Smith n. 15671 — US.); Páramo Rico (St. John n. 20756); Boyaca, Páramo del Alto del Escobal (Cuatrecasas n. 1220); Nevado del Cocuy, alto valle de Las Lagunillas (Cuatrecasas n. 1476; Typus: Pennell n. 2259 — F.).

Die zwei Arten *Ly. acuta* und *Ly. obliqua* sehen einander so ähnlich, daß man sie auf den ersten Blick für identisch halten möchte. Unterschied: *Ly. acuta* hat schmälere linearlanzettliche Blätter; Kelch breit-verkehrtkegelförmig, Seiten fast gleichmäßig nach oben verlaufend, Kelchzipfel ungleichlang, eiförmig-spitz, ohne Wimpern; Korolle 3 mm lang und schmutzig- oder bräunlich-gelblich. Bei *Ly. obliqua* sind dagegen die Blätter mehr oblanzeolat und ein wenig stumpflich; Kelch einseitig-obovoid, d.h. Bauchseite ist flach, Rückenseite gewölbt, Kelchzipfel sehr ungleichlang, fast länglich, stumpf, gewimpert; Korolle 4 mm lang, weiß. Von der *Ly. sphagnophila* sind beide auf den ersten Blick zu unterscheiden.

2. Sectio.

p. 747/6 23. **Lysipomia pumila** (Wedd.) E. Wimm., adde: McVaugh in Brittonia VIII (1955) 103. Weitere Standorte ex McVaugh: Bolivia: La Paz, Cordillères du Département de La Paz (Mandon n. 17, 76 — P.); Andes de Pelechuco, 4200 m, X. 1864 (Pearce — K.).

p. 752/18 24. **Lysipomia laciniata** A. DC., adde: McVaugh l. c. 93—102. Suppleta diagnosis: Rhizoma cum radicibus crassis carnosis. Folia radicalia rosulantia, elliptica, obovata — oblanceolata — linearia, incl. petiolo 3—8 cm longa, obtusa, margine callose denticulata vel dentata, vel sinuato-dentata vel pinnatifida vel integra. Flores pedicellati, maximi in hoc genere, 15—50 mm longi, distincte bilabiati. Filamenta corollae usque ad faucem adnata; antherae caesiae usque nigrae, 2 inferiores apice brevi-setulosae et biaristatae. Hypanthium postremo ellipsoideum, lobi calycini lineares vel triangulares, sinus inter eos lati et rotundati. Semina oblongo-ellipsoidea vel fusiformia, subtiliter lineata. — Differentiae principales inter diversas formas infraspecificas esse videntur: 1. Longitudo partis angustissimi tubi corollae et correspondens longitudo adnatae partis filamentorum; 2. conveniens latitudo foliorum; 3. quo modo margo foliorum et calycis loborum formatus est; 4. pili in lobis corollae praesentes vel absentes; 5. pubescentia foliorum (McVaugh).

Die verschiedenen geographisch isolierten Populationen reichen von Venezuela und von dem nördlichen Colombia bis Bolivia.

Clavis subspecierum

1. Corollae tubus 26—40 mm longus. Folia 25—70 mm longa, 2—4,5 mm lata, integra. Peru .... subspec. *linearifolia.*
1′ Corollae tubus 10—21 mm longus. Folia varia 2
2. Folia glabra, 40—80 mm longa, 2—2,5 mm lata, integra vel subintegra. Corollae lobi intus pilis densis basi dilatatis vestiti. Semina 1,6 mm longa. Venezuela .... subspec. *meridensis.*
2′ Folia glabra vel pubescentia, 3 mm lata et latiora, plerumque ad 8 mm lata, integra usque pinnatifida 3
3. Corollae lobi intus pilis paucis longis obsiti. Folia saepe pinnatifido-dentata et si pubescentia, subtus plerumque glabrescentia. Peru, Bolivia .... subspec. *laciniata.*
3′ Corollae lobi intus glabri vel scabriusculi. Folia subintegra vel sinuato-dentata, glabra vel utrinque desen pubescentia (f. *pubescens*) 4
4. Semina 0,8—1 mm longa. Filamenta 10—15 mm longa. Calycis lobi integri vel utrinque dentibus 1—2 muniti. Col. .... subspec. *microsperma.*
4′ Semina 1,8 mm longa. Filamenta 18—25 mm longa. Calycis lobi utrinque in basi dente uno filiformi erecto conspicuo muniti. Col. .... subspec. *fissicalyx.*

Lysipomia laciniata A. DC. subspec. **laciniata.** — McVaugh l. c. 97, f. 16. — *Rhizocephalum candollii* var. *vulgare* Wedd. l. c., p. pte. — *Ly. laciniata* var. *vulgaris* (Wedd.) E. Wimm. in Macbr., Flora Peru VI (1937) 486. — Folia elliptica, obovata usque oblanceolata, obtusa, in petiolum atteniata, incl. petiolo 25—80 mm longa, 3—10 mm lata, saepe pinnatifido-dentata. Corolla 15—25 mm longa: tubus 10—16 mm longus, lobi usque ad summam faucem pilis longis paucis ornati. Pedicelli 10—40 mm longi. Calycis lobi 1,2—3 mm longi, integri vel dentati. Capsula subcompresso-turbinata, tam fere lata quam longa. Semina fusiformia, 1,3—1,6 mm longa.

Bolivia und Peru: in den Anden in Höhen von 3200—4500 m, blühend von September bis Februar, nach McVaugh hierher.

Peru: Gay n. 789, 1784 p. p., s. no.; Pearce s. no.; Weberb. n. 7496; Herrera n. 2320; Stafford n. 982, 1103; Vargas n. 1355, 9718, 1843, 1290, 2401, 5575; Sharpe n. 109; Lechler n. 1956 p. p.

Bolivia: Bang s. no.; Pentland s. no. Typus!; Weddell n. 4121, 3930, s. no.; Pearce s. no.; Mandon n. 491, 18; Williams n. 859; Herzog n. 2374; Cárdenas n. 3324; Steinbach n. 8527.

subspec. **microsperma** McVaugh l. c. 101. incl. var. *microsperma* et var. *pubescens.* — Folia elliptica, obovata usque oblanceolata (2) 5—9 mm lata, obtusa.

basi in petiolum (2) 4—6 mm longum attenuata, margine subintegra vel sinuato-dentata, glabra vel hirta (f. *pubescens* (Wedd.)). Corolla alba, 15—20 mm longa: tubus 10—15 mm longus, lobi intus scabriusculi, summum in apice paucis pilis. Filamenta 10—15 mm longa. Calycis lobi lineares acuti, 1,2—3,3 mm longi, integri vel 1—2-denticulis muniti, interdum parce ciliati vel in f. *pubescente* cum hypanthio hirti. Semina oblongo-ellipsoidea, fuscescentia, 0,8—1 mm longa, cellulis testae longitudinalibus notata.

Colombia: Magdalena, Sierra Nevada de Santa Marta, in bogs near the snow, a. 1844 (Purdie); Cundinamarca, Páramo de Usquén, a. 1844 (Goudot n. 2 cum f. *pubescens*); Cruz Verde (Pennell n. 2090 f. *pubescens*, Holton n. 403); Páramos de Bogotá (Dawe n. 157); El Valle, Cordillera Central, Páramo de las Vegas (Cuatrecasas n. 20281, Typus — Mich.).

subspec. **fissicalyx** McVaugh l. c. 102. — Glabra. Folia elliptica vel oblanceolata, saepe elongata et 10-plo longiora quam lata, (2)5—8 mm lata, margine sinuata vel subintegra. Corolla 22—28 mm longa, alba, tubus luteus, fauce lutea et rubro-maculata, tubus corollae 17—21 mm longus. Filamenta 18—25 mm longa. Hypanthium 3—4 mm longum, c. 3 mm diam., pars superior conica, sub 3 mm longa. Semina ovoidea vel oblongo-fusiformia, 1,8 mm longa, cellulis testae longitudinalibus.

Colombia: Cundinamarca, Cordillera Oriental, Páramo de Guasca, 3200—3600 m, III. VII., fr. VI. (Cuatrecasas n. 9503, Typus — US.); Fosberg n. 21702; Haught n. 5805).

p. 752/17 subspec. **linearifolia** McVaugh l. c. 96 incl. var. *ciliata* et var. *linearifolia*. — Supple: Corolla 32—50 mm longa, tubus 26—40 mm longus. Filamentorum tubus (24)28—42 mm longus. Capsula c. semi-infera, subcompressa, tam fere lata quam longa, pedicelli crassi, 7—15(30) mm longi. Semina fusiformia, c. 1,6 mm longa, cellulis longitudinalibus notata. Folia plerumque glabra, rarius retrorsum ciliata vel tota lamina subhirtella et corollae lobi intus parce pilosi (var. *ciliata* McVaugh).

Peru: Puno, Prov. Carabaya, Ayapata (Lechler n. 1956 p. p.—P.); ohne nähere Ortsangabe (Gay s. no., 1784 p. p.); Cuzco (Gay, Typus — P.); Paucartambo, Tres Cruces und Urubamba (Vargas n. 2243, 2905). — Bolivia: Unduavi (Buchtien n. 9063! Typus — W.); Cordillera Real, Cocopunco (Tate n. 320); Andes of Yungas (Pearce s. no.); ohne Ortsangabe (Bridges); Tola (Cárdenas n. 1100! — NY.).

subspec. **meridensis** McVaugh l. c. 97. — Folia glabra, linearia, 40—80 mm longa, 2—2,5 mm lata, subintegra vel paulum sinuata. Corolla 18—23 mm longa, alba lobis fusco-maculatis et in basi luteis aut lobis luteis et eorum basis lavendulaceo-maculata, lobis insuper pilis triangularibus brevibus intus obsitis. Filamenta 14—17 mm longa. Calycis lobi lineares, integri vel denticulati, 1,7—2,5 mm longi. Semina fusiformia, 1,5—1,7 mm longa, cellulis testae minute oblongis.

Venezuela: Merida, Páramo Santo Domingo, Laguna de Mucugaji (Bro. Ginés); Páramo Santo Domingo (Jahn n. 1096); Páramo de Conejos (Hanbury-Tracy n. 80); between Chachopo and Los Apartaderos, near El Aguila (Steyermark n. 55893).

Diagnosen und Ortsangaben großenteils nach McVaugh's sorgfältiger Arbeit über *Lysipomia*.

Subtrib. IX. **Sclerothecinae** E. Wimm.

Fructus capsula incrassata et indurata similiter ut apud nucem Coryli avellani, bilocularis, ± subglobosa, aut 2 poris rotundis parvis in vertice (*Sclerotheca*) aut foraminibus multis se aperiens (*Trematolobelia*). Corolla magna, stamina a corolla libera. — Frutices vel arbores parvae insularum Sandwicensium et Polynesiae. 2 genera.

p. 756 **Trematolobelia** A. Zahlbr.

Typus generis: *Lobelia macrostachys* Hook. & Arn. (= **Trematolobelia macrostachys** (Hook. et Arn.) A. Zahlbr.)

Clavis specierum:

1. Folia obovato-lanceolata, 5—7 cm lata, 25—30 cm longa, acuta vel obtusa. Calyx fere 24 mm longus; corolla alba, subfalcata. Truncus purpurascens *T. grandifolia*.

1′ Folia lineari-lanceolata vel lanceolata, ad 3 cm lata, 16—30 cm longa, acuminata. Calyx minus quam 15 mm longus (plerumque) 2

2. Corolla rosea, ante anthesin subrecta, deinde subcurvata, 5—6 cm longa. Truncus olivaceus. Capsula 8—10 mm longa et 10—12 mm lata .... *T. macrostachys*.

2′ Corolla scarlatina vel purpurea, valde arcuata, ad 47 mm longa. Capsula major (ad 15 mm longa et 16 mm lata), foramina plerumque oblonga et parum majora. Truncus niger .... *T. kauaiensis*.

p. 757/1 **Trematolobelia macrostachys** (Hook. & Arn.) A. Zahlbr.; Skottsberg in Acta Horti Gotoburg. XV. (1944) 483, f. 518 (Caps.).

Adde: Oahu (Wawra n. 1639! — W.). — Hawaii: Along Saddle Road, c. 16 miles mauka of Hilo in kipuka, 8. II. 1952 (Hb. Degener n. 21799! — W., B.); Head of Waikolu Valley, 5. III. 1953 fruct. (Hb. Degener n. 22141! — W., B.).

Trematolobelia kauaiensis (Rock) Skottsb. in Acta Horti Gotoburg X. (1936) 189, f. 519, 520, XV. (1944) 484.

Adde: Kauai: Alakai, swampy forest, near Kilohana, c. 1200 m, 16. VIII. fruct. (O. S. n. 3920 ex Skottsb.). — ? Hawaii: Kilauea, near Farn forest, rich moist sunny locality, only this one seen, 18. II. 1922 fruct. (Degener n. 7860! — W.). — Fig. 32.

Die Früchte des letztgenannten Exsikkates sind fast so groß (15 × 16 mm) wie bei der *T. kauaiensis* selbst, Kelchzipfel 7 mm lang, weshalb ich sie als fraglich hier anführe.

p. 758/2 **Trematolobelia grandifolia** (Rock) Degener; Skottsberg l. c. 484.

Adde: Hawaii: Kohala Mt., upper Hamakua ditch trail, between Koiawe and Alakahi Valleys, c. 1100 m, flow. 8. IX. (Skottsb. n. 3164, 3164 b, c ex auct.).

Verzeichnis der Sammlernummern (Collectores).[1]

Die Namen der artenreichsten Gattungen (Genera) sind abgekürzt. B. = Burmeistera, C. = Centropogon, Cl. = Clermontia, Cy. = Cyanea, L. = Lobelia, Ly. = Lysipomia, Mo. = Monopsis, S. = Siphocampylus.

Eine Null (o) nach dem Sammlernamen bedeutet: Ohne Nummer.

Abbot o L. deckenii v. tayloriana (Bak. f.) E. W.
Acocks o L. neglecta R. & S. — 16216 L. galpinii v. dentosa E. W. — 17378 L. linearis Thunb.
Adams & Akpabla 4383 L. djurensis Engl. & Diels
Adamson, Joy 21 L. bequartii De Wild. — 35 L. giberroa Hemsl. — 45 L. lanuriensis De Wild. — 47 L. wollastonii Bak.
Adamson 3605 L. stenosiphon (Adams.) E. W.
Adamson & Mumford 641 Apetahia longistigmata (F. Brown) E. W.
Aitken & Gala 35 L. tomentosa L. f.
Alexander & Macdonald 531, 532 L. laxiflora v. angustifolia A. DC.
Alston 7351 S. lucifer E. W. — 7368 S. schlimianus Planch. — 7466 S. columnae (L. f.) G. Don — 7733 C. beslerioides (HBK.) A. DC. — 9733 C. congestus Gleas. — 7934 C. solanifolius v. hirtellus E. W. — 7976 C. lehmannii A. Zahlbr. — 8096 S. popayanensis E. W. — 8142 S. giganteus v. latifolius Vatke — 8166 C. solanifolius v. speciosus (Planch.) E. W. — 8486 B. mindoana E. W. — 8556 Diastatea micrantha (HBK.) McVaugh — 8722 C. coccineus (Hook.) Kew Ind.
Anderson o L. santa-luciae Rendle. — o L. chamaepitys Lam.
Anderson & Capt. King's Voy. 155 L. tupa L.
André 2928 S. giganteus (Cav.) G. Don
Andreae 685 L. stenosiphon (Adams.) E. W. — 1215 L. linearis Thunb.
Antunes 872 L. lepida E. W.
Aristeguieta 2523 S. sceptrum v. tachirensis E. W.
Armstrong 3637 L. minutula v. rugegensis (Fries) E. W.
Babault 1927 L. wollastonii Bak. f.
Bachmann 1257 L. linearis v. pinnata Schltr. — 1258 L. linearis Thunb.
Baker, S. 73 L. holstii Engl.
Bakhuizen 3675, 5495 L. succulenta Blume
Balansa 3611 Pratia nummularia (Lam.) A. Br. & Asch.
Bally, Joy B 3366 L. keniensis R. E. & Th. Fries j.
Bally, P. R. O. 201 L. holstii Engl. — 3350 L. minutula v. rugegensis (Fries) E. W. 7986, 8757 L. giberroa Hemsl. — 8365 L. deckenii v. tayloriana (Bak. f.) E. W. — 8457 L. aberdarica R. E. & Th. Fries j.
Bang o Ly. laciniata A. DC.

[1]) Bei einigen Sammlern sind Nummern angegeben, deren Arten im Text nicht erwähnt werden, die aber oft in den Herbarien zu finden sind und noch keine Bestimmung gefunden haben.

Barker 489, 532 L. tomentosa L. f. — 2179 L. caerulea Hook. — 3350 L. setacea v. dissectifolia E. W.
Battiscombe K98 L. holstii Engl.
Belcher EAH10156 Mo. stellarioides v. schimperiana (Urb.) E. W.
Benson 460, 827 L. intertexta Bak. — 1054 L. zombaënsis E. W.
Bequart 3909, 6181 L. rubescens De Wild.
Blankiron o L. usambarensis Engl.
Bolus 3300 Laurentia pygmaea v. obtusiloba Sond. — 3395 Laurentia secunda (L. f.) O. K. — 10954 L. mossiana R. Good — 13150 L. capillifolia (Presl) A. DC.
Bond, P. 213 L. tomentosa L. f.
Bonthain o L. epilobioides E. W.
Borle 238 L. borleana E. W.
Botteri o L. laxiflora v. laxiflora
Botterie & Sumichrast 1742 L. laxiflora v. laxiflora
Boughey 25 L. columnaris Hook. — 38, 90 L. kamerunensis Engl. — 55660 L. goetzei Diels
P. van den Brande 204 L. giberroa Hemsl.
Brass 16031 L. trullifolia Hemsl. — 16491, 16747 L. blantyrensis E. W. — 16769, 16972, 17699 L. intertexta Bak.
N. G. van Breda 1813 L. capillifolia (Presl) A. DC.
Breyer 17967 L. senegalensis A. DC. — 19531, 25208 L. mossiana R. Good — 23355 L. neglecta R. & S. — 23601 Mo. unidentata (Ait.) E. W. — 23603 Mo. aspera (Spreng.) Urb.
Bridges o Ly. laciniata subsp. linearifolia (E. W.) McVaugh — o, 663 L. bridgesii Hook. & Arn. — o S. virgatus A. DC. — o S. werdermannii E. W.
Britten, L. 5078 Laurentia hederacea Sond.
Britton & Wilson 5331 L. assurgens L.
Brodhurst-Hill 561 Mo. stellarioides v. schimperiana (Urb.) E. W. — 606 L. holstii Engl. — 710 L. welwitschii Engl. & Diels
Brooke 5392 S. boliviensis var. glabrescens E. W. — 5407 S. tupaeformis A. Zahlbr. — 5412 Diastatea micrantha (HBK.) McVaugh — 5560 L. xalapensis HBK. — 5841 L. nana HBK. — 6064 S. radiatus Rusby — 6085 Ly. laciniata A. DC. — 6114 S. tupaeformis A. Zahlbr. — 6374 Hysela reniformis (HBK.) Presl — 6487 S. vatkeanus A. Zahlbr. — 6503 S. rusbyanus v. subtervestitus A. Zahlbr. — 6517 S. orbignianus A. DC. — 6584 S. aquilinus v. integer E. W. — 6595 S. andinus v. elegantissimus E. W. — 6612 S. angustiflorus Schltd. — 6633 S. orbignianus A. DC. — 6641 S. andinus v. elegantissimus E. W. — 6642, 6645 S. werdermannii E. W. — 6676 S. flagelliformis v. glaber E. W. — 6714 S. werdermannii E. W. — 6752 S. umbellatus (HBK.) G. Don — 6753 C. mandonis A. Zahlbr. — 6773 C. casapiensis E. W. — 6787 L. luruniensis E. W. — 6810 C. unduavensis (Britt.) A. Zahlbr. — 6851, 6933 C. brittonianus A. Zahlbr. — 6985 L. bridgesii Hook. & Arn. — 7407 S. tupaeformis A. Zahlbr. — 8096 S. popayanensis E. W.
Bruce, E. A. 333 L. vanreenensis (O. K.) Schum. — 698 L. lukwangulensis Engl. — 986 L. baumannii v. kummeriae (Engl.) E. W. — 1093 L. lukwangulensis Engl.
Buchtien 3927 S. tenuisepalus E. W. — 9063 Ly. laciniata subsp. linearifolia (E. W.) McVaugh
Bullock 2118 L. welwitschii Engl. & Diels — 3294 L. uliginosa E. W.
Bünnemayer 11578, 11767, 11893 L. epiloboides E. W.
Burchell 4739 Laurentia arabidea (Presl) A. DC. — 5924 L. ardisiandroides Schltr. — 7812 L. chamaepitys v. ceratophylla (Presl) E. W.

Burtt, B. D. 599 L. giberroa Hemsl. — 2727 L. minutula v. kiwuensis (Engl.) E. W. — 2813 L. wollastonii Bak. f. — 2927 L. minutula Engl. — Mo. stellarioides v. schimperiana (Urb.) E. W. — 3180 L. mildbraedii f. acutifolia E. W. — 3181 L. giberroa Hemsl. — 6332 L. giberroa v. usafuensis (Engl.) Haum.

Burtt-Davy 10570, 10647 L. mossiana R. Good

Cambridge Bot. Exp. 1947/48: 9536 L. columnaris Hook.

Cameron, Kenneth J. 21 L. trullifolia Hemsl.

Camp: E 1177, E 1587 B. ramosa v. campii E. W. — E 1806 C. ferrugineus v. glabrifilaris E. W. — E 2249 Ly. cuspidata McVaugh — E 2295 Ly. rhizomata McVaugh — E 4089 S. giganteus (Cav.) G. Don — E 4699 S. rostratus E. W. — E 4925 B. oblongifolia E. W.

Cárdenas 1100 Ly. laciniata subsp. linearifolia (E. W.) McVaugh — 3324 Ly. laciniata subsp. laciniata

Chandle-Harcoch 368 L. minutula v. rugegensis (Engl.) E. W.

Chandler 478 Mo. stellarioides v. schimperiana (Urb.) E. W.

Chapman 455 L. blantyrensis E. W.

Chase, N. C. 5579 L. senegalensis A. DC. — 5834 L. holstii Engl. — 5881 L. lydenburgensis E. W. — 5889 L. altimontis E. W.

Chock 972 Cy. chockii Rock

Clemens, J. & M. S.: 0, 764, 30056, 30692, 40277 A. L. succulenta Blume

Clemens, Mary Strong 9170 L. epilobioides v. luzonica E. W.

Codd 1579 L. mossiana R. Good — 4198, 4422 L. nuda v. rosulata (S. Moore) E. W. — 6498 L. senegalensis v. subaspera E. W — 6982 L. eurypoda E. W.

Compton 5732 ? × L. chamaepitys × L. coronopifolia — 7198, 8786, 9198, 19053, 19542 L. tomentosa L. f. — 14797 ? × L. chamaepitys × L. coronopifolia — 12805, 16821 L. setacea v. dissectifolia E. W. — 19377 L. jasionoides (A. DC.) E. W. — 20819 L. lasiantha (Presl) A. DC.

Copeland 368 L. alsinoides Lam.

Copley: B 402 L. duriprati Th. Fries j.

Core 358 B. corei E. W. — 1353 S. isochilus E. W.

Corner 30741 L. succulenta Blume

Cory 49881, 49944, 50933, 54906 L. puberula subsp. pauciflora (Bush) Bowd.

Cosson 0 Laurentia gasparrinii (Tineo) Strobl

Couchman 9, AH 9829 L. burttii Bruce

Crook: M 15 L. melsetteria E. W. — M 128 L. stricklandae Gilliland.

Cuatrecasas 0 Ly. muscoides Hook. f. — 1220, 1476 Ly. obliqua E. W. — 9503 Ly. laciniata v. fissicalyx McVaugh — 14782 C. yarumalensis v. puniceus E. W. — 15313 B. cylindrocarpa A. Zahlbr. — 20281 Ly. laciniata v. microsperma McVaugh — 21603 B. xerampelina E. W. — 21800 B. carnosa v. metastasia E. W. — 21806 B. fructicoa = ? C. fructicosus E. W.

Cuatrecasas, Schultes & Smith 12690 Ly. muscoides v. simulans McVaugh

Dale 72 L. giberroa Hemsl. — 3193 L. elgonensis Th. Fries j. — 3200 L. aberdarica R. E. Fries & Th. Fries j.

G. van Dam 25018 L. mossiana R. Good

Dänel 0 L. dentata Cav.

Davis, D. 0 Mo. stellarioides v. schimperiana (Urb.) E. W. — 55 L. baumannii v. kummeriae (Engl.) E. W.

Dawe 157 Ly. laciniata subsp. microsperma McVaugh — 311 L. giberroa Hemsl.

Dawkins D743 Mo. stellarioides v. schimperiana (Urb.) E. W.

Hb. Degener: 0 Rollandia grandiflora v. vulgata f. nitida E. Wimm. — 2186 Cl. convallis E. W. — 2190 Cl. hawaiiensis (Hlb.) Rock — 2950 Cl. tuberculata Rock —

7777 L. hillebrandii v. paniculata Rock — 7790, 7791 Cy. solanacea Hlb. — 7804 L. hypoleuca Hlb.—7805 L. yuccoides Hlb.—7815, 7819, 7826 Cl. hawaiiensis (Hlb.) Rock — 7816 Cl. leptoclada v. holopsila E. W. — 7822 L. hillebrandii v. paniculata Rock —7824, 7836, 7846 Cl. oblongifoli a v.brevipes E. W.—7827, 7835, 7844, 7845, 7856, 7885 Cl. arborescens (Mann) Hlb. — 7847 Cl. montis-loa f. molokaiensis E.W.—7851, 7854, 7855 Cl. clermontioides (Gaudich.) Heller— 7860 ? L. kauaiensis Heller — 7867 Cy. spathulata (Hlb.) Heller — 7870 Cy. crispohirta E. W. — 7959, 7961, 7962 L. hypoleuca v. heterocarpa E. W. — 11479 Rollandia longiflora Wawra — 11480 a, b Rollandia lanceolata v. tomentella (Wawra) E. W. — 11484 Rollandia degeneriana E. W. — 12055, 12195 Rollandia lanceolata v. tomentella (Wawra) E. W. — 12543 Cy. horrida (Rock) Deg. & Hos. — 12750 Cy. dentata E. W. — 12785 Cl. persicifolia Gaudich. — 17141, 17142, 17783, 18061 Cl. kakeana Meyen — 17699 Cl. persicifolia Gaudich. — 18074 Cl. hawaiiensis (Hlb.) Rock — 19276, 19277 Cl. oblongifolia Gaudich. — 19278, 19712 Cl. persicifolia Gaudich. — 19387 Rollandia humboldtiana Hlb. — 19716 Rollandia angustifolia (Hlb.) Rock — 20014 Cl. kohalae v. hiloensis E. W. — 20332, 20648, 20950, 20960 Cl. parviflora Gaudich. — 20163 Cl. arborescens (Mann) Hlb. — 20455 Cl. clermontioides (Gaudich.) Heller — 20545, 20719 Cl. persicifolia Gaudich. — 20715 Cy. magnifica E. W. — 20726 Rollandia lanceolata v. tomentella (Wawra) E. W. — 20891, 21138 Cl. kakeana Meyen — 20900, 21043 Cl. oblongifolia Gaudich. — 20933 Rollandia angustifolia v. ochreata E. W. — 21177 Cl. parviflora Gaudich. — 21468 Cy. spathulata (Hlb.) Heller — 21469 L. yuccoides Hlb. — 21514 Cy. leptostegia A. Gray — 21553 Brighamia insignis A. Gray — 21636, 21636 a, 21737 Cl. clermontioides (Gaudich.) Heller — 21791 Cl. parviflora v. umbraticola Skottsb. — 21799 Trematolobelia macrostachys (Hook. & Arn.) A. Zahlbr. — 21874 a, b, c, d Cl. parviflora v. grandis Rock — 21878 Cl. kohalae Rock — 21879 Cl. parviflora v. intermedia Skottsb. — 21880, 21880 a Cl. parviflora Gaudich. — 21886 L. hypoleuca f. macrophyta Rock — 21900 Cl. kohalae Rock — 22065 ? L. yuccoides Hlb. — 22065 b Cl. grandiflora Gaudich. — 22135 Cy. quercifolia E. W. — 22141 Trematolobelia macrostachys (Hook. & Arn.) A. Zahlbr. — 22142 L. grayana E. W. — 23729 Cy. quercifolia E. W. — 23750 Cy. angustifolia v. isabella E. W. — 23866 Cy. hirtella v. stricta E. W. — 23903, 23958 Cy. leptostegia A. Gray — 23904 Cy. leptostegia v. velutina Skottsb. — 23990 Cy. hirtella v. subglabra E. W. — 24102 Cl. persicifolia Gaudich. — 24351, 25021, 25028 Cl. arborescens (Mann) Hlb. — 25020, 25024 Cl. grandiflora Gaudich. — 25022 Cy atra Hlb. -- 25027, 25029 Cl. kakeana Meyen.

Degener, Hiray & Park o Rollandia sessilifolia Deg.

Degener & Martinez o Cl. aspera E. W.

Dill & Petit o L. rhynchopetalum (Hochst.) Hemsl.

Dillon, Quartin o L. rhynchopetalum (Hochst.) Hemsl.

Dogget o L. gibirroa Hemsl.

Dohse & Lindahl 116 L. caerulea v. macularis f. procera (Presl) E. W.

Drege, F. o Mo. scabra v. glabrata Sond. — 6252 L. chamaepitys v. ceratophylla (Presl) E. W. — 6255 L. preslii f. glabra E. W.

Drege, J. L. o L. dodiana v. radicans (Schoel.) E. W.

Drummond 4867 L. zeyheri Sond.

Dryander 2146 B. succulenta Karst. & Tr.

Dyer 2264 L. tomentosa L. f.

Ecklon 20 L. chamaepitys v. ceratophylla (Presl) E. W.

Ecklon & Zeyher o L. capillifolia (Presl) A. DC. — o L. coronopifolia v. simsii E. W. — o L. setacea Thunb. — 84, 85 L. spartioides (Presl) D. Dietr.

Eggeling 1282 L. lanuriensis De Wild. — 1294 L. bequartii De Wild. — 1326 L. wollastonii Bak. — 4031 Mo. stellarioides v. schimperiana (Urb.) E. W. — 4120 L. minutula v. kiwuensis (Engl.) E. W.

Elliot, Scott 7875 L. giberroa Hemsl.

Engler o L. giberroa v. usafuensis (Engl.) Haum. — 1854 L. deckenii (Aschers.) Hemsl. — 2981 L. kirkii v. microphylla Schltr.

Ernst 418 S. reticulatus f. karstenii E. W.

ESCA-Hb. 69 Mo. scabra v. glabrata (Sond.) E. W.

Espinosa, Rainaldo 970 S. rotundifolius E. W. — E 992 Ly. cuspidata McVaugh —E 996 Ly. bilineata McVaugh — 1447 S. fruticosus E. W.

Esterhuysen 3660 L. tomentosa L. f. — 4992 L. setacea Thunb. — 7023 Mo. aspera (Spreng.) Urb. — 7185 Mo. acrodon E. W. — 7341 Laurentia pygmaea (Thunb.) Sond.— 7413, 7493 Mo. acrodon subsp. herosis E.W. — 7533 Mo. acrodon E.W. —7690 Laurentia pygmaea v. obtusiloba Sond. — 9578 Laurentia pygmaea (Thunb.) Sond. — 11240, 13376, 13731, 14994 Laurentia hedyotidea Schltr. — 13570 Laurentia pygmaea (Thunb.) Sond. — 13666 L. stenosiphon (Adams.) E. W. — 13983 L. patula L. f. — 14313, 14974 Mo. acrodon subsp. herosis E. W. — 16453 Mo. aspera (Spreng.) Urb. — 16480 L. patula L. f. — 16634 Laurentia pygmaea v. glabra Sond. — 16679 a, 17070 Laurentia frontidendata E. W. — 17861 L. esterhuyseniae E. W. — 18011 Mo. acrodon E. W. — 18537 L. patula L. f. — 20970, 22530 Laurentia pygmaea v. glabra Sond. — 27523, 28047 Mo. aspera (Spreng.) Urb. — 28132 Laurentia mariae E. W. — 28245 L. eurypoda v. fissurarum E. W.

Evans & Erens 755 L. giberroa Hemsl. — 1372 L. aberdarica R. E. Fries & Th. Fries j.

Ewan, Jos. A. 16742 C. planchonis A. Zahlbr. — 16947 C. ewanii E. W.

Exell & Mendonça 1852 L. xongorolana E. W. — 2214 L. thermalis Thunb. — 3008 L. humpatensis E. W.

Eyles 1040 L. lobata E. W. — 1076, 2801 L. thermalis Thunb. — 8470 L. holstii Engl.

Fanshawe, F. 3417 L. nuda Hemsl. v. rosulata (S. Moore) E. W.

Faulkner, H. K. 50 L. melleri Hemsl.

Fendler 724 L. tenera f. fendleri E. W. — 731 B. succulenta Karst. & Tr.

Fischer, B. S. 1142, 1170 L. mossiana R. Good

Fischer, P. B. 8 S. tupaeformis A. Zahlbr.

Flanagan o Mo. scabra v. subhispida E. W. — 1609 L. oranjensis E. W.

Forbes, A. P. S. 157 L. melleri v. trichella E. W.

Forbes, C. N. o Cy. angustifolia f. elliptica Rock — o Cy. angustifolia var. lanaiensis Rock — 44 Cl. oblongifolia Gaudich. — 196, 263 Delissa undulata v. argutidentata (E. W.) E. W. — 393 L. hypoleuca v. heterocarpa E. W.

Fosberg 21702 Ly. laciniata subsp. fissicalyx McVaugh

Fourcade 1592 L. patula L. f. — 2238 L. tomentosa L. f. — 2624 L. neglecta R. & S. — 2866 Mo. scabra v. glabrata (Sond.) E. W. — 3412 L. dichroma Schltr.

Hb. Fournier (Coll. Virler) 1714, 1722 L. laxiflora v. angustifolia A. DC. — 1715 L. laxiflora HBK. v. laxiflora

Fries, R. E. & Th. C. E. 1905 L. baumannii v. kummeriae (Engl.) E. W.

Funck & Schlim 442 B. succulenta Karst. & Tr. — 578 (im Hb. Brit. Mus!) S. sceptrum Decne. — 762 S. reticulatus f. karstenii E. W. — 813 L. tenera f. fendleri E. W.

Galeotti 1974 Diastatea micrantha (HBK.) McVaugh — 1988 L. laxiflora var. laxiflora

Galoengi 487 L. succulenta Blume

Galpin 4292, 4293 L. pinifolia L. — 4295 L. spartioides (Presl) D. Dietr. — 7902 L. aberdarica R. E. Fries & Th. Fries j. — 9370 Mo. unidentata (Ait.) E. W. — 9932 L. tomentosa L. f. — 9956 L. pinifolia L. — 10680 L. tomentosa L. f. — 10789 Mo. scabra (Thunb.) Urb. — 11879 L. mossiana R. Good — 12247 L. chamaepitys Lam. — 13303, 14423, 14705 L. mossiana R. Good. — 14986 L. kirkii R. E. Fries

Game Coll. n. HSM/108 L. stricklandae f. uncinata E. W.

Gardner 10, 26 L. thermalis Thunb. — 1750 C. bonplandianus

Garside 16486 Laurentia pygmaea v. glabra Sond.

Gay 0, 789, 1784 p. p. Ly. laciniata A. DC. — 1784 p.p. Ly. lacinatia subsp. linearifolia (E. W.) McVaugh

Gedye 0 L. giberroa Hemsl.

Geilinger 353 L. wollastonii Bak. f. — 2283, 2296 L. baumannii v. kummeriae (Engl.) E. W.

Germain 1215 p. p. L. rubescens De Wild. et p. p. Mo. stellarioides v. schimperiana (Urb.) E. W.

Gerstner 2798 L. caerulea v. macularis f. procera (Presl) E. W. — 22921 L. tomentosa L. f.

Ghiesbreght 0 L. laxiflora v. angustifolia f. fragilis (Robins. & F.) E. W. — 22, 151 L. laxiflora v. laxiflora

Gibbs, L. S. 31 L. thermalis Thunb.

Gillett, J. B. 5279 L. senegalensis A. DC. — 12601 L. anceps L. f. — 13947, 14293 L. holstii Engl. — 14633 Mo. stellarioides v. schimperiana (Urb.) E. W. — 14699 L. anceps L. f. f. ugandensis E. W. — 14993 L. amaroensis E. W.

Gillitt 3115 L. mossiana R. Good

Bro. Ginés 0 Ly. laciniata subsp. meridensis McVaugh

Gollmer 0 B. succulenta Karst. & Tr.

Gossweiler 52 L. thermalis Thunb. — 1943 L. lydenburgensis E. W. — 3827 L. welwitschii Engl. & Diels — 12035 L. humpatensis E. W.

Goudier 139, 181 L. cobaltica S. Moore — 267 L. trullifolia v. saliensis (E. W.) E. W. — 297 L. blantyrensis E. W.

Goudot 0 Ly. muscoides Hook. f. — 2 Ly. laciniata subsp. microsperma incl. f. pubescens McVaugh

Graham, R. M. 1023 L. aberdarica R. E. Fries & Th. Fries j.

Granl, M. L. 9153 B. aeribacca E. W.

Greenway 3489 L. giberroa Hemsl. — 3569 L. giberroa v. usafuensis (Engl.) Haum. — 3734 L. deckenii v. tayloriana E. W. — 4143 L. deckenii v. cacuminum R.&Th. Fries j. — 5214 L. anceps L. f. — 6327 L. usambarensis v. hispidella E.W.

Greenway & Brenan 8067 L. welwitschii Engl. & Diels

Greenway & Eggeling 7113 L. mildbraedii f. acutifolia E. W. — 8598 L. trullifolia Hemsl.

Grote 6256 L. deckenii v. tayloriana E. W.

Guinea, Emilio 1918 Mo. stellarioides v. schimperiana (Urb.) E. W.

Guillarmod 0 L. preslii A. DC.

Guthrie 0 Laurentia arabidea (Presl) A. DC. — 2270 L. setacea v. dissectifolia E. W.

Haarer 344 L. melleri Hemsl. — 1581 L. senegalensis A. DC.

Hafstroem & Acocks 1474 Laurentia arabidea (Presl) A. DC. — 1480 L. kirkii v. microphylla Schltr. — 1989, 2005 L. capillifolia (Presl) A. DC. — 1996 Laurentia hedyotidea v. major E. W. — 1997 L. neglecta R. & S.
Hafstroem & Lindberg o L. capillifolia (Presl) A. DC.
Hahn o L. laxiflora v. angustifolia f. fragilis (Rob. & Fern.) E. W.
Harvey o L. limosa (Adams.) E. W.
Hetheway & Lane 428 Cy. rockii E. W.
Hatheway & Richards 435 Cl. kohalae Rock
Hatschbach 2953 S. umbellatus (HBK.) G. Don
Haught 30824 S. planchonis v. polyphyllus (Planch.) E. W. — 5805 Ly. laciniata subsp. fissicalyx McVaugh — 5925 S. bogotensis E. W. — 6030 C. lehmannii A. Z. — 6107 C. vaughianus E. W.
Hendrickx 3933 L. hartlaubii Buch. — 4092, 4494, 4594 L. petiolata Haum.
Henrici 2887 L. thermalis Thunb.
Hepper 1072, 1484 L. sapinii De Wild. — 1667, 2106 L. kamerunensis Engl. — 1937 L. columnaris Hook. f. — 1957 Mo. stellarioides v. schimperiana (Urb.) E. W.
Herrera 2320 Ly. laciniata A. DC.
Herzog 2374 Ly. laciniata A. DC.
Heudelot 512 L. senegalensis A. DC.
Hillary & Robertson 567 L. thermalis Thunb.
Hochreutiner 2404, 2482 L. succulenta Blume — 2483 L. succulenta f. rubescens Hochr.
W. van Hoepen 18261 L. oranjensis E. W.
Holm & Iltis 120 C. oaxacanus v. berterioides E. W.
Holtermann 439 L. camptodon v. brevipedicellata E. W.
Hornby 3768 L. trullifolia Hemsl.
Hutchinson 1284 Mo. aspera (Spreng.) Urb. — 1634 Mo. scabra (Thunb.) Urb.
Hutton o L. tomentosa L. f.
Iboest 178 L. succulenta v. lobbiana (Hook. f. & Th.) E. W.
Innes, R. Rose 227 L. cuneifolia v. ananda E. W.
Irwin 89 L. orbiculata E. W.
Jaeger 1979 L. kamerunensis Engl. — 4257 L. rubescens De Wild.
Jack (Corindon Mus.) 3104 L. giberroa Hemsl.
Jackson 871 L. usambarensis v. calantha E. W.
Jahn 1096 Ly. laciniata subsp. meridensis McVaugh
Jameson 31 C. trachyanthus E. W. — 56 C. lindenianus E. W. — 248 S. giganteus (Cav.) G. Don — 251 C. gamosepalus A. Zahlbr. — 414 L. laxiflora v. patula f. lanceolata (Hook. & Arn.) E. W. — 452 S. bonplandianus A. Zahlbr. — 523 C. floccosus Planch. f. glabrifilis E. W. — 536 B. rubrisepala E. W. — 703 B. succulenta var. meiophylla A. Zahlbr. — 726 C. medusa E. W. — o Ly. tubulosa McVaugh — o Ly. cuspidata McVaugh — o Ly. variabilis McVaugh
Janse 2796 L. mossiana R. Good
Jenkins 8148 L. lydenburgensis
Johnston, H. H. o L. blantyrensis E. W.
Junod 4301 L. eurypoda E. W. — 4916 L. mossiana R. Good — 17570 L. vanreenensis (O. K.) Schum.
Karsten o S. reticulatus f. karstenii E. W.
Keay FHI 28343 L. kamerunensis Engl.
Kersten o L. deckenii v. deckenii
Killick 1409 L. senegalensis v. subaspera E. W.
Killip & Garcia 33784 B. sylvicola A. Zahlbr.

Killip & Smith 15671 Ly. obliqua E. W. — 23038, 23162, 24266, 25048 C. pulcher A. Zahlbr.
Killip & Varela 34618 C. varelae E. W.
King, A. E. 63 L. senegalensis A. DC.
Krauss, Noel 16 Cy. gayana v. duvelii Rock
Kirk o L. nuda Hemsl. — 26 L. nuda Hemsl.
Koch, M. 1428 L. rhytidosperma Benth. — 1744 p. p. L. kochiana E. W. — 1744 p. p. L. rhombifolia v. bidentula E. W.
Kuntze, O. o L. caerulea v. macularis (Presl) E. W. — o Mo. unidentata (Ait.) E. W. — o L. vanreenensis (O. K.) Schum.
Lanjouw 1236 L. altimontis E. W.
Lawrence, E. 434 L. trullifolia Hemsl.
Leakay (Corindon Mus.) 300 L. giberroa Hemsl.
Lehmann 162 B. pastoralis v. glabrifolia E. W.—192 B. cylindrocarpa A. Z.—776 C. planchonis A. Z. — 1074 B. dichlora E. W.—1076 B. pastoralis E. W. — 1186 B. connivens Gl. — 2307 C. colombiensis E. W. — 2126 S. planchonis E. W. — 3407 C. asclepiadeus W. — 2934 B. cerasifera A. Z. — 2990 B. sylvicola A. Z. — 3077 C. vulpinus E. W. — 3093 C. trianae var. cuspidatus A. Z. — 3414 C. bonplandianus v. intermedius (A. Z.) E. W. — 3416 C. solanifolius v. speciosus (Pl.) E. W. — 3563 C. lehmannii A.Z. — 5634 C. altisylvanus E. W.—5770 C. mellitus E. W. — 6131 S. hispidus Bth. — 7464 C. carnosus A. Z. — 8246 B. breviflora (Gl.) E. W.
Lechler 1956 p p. Ly. laciniata A. DC. et p. p. Ly. laciniata subsp. linearifolia (E. W.) McVaugh
Leipoldt o L. linearis Thunb. — 3707 L. capillifolia (Presl) A. DC. — 4346? L. chamaepitys × L. coronopifolia L.
Lendertz 803, 5083, 5908 L. lydenburgensis E. W.
Léon 17746 S. baracoensis Marie-Victorin — 17910 S. yumuruensis Marie-Victorin
Léon, Victorin & Alain o L. oxyphylla Urb.
Letty 16 L. caerulea Sims v. macularis f. procera (Presl) E. W. — 244 L. mossiana R. Good
Lex-Blake 1288 L. holstii f. minor Engl.
Linden 132, 248, 431, 467, 493, 572 C. solanifolius Benth. — 231 B. succulenta Karst. & Tr. — 305, 357 C. planchonis A. Zahlbr. cum f. glabrifolius E. W.— 453 S. sceptrum Decne. var. sceptrum et var. latifolius E.W. — 837 C. asclepiadeus (Willd.) E. W. — 838 C. ozotrichus E. W. — 1241, 1315 S. lasiandrus Planch.
Lind 240 L. anceps L. f. f. ugandensis E. W.
Lindsey, Rock 25768 C. lindseyana Rock
Lindsey & Stephens in Hb. Rock 25900 Cl. lindseyana Rock
Loher 4341 L. alsinoides Lam.
Long 295 Mo. scabra v. glabrata (Sond.) E. W. — 657 L. tomentosa L. f. — 1377 L. neglecta R. & S.
Lugard, Major 149 L. melleri v. grossidens E. W. — 519 L. gibberoa Hemsl.
Lydgate o Cy. linearifolia Rock
Maas-Geesteranus 5035, 5519 L. holstii Engl. — 5504, 5957 L. duriprati Th. Fries j. — 5909, 6038 Mo. brevicalyx Th. Fries j. — 6151 L. kinangopia E. W. — 6315 L. aberdarica R. E. Fries & Th. Fries j.
Macintosh 1087 Mo. stellarioides v. schimperiana (Urb.) E. W. — 1773 L. minutula v. kiwuensis (Engl.) E. W. — 8171 L. setacea Thunb.
Maguire 64 L. setacea v. dissectifolia E. W.

Maire o Unigenes humifusa E. W.

Mandon 17, 76 Ly. pumila (Wedd.) E. W. — 18, 491 Ly. laciniata A. DC. — 497 S. vatkeanus A. Zahlbr. — 498 S. soraticus E. W.

Mann 1316 L. columnaris Hook. f.

Mariott 22646 (Hb. Pretoria) L. vanreenensis (O. K.) Schum.

Hb. Marloth 106, 2843 L. capillifolia (Presl) A. DC. — 5437 L. preslii A. DC. — 8216 Mo. simplex v. conspicua (Salisb.) E. W. — 10002 L. setacea Thunb.

Matthews o C. erianthus v. diversipilis E. W. — o C. erianthus v. brachysepalus E. W. — o C. scabiosus E. W. — 189 C. sciaphilus A. Zahlbr. — 909, 3022 L. tenera f. fendleri — 1023, 7234 S. arachnes E. W. — 1670 C. puerilis E. W.

Matuda 2893 L. aguana E. W. — 2900 C. grandidentatus v. valerii (Standley) McVaugh

Maxwell-Forbes 203 Mo. stellarioides v. schimperiana (Urb.) E. W.

McCoch 17705 L. cobaltica S. Moore

McDaniels 706 Cl. arborescens (Mann) Hlb. — 866 Cy. gayana v. wainihaensis Rock

McLaughlin o L. keniensis R. E. Fries & Th. Fries j. — o L. telekii Schweinf.

McOwan 402 Mo. simplex v. conspicua (Salisb.) E. W. — 2929 L. linearis v. pinnata Schltr.

Mearns 4327 L. epilobioides v. luzonica E. W.

Meikle 728 L. djurensis Engl. & Diels

Meinetshegen 9443 L. lindblomii v. nanella Mildbr. — 9445 L. telekii Schweinf. — AH. 9441 L. holstii Engl. — AH. 9442 L. keniensis R. E. Fries & Th. Fries j.

Meller o L. melleri Hemsl. — H 16/28 Mo. stellarioides v. schimperiana (Urb.) E. W.

Middemost 1529 L. chamaepitys × L. coronopifolia

Migeod 360 L. columnaris Hook. f.

Mildbraed 953 L. mildbraedii Engl.

Miller, O. B. 2971, 3633 L. zeyheri Sond. — 3741 L. holstii v. subhirta E. W. — 3746 L. senegalensis v. subaspera E. W. — 4043 L. rhodesiaca R. E. Fries

Milne-Redhead & Taylor 934 L. holstii Engl. — 7797, 7826 L. welwitschii Engl. & Diels — 8093 L. ovina E. W. — 9034 L. holstii v. subhirta E. W. — 9042 L. molleri f. latifolia E. W. — 9777 L. heyneana v. inconspicua (A. Rich.) E. W. — 9777 A, 9873, 9877, 10505 L. milneana E. W. — 10774 L. maranguensis Engl. — 11000 L. giberroa Hemsl. v. usafuensis (Engl.) Haum. — 11205 L. zeyheri Sond.

Mogg 6107 L. mossiana R. Good

Mooney 6955 L. rhynchopetalum v. callosomarginata E. W.

Moreau 23 L. deckenii v. deckenii. — 154 L. keniensis R. E. Fries & Th. Fries j. — 155 L. telekii Schweinf. — 213 L. holstii Engl. — 8706 (Hb. Amani) L. lukwangulensis Engl.

Moritz 875 B. succulenta Karst. & Tr. — 1301 b C. planchonis A. Zahlbr.

Moss (Hb. Moss) o L. lydenburgensis E. W. — 2001 Mo. scabra (Thunb.) Urb. — 4234, 7505 L. setacea Thunb. — 4292, 4293 L. pinifolia L. — 8781 L. quadrisepala R. Good (non 8798 ut citat R. Good) — 9956 L. pinifolia L. — 14202, 14235 L. tomentosa L. f. — 14462 L. neglecta R. & S. — 15374 L. preslii f. glabra E. W. — 16703 L. thermalis Thunb. — 17137 L. coronopifolia L. — 17140 L. caerulea v. macularis f. procera (Presl) E. W. — 17141, 18975, 18978, 24866 Mo. scabra (Thunb.) Urb. — 18792 L. chamaepitys Lam. — 25846 L. nuda Hemsl.

Mowis 324 L. holstii Engl.

Mücke 186 L. heyneana v. inconspicua (A. Rich.) E. W.
Myers 11119 L. anceps L. f.
Mundt o L. setacea Thunb.
Napper 660 Mo. stellarioides v. schimperiana (Urb.) E. W.
Napier o L. giberroa Hemsl. — 730 Mo. stellaroides v. schimperiana (Urb.) E. W. — 5929 L. giberroa Hemsl.
Newton, F. o L. humpatensis E. W.
Van Niekerk 27 L. neglecta R. & S.
Obermeyer o, 2023 L. lydenburgensis E. W.
O'Meara 2908/34 L. holstii Engl.
Osmaston 1127 L. lanuriensis De Wild. — 1146 L. bequartii De Wild. — 3646 L. giberroa Hemsl.
Ottley 2608 Mo. scabra (Thunb.) Urb.
Parker 4208 L. pinifolia L.
Pearce, H. H. W. 4990 L. thermalis v. pungens E. W.
Pearce, R. o C. pulcher A. Zahlbr. — o Ly. laciniata subsp. laciniata — o Ly. laciniata subsp. linearifolia (E. W.) McVaugh — o Ly. pumila A. Zahlbr. — o, 24 Ly. acuta E. W. — o S. andinus v. elegantissimus E. W.
Pearson vide Percy Sladen Exped.
Pegler 416 Mo. scabra v. glabrata Sond.
Pennell 2090 Ly. laciniata subsp. microsperma (incl. f. pubescens) McVaugh — 2259 Ly. obliqua E. W. — 13863 Ly. glandulifera subsp. globifera McVaugh
Pennell & Macdonald 15934 S. biserratus (Cav.) G. Don
Pentland o Ly. laciniata subsp. laciniata
Percy Sladen Exped. Oranje River coll. Pearson 5238, 5357 Mo. simplex v. conspicua (Salisb.) E. W.
Peter, A. 780 L. deckenii v. cacuminum R. & Th. Fries j. — 45631 L. giberroa Hemsl.
Petit o L. rhynchopetalum (Hochst.) Hemsl.
Phillips, E. P. 1593 L. tomentosa L. f. — 7600 L. lasiantha (Presl) A. DC.
Phillips, J. 71 L. neglecta R. & S.
Pillans 2883 L. setacea Thunb. — 6738 L. stenosiphon (Adams.) E. W. — 7395 Laurentia pygmaea (Thunb.) Sond. — 8598 Laurentia pygmaea v. glabra Sond. — 9326 L. neglecta R. & S.
Pittier 8120, 9317 B. succulenta Karst. & Tr. — 10533 S. megalanthus v. costaricanus E. W. — 10551 C. stenophyllus E. W.
Pittier & Durand 1985 B. macrocalyx E. W.
Pocock, S. 30 L. chamaepitys Lam. — 593 Laurentia arabidea (Presl) A. DC.
Poeppig (communicavit) o L. coronopifolia L.
Port, W. J. 643 L. nuda v. rosulata (S. Moore) E. W.
Pott, R. 5446 L. lydenburgensis E. W.
Potter 1698 L. vanreenensis (O. K.) Schum.
Preiss 1435 L. coronopifolia L.
Preuss 748 L. kamerunensis Engl.
Prieto, P. 261 Ly. variabilis (McVaugh) E. W.
Prosser 1799 Mo. knysnensis E. W.
Purdie o Ly. laciniata subsp. microsperma McVaugh — o Ly. muscoides Hook. f.
Purpus o L. laxiflora v. angustifolia f. fragilis (Rob. & Fern.) E. W.
Purseglove 1642 L. rubescens De Wild. — 2010 L. hartlaubii Buch. — 2066, 2168 L. minutula v. rugegensis (Th. Fries j.) E. W. — 2124 L. rubescens De Wild. — 2167, 2597 L. mildbraedii Engl. (? f. acutifolia E. W.) — 2437 L. rubescens

De Wild. — 2729 Mo. stellarioides v. schimperiana (Urb.) E. W. — 3032 L. giberroa Hemsl. — 3577 L. dealbata E. W. — 3747 L. molleri Henriq.

Quarre 5678, 5694 L. kalobaensis E. W.

Rammel 2410 L. sattimae R. E. Fries & Th. Fries j.

Rand 734, 865 L. nuda v. rosulata (S. Moore) E. W.

Raté o L. succulenta Blume

Rattray 86 Mo. scabra (Thunb.) Urb.

Reinecke 1980 L. reineckeana E. W.

Repton 421 L. mossiana R. Good

Richards, H. M. 373, 558, 1755 L. welwitschii Engl. & Diels — 1468 L. ingrata E. W. — 6355 L. senegalensis v. turgida E. W. — 6617 Mo. stellarioides v. schimperiana (Urb.) E. W. — 6659 L. minutula v. rugegensis (Th. Fries j.) E. W. — 7540 L. holstii v. subhirta E. W. — 7704 L. ovina E. W. — 7789 L. welwitschii Engl. & Diels — 8134 L. depressa v. linearifolia E. W. — 9818 L. giberroa Hemsl. — 10049 L. uliginosa E. W.

Robinson, E. A. 107 L. heyneana v. viridissima E. W. — 594 L. senegalensis A. DC. — 1268 L. zeyheri Sond. — 1705 L. welwitschii Engl. & Diels — 1916 L. nuda v. rosulata (S. Moore) E. W. — 1937 L. goetzei Diels — 2214 L. senegalensis A. DC. — 2224 L. altimontis E. W. — 2341 L. uliginosa E. W.

Rock o Cl. waimeae v. longisepala Rock f. lanceolata E. W. — 4663, 4664 Cy. pulchra Rock — 8796 Cy. mceldowneyi Rock — 17244 Cl. clermontioides v. hirsutiflora Rock — 25021, 25028 Cl. arborescens (Mann) Hlb. — 25500 Cy. bryanii Rock — 25610 Cy. mceldowneyi Rock — 25619 Cy. shipmanii Rock — 25630 Cy. longipedunculata Rock — 25631 Cy. marksii Rock — 25650 Cl. caerulea v. parvifolia Rock — 25651 Cl. loyana Rock — 25671 Cl. waimeae v. longisepala Rock — 25675 Cy. gayana v. duvelii Rock — 25703 Cy. stictophylla v. inermis Rock — 25711 Cy. carlsonii Rock — 25737 Cl. leptoclada v. urceolata Rock — 26029 Cl. lindseyana v. livida Rock — 25900, 25768, 26030 Cl. lindseyana Rock

Rodin 1110 L. neglecta R. & S.

Rogers 425 L. deckenii v. deckenii — 432 L. deckenii v. tayloriana (Bak. f.) E. W. — 592 L. keniensis R. E. Fries & Th. Fries j. — 1366 Mo. scabra v. subhispida E. W. — 4633 Mo. unidentata (Ait.) E. W. — 5134 L. senegalensis A. DC. — 10703 Mo. simplex v. conspicua (Salisb.) E. W. — 10803 Mo. scabra v. subhispida E. W. — 18903 L. goetzei Diels — 22793 Mo. unidentata (Ait.) E. W. — 27395 Mo. scabra (Thunb.) Urb.

Rogers & Gardner 273 Mo. stellarioides v. schimperiana (Urb.) E. W. — 301, 359 L. rubescens De Wild. — 368 L. minutula v. rugegensis (Th. Fries j.) E. W.

Rose 22676 Ly. variabilis (McVaugh) E. W.

Rounce 402 L. usambarensis Engl.

Ruiz & Pavon o L. tupa v. pavonii E. W.

Russ, G. W. o Cy. grimesiana v. hirsutiflora Rock — o Cy. membranacea Rock

Salesiens, P. P. 963 L. senegalensis A. DC.

Salter 1920 Mo. simplex (L.) E. W. — 2995 Laurentia pygmaea v. obtusiloba Sond.

Sandeman o C. granulosus Presl — o, 200 C. verbascifolius Presl — 224 S. dependens (Ruiz & Pav.) G. Don — 4318 S. reticulatus Decne. — 5707 S. sandemanii E. W. — 6023 S. schlimianus Planch.

Santoro 370 S. cinerascens E. W.

Santos, K. 31657 L. epilobioides v. luzonica E. W.

Sarasinorum fratrum Iter Celebic. 1829 L. epilobioides v. sarasinorum E. W.

Savory & Keay FHI 25247 L. kamerunensis Engl. — o L. baumannii Engl.

Schiffer 2725 L. succulenta Blume
Schinz 443 L. benguellensis Hiern
Schlechter 139 Laurentia arabidea (Presl) A. DC. — 258 L. setacea Thunb. — 1773 L. linearis Thunb. — 1932 L. setacea v. dissectifolia E. W. — 2068 L. ardisiandroides Schltr. — 2086 Laurentia hederacea Sond.
Schlieben 3917 L. milneana E. W.
Schlim 292 S. lindleyi Lem. — 416 S. schlimianus Planch. (z. T. auch S. laevigatus) — 421 C. eborinus E. W. — 571 C. majalis E. W. — 965 S. tuberculatus E. W. — 1143 S. schlimianus Planch. — 1732 C. pamplonensis E. W. — 703, 1741 C. granulosus Presl
Schoenfelder S 622 L. filipes E. W.
Schönland o Mo. scabra (Thunb.) Urb.
Schultze-Rhonhof, H. 1929 B. succulenta v. breviloba E. W.
van der Schyff, H. P. 1986, 2635 L. mossiana R. Good
Semsei 2482, 2624 L. welwitschii Engl. & Diels — 2941 L. ovina E. W.
Sharpe 109 Ly. laciniata subsp. laciniata
Sidey 1632 L. vanreenensis (O. K.) Schum.
Skottsberg 1136 Cl. parviflora v. intermedia Skottsb. — 2984, 3047 L. kauaiensis (A. Gray) Heller — 3149, 3149b, 3511 Cl. parviflora v. intermedia Skottsb. — 3161 L. grayana E. W. — 3402 Cy. ferox v. laevicalyx Skottsb.
Slade, H. 7 L. holstii Engl.
Sleumer 305 S. argentinus v. hirticorollinus E. W.
Smith, A. A 327 C. solanifolius Benth. — o C. Austin-Smithii Standl. — 893 B. mindoana E. W.
Smith, C. A. 4783 L. chamaepitys Lam. — 4907 L. capillifolia (Presl) A. DC.
Smith, J. D., Ex Pl. Guatemal. 2173 L. aguana E. W.
Smith, J. L. 106 L. anceps L. f.
Smuts, J. C. 2170 L. intertexta v. arida E. W.
Snowden 1528 Mo. stellarioides v. schimperiana (Urb.) E. W.
v. Someren o L. deckenii v. tayloriana (Bak. f.) E. W.
Soukup 2731 Ly. multiflora McVaugh
Estêves de Sousa 174 L. senegalensis A. DC.
Sprague 342 B. ramosa v. campii E. W.
Spruce o Ly. variabilis McVaugh — 3954 C. granulosus Presl — 4131 C. gamosepalus A. Zahlbr. — 4132 C. capitatus Drake — 4404 L. aquatica Cham. — 5119 B. succulenta v. latisepala E. W. — 5376 B. refracta E. W. — 5576 C. luteus E. W. — 6038 C. quitensis E. W.
St.-John 20756 Ly. obliqua E. W. — 20858 C. aristi v. subterpilis E. W. — 20868 B. curviandra E. W.
St.-John & Fosberg 12902 Cl. arborescens (Mann) Hlb.
St.-John & Hosaka 11470 Cy. pulchra Rock — 11500 Cl. waimeae v. obovata Rock
Stafford, D. 982, 1103 Ly. laciniata subsp. laciniata — 1081 S. onagrius E. W.
Standley 22519 L. laxiflora HBK.
van Steenis 3379 L. succulenta Blume
Steinbach 8527 Ly. laciniata A. DC. — 9567 Ly. glandulifera subsp. globulifera McVaugh — 9771 S. tupaeformis A. Zahlbr. — 9818 S. reflexus Rusby — 9863 S. flagelliformis v. glaber E. W.
Stephens & Glover 8745 L. linearis v. gloveri E. W.
Steyermark 53063 Ly. vitreola McVaugh — 55586 B. oblongifolia E. W. — 55893 Ly. laciniata subsp. meridensis McVaugh

Steyn, M. 309? L. chamaepitys × L. coronopifolia
Stohr 83 L. melsetteria E. W.
Stokoe 1777 L. linearis Thunb. — 1809 L. eurypoda var. fissuratum E. W. — 1897 Laurentia arabidea (Presl) A. DC.
Stolz 277 L. dealbata E. W. — 1662 L. giberroa v. usafuensis (Engl.) Haum.
Stone 59, 80 L. kamerunensis Engl.
Stork & Horton 0 Ly. multiflora McVaugh
Story 2576 L. neglecta R. & S. — 3063 L. pinifolia L. — 4377 L. linearis Thunb.
Surcouf 472 L. senegalensis A. DC.
Symons 392 L. vanreenensis (O. K.) Schum. — 14575 L. preslii A. DC.
Synge 886 L. giberroa Hemsl. — 911 L. elgonensis Th. Fries j. — 5901 L. telekii Schwf.
Tack, C. 5928 L. aberdarica R. E. Fries & Th. Fries j.
Tamajong FHI 22101 L. sapinii De Wild.
Tanner 3021 L. anceps L. f.
Tate 320 Ly. laciniata subsp. linearifolia (E. W.) McVaugh
Tessmann 2873 L. molleri Henriq. — 4249 C. tessmannii E. W.
Theron 1204 Mo. scabra (Thunb.) Urb.
Thode A 332 L. preslii A. DC. — 3475? L. vanreenensis × L. preslii
Thomas 309 Mo. stellarioides v. schimperiana (Urb.) E. W. — 1061, 2422 L. minutula v. rugegensis (Th. Fries j.) E. W. — 1064 L. mildbraedii f. ? acutifolia E. W.
Thompson 27 L. cobaltica S. Moore
Thwaites 2592 L. camptodon E. W.
Tonduz 7888 L. haekeana (Presl) A. DC.
Tothill 2412 L. telekii Schwf.
Triana 69, 1574, 1575, 1577 C. ferrugineus (L. f.) Gleas. — 75, 1543 C. bonplandianus (R. & S.) Presl — 78 S. quindiorus E. W. — 86 C. willdenowianus (Presl) E. W. — 125, 3059/22 S. polyanthus E. W. — 153, 1534, 1535, 3059/3 S. laetus E. W. — 1540, 3059/18 S. lecomtei E. W. — 1541, 3059/9 S. hypsophilus E. W. — 1556, 3061 S. bullatus McVaugh — 1566 C. trianae A. Zahlbr. — 1543 S. bonplandianus — 1569, 3563, 3069/13 C. lehmannii A. Zahlbr. — 1572 S. trianae E. W. — 3059/23 B. splendens E. W. — 3059/6 S. sissi E. W. — 3069/6, 8 C. albolimbatus E. W. — 3069/14 C. lagotis v. gracilior E. W. — 1559/19 S. planchonis f. glabrifolius E. W.
Troupon 2580, 2639 L. mildbraedii Engl.? f. acutifolia E. W.
Turner, B. L. 1594 L. puberula subsp. pauciflora (Bush) Bowd.
Turner, L. 25, 25a L. caerulea v. macularis f. procera (Presl) E. W.
Tweedie, D. 11884 L. telekii Schwf.
Tweedie, R. 25 L. elgonensis R. E. & Th. Fries j. — 723, 3218 L. aberdarica R. E. & Th. Fries j. — 997 L. anceps L. f.
T.Z.N. (?) 1239 L. kamerunensis Engl.
Uganda Herb. Bot. Dept. Agric. T 2279 L. usambarensis Engl.
Uhlig 87 L. deckenii v. deckenii
Vaillant 0 Mo. campanulata (Lam.) Sond.
Vargas 1290, 1355, 1843, 2401, 5575, 9718 Ly. laciniata subsp. laciniata — 2243, 2905 Ly. laciniata subsp. linearifolia (E. W.) McVaugh — 3525 S. hypoleucus E. W.
Verdcourt 315, 602 L. holstii Engl. — 611 L. hartlaubii Buch. — 737 L. heyneana v. inconspicua (A. Rich.) E. W.
Verreaux 0 Mo. simplex (L.) E. W.
Volkens 773, 1144 L. deckenii v. tayloriana (Bak. f.) E. W.

de Voogd 1248 L. succulenta v. lobbiana (Hook. f. & Th.) E. W.
Vuuren, Exped. 426. L. epilobioides E. W.
Wager 22409 L. mossiana R. Good — 23064 L. eurypoda E. W. — 23092 L. thermalis Thunb.
Wahl, R. 14027 L. caerulea v. macularis f. procera (Presl) E. W.
Wall, E. 209/37, 360 L. patula L. f. — 1026/6 L. capillifolia (Presl) A. DC.
Wallace 14a L. duriprati Th. Fries j.
Ward 8443 Pratia longipedicellata (C. E. C. Fischer) E. W. — 8445 Pratia wardii (C. E. C.Fischer) E. W. — 8460 Pratia montana v. deleiensis (C. E. C. Fischer) E. W.
Warscewicz 18 S. giganteus (Cav.) G. Don
Wawra 1639 Trematolobelia macrostachys (Hook. & Arn.) A. Zahlbr. — 2190 Trematolobelia kauaiensis Rock
Weberbauer 7496 Ly. laciniata subsp. laciniata
Webster, G. L. 1636 Cy. coriacea v. serratifolia Rock
Webster, M. V. 8912 Mo. stellarioides v. schimperiana (Urb.) E. W. — EAH. 10175 L. duriprati Th. Fries j.
Weddell 4121 Ly. laciniata subsp. laciniata
Weir 395 L. paulista E. W.
Welwitsch 5813 L. thermalis Thunb. — 11421 L. welwitschii Engl. & Diels
Werdermann 2057 S. umbellatus (HBK.) G. Don
von Wettstein F. o Mo. unidentata (Ait.) E. W.
Whellan 1254 L. polyodon E. W. — 1257 L. cobaltica S. Moore
Whittall 72, 123 Mo. brevicalyx Th. Fries j. — 91, 196 L. holstii Engl.
Wild, H. 1978, 3655 L. stricklandae Gilliland
Williams, G. R. 650 L. giberroa v. iringensis E. W.
Williams, L. O. 859 Ly. laciniata subsp. laciniata — 14786 Diastatea micrantha v. ovatifolia (Robins.) E. W. — 19639 C. delicatulus McVaugh — 20013 B. crebra McVaugh
Williamson o L. lydenburgensis E. W.
Wilman 1000 L. capillifolia (Presl) A. DC. — 1063 Mo. scabra (Thunb.) Urb.
Wolley-Dod 647, 3645 L. dodiana E. W. — 701 L. pygmaea v. obtusiloba Sond. — 1292 Laurentia bifida (Thunb.) Sond.
Wood, J. M. 8863 L. eurypoda E. W.
van Wyk, M. 122 L. mossiana R. Good
Wylie (Natal Hb.) 8863 L. eurypoda E. W. — 33712 Laurentia arabidea (Presl) A. DC.
Young, R. G. N. o L. lydenburgensis E. W. — o, 2334, 2419 L. nuda Hemsl. — 26530 Mo. simplex (L.) E. W. — 27343 L. capillifolia (Presl) A. DC.
Zapelli 41 Mo. stellarioides v. schimperiana (Urb.) E. W.
Zeyher o L. capensis E. W.
Zimmermann 8038, 8039, 8040 L. baumannii Engl.
Zollinger 3224 Pratia nummularia (Lam.) A. Br. & Asch.

CAMPANULACEAE-CYPHIOIDEAE

Von

Franz Elfried Wimmer, Wien

Campanulaceae subfam. **Cyphioideae** Schoenland in Engler & Prantl, Die Natürl. Pflanzenfam. IV/5 (1894) 61; Thonner, Blütenpflanzen Afrikas (1908) 574. — *Cyphiaceae* A. De Candolle, Prodr. VII (1839) 497, in Annal. Sci. Nat. 2, sér. XII (1839) 151; Walpers, Annal. Bot. II (1852) 1037. — *Cyphieae* Reichenbach, Nomenclat. (1841) 103. — *Nemacladaceae* Nuttall, Amer. Phil. Trans. (1843) 8. — *Cyphocarpaceae* Miers in Lond. Journ. Bot. VII (1848) 61. — *Campanulaceae* subfam. *Cyphiatae* O. Kuntze in Post & Kuntze, Lex. Gen. Phanerog. (1904) 702.

Wichtigste Literatur: P. J. Bergius, Descript. Pl. Cap. (1767) 172. — A. L. Jussieu, Genera Pl. (1789) 165. — K. B. Presl in Chr. F. Ecklon & K. Zeyher, Enum. Pl. Afr. Austr. Extratrop (1837) 385 et in E. Meyer, Comment. Pl. Afr. Austr. Drege (1837) 292. — St. L. Endlicher, Nova Genera et Spec. Pl. (1838) n. 3041. — A. De Candolle in Annal. Sci. Nat. Paris XII (1839) 151; Prodr. VII (1839) 497, 792. — A. Schnitzlein, Iconographia Fam. Natural. II (1856—65) t. 123. — O. W. Sonder in W. H. Harvey & O. W. Sonder, Fl. Cap. III (1865) 597. — G. Bentham & J. D. Hooker, Genera Pl. II (1876) 554. — E. L. Greene in Bull. Calif. Acad. I (1885) 197. — H. E. Baillon, Hist. Pl. VIII (1886) 336. — L. Greene in Bull. Calif. Acad. II (1903) 28. — F. Thonner, Blütenpfl. Afr. (1908) 574. — E. P. Phillips in Annals S. Afr. Mus. IX (1917) 449. — P. A. Munz in Amer. Journ. Bot. XI (1924) 233, t. 9, 10. — A. B. Rendle, Classif. Flowering Pl. II (1925) 582. — R. McVaugh in Amer. Midland Naturalist XXII (1939) 521, t. 1—3 et in North Amer. Flora, XXXII A (1943) 3—13. — E. P. Phillips, Gen. S. Afr. Flowering Pl. 2. ed. II (1951) 757.

Character Cyphioideaeum: Flores hermaphroditi, zygomorphi, pentameri, tubulosi saltem pro parte. Calyx ovario adnatus vel ab eo fere liber; limbus calycis 5-fidus laciniis aequalibus vel subaequalibus, in fructo persistentibus. Corolla epigyna, irregularis, sympetala; tubus integer vel fissus, interdum perbrevis vel nullus, in genere *Cyphia* sect. *Cyphia* in 2 petala inter se libera et in labium 3-fidum divisus; limbus corollae bilabiatus vel subbilabiatus, valde varians: rotatus (*Parishella*), labium superius unilobum (*Cyphocarpus*), 3-lobum (*Nemacladus*, *Pseudonemacladus*, *Cyphia*); labium inferius 4-lobum (*Cyphocarpus*), bilobum (*Nemacladus*, *Pseudonemacladus*), 2-petalum (*Cyphia*), raro postremo omnia petala se solventia. Aestivatio subvalvaris. Stamina 5, epigyna vel tubo corollae adnata: filamenta inter se discreta vel connata, filiformia vel linearia, saepe basin versus dilatata et ibi cohaerentia; antherae inter se semper liberae, biloculares et introrsum dehiscentes. Pollen globosum vel ellipsoideum, 2—3(-4)-gibbosum, an semper? Ovarium biloculare vel subuniloculare stylo terminatum. Ovula numerosa anatropa. Capsula modo diverso dehiscens:

Valvis 2 interdum bifidis apice loculicide dehiscens (*Nemacladus*, *Pseudonemacladus*, *Cyphia*), operculo apicali se aperiens (*Parishella*), rima laterali disrumpens (*Cyphocarpus*). Semina plerumque multa, globosa, ellipsoidea, cylindrica, saepe ± compressa vel alata et complanata, circiter 0,4—3 mm longa, testa laevi vel diverse sculpta. Embryo centralis, rectus, in albumine carnoso. Radicula hilum spectrans. — Herbae annuae vel perennes, radice tuberifera apud *Cyphiam* tantum. Caules erecti vel volubiles, foliati vel rarissime scaposi. Folia alterna, excepto *Pseudonemaclado* foliis ± oppositis, integra vel palmati-partita usque pinnatifida vel 3—5-lobata. Stipulae desunt. Flores solitarii in axillis foliorum superiorum vel racemis (raro spicis) dispositi.

Genus typicum: *Cyphia* Berg.

Genera 5, quorum 1 monotypum in Chile, 1 monotypum in Mexico, 1 monotypum in California, 1 cum 12 speciebus in America septentrionali occidentali, 1 cum 80 speciebus in Africa tropica et subtropica inventa sunt.

Diese Subfamilie der *Campanulaceae* ist so wenig einheitlich, daß sie bald den *Goodeniaceae*, bald den *Lobelioideae*, wenigstens zum Teile, zugezählt wurde, oder es wurde eine eigene Familie geschaffen a) für *Nemacladus* von Nuttall (1843), b) für *Cyphocarpus* von Miers (1848). Siehe die Synonyme am Beginn des Werkes!

Sicherlich sollte *Cyphocarpus* eine eigene Familie, besser eine Subfamilie der *Campanulaceae* begründen, da fast alle wichtigeren Organe der Species von den übrigen Mitgliedern der *Cyphioideae* abweichen; aber der Mangel, besonders auch an lebendem Material läßt es vorläufig besser erscheinen, davon abzusehen.

Die 3 Genera des westlichen Nordamerika: *Nemacladus*, *Pseudonemacladus* und *Parishella*, die von manchen Botanikern noch immer als der Subfamilie *Lobelioideae* angehörig aufgeführt werden, können aber gewiß nicht zu ihr gezählt werden. Denn gerade eines der besten charakteristischen Kennzeichen, die in eine feste cylindrische Röhre verwachsenen Antheren, von denen zwei stets kürzer sind als die übrigen drei, fehlen allen Arten der genannten drei Genera. Bei den *Cyphioideae* sind alle Antheren untereinander frei und alle von gleicher Länge, wie wir das auch bei diesen drei Genera finden, abgesehen davon, daß alle nicht resupinierte Blüten haben, während bei den *Lobelioideae* die Blüten mit Ausnahme von *Monopsis* resupiniert sind.

Vegetationsorgane: Die Pflanzen dieser Subfamilie sind durchaus Kräuter. Davon sind die Arten, die den Genera *Cyphocarpus*, *Nemacladus* und *Parishella* angehören, annuell und von geringer Höhe; die Arten der Genera *Cyphia* und *Pseudonemacladus* aber perennierend und zum Teil viel höhere Pflanzen. Besonders bemerkenswert ist die Wurzel bei *Cyphia*, sie endet in einer Knolle von rundlicher oder etwas länglicher Gestalt von 15—30 mm Durchmesser mit etwas dicklicher, häutiger, von Milchgefäßen durchzogener Epidermis und „haselnußartigem Geschmack". Die Erneuerung der alten Knolle scheint durch Seitenknospen an der Wurzelachse zu geschehen, soweit dies aus dem Herbarmaterial ersichtlich ist. An einigen Exsikkaten fanden sich in kleinen Abständen über der alten Knolle 3—7 kaum erbsengroße Knöllchen. — Ausläufer (stolones) sind mir nicht begegnet.

Der Stengel ist aufrecht, gelegentlich auch liegend und bei einem großen Teil der Gattung *Cyphia* auch windend, und zwar linkswindend wie bei *Phaseolus* und *Convolvulus*. Es scheint, daß auch dünnere, sonst aufrechte Stengel windend werden, wenn in ihrer Nachbarschaft Halme von Gräsern oder Sträucher vorhanden sind, an denen sie sich emporschlängeln können wie das z. B. bei *Cyphia undulata* und deren var. *linarioides* oder bei *Cyphia triphylla* und anderen zu beobachten ist. Es ist daher die Einteilung der Cyphias in solche mit aufrechtem und in solche mit windendem

Stengel nicht verläßlich, wie dies Sonder in der Flora Capensis und Phillips in einer Abhandlung über *Cyphia* in den Annals of S. Afr. Mus. IX. getan haben. Der Stengel ist in der Regel abwechselnd beblättert in spiraliger Anordnung und in der 2/5 Stellung, ausgenommen davon ist nur *Pseudonemacladus*, bei dem die meisten Blätter $\pm$ gegenständig sind.

Nebenblätter sind nicht vorhanden.

Kleine schuppenartige Niederblätter finden sich bei manchen Arten, entweder nur am unteren Teil des Stengels oder entlang des ganzen Stengels, letzteres aber selten, so bei *Cyphia campestris* var. *nudiuscula*.

Die Blätter sind entweder am Stengel verteilt oder grundständig und eine Rosette bildend. Sie sind gestielt oder sitzend; manchmal wie bei *Cyphia erecta* sind die unteren Blätter gestielt, die oberen sitzend. Die Blattspreite ist in der Regel einfach und ganz, selten handförmig-geteilt bis teilweise fiederschnittig (*Cyphia digitata*), sehr selten 3—5-lappig ähnlich dem Blatte von *Hedera helix* L. Der Rand des Blattes ist entweder ohne alle Einschnitte (ganzrandig) oder mit kleinen oder größeren Zähnen, Kerben (gleichmäßig oder unregelmäßig) versehen oder gesägt; manchesmal haben dreieckige Blätter über der Basis 1—2 größere spitze Zähne oder Lappen und sehen einem Blatte von *Atriplex* ähnlich. Die Blätter sind meist krautig, seltener dicklich-fleischig, wie wir sie bei jenen Arten antreffen, die wüstenartige Gegenden bewohnen (*Nemacladus*).

Blütenverhältnisse: a) Die Blütenstände: Die Blüten stehen einzeln in den Achseln der oberen Stengelblätter oder blattartiger Brakteen oder sie vereinigen sich zu zentripetalen Infloreszenzen: Trauben, Ähren, Büscheln oder Köpfchen. Nicht selten gehen die einzeln stehenden Blüten allmählich in Trauben über. Die Spindel (rachis) ist gerade oder flexuos, bei *Nemacladus* häufig zickzackartig hin- und hergebogen, was für die Erkennung der Arten oft wichtig ist.

b) Die Blüten sind durchwegs hermaphrodit und zygomorph und mit Kelch und Blumenkrone ausgestattet. Die Blüten dieser Subfamilie sind so verschieden, daß man sie fast für jede Gattung eigens betrachten muß. Der Kelch besteht mit sehr geringen Ausnahmen aus der Kelchröhre und einem fünfteiligen Saum. Die Kelchzipfel sind gleichgestaltet, meist gleich lang, vergrößern sich kaum an der Frucht und sind persistent, fallen also nach dem Verblühen nicht ab. Die Farbe derselben ist in der Regel grün, selten sind sie purpurn verfärbt.

Die Korolle dagegen ist verschieden gestaltet. Bei *Cyphocarpus* fällt sie ganz aus dem Schema. Die Kronröhre ist etwas gebogen, gleich weit und die Staubblätter (Stamina) sind über der Mitte derselben einzeln angewachsen. Der Saum ist zweilippig; die Oberlippe besteht nur aus einem einzigen lanzettlichen Zipfel, der an der Basis verbreitert ist, während die Unterlippe vier lanzettliche Zipfel hat. Der Fruchtknoten ist ganz unterständig, verkehrt-keulenförmig, zweifächerig mit zentraler Plazenta, reißt bei der Reife seitlich auf. Der Griffel ist frei, kürzer als die Blumenkrone und trägt an der Spitze die zweiläppige Narbe.

Bei *Parishella* ist die Korolle radförmig, schwach zweilippig, die Filamente sind in eine enge Röhre verwachsen, aber die Antheren untereinander frei, wie wir dies auch bei *Pseudonemacladus* und *Nemacladus* sehen; der Griffel ist in dieser Röhre eingeschlossen, die Narbe ist posterogyn und tritt erst spät aus der Staubfadenröhre heraus. Die Frucht ist eine mit einem Deckel aufspringende Kapsel.

Bei *Pseudonemacladus* und *Nemacladus* ist die Korolle fast gleich gestaltet, zweilippig, die Oberlippe drei-, die Unterlippe zweizipfelig; die Filamente sind bei *Pseudonemacladus* der Korolle angewachsen, bei *Nemacladus* aber frei von derselben, bei beiden in eine enge Röhre verwachsen, die Antheren, wie schon erwähnt, untereinander frei. Die Frucht ist eine Kapsel, welche mit zwei Klappen, anscheinend oft vier Klappen, von der Spitze her bis zur Mitte aufspringt.

Cyphia hat anders gestaltete Korollen, die je nach der Sektion, der die Arten angehören, ein wenig voneinander abweichen. Eine Kronröhre besitzen eigentlich nur die Angehörigen der Sektion *Cyphiella*, und auch diese löst sich bei manchen Arten gegen Ende der Blütezeit zum Teil auf; jene Arten aber, die zur Sektion *Cyphia* gehören, trennen sich schon beim Aufblühen in die dreizipfelige Oberlippe und in die als Unterlippe betrachteten zwei Petalen, manchmal lösen sich am Ende auch noch die Zipfel der Oberlippe auf, so daß dann die Korolle wie eine fünfblätterige Blüte aussieht. Die Stamina sind untereinander frei, dem Blütenboden eingefügt und bleiben bei den Arten der Sektion *Cyphiella* in der Kronröhre eingeschlossen, bei den Arten der Sektion *Cyphia* aber stehen sie auseinander und sind frei sichtbar. Der Griffel erhebt sich frei über den Fruchtknoten und ist stets etwas kürzer als die Antheren; sein Ende ist kopfförmig verdickt und enthält in einer Aushöhlung die Narbe. Die Frucht ist wie bei den zwei vorhergehenden Gattungen eine zweifächerige, mit zwei Klappen aufspringende Kapsel.

Andrözeum: Die Staubblätter (Stamina) bestehen bei allen unseren Arten aus dem Staubfaden (Filamentum) und dem Staubbeutel (Anthere). Die Filamente sind bei *Cyphocarpus* und *Pseudonemacladus* der Kronröhre angewachsen, bei *Parishella*, *Nemacladus* und *Pseudonemacladus* miteinander verwachsen, aber an der Basis getrennt und dem Fruchtknoten inseriert, an der Spitze samt dem eingeschlossenen Griffel und Antheren herabgebogen, nach dem Aufblühen aber meist wieder emporgerichtet, verursacht wahrscheinlich durch das weitere Emporschieben des Griffels. Die Antheren sind zweifächerig und intrors und proterandrisch und bei allen fünf Gattungen frei voneinander, zum großen Unterschied von den *Lobelioideen*, bei denen die Antheren in eine zylindrische Röhre fest verwachsen sind. Der Pollen ist in der Regel ± kugelig, zwei- bis dreikolporat und etwa 28—54 μ lang und 26—40 μ breit.

Gynäzeum: Der Stempel hat stets einen aus zwei Karpellen entstandenen Fruchtknoten mit zentraler Plazenta, einen Griffel und eine Narbe. Der Fruchtknoten ist durch eine ± mittelständige Scheidewand in zwei Fächer geteilt, welche meist zahlreiche Samenanlagen enthalten. Der Griffel ist bei *Cyphocarpus* und *Cyphia* frei und kürzer als die Korolle, bei *Cyphia* überdies auch etwas kürzer als die in der Knospe über den Griffel sich helmartig wölbenden Antheren; bei den anderen 3 Gattungen ist aber der Griffel in der Röhre der Filamente eingeschlossen und tritt erst gegen Ende der Blütezeit aus derselben heraus. Die Narbe ist anfänglich länglich-kopfförmig und außen behaart; nach dem Austritt aus der Staubfadenröhre, wo eine solche vorhanden ist, teilt sie sich in zwei kurze Narbenlappen. Aber bei *Cyphia* ist es ganz anders, so, als ob sich die Narbenlappen nach innen umgestülpt und durch Verwachsung eine Höhlung gebildet hätten, an ihrer Verwachsungsstelle aber einen Ausführungskanal offen gelassen hätten oder anders ausgedrückt: Das kopfförmige Ende des Griffels besitzt eine Höhlung, in der die Narbe liegt und mit der die Luft durch einen feinen seitlichen Kanal in Verbindung steht. Wenn der Pollen aus den Antheren entleert ist, bleibt wenigstens ein Teil in den Haaren an der Außenseite der Narben hängen oder nektarsuchende Insekten bringen Pollen von anderen Pflanzen heran. Aus der Narbenhöhle dringen kleine Tröpfchen eines klebrigen Schleimes heraus, halten den Pollen fest und ziehen ihn in die Höhlung hinein. Eigene nektarabsondernde Drüsen finden wir nur bei *Nemacladus* und vielleicht dienen demselben Zwecke auch die zarten Anhänge der Filamente nahe deren Basis bei *Nemacladus* und *Parishella*.

B e s t ä u b u n g: Bei den hierher gehörigen Arten ist sowohl Autogamie als auch Geitonogamie anzunehmen. Beobachtungen über die Art der Bestäubung sind mir nicht bekannt geworden. Eine Selbstbestäubung ist insbesondere bei der Gattung *Cyphia* wahrscheinlich infolge der wohl einzigartigen Anlage der Narbe in einer Höhlung des Griffelendes, wie oben bereits dargestellt. Die kuppelförmig zusammenneigenden Antheren entleeren ihren Pollen über der eingeschlossenen Narbe vorzeitig; nach der Öffnung der Blüte streben die Antheren auseinander, und nun können Wind und Insekten den Pollen vertragen, aber ein Teil desselben bleibt in den an der Außenseite der Narbe stehenden Haaren hängen und wird wohl, wenn die Narbe reif und ihren Schleim durch den Ausführungsgang herauspreßt, an demselben kleben bleiben und in die Narbenhöhle hineingesaugt werden, dort keimen und die Samenanlagen befruchten; es kann aber auch sein, daß durch nektarsuchende Insekten — kleine Falter wurden beobachtet — Pollen von anderen Blüten herangebracht wird und zu der Narbe gelangt, und so neben der Autogamie auch Geitonogamie eintritt.

Bei den übrigen Gattungen ist wohl infolge der Stellung der Narbe die Nachbarbestäubung die Regel; denn der Pollen ist längst aus den Antheren gefallen, bevor die Narbe empfängnisfähig geworden ist. Bei *Parishella*, *Nemacladus* und *Pseudonemacladus* dringt der Griffel erst aus der Röhre der Filamente, wenn die Antheren bereits allen Blütenstaub verloren haben, die Narbe noch geschlossen ist und ihre Lappen sich erst entfalten und so stellen, daß etwaiger zurückgebliebener Pollen nicht auf sie fallen kann. Sie sind also auf den Pollen aus anderen Blüten angewiesen. Auch bei *Cyphocarpus*, bei dem die hier getrennten Stamina weit unter dem Griffelende der Korollenröhre eingefügt sind, ähnlich der *Primula elatior* Jacq., wird nur eine Bestäubung durch Insekten in Frage kommen.

F r u c h t: Alle Mitglieder dieser Subfamilie haben Kapseln (3 Formen). *Cyphia*, *Nemacladus* und *Pseudonemacladus* haben zweifächerige Kapseln, die von der Spitze her fachspaltig bis ungefähr zur Mitte, selten bis zum Grunde (*Nemacladus longiflorus*, *Cyphia pectinata*) mit 2 (4) Klappen aufspringen. Meist sind sie ungefähr kugelig oder ellipsoid mit persistenten Kelchzipfeln.

Parishella hat eine kugelige Kapsel, die mit einem gewölbten Deckel aufspringt. Auch sie besitzt bis auf den Raum unter dem Deckel 2 Fächer.

Cyphocarpus hat aber eine Kapsel ganz besonderer Art. Sie ist unterständig und von den großen Kelchzipfeln gekrönt, zweifächerig mit einer zarten zentralen Scheidewand und öffnet sich mit einem seitlichen Längsriß. Sie ist ovoid-zylindrisch, ihre Wandung membranartig.

Systema Cyphioidearum

1. Corolla valde irregularis, bilabiata: labium superius 1-lobum, lanceolatum; labium inferius 4-lobum; filamenta corollae adnata; folia spinuloso-dentata; fructus rima laterali disrumpens. — 1 spec. Chile .... 1. *Cyphocarpus*.

1′ Corolla plus minusve bilabiata: labium superius 3-lobum, inferius 2-lobum; folia non spinulosa 2

2. Herba annua gracilis, diffuse ramosa vel prostrata; flores in capitulis foliatis; capsula operculo convexo dehiscens. — 1 spec. Calif. .... 2. *Parishella*.

2′ Fructus capsularis, valvis 2, interdum bifidis, apice loculicide dehiscens; ovarium et capsula bilocularia 3

3. Herbae annuae, erectae, ramosissimae; folia basalia rosulata; pedicelli ebracteolati. — 10 spec. Calif. et terrae adjacentes .... 3. *Nemacladus*.

3′ Herbae perennes; pedicelli bibracteolati 4

4. Folia omnia caulina, subopposita; caules erecti vel ascendentes rhizomate crasso lignoso; filamenta corollae parvae adnata. — 1 spec. Mex. .. 4. *Pseudonemacladus*.
4' Folia alterna, plerumque caulina, raro rosulantia; caules volubiles, rarius erecti; radix tuberosa; filamenta a corolla libera. — 80 spec. Afr. .... 5 *Cyphia*.

Von den 5 Genera sind die ersten drei einjährige und wüstenartige Gegenden bewohnende Pflanzen, die 2 letzten Genera perennierende Pflanzen, die verschiedenartige Gebiete besiedeln.

1. **Cyphocarpus** Miers

Cyphocarpus Miers in Hook., Journ. Bot. VII (1848) 62; Gay, Hist. Chile IV (1849) 335; Benth. & Hook. f., Gen. Pl. II (1876) 554; Schönland in Engler & Prantl, Natürl. Pflanzenfam. IV/5 (1894) 62; Reiche, Fl. Chile V (1910) 54; Dalla Torre & Harms, Gen. Siphonog. (1900—07) Nr. 8684.

Flos zygomorphus. Calyx ovario adnatus, 5-fidus. Corolla epigyna, tubulosa, limbus bilabiatus: labium superius 1-lobum; labium inferius 4-lobum; stamina tubo corollae adnata, inter se libera, antherae glabrae. Ovarium inferum, biloculare vel tenuissimo dissepimento evanido 1-loculare. Stylus unus, teres. Stigma bilobum, subcurvatum. Capsula infera, sicca, lobis calycis pinnatifido-dentatis coronata, rima laterali se aperiens. Semina numerosa, parva. Embryo centralis in perispermo carnoso, teres, cotyledones subovati, breves, radicula hilum spectans.

Bisher nur durch 1 Art aus den Wüsten-Gegenden Chiles bekannt.

1. **Cyphocarpus rigescens** Miers l. c.; Gay l. c. 336, Atlas t. 50; Miers, Illustr. S. Am. P. I (1850) 131, t. 27; Schnitzlein, Iconogr. II (1856—65) t. 123; Reiche l. c. 55.

Herba annua, erecta, rigida, aspera vel glabra, glaucescens, 12—25 cm alta. Caulis simplex vel interdum ramosus, plus minusve sparse foliatus. Folia inferiora petiolata, suboblonga, reliqua sessilia, lineari-lanceolata, 10—20×1—4 mm sine dentibus, margine spinuloso-sinuato-dentata, sparse aspero-pilosa vel glabrata, rigida. Flores sessiles, solitarii in axillis foliorum linearium superiorum, saepius spicam foliosam fingentes. Bracteolae 2 in basi calycis insertae, foliis similes. Calycis tubus inverso-clavaeformis, circiter 8 mm longus, lobis folio similibus, 10—15 mm longis, sparse hirsutis vel glabratis, erectis. Corolla circiter 20 mm longa, „roseo-purpurea" (Reiche) vel „coerulea" (Wagenknecht), tubulosa, extus pubescens vel glabra, bilabiata: labium superius e segmento uno lanceolato basi ampliato constante, c. 8 mm longo et 2 mm lato; labium inferius e segmentis lanceolatis vel oblanceolatis, c. 8 mm longis et 3 mm latis, basi gibbosis, subdeflexis constans. Stamina in tubo corollae parum supra eius medium affixa: filamenta 2,5 mm longa, in uno latere pubescentia; antherae lanceolatae, 1,5 mm longae. Stylus filiformis, apice curvatus, stigmate terminatus. Stigma subcapitatum, bilobum, extus pilosulum. Capsula membranacea, sicca, subarcuata, tubo sursum sensim attenuato similis et lobis calycis coronato, demum lateraliter disrumpens. Semina numerosa, dissepimento tenui affixa, cylindrica, utrinque obtusa, longitudinaliter costata, asperulata, nigrescentia, 2 mm longa, 0,7 mm lata. — Fig. 33.

In den Bergen und wüsten Randgebieten Chiles, blühend ungefähr von September bis Februar.

Chile: Provinz Atacama in den Kordilleren, 20. IX. 1885 (Exped. F. Philippi & Borchers! — Br. M.); Prov. Coquimbo, Dpt. Elqui, Cuesta del Churqui, 6 km südlich von Vicuña, Böschung an der Straße nach Hurtado, 700 m, 12. X. 1940 (R. Wagenknecht n. 18580! — Del.); Cuesta El Almendro, 19 km von Vicuña, an der Straße nach Hurtado, ferner in lockerem Boden an der Straße von Rivadavia nach Alcohuas, 1150 m, 10. X. 1939 (R. Wagenknecht n. 18452! – Del.). – Einheim. Name: „*Pata de Pajarito*".

f. **glabrata** Philippi in Herb. – Planta glauca, omnino glabra.
Chile: Carizal Bajo, 19. V. 1875 (E. C. Reed! – Br. M.).

Diese anscheinend seltene Art ist auffällig durch ihre in der Familie der Campanulaceen einzigartige Blütenform und ihre an Disteln erinnernden dornig-gezähnten Blätter und Kelchzipfel.

2. **Parishella** A. Gray

Parishella A. Gray in Bot. Gazette VII (1882) 94, in Proc. Am. Acad. XIX (1884) 83, Synopt. Fl. N. Am. II (1886) 394; Baillon, Hist. Pl. VIII (1886) 374; Schoenland in Engler & Prantl, Natürl. Pflanzenfam. IV/5 (1894) 62; Dalla Torre & Harms, Gen. Siphonog. (1900—07) Nr. 8683.

Calycis tubus ovario adnatus, lobi 5 inaequales. Corolla subrotata, parum bilabiata, tubo brevi, lobis 5 fere aequalibus. Stamina 5 a corolla libera: filamenta basi discreta, in tubum gracilem apice recurvatum connata, basi appendiculata; antherae liberae, non barbatae. Ovarium biloculare, multi-ovulatum. Stylus filiformis, apice stigmate bilobo revurcato terminatus. Capsula semi-infera, polysperma, operculo convexo circumscisse dehiscens. Semina minuta, foveolata. – Herbae annuae, parvae, depressae. Folia radicalia rosulantia. Caulis nudus, filiformis, non saepe uno tantum glomerulo terminatus. Pedunculi radicales, nudi, glomerulis florum foliatorum terminati.

In der Mohave-Wüste Kaliforniens bisher gefunden, 1 Art.

1. **Parishella californica** A. Gray l. c.; McVaugh in North Amer. Fl. XXXII A (1943) 13.

Herba annua, nana, depressa vel „caulibus diffusis ramosis" (McVaugh), leviter puberulis vel glabris. Folia rosulata, spathulata vel oblanceolata, 5—10×1—4 mm, apice obtusa, ad basin sensim angustata vel abrupte in petiolum brevem attenuata, margine integra, minute puberula, crassiuscula. Inflorescentia capitulum terminale vel glomerulae pedunculatae, paucae, laterales, foliaceo-bracteatae, 8—15 mm diametientes, 6—12 flores continentes, interdum 1 flos tantum adest; pedicelli 2 mm longi, parum breviores quam folia fulcrantia, plerumque puberuli. Calycis tubus turbinatus, glabrescens, lobi 2—4 mm longi, foliis similes, paulo inaequales, erecti. Corolla alba, extus subpuberula, 2—4 mm longa, subrotata, lobi ovati, acuti, tubo parum longiores et parum inaequales, 3 eorum superiores, 2 inferiores. Stamina subbreviora quam corolla, albida, glabra: filamenta superne connata, apice pilosa, basi appendiculata; antherae late ellipticae, 0,3—0,5 mm longae, glabrae. Stylus unus, filiformis, stigmate brevi-bilobo terminatus. Capsula globoso-obovoidea, circiter semi-infera, 3—4 mm longa, operculo circumscisse dehiscens.

Kalifornien: Rabbit Springs in the Mohave Desert, V. 1882 (Brothers Parish – Typus Hb. Gray, W! Br. M!, n. 1328! Haussk.!); dry lake near Copper City on well drained soil, 4. V. 1921 (E. C. Jaeger 72! – Wash.).

Eine Parallele zu *Parishella* finden wir in der benachbarten Subfamilie der Lobelioideen in der Gattung *Lysipomia* HBK., bei der auch ähnliche Blütenköpfe und mit Deckel versehene Kapseln auftreten, während die meisten übrigen Gattungen der Lobelioideen Kapselfrüchte haben, die mit zwei Klappen aufspringen, wie auch hier bei unserer Subfamilie.

3. **Nemacladus** Nutt.

Nemacladus Nutt. in Trans. Amer. Phil. Soc. ser. 2, VIII (1843) 254; Benth. & H. f., Gen. Pl. II (1876) 554; Greene in Bull. Calif. Acad. I (1885) 197; A. Gray,

Synopt. Fl. N. Amer. II (1886) 2 et Suppl. 393; Baillon, Hist. Pl. VIII (1886) 368; Munz in Amer. Journ. Bot. XI (1924) 233; McVaugh in Amer. Midland Naturalist 22 (1939) 551 et in North Amer. Fl. XXXII A (1943) 2; Higgins in Occas. Papers S. Diego Soc. Nat. Hist. No. 8 (1949) 138; Dalla Torre & Harms, Gen. Siphonog. (1900—1907) Nr. 8682.

Calyx ovario plus minusve adnatus, in specie *N. longiflorus* liber, limbus 5-fidus. Corolla irregularis, subbilabiata: labium superius 3-lobum, inferius 2-lobum. Tubus corollae fere tam longus quam lobi aut brevior. Stamina 5, stylum includens: filamenta inferne soluta, sursum tubulosa; antherae inter se liberae et plerumque ante anthesin cernuae. Stigma breviter bilobum. Ovarium biloculare, polyspermum glandulis 3 plano-rotundis corollae lobis labii superioris oppositis munitum, filamenta appendicibus stipitiformibus ornata. Capsula bilocularis, apice 2 valvis interdum bifidis loculicide dehiscens. Semina 0,5—0,9 mm longa, testa diverse longitudinaliter striata vel sulcata, foveolata vel striolis transversis ornata.

Species typica: *Nemacladus ramosissimus* Nutt.

Hauptverbreitungsgebiet ist Kalifornien, seltener in den umliegenden Ländern. Siehe die folgende Tabelle:

Species	Kalif.	Bj. Cal.	Nev.	Ariz.	Oreg.	Ut.	N. Mex.	Mex.	Staaten
1. longiflorus	+	+		+					3
2. rubescens	+	+	+	+					4
3. interior	+								1
4. montanus	+								1
5. glanduliferus	+	+	+	+		+	+	+	7
6. ramosissimus	+	+							2
7. pinnatifidus	+	+							2
8. rigidus	+		+		+				3
9. capillaris	+				+				2
10. sigmoideus	+	+	+	+					4
11. gracilis	+	+	+						3
12. secundiflorus	+								1
	12	7	5	4	2	1	1	1	

Clavis specierum:

1. Tubus corollae 2—5,5 mm longus, lobos calycis valde superans. Capsula elliptico-fusiformis, 2—3-plo longior quam calyx . . . . 1. *N. longiflorus.*

1' Tubus corollae 1,5 mm longus, lobos calycis plus minus aequans. Capsulae pars superior non vel vix lobos calycis excedens 2

2. Antherae 0,4—0,8 mm longae. Corollae lobi ima basi tantum connati et exinde multo longiores quam tubus 3

2' Antherae 0,1—0,3 (0,4) mm longae. Corollae lobi basi connati vel tubum fere aequantes 6

3. Caulis et pars inferior ramorum incano-argenteo-micans, rami diffusi et plus minusve patentes . . . . 2. *N. rubescens.*

3' Caulis pars inferior rubiginosa vel brunnea, rami et pedicelli stricto-ascendentes. 4

4. Semina longitudinaliter striata et tenui-foveolata. Folia basalia oblanceolata usque elliptica, glabra, irregulariter serrulata[1]) . . . . 3. *N. interior.*

---

[1]) Si folia anguste oblanceolata vel spathulata, crenato-dentata vel subpinnatifida vide n. 12. *N. secundiflorus.*

4′ Semina longitudinaliter tenui-sulcata et transverse lineata inter sulcos 5

5. Semina 0,8—0,9 mm longa .... 4. *N. montanus.*
5′ Semina 0,6 mm longa vel minora; vide .... *N. glanduliferus.*

6. Semina cylindrica lateribus plus minus rectis, longitudinaliter sulcata et inter has lineas impressas lineis 15—30 transversis munita. Corolla 1,5—2,5 mm longa lobis multo longioribus quam tubus .... 5. *N. glanduliferus.*
6′ Semina ellipsoidea, foveolata vel „zigzag"-costis ornata et intervalla foveolis impressis munita. Corollae tubus et lobi aequilongi aut corolla ad summum 1,5 mm longa 7

7. Caules et rami recti non flexuosi. Pars superior capsula rotundata. Semina subglobosa, 0,5 mm longa cum 10 seriebus foveolarum .... 6. *N. ramosissimus.*
7′ Caules ± recti, rami floriferi angulato-flexuosi. Semina distincte longiora quam lata 8

8. Capsula 3—4 mm longa, apice acuta, semina numerosa. Corolla 1—2 mm longa.. 9
8′ Capsula 1,5—2,7 mm longa, apice rotundata, semina pauciora, late ellipsoidea; bracteae ovatae 10

9. Folia basalia oblanceolata, pinnatifida, apice rotundata usque acuta, longe petiolata. Bracteae lineares usque ellipticae, obtusae, 2—3 mm longae, pedicellos non vel parum amplectentes, pedicelli patenti-ascendentes .... 7. *N. pinnatifidus.*
9′ Folia basalia elliptica, obtusa, brevi-petiolata, subintegra. Bracteae ellipticae, 2—3 mm longae, apice rotundatae, pedicellos non amplectentes, pedicelli patentes et subrecti validiores .... 8. *N. rigidus.*

10. Corolla 0,7—1,3 mm longa, tubus fere nullus. Bracteae pedicellos non vel paulum amplectentes. Pedicelli patentes, subrecti, apice fructus fere non erecti. Folia basalia ovata, acuta vel obtusa, margine crenulata vel integra, glabra. Semina ellipsoidea, 0,75 mm longa, longitudinaliter costata et inter costas tenui-foveolata .... 9. *N. capillaris.*
10′ Corolla 1—5 mm longa, tubo lobis calycis breviore vel longiore. Bracteae pedicellos basi amplectentes 11

11. Folia basalia rhombeo-ovata vel elliptica, subintegra vel denticulata, supra saepe puberula. Rami florigeri plerumque iterum furcati. Pedicelli tenuissimi, sigmoideo-curvati, demum saepe arcuato-decurvati. Capsulae pars superior rotundo-acuta .... 10. *N. sigmoideus.*
11′ Folia basalia oblanceolata vel subspathulata, crenato-denticulata vel subpinnatifida. Rami simplices vel parce ramosi 12

12. Racemi distichi. Tubus corollae calyce brevior vel vix longior. Pedicelli tenuicapillares, plerumque duplo-curvati ....11. *N. gracilis.*
12′ Racemi saepe secundi, tubus corollae calycem vulgo 1—2-plo superans. Pedicelli parum crassiores, saepe recti, interdum postremo subsigmoidei. Antherae c. 0,5 mm longae .... 12. *N. secundiflorus.*

Alle *Nemacladus*-Arten gleichen einander so sehr, daß es äußerst schwer ist, einen Bestimmungsschlüssel aufzustellen und die Arten zu bestimmen, wenn man nicht ständig Lupe und Mikroskop zur Hand nimmt. Im vorliegenden Schlüssel bin ich zum größten Teil McVaugh gefolgt.

1. **Nemacladus longiflorus** A. Gray in Proc. Amer. Acad. XII (1876) 60; Munz in Amer. Journ. Bot. XI (1924) 235; Peebles, Arizona Fl. (1951) 827. — Herba annua, ramosa, ad 20 cm alta. Caulis puberulus, intertota planta flore excepta puberula, posterius plus minusve glabrescens, ramis patento-ascendentibus. Folia basalia

rosulantia, plerumque utrinque puberula, oblanceolata usque spathulata, circiter 10×3 mm, apice obtusa, ad basin in petiolum brevem marginatum sensim angustata, margine integra vel crenulata. Racemi secundi, multiflori, sublaxi. Pedicelli 7—20 mm longi, patentes, sigmoideo-curvati, apice erecti, glabri, a bractea plus minusve complexi. Calycis tubus brevissimus, lobi lanceolati, subacuti, integri, erecti vel subpatentes, 1—2 mm longi. Corolla alba (rubro-suffusa?), lutescenti-maculata et barbata in basi intus trium loborum, 3—8 mm longa, tubus 2—5,5 mm longus, angusto-cylindricus, lobi elliptici, acuti, 3 superiores parum longiores quam 2 inferiores. Appendices filamentorum minutissimae cellulis terminalibus paucis; antherae 0,3—0,6 mm longae. Capsula ovoideo-fusiformis, ad 5 mm longa, 2 mm lata, apice acuta, basi obtusiuscula. Semina fusca, ad 0,5 mm longa, late ellipsoidea, obsolete undulato-costata, tenui-foveolata.

Im südlichen Kalifornien und in dem nördlichen Teil von Nieder-Kalifornien in Höhen von 300—1700 m verbreitet.

Clavis varietatum:

1. Corolla 5—8 mm longa .... var. *longiflorus*.
1′ Corolla 3—3,5 mm longa .... var. *breviflorus*.

var. **longiflorus** — Plantae 10—20 cm altae, caules interdum glabrescentes sicut aliae partes plantae. Folia rosulantia subrotunda, elliptica, oblonga usque lanceolata, pubescentia. Pedicelli 12—20 mm longi, capillacei, bracteis multo longiores. Calycis lobi ad 2,3 mm longi. Corolla 5—8 mm longa, filamentorum tubus 4—7,5 mm longus, abrupte curvatus prope apicem et plerumque pilosus supra curvaturam.

Südliches Kalifornien: „California“ (Wallace — Typus, Lemmon — HB. Gray); South California (Parry & Lemmon n. 219! — Br. M.); Wilson's Peak, near Los Angelos, VII. 1893 (A. Davidson n. 88! — Br. M.); San Bernardino Co. V. 1895 (Lemmon! — Br. M.); Colton, IV. (M. E. Jones n. 3185! — Br. M.); Colton, sandy soil, V. (C. G. Pringle! — Wash.); Crafton Retreat, V. (Lemmon! — Wash.); San Diego Co., Campo in dry sandy washes (Le Roy Abrams n. 3738! — Br. M.).

var. **breviflorus** McVaugh in Amer. Midland Nat. XXII (1939) 526 et in North Amer. Fl. XXXII A (1943) 6. — Planta saepe humilior, 5 cm vel plus alta, plerumque etiam pilosior. Flores parum breviores; pedicelli 5—7 mm longi, pubescentes vel glabrescentes, bracteae plerumque utrinque pubescentes. Corolla 3—3,5 mm longa, tubus 2—2,5 mm longus; tubus filamentorum 2,2—2,8 mm longus, in tubo corollae inclusus; antherae 0,25—0,3 mm longae.

Arizona: Pima County, Roadside Mine, between Tuscon and Sells, sandy soil, c. 800 m (Peebles et al. n. 3754 — Typus). — Kalifornien: Mohave Desert, III. 1882 (S. B. & W. S. Parish n. 1339! — Wash.); sequentia loca e McVaugh l. c.: Covington Ranch, Little San Bernardino Mts. (Munz & Johnston n. 5165); Morongo Valley (Fosberg n. S 2284); Riverside: Banning (M. E. Jones); San Diego: Vallecito Canyon, Laguna Mts. (Munz n. 9720); between Jacumba and Mountain Spring (Eastwood n. 9513).

Diese Art ist am leichtesten unterscheidbar von allen anderen durch die lange engröhrige Korolle und die oberständige Fruchtkapsel. — Weitere Vorkommen der var. *longiflorus* sind zu finden bei Munz a. a. O.

2. **Nemacladus rubescens** Greene in Bull. Calif. Acad. I (1885) 197. — Herba ramosa, diffusa, c. 20 cm alta. Caulis incano-argenteo-micans, inferne pubescens vel

glabratus. Folia rosulata. Corolla 2—3,5 mm longa, tubus vix 0,5 mm longus, lobi lutei vel albidi, versus apicem fusco-purpurascenter maculati, lobi 2 superiores ciliati, omnes patentes. Filamenta c. 3 mm longa, exserta, glabra; antherae ad 0,8 mm longa, saepe purpurascentes. Capsula fere semi-infera, apice rotundata. Semina late ellipsoidea, 0,5—0,7 mm longa, undulato-costata et inter costas tenui-foveolata.

Auf sandigem und steinigem Boden in den Mohave- und Colorado-Wüsten häufig, von der Ebene bis zu 1200 m Höhe.

Clavis varietatum:

1. Folia basalia elliptica, subintegra. Calycis lobi elliptici vel ovati, subacuti .... var. *rubescens*.

1' Folia basalia oblanceolata, pinnatifido-dentata. Calycis lobi anguste triangulares, acuti .... var. *tenuis*.

var. **rubescens**. — *N. rubescens* Greene l. c. — *N. adenophorus* Parish in Bull. Calif. Acad. II (1903) 28. — *N. rigidus* var. *rubescens* Munz in Amer. Journ. Bot. XI (1924) 245, t. 10, f. 51—55 p.p. — *N. rubescens* var. *rubescens* McVaugh l. c. t. 1, f. 4 (semen). — Rami iterum furcati et patenti-flexuosi. Folia oblanceolata usque elliptica, obtusiuscula, ad basin late alatam angustata c. 2×0,5 mm, sparse pubescentia vel glabra. Pedicelli recti vel subflexuosi, ascendentes, 6—15 mm longi. Corollae lobi oblongi, obtusiusculi, basi connati. Appendices stipitatae gerentes cellulas 3—5, clavatas, reflexas, 0,6—0,7 mm longas. Antherae 0,5—0,7 mm longae. Capsula subglobosa, ad 2 mm longa.

Kalifornien: Mohave Desert (K. Curran a. 1884 — Typus, Br. M. p. p.; Parish n. 1338 A; J. G. Lemmon & Wife V. 1884 — Br. M.); Palm Springs, Colorado Desert (M. F. Spencer n. 1498! — Br. M.; Eastwood n. 2991); Victor (ville), 850 m, V. 1903 (M. E. Jones — Br. M.); 20 miles N. of Box S. Ranch, San Bernardino Co., common in open desert, IV. 1932 (Munz n. 12417! — Br. M.); San Diego Co., Hell Hole Canyon, near Borego (Epling & Robinson — Br. M.). Weiterer Standort siehe McVaugh l. c.

var. **tenuis** McVaugh l. c. 536. — Caulis incano-argenteo-micans, inferne pubescens vel glabrescens. Folia rosulata, obtusiuscula, 7—20×1,5—4 mm, pinnatifida, utrinque sparse pubescentia. Pedicelli divergentes, sigmoideo-curvati, apice floribus erectis, 5—15 mm longi. Corolla ut in var. praecedente, sed antherae 0,4—0,5 mm longae et appendices stipitatae cum cellulis terminalibus, clavatis, 6—12, 0, 25 mm longis. Capsula subglobosa, semi-infera, apice subrotundata, ad 2 mm longa.

Kalifornien: Riverside Co., Colorado Desert, eastern base of Indio Mt., lower Sonoran Zone, 150 m, IV. 1905, corolla white, with a purple band across each lobe (H. M. Hall. n. 5819! — Br. M.); south base of Eagle Mts., Colorado Desert (Munz & Keck n. 4824); Imperial: 3 miles E. of Cyote Wells (R. S. Ferris n. 7110); 2 miles N. of Cargo Muchado Mts. and 25 miles NE. of Ogilby (Munz & Hitchcock n. 12145, 12178); Inyo: Bradbury's Well (C. L. Hitchcock n. 12355; Munz n. 14894); San Bernardino: Palm Canyon, Palm Springs (Eastwood n. 2991); San Diego: Borego Valley (F. Youngberg n. 81). — Weitere Standorte bei McVaugh l. c.

Eine Art, die sich durch silbergrauen Schimmer der unteren Teile des Stengels und der Äste auszeichnet.

3. **Nemacladus interior** (Munz.) Robbins in Aliso IV (1958) 146. — *Nemacladus rigidus* var. *interior* Munz in Amer. Journ. Bot. XI (1924) 243, t. 10, f. 47. — *N.*

rubescens var. *interior* McVaugh in Amer. Midland Nat. XXII (1939) 537, t. 2, f. 15 p. pte. — *N. ramosissimus* var. *montanus* A. Gray, Synopt. Fl. I, 393, fide Munz. — Herba 10—25 cm alta, glabra. Caulis erectus, teres, rubiginosus, ramosus, ramis suberectis rectisque, sed rachis inflorescentiae angulato-flexuosa cum pedicellis patenti-rectis, apice vix sursum curvatis. Folia rosulata, elliptica vel lanceolata, obtusiuscula, ad basin in petiolum alatum angustata, margine crenulata vel dentata, 8—20 × 2—4 mm, petioli 2—6 mm longi. Racemi laxi, multiflori. Pedicelli 7—15 mm longi, glabri, capillacei, bracteis linearibus, 1—2 mm longis, pedicellos non amplectentibus. Calycis tubus turbinatus, lobis linearibus, acutis, subaequalibus, 1,4 mm longis. Petala 5, fere libera, sublinearia, 2,5—4 mm longa, alba et roseo-suffusa. Stamina 5, apice subcurvata; antherae 0,6 mm longae, albae; appendices filamentorum stipitatae, cellulis terminalibus 0,4 mm longis stipitem aequantibus. Capsula fere semi-infera, ellipsoidea, 2—3 mm longa, apice subrotundata obsolete apiculata. Semina globoso-ellipsoidea, fusca, nitida, foveolata, 0,6 mm longa.

Kalifornien: Mt. Bullion (H. N. Bollander n. 4855! — Br. M.); Amador Co., Sequoia region, c. 650 m, VII. 1894 (Geo Hansen n. 98! — Br. M.); NY Falls (Geo Hansen n. 38 ex Munz); North Fork, Pekinpah, Fresno Co. (K. Brandegee a. 1911 — Typus pro *N. rigidus* var. *interior* Munz ex Munz); Sierra Nevada Mts. (Lemmon a. 1875); Rose Springs (Gates n. 215); Coloma (Palmer n. 2377); Hetch Hetchy trail (Hall & Babcock n. 3388); Rawhide Hill (Williamson n. 115); Wawona (Hall n. 9010); Yosemite (Muir n. 5492); Pine Ridge (Hall & Chandler n. 264); Toll House, Fresno Co. (Hall & Chandler n. 11); Big Tree Grove (Lemmon n. 423); Middle Tule River (Purpus n. 1366, 5611); Kaweah River (Dudley a. 1902); Echom Valley (Clemens a. 1910); Poso Creek Valley (Dudley n. 560), omnes fide Munz l. c. Sequentes ex McVaugh l. c.: T. Bridges n. 146; Los Angeles, Mohave Desert (C. B. Grant n. 4373); Monterey Co., Tassajara Hot Springs (Elmer n. 3350!); San Bernardino: San Bernardino (Lemmon Hb., May 1878); San Luis Obispo (Lemmon Hb. a. 1887—88); Stanislaus, 12 miles E. of Waterford (R. F. Hoover n. 1106); Butte, Enterprise (E. Brooks).

Daß Robbins die Varietät *interior* zur Species erhoben hat, läßt sich gut begründen: Habituell weicht sie entschieden von *Nemacladus rubescens* ab und noch mehr von *N. rigidus*, wohin sie bisher gezählt wurde, durch straffen Wuchs, den nicht silbergrauen Stengel, die deutlich zickzack-laufende Achse des Blütenstandes, die steif und gerade aufsteigenden Blütenstielchen, die Anhänge an den Filamenten und den nur grubig-genetzten Samen, ohne richtige Zickzack-Linien.

4. **Nemacladus montanus** Greene in Bull. Calif. Acad. I (1885) 197; McVaugh in Amer. Midland Nat. XXII (1939) 543, t. f. 2 (semen), t. 3, f. 15 p. pte. — *N. ramosissimus* var. *montanus* A. Gray, Synopt. Fl. II/I (1886) Suppl. 393 p. pte. — *N. rigidus* var. *montanus* Munz in Amer. Journ. Bot. XI (1924) 243, f. 41—45. — Caules rubiginosi, paulum micantes, inferne hirtelli vel glabrescentes, ramosi, 10—18 cm alti. Rami stricto-ascendentes, furcati. Folia rosulata, elliptica vel oblanceolata, obtusiuscula, basi in petiolum alatum angustata vel subsessilia, subintegra, glabra, 6—18 × 2—5 mm. Rachis inflorescentiae angulato-flexuosa. Racemi laxi, multiflori. Bracteae sublineares, 1—3 mm longae, pedicellos non amplectentes. Pedicelli 10—15 mm longi, saepe in basi supra et in parte caulis oppositi ciliati. Calycis tubus turbinatus, lobi sublineares, subacuti, 0,5—1,5 mm longi, divergentes. Corolla alba vel purpurascens, 1,5—2,5 mm longa, lobi fere liberi. Stamina longitudine corollae, antherae 0,6 mm longae, rubescentes. Capsula late ellipsoidea, apice obtusa, fere 3 mm longa. Semina globoso-ellipsoidea, 0,8—0,9 mm longa, lineis longitudinalibus impressis in 10—12 areas divisa, omnis area lineis transversis subtilibus in circiter 30 trabeculas divisa.

Kalifornien: Lake County, Allen's Springs, 25. VI. 1882 (D. Cleveland — Typus); Napa Co., mountains of Napa County (C. S. Masters); 4 miles N. of Knoxville Mines, 30. V. 1935 (H. L. Mason n. 10000! — Br. M.); Pope Creek Bridge S. of Walters Springs (D. D. Keck n. 2439).

Dem *N. interior* habituell sehr ähnlich, aber dem Samen nach total verschieden. Von *N. rigidus* ist er nicht nur habituell, sondern auch durch die Pedicelli, die Brakteen, die Korolle und den Samen unterscheidbar.

5. **Nemacladus glanduliferus** Jeps., Man. Fl. Pl. Calif. (1925) 975; McVaugh in Am. Midland Nat. XXII (1939) 538, t. 3, f. 11, North Am. Fl. XXXII A (1943) 10. — Caulis erectus, teres, rubiginosus vel fuscus, saepe paulum micans, inferne puberulus, ramis stricte-ascendentibus vel parum diffusis et flexuosis. Folia basalia rosulantia, oblanceolata, rarius elliptica, 3—16×1—3 mm, apice obtusa, ad basin angustata vel in petiolum alatum attenuata, dentata vel pinnatifida, basi vel et in pagina superiora laminae puberula vel omnino glabra. Semina cylindracea aut cylindrico-oblonga, 0,6 mm longa, lineis impressis divisa in 6—8 areas longitudinalibus et omnis area lineis subtilibus transversalibus in trabeculas 15—20 (30) divisa.

Verbreitet im südlichen Kalifornien, Arizona, Nevada, vereinzelt in Nieder-Kalifornien, Mexico, Neu-Mexico und Utah, auf sandigen, gerölligen oder überschwemmten Böden, blühend und fruchtend vom März bis Juli.

Clavis varietatum:

1. Herba diffusa, sub 5 cm alta, caule et pedicello crassiore quam in alteris varietatibus. Baja California .... var. *australis*.
1' Herbae erectae, raro diffusae, altiores, caule et pedicellis tenuibus 2
2. Pedicelli parum sigmoideo-curvati, apice erecti; lobi calycis 1,5—2,5 mm longi. Calif. austral. .... var. *glanduliferus*.
2' Pedicelli stricto-ascendentes, raro paulisper curvati; lobi calycis 0,8—1,8 mm longi. Late distributa .... var. *orientalis*.

var. **glanduliferus**. — Jepson l. c.; McVaugh ll. cc. — Folia basalia lanceolata, dentata vel pinnatifida, subglabra. Pedicelli subcurvato-patentissimi, apice erecti, fructiferi 7—13 mm longi, glabri, tenues. Bracteae 2—3 mm longae, lineares vel lanceolatae, apice obtusiusculae, glabrae vel cilatae. Tubus calycis campanulatus, lobi sublineares, acuti, 1—1,6 mm longi. Corolla 1,5—2,6 mm longa, „alba, apice rubro-maculata", lobi oblongi, acuti, 3 superiores ciliati. Stamina glabra, longitudine corollae, appendices verosimiliter desunt; antherae 0,2—0,3 mm longae, cernuae. Capsula subglobosa, c. 2 mm in diametro, fere semi-infera, apice acuta.

Kalifornien: Western Colorado Desert, San Siego Co., Wagon Wash, near Sentenac Canyon (W. L. Jepson n. 8766 — Typus); San Diego Co., Colorado Desert, IV. 1913 (A. Eastwood n. 2702! — Wash.); Palm Spring, E. of San Diego, common in sandy wash, IV. 1932 (Munz & Hitchcock n. 12103! — Br. M.); Imperial, between Cyote Wells and Cement Bridge (E. A. McGregor n. 845); Riverside, Dry Morongo Valley (Munz n. 11922); Shaver's Well, near Mecca (Munz & Keck n. 4745); S. Base of Eagle Mts., 3 miles NE. of „The Hayfields" (Munz & Keck n. 4824); San Bernardino, Sheepole Mts., southern Mohave Desert (Munz n. 13807); San Bernardino (S.B. & W. F. Parish n. 831); — Nieder-Kalifornien: La Grulla (C. R. Orcutt, May 18. 1886). — Einige weitere Ortsangaben bei McVaugh l. c.

var. **orientalis** McVaugh in Amer. Midland Nat. XXII (1939) 540, t. 1, f. 5 (semen) t. 3, f. 11 et North Amer. Fl. XXXII A (1943) 11; Karney & Peebles, Arizona Fl. (1951) 827. — *N. rigidus* var. *rubescens* Munz in Amer. Journ. Bot. XI

(1924) 245 p. pte. — *N. ramosissimus* Torrey, Bot. Mex. Bound. Surv. (1859) 108, t. 35 fide Munz et McVaugh. — Herba erecta, ramis et pedicellis ascendentibus, strictis, raro subdiffusis et subflexuosis, nempe de ramis. Folia basalia oblanceolata usque elliptica, interdum brevi-petiolata, margine dentata vel pinnatifida, 5—16 mm × 1—3 mm lata. Pedicelli recti, apice raro sursum curvati, fructiferi, 6—16 mm longi, saepe in parte superiore basali ciliati sicut pars opposita caulis. Brateae lanceolatae usque ovatae, 1—6 mm longae, pedicellos vix amplectentes. Calycis tubus turbinatus, lobi sublineares vel triangulares, 1—1,6 mm longi. Corolla alba cum apicibus purpurascentibus, fere usque ad basin incisa in 5 lobos. Stamina 1,4—2 mm longa, apice cernua, appendices filamentorum clavatae, reflexae, sub 0,5 mm longae. Capsula subglobosa, 1—2 mm in diametro, apice rotundata et apiculata.

Von den Varietäten des *N. glanduliferus* am weitesten verbreitet, von Kalifornien, Inyo und Los Angeles Counties, bis Baja California, dann bis Mexico (Sonora), New Mexico, Arizona, Utah und südliches Nevada.

Nevada: Shore of Lake Mead, near Boulder Dam (P. Train n. 1566 — Nat. Arb. Typus); Moapa (P.B. Kennedy n. 1079, L.N. Goodding n. 2211); Clark Co., Overton, *Larrea* belt, gravelly hilltop, 500 m, (J. W. Clokey! — Br. M.). — Kalifornien: Mohave Desert, Greenwater Flat (S. B. Parish n. 9879); between Stewart's Valley and Shoshone (R.S. Ferris n. 7366); Bradbury's Well (C.L. Hitchchock n. 12355, Munz & Hitchcock n. 10979, Munz n. 14894, J. T. Howell n. 3641); Los Angeles (M. E. Jones a. 1884); Corn Springs, Chuckwalla Mts. (Munz & Keck n. 4852); Panamint Canyon, 1300 m, 4. V. 1897 (M.E. Jones — Br. M.); San Diego, 6 miles E. of Jacumba (Munz n. 8078 a). — Arizona: Sabina Canyon, 4. IV. 1896 (Miss Myrtle Zuck — Br.M!); „Central Arizona" (E. Palmer n. 300); Mazatzal Mts. (A. Eastwood n. 16891, 17112); Clifton (A. Davidson n. 91); Hills E. of Vail (R. H. Peebles n. 11371): Secaton and San Ton Mts. (Peebles n. 6595, 11306); Tule Mts. and Plomosa Mts. (Kearney & Peebles n. 10887, 10989). — Utah: Valley of the Virginn near St. George (C. C. Parry n. 143). — New Mexico: Ohne nähere Ortsangabe (C. Wright n. 1431! — Br. M.). — Mexico: Sonora, west of El Paso (C. C. Parry a. 1852); 6 miles S. of Magdalena (L. R. Abrams n. 13219); 4 miles W. of Caborca (D. D. Keck n. 4031).—Nieder-Kalifornien: La Grulla (C. R. Orcutt a. 1886, 18. V.).

var. **australis** (Munz) McVaugh in Amer. Midland Nat. XXII (1939) 540, t. 3, f. 11 p. pte. — *N. rigidus* var. *australis* Munz l. c. 242, t. 10, f. 37—40.—Folia basalia spathulato-lanceolata, dentata. apice obtusiuscula, ad basin alatam angustata. Caulis parum crassior quam in planta typica, circiter 5 cm altus, diffusus, etiam pedicelli crassiores. Flores 3—4 mm longi (Munz!), 3 superiores lobi ciliati, 2 inferiores lobi longiores quam superiores. Appendices filamentorum illis varietatis orientalis aequales, sed cellulae terminales minus reflexae. Capsula 3,5—4 mm longa. Semina 0,75 mm longa.

Nieder-Kalifornien: Rosario (C. R. Orcutt n. 1348 — Cal. Acad.).

Die Varietäten dieser Art sind so schwer unterscheidbar, mehr gefühlsmäßig als morphologisch, daß man sie am besten fallen ließe, besonders die var. *australis*, die nur von einem Ort und einer Kollektion bekannt ist.

Weitere Standorte bei Munz und McVaugh.

6. **Nemacladus ramosissimus** Nutt. in Trans. Amer. Phil. Soc. n. Ser. VIII (1843) 254: Munz in Amer. Journ. Bot. XI (1924) 239, t. 10, f. 8—16; McVaugh in Amer. Midland Nat. XXII (1939) 531 t. 1, f. 3 et t. 2, f. 8 et in North Amer. Fl. XXXII A (1943) 8; Higgins in Occas. Pap. San Diego Soc. Nat. Hist. No. 8. (1949)

138. — *N. tenuissimus* Greene in Bull. Calif. Acad. I (1885) 198. — *N. ramosissimus* var. *montanus* A. Gray in Abrams, Fl. Los Angeles (1904) 388. p. pte. — Herba diffuse ramosa, ad 25 cm alta. Caulis erectus, puberulus vel glaber, rami recti, ascendentes. Folia basalia rosulata, oblanceolata, 10—20×2—4 mm, obtusiuscula, ad basin sensim angustata, margine inaequaliter dentata vel subpinnatifida, supra puberula vel glabrescentia. Racemi laxi, secundi; pedicelli capillacei, patentissimi, saepius apice sursum curvati, 8—20 mm longi, glabri. Bracteae lineares, obtusae, 2—6 mm longae, interdum subreflexae. Calycis tubus turbinatus, lobi lanceolati, 0,6—1,2 mm longi. Corolla alba vel purpureo-tincta, glabra, campanulata, 2/5 tubulosa, circiter 2,6 mm longa, lobi oblongo-ovati, subacuti, parum inaequales. Stamina 1,2—2,3 mm longa: appendices filamentorum parvae cum cellulis pellucidis pluribus: antherae 0,2—0,3 mm longae, cernuae. Capsula subglobosa, apice rotundata, basi acuta, 1,6—2,5 mm longa. Semina 0,5 mm longa, fere globosa, foveolata.

Kalifornien: Ziemlich häufig auf frischen Brandstellen und Waldlichtungen, westlich der Mohave- und Colorado-Wüsten, in Höhen bis 1500 m, blühend und fruchtend von Mitte April bis Anfang Juni. „California" (Lemmon n. 1241); San Dimas Canyon (Munz & Harwood n. 3695, 3797, 3827); between San Bernardino Mts. and Mohave River (Parry & Lemmon n. 218); Arrowhead (Grant n. 6639); Colton (Parry n. 161, M. E. Jones n. 3395! — Br. M.); Riverside (Mrs. Wilder n. 375); Kenworthy, San Jacinto Mts. (Munz & Johnston n. 5503); Palomar (Hall n. 1961 a), weitere Standorte bei Munz und Higgins. Typus: San Diego (Nuttall! — Acad. Philad., Br. M.)

Nieder-Kalifornien: All Saints Bay (Greene a. 1885); La Grulla (C. R. Orcutt a. 1886); Guadelupe Mts. (C. R. Orcutt a. 1883) fide Munz.

7. **Nemacladus pinnatifidus** Greene in Bull. Calif. Acad. I (1885) 197; McVaugh in Amer. Midland Nat. XXII (1939) 529, t. 1, f. 1 et t. 2, f. 1 et North Amer. Fl. XXXII A (1943) 7. — *N. ramosissimus* var. *pinnatifidus* A. Gray, Synopt. Fl. N. America, I (1886) Suppl. 393; Abrams, Fl. Los Angeles (1904) 388; Munz in Amer. Journ. Bot. XI (1924) 240, t. 9, f. 17—23; Higgins in Occas. Pap. S. Diego Soc. Nat. Hist. No. 8 (1949) 138. — Herba 6—18 cm alta, glabra, caulibus rubiginosis vel fuscis. Folia rosulata, oblanceolata, 10—20 × 2—4 mm, apice obtusa vel acuta, basi angustata in petiolum alatum, margine pinnatifida, raro dentata vel subintegra, folia caulina, si adsint, 10 mm longa, dentata vel subpinnatifida. Rami stricti, ascendentes, rachis inflorescentiae flexuosa. Bracteae lineares usque ellipticae, obtusae, 2—5 mm longae, pedicellos fere non amplectentes. Pedicelli ascendentes, versus apicem paulum sursum curvati, tenues, glabri. Calycis receptaculum campanulatum, lobi anguste triangulares, subacuti, 1, 7 mm longi, erecti. Corolla 2 mm longa, campanulata, tubus vix 1 mm longus, lobi triangulares, acuti. Filamenta fere longitudine corollae, apice cum antheris decurvata; appendices basi incrassatae cum cellulis linearibus paucis. Capsula semi-infera, 2—3 mm longa, oblongo-ovoidea, apice subacuta. Semina ellipsoidea, circiter 0,5 mm longa, 8—10 series foveolarum praestantia.

Nieder-Kalifornien: All Saints Bay (Greene a. 1885, 16. V. — Typus in Hb. Calif. Acad; Br. M.). — Kalifornien: Los Angeles Co., Sierra Madre Mts., Santa Anita Canyon (O. D. Allen a. 1885); Banks of San Gabriel River (Leiberg n. 3385 — Wash.); Riverside Co., Palm Canyon (Peirson a. 1920); Santa Anna Mts. (Munz n. 7096); San Bernardino Co., Palomar Mt. (Hall n. 1961 b, Munz n. 10391); between Potrero and Cottonwood Valley (L. R. Abrams n. 3746); San Felipe Creek (A. Eastwood n. 2702); Hot Spring Mt. (Higgins n. 27506). — Weitere Ortsangaben bei Munz und McVaugh.

8. **Nemacladus rigidus** Curran in Bull. Calif. Acad. I (1885) 154; A. Gray, Synopt. Fl. N. Amer. II/1 (1886) Suppl. 394; Munz in Amer. Journ. Bot. XI (1924) 242, t. 10, f. 30—36; McVaugh in Amer. Midland Nat. XXII (1939) 545, t. 2, f. 10 p. pte. et in North Amer. Fl. XXXII A (1943) 12. — Herba 4—15 cm alta, ramosa, caulibus vel ramis patentibus. Caules puberuli, saepe inferne tantum, crassiusculi, flexuosi. Folia radicalia rosulata, elliptica usque spathulata vel oblanceolata, 8—10 mm longa, 2—4 mm lata, obtusa, ad basin angustata vel et in petiolum alatum attenuata, margine subintegra vel inaequaliter crenulata vel denticulata, parce puberula, imprimis versus marginem vel glabrescentia. Racemi laxi, vagi, rachis angulato-flexuosa, multiflora. Pedicelli 6—10 mm longi, glabri, rarius basi ciliati, stricti, ascendentes vel serius ± sigmoideo-patentes. Bracteae sessiles, 2—3 mm longae, oblongae, pedicellos non amplectentes. Calycis receptaculum campanulatum, lobi triangulares, inaequales, 1,5—2,5 mm longi. Corolla purpurascens, 1,5 mm longa, bilabiata, calycem vix excedens, lobi oblongi, subacuti, tubus perbrevis. Stamina longitudine corollae: filamenta 1—1,3 mm longa, antherae 0,2—0,3 mm longae; appendices reflexae cum paucis clavatis cellulis. Capsula ad 4 mm longa, subglobosa, apice subacuta. Semina ellipsoidea, 0,7 mm longa, fusca, cum foveolis fere 15 angustis in seriebus, intra 8—10 striis longitudinalibus.

Vorkommend vom südöstlichen Oregon bis zu dem Grenzgebiet von Kalifornien und Nevada auf sandigen Berglehnen, blühend und fruchtend von Mai bis Juli.

Nevada: „Western Nevada" (M. K. Curran a. 1884! — Typus im Hb. der Univ. Calif., Br. M.); Washoe Co., N. of Verdi (A. A. Heller n. 10893 — Wash.); between Reno and Virginia or Reno (M. K. Curran a. 1884); Geiger Grade, near Steamboat Springs (K. M. Curran a. 1884, July). — Kalifornien: Lassen Co., 4 miles S. of Omira (J. T. Howell n. 11845); Modoc Co., Surprise Valley, near Lower Lake (S. A. Plummer a. 1879, May). — Oregon: Mathew Co., sandy hillsides, near Harper Ranch, 800 m (Leiberg n. 2113! — Br. M., Brux.); Malheur River (W. C. Cusick n. 1625); Lake Co., Paisley, canyon of Chewaucan River (M. E. Peck n. 15654); Harney Co., 3 miles N. of Alvord Ranch and 10 miles S. of Narrows (M. E. Peck n. 14006, 18954).

9. **Nemacladus capillaris** Greene in Bull. Calif. Acad. I (1885) 196; McVaugh in Amer. Midland Nat. XXII (1939) 547, t. 2, f. 10 p. pte. et in North Amer. Fl. XXXII A (1943) 12. — *N. rigidus* var. *capillaris* Munz in Amer. Journ. Bot. XI (1924) 244, t. 10, f. 48—50; Peck, Man. Pl. Oregon (1941) 699. — *N. ramosissimus* A. Gray, Synopt. Fl. N. Amer. II/I (1886) 39 p. pte., fide Munz.

Herba 4—16 cm alta, ramosa, ramis tenuibus iterum furcatis; caules purpurascentes vel fusci, interdum incano-nitentes. Folia rosulantia ovata vel oblonga, 5—15 mm longa, 2—5 mm lata, obtusiuscula, ad basin in petiolum alatum angustata, subcrenata vel integra, glabra. Flores in racemis laxis, vagis, rachis subflexuosa. Pedicelli capillacei, 6—12 mm longi, patentes vel divaricati, apice erecti vel paulo deorsum versi, sensim in calycem obconicum transeuntes; lobi calycis sublineares usque oblongi, subacuti, 0,6—1,2 mm longi. Bracteae ellipticae usque lanceolatae, 1—3 mm longea, pedicellos non amplectentes. Corolla „alba", 0,7—1,3 mm longa, petala basi vix connata, inaequalia. Filamentorum tubus 0,6—1,2 mm longus, glaber, apice subrecurvatus; antherae vix 0,2 mm longae; appendices filamentorum minutae, reflexae, 0,1 mm longae. Capsula fere semi-infera, obovoidea, basi acuta, apice rotundata, 1,5—2,7 mm longa, oligo-sperma. Semina late ellipsoidea, 0,5—0,75 mm longa, cum 9—12 seriebus foveolarum inter 8—10 striis longitudinalibus.

Vorkommen, mit Ausnahme des Jackson County in Oregon, auf Kalifornien beschränkt, blühend und fruchtend vom April bis Juli.

Kalifornien: Mohave Desert (M. K. Curran a. 1884! — Typus Calif. Acad., Br. M.!); San Bernardino Co., Colton, 29. IV. 1882 (M. E. Jones n. 3395! — Br. M.); Tuolumne Co., Brightman Flat (R.F. Hoover n. 3644! — Wash; 15. VII. blühend, ohne Frucht); between Cold Spring and Long Barn (Abrams n. 4732); Hams Station, Amador Co. (Hansen n. 1101); Mt. St. Helena (Eastwood n. 4676); Kern River (Dudley n. 801); Lake Co. (Tracy n. 2296; Greene n. 278; Torrey n. 281); Butte Creek (Leiberg n. 5025); Ukiah (Eastwood n. 3373); Med River Valley, 6 miles above Ruth, c. 1000 m, VI. 1913 und Buck Mt., Humboldt Co. (Tracy n. 4323! 2842); Goose Valley, Shasta Co. VI; VII. 1912 (Eastwood n. 788! — Wash.). — Oregon: Jackson Co., 26 miles E. of Ashland, near Pinehurst, on Ashland-Klamath Falls road (M. E. Peck n. 9293 — Gray ex McVaugh).

10. **Nemacladus sigmoideus** Robbins in Aliso IV (1958) 144. — Herba annua, 5—20 cm alta, erecta ramis diffusis. Caulis rubiginoso-fuscus, rectus, dichotomus. Folia basalia rhombo-ovata vel elliptica, 2—8mm longa, apice subacuta, basin versus in petiolum brevem latum angustata, margine integra vel denticulata, supra puberula. Rami simplices vel iterum furcati, glabri, in parte florigera angulato-flexuosi, interdum minus distincteflexuosi, bracteae ovato- usque oblongo-lanceolatae, 1—2 mm longae, conduplicatae, plerumque pedicellos in basi amplectentes. Pedicelli tenuissimi, ± sigmoidei, apice curvato-erecti, demum saepe arcuato-recurvati, c. 11 mm longi. Calycis tubus campanulatus, maturus cupularis; lobi calycis sublanceolati, 1,2 mm longi, integri, patentes. Corolla 3mm longa, tubus subbrevior vel sublongior quam calyx; lobi oblongo-acuti, c. 2 mm longi. Filamenta connata, apice recurvata et pilis paucis munita, prope basin 2 appendicibus digitatiformiter divisis ornata; antherae 0,25 mm longae. Capsula bilocularis, c. semi-infera, subglobosa, apice brevi-acuta, calycem fere aequans. Semina late ellipsoidea, foveolato-reticulata.

Vorkommend in und an den Randgebirgen der Mohave-Wüste, seltener am Westrand der Colorado-Wüste, im westlichen Nevada und Arizona, südwärts bis Nieder-Kalifornien, blühend vom April bis Juni.

Kalifornien: Los Angeles Co., slopes of South Fork of Little Rock Creek Canyon, c. 1600 m, San Gabriel Mts. (R. Bacigalupi & Robbins n. 4190 — Typus, im Hb. Jepson); Lancaster (Peirson n. 7265); Ventura Co., Seymour Creek, Mt. Pinos Area (Hall n. 6415 — UC.); San Bernardino Co., Little San Bernardino Mts., Warrens Well (Munz & Johnston n. 5191); Cajon Pass (Bacigalupi n. 5722); Barstow (Jepson n. 5852 b); Stoddard Well (Jepson n. 5915); Kingstone Mts., Excelsior Talk Mine (Wolf n. 10383); 5,5 mil. N.E. of Kelso (Jepson n. 50573); Old Dad Mts., Willow Springs Canyon (Jepson n. 20509. Riverside Co., San Jacinto Mts., Chalk Hill (Hall n. 2046); Eagle Mts, Cottonwood Spring (Jepson n. 12601 a). Mono Co., Benton Station (M. E. Jones — Pom.); 2 mil. E. of Banner (Keck & McCully n. 83); Bear Valley (Munz n. 10552); Kern Co., Tehachapi Pass (Benson n. 3500); 9 mil. N. of Ricardo (Munz n. 12463! — W.); Walker Basin (Bacigalupi n. 4528); Walker Pass (Munz n. 13363); Inyo Co., Foothills W. of Bishop (Heller n. 8278! — Univ. W., Boiss.); Teufel Canyon, southern Inyo Mts. (Jaeger); Pahrump Valley (Wolf n. 10610); 5mil. W. of Independence (Kerr n. 610); Little Lake and Lone Pine Creek (Hall & Chandler n. 7362, 7212).

11. **Nemacladus gracilis** Eastwood in Bull. Torr. Bot. Club XXX (1903) 500; McVaugh in Amer. Midl. Nat. XXII (1939) 527 p. pte. et in North Am. Fl. XXXII A (1943) 6 p. pte.; Kearny & Peebles, Arizona Fl. (1951) 827 p. pte.; Robbins, in Aliso IV (1958) 140; Munz & Keck, Calif. Fl. (1959) 1067. — *N. ramosissimus* var. *gracilis* Munz in Amer. Journ. Bor. XI (1924) 240, t. 9, fig. 24—29 p. pte.; Jepson, Man. Fl. Pl. Calif. (1925) 976. — Radix filiformis. Caulis erectus, rubiginosus vel

fuscus, paulum micans, cum ramis (saepe plures orientes, simplices vel ramosi), 4—12 cm altus, glaber, raro puberulus. Folia basalia rosulata, oblanceolata, 3—6 × 1—3 mm, apice obtusiuscula, basi in petiolum latum decurrentia, margine dentata, glabra. Folia ad originem ramorum ovata. Rami erecto-patentes, vix flexuosi. Bracteae sublineares, pedicellos non amplectentes. Flores in racemo laxo disticho. Pedicelli tenuiter capillacei, ± sigmoideo-curvati et apice abrupte sursum curvati et flores erecti, 5—8 mm longi, postremo arcuato-declinati. Calycis tubus late turbinatus, lobi sublineares, subacuti, 0,6—1,5 mm longi. Corolla alba, 1,5 mm longa, tubus dimidio brevior, lobi oblongi, subacuti. Filamenta 1 mm longa, antherae 0,2—0,3 mm longae, cernuae; appendices filamentorum cum pluribus cellulis capillaribus, tenuissimae. Capsula fere supera, globosa, 2 mm fere longa et lata. Semina late ellipsoidea, obsolete angulato-striata et plano-foveolata.

Diese Art kommt hauptsächlich in Kalifornien vor und nahe der Grenze in Nevada und vereinzelt in Nieder-Kalifornien, blühend und fruchtend vom Mai bis Juli, seltener bis September.

Kalifornien: Fresno County, Alcalde (A. Eastwood a. 1893, May 9. Typus! — Calif. Acad.); Monterey Co., Nasciemento River (Brewer n. 549); Kern Co., Tehachapi Mts. (Davy n. 1864); Sunset (Heller n. 7729); Panamint Mts. (Coville & Funston n. 811); Mt. Wilson (Abrams n. 1899); Merced Co., 2 miles W. of Arburnas Ranch (R. F. Hoover n. 4369! — Wash.); Arrowhead Lake (Mrs. Wilder n. 743); Santa Ana Mts. (Munz & Keck n. 7096); Morongo Pass (Munz n. 8151); east base of S. Bernardino Mts. (Parish n. 3202); San Benito Co., Bear Valley (S. B. Parish n. 4956); Rabbit Springs Valley (A. Eastwood n. 18680); Mt. Woodson and Baroma Valley (Higgins n. 16078, 17877). — Nevada: Eagle Valley, Ormsby Co. (Baker n. 1022); Reno (Stokes a. 1903); Franktown and Good Springs, Clark Co. (M. E. Jones a. 1882 and 1905); Las Vegas (L. N. Goodding n. 2319). — Nieder-Kalifornien: La Grulla (C. R. Orcutt a. 1886, May 18.). — Weitere Standorte bei Munz und McVaugh.

12. **Nemacladus secundiflorus** Robbins in Aliso IV (1958) 142, f. 1. — Herba erecta, annua, subglabra, 3—12 cm alta. Caulis inferne rubiginoso-fuscus, rectus, dichotomus, rami patento-ascendentes simplices vel ramosi racemis secundis vel irregulariter distichis. Folia basalia anguste oblanceolata vel spathulata, basi in petiolum angustata, irregulariter crenato-dentata vel subpinnatifida. Flores in racemis laxis, saepe secundis, rachis recta vel leviter angulato-flexuosa. Bracteae ovato-usque oblongo-lanceolatae, 2—3 mm longae, conduplicatae, basin pedicellorum amplectentes. Pedicelli capillares, sub angulo recto a rachide ± sigmoideo-curvati divergentes, apice abrupte erecti. Calyx campanulatus, lobi sublineares, subacuti, tubo corollae fere duplo breviores. Corolla ad 5 mm longa, lavandulacea vel rosea, ad faucem luteo-maculata et parce hirsuta, lobi oblongo-ovati. Filamenta connata, apice recurvata et pilis paucis praedita, prope basin 2 appendices cum 12—15 baculis vitreis ornata; antherae c. 0,5 mm longae. Capsula bilocularis, circiter 1/3 infera, apice rotundato-acuta, lobus calycis matura subaequans. Semina subglobosa, foveolato-reticulata.

In den südlichen Küsten-Gebirgszügen von Monterey, San Benito, San Luis Obispo bis Kern Counties in Kalifornien einheimisch.

Kalifornien: San Luis Obispo Co., East Fork of Huerhuero Creek, 3 mil. N. of Cresten, 300 m (Bacigalupi & Robbins n. 4504—Typus im Jepson Herb.); El Dorado School, Santa Margarita (Wall); Dry Creek, 4 mil. S. of Union (Ferris n. 9744;) Atascadero (Mason n. 3736); upper Arroyo Grande Creek (Hoover n. 6859). Kern Co., Greenhorn Mt. road (Bacigalupi n. 4538); Greenhorn Mt. (C. N.

Smith n.411, weicht etwas ab vom Typus durch mehr gebogene pedicelli und wenig secundiflori rami, fide Robbins).

4. **Pseudonemacladus** McVaugh

Pseudonemacladus McVaugh in North Am. Fl. 32 A (1943) 3. — *Baclea* Greene, Erythea I (1893) 238, non Fournier ex Baillon, Dict. Bot. I (1877) 238.

Calyx ovario adnatus, 5-fidus. Corolla tubulosa, bilabiata: tubus integer, labium superius 3-lobatum, labium inferius 2-lobatum. Stamina quinque: filamenta partim cohaerentia et tubo corollae adnata: antherae inter se liberae. Ovarium biloculare, inferum, ovula dissepimento centrali utrinque affixa. Capsula bilocularis valvis 2 apice dehiscens. Stylus unus, in staminum tubo inclusus, apice deorsum versus. Semina minuta, laevia. — Fig. 34.

1. **Pseudonemacladus oppositifolius** (B. L. Robins.) McVaugh l. c. — *Nemacladus oppositifolius* B. L. Robins. in Proceed. Am. Acad. XXVI (1891) 168. — *Baclea oppositifolia* Greene l. c. — Herba perennis, glabra. Caules plerumque plures, 20—60 cm alti, erecti vel ascendentes, angulati. Folia caulina, inferiora plerumque opposita et approximata, superiora saepe alterna, ovata, 20—30×12—15 mm, apicc acuta, basi rotundata usque cuneata, argute dentata; petioli marginati, 3—10 mm longi. Flores in racemis sublaxis, terminalibus, 5—30-floris, pedunculatis. Pedicelli 3—5 mm longi, infra calycem bibracteolati. Bracteae lineares, c. 3 mm longae. Calycis tubus turbinatus, lobi vix 2 mm longi, anguste triangulares, integerrimi, erecti. Corolla 4—5 mm longa, glabra, sed labium inferius intus in basi puberulum: tubus 1—1,7 mm longus, lobi elliptici, 3 mm longi, 1 mm lati. Filamenta 3,2—4,5 mm longa, apice cum antheris 0,6 mm longis cernua. Capsula turbinata. Semina ellipsoideo-subcompressa, laevia, nitida, 0,6—0,7 mm longa.

Mexico: San Luis Potosi, dry calcarous bluffs, near Cárdenas (Pringle n. 3300! Typus — Hb. Gray; Br. M., Boiss.); Minas de San Rafael, XI. 1910 (C. A. Purpus n. 4929! — Br. M.).

5. **Cyphia** Berg.

Cyphia Bergius, Descr. Pl. Cap. (1767) 172; Willdenow, Spec. plant. ed. 4, I. (1798) 952; Poiret, Dict. Bot. XII (1818) 393., Roemer & Schultes, Syst. Veg. V (1819) 475; G. Don, General Syst. III (1834) 718; Presl in E. Meyer, Commentar. Pl. Afr. Austr. Drege (1837) 292; Endlicher, Gen. Pl. (1838) no. 3041; A. De Candolle, Prodr. VII (1839) 498; Meisner, Pl. Vasc. Genera (1839) 239; Walpers, Ann. Bot. II (1852) 1037; Sonder in Harvey & Sonder, Fl. Cap. III (1865) 597; Benth. & Hook. f., Gen. Pl. II (1876) 554; Hemsley in Oliver, Fl. Trop. Afr. III (1877) 471; Schoenland in Engler-Prantl, Natürl. Pflanzenfam. IV/5 (1894) 62; Thonner, Blütenpfl. Afr. (1908) 574; Phillips in Ann. South Afr. Mus. IX (1917) 450—473 et Genera S. Afr. Flow. Pl. 2. ed. II (1951) 757; Dalla Torre & Harms, Gen. Siphonog. (1900—1907) no. 8681. — *Cyphium* Gmelin, Syst. V (1791) 370. — *Cyphopsis* O. Kuntze, Rev. Gen. Pl. III/2 (1898) 186. — Lobeliae spec. Linné, Thunb.

Flos zygomorphus, 5-lobus. Calyx ovario plus minusve adnatus, limbus 5-fidus. Corolla epigyna, bilabiata: labium superius 3-fidum, labium inferius 2-petalum vel omnia segmenta in tubum connata, limbus 5-lobus, raro demum segmenta se solventia. Stamina 5, plus minusve breviora quam corolla, filamenta ad basin triangulariter ampliata, in basi cohaerentia vel libera inter se usque ad basin; antherae liberae (non concretae ut in *Lobeliis*), in connectivo dosarli pilosae vel glabrae, in tubo corollae inclusae (sect. *Cyphiella*) vel inter labia divergentia corollae egredientes (sect. *Cyphia*). Ovarium biloculare, multi-ovulatum, plerumque inferum vel semi-inferum, raro superum. Stylus unus, teres, staminibus parum brevior, stigmate capitato piloso coronatus. Capsula bilocularis, inter lobos calycis persistentes duabus valvis saepe bifidis, apice loculicide dehiscens. Semina minuta numerosa.

Species typica: *Cyphia bulbosa* (L.) Berg.

Cyphia zählt bisher 80 Arten und kommt nur in Afrika vor. Das Hauptverbreitungsgebiet ist das Kapland mit 50 Arten, davon 48 einheimischen. Man könnte fast sagen, je weiter nach Norden und Westen, desto geringer wird die Zahl der dort gefundenen Arten von *Cyphia*, vorausgesetzt, daß nicht die geringere Durchforschung jener Gebiete die Ursache der geringeren Anzahl der jetzt bekannten Arten ist.

Cyphia muß wohl ein jüngeres Genus sein, weil die Variabilität und das förmliche Ineinanderfließen der Arten so groß ist, daß die Aufstellung eines kurzen und ausreichenden Bestimmungsschlüssels der Arten eine schwierige Sache ist. Die Form und Dauer der Korollenröhre, die von Presl zur Aufstellung der Sektion *Cyphiella* benutzt wurde, ist nicht so konstant, daß bei der Bestimmung der Arten alle Unsicherheit beseitigt wäre, sondern zeigt öfter, wenigstens bei älteren Blüten, daß sich die Röhre mehr oder weniger auflöst wie bei der Sektion *Cyphia* (*Eucyphia* Presl); ich füge daher als weiteres Kennzeichen hinzu: Die Antheren schmallineal und in der Röhre verborgen bleibend, nicht zwischen Ober- und Unterlippe heraustretend und sichtbar werdend. Wenig verläßlich ist auch die Infloreszenz, ob einzel-achselständige Blüten oder traubenförmige Blütenstände oder Übergangsformen vorhanden sind, ferner die Form der Stengel, die bei manchen Arten teils aufrecht, teils windend sind, so bei *Cyphia georgica*, *C. schlechteri*, *C. stenopetala*, *C. undulata*. Es scheint mit, dies hänge davon ab, ob in der Nähe solcher Pflanzen andere sind, um die sie sich leicht emporwinden können.

Clavis sectionum:

1. Corolla tubulosa: segmenta corollae in medio corollae in tubum angustum connata, in basi breviter soluta, limbus 5-fidus lobis subaequalibus, interdum segmenta postremo plus minusve se solventia. Stamina in tubo corollae incluso-persistentia .... I. Sect. *Cyphiella*.

1′ Corolla mox in 2 labia fissa: labium superius 3-fidum, raro demum in 3 petala solutum; labium inferius in 2 petala inter se libera divisum. Stamina, inter 2 labia divergentia, progredientia et bene visibilia .... II. Sect. *Cyphia*.

I. Sect. **Cyphiella** Presl

Sect. *Cyphiella* Presl in Ecklon & Zeyher, Enum. (1837) 388. — Subgen. *Cyphiella* Presl in E. Meyer, Commentar. Pl. Drege (1837) 293.

Caulis erectus vel volubilis. Corolla tubo angusto plerumque parum curvato, basi fenestrato, limbo 5-fido, lobis saepe lanceolatis et fere aequalibus, patentibus. Stamina in tubo corollae absondita et ex eo non egredientia (ut in sectione *Cyphia*). Segmenta corollae interdum versus finem florescentiae plus minus se solventia. 17 species.

Species typica: *Cyphia zeyheriana* Presl

Clavis subsectionum:

1. Antherae in nervo dorsali glabrae .... 1. Subsect. *Psilandrae*.

1′ Antherae in nervo dorsali pilosae .... 2. Subsect. *Trichandrae*.

1. Subsect. **Psilandrae** E. Wimm.

Psilandrae E. Wimm. subsect. nov. — Antherae angustae, virentes vel pallidae, in dorso omnino glabrae, interdum pilis paucis inconspicuis in ipso apice munitae.

Clavis specierum:

1. Caulis ± erectus, sparse foliatus 2
1′ Caulis volubilis, tenuis 6

2. Corollae lobi intus totaliter tomentosi; folia anguste linearia, callose denticulata, 5—15×1 mm. Cap Verd. Angola .... 1. *C. stheno.*
2′ Corollae lobi intus glabri vel in parte inferiore tantum puberuli 3

3. Folia stricte linearia, 20—70×3 mm, margine ± revoluta, sessilia. C. P. .... 2. *C. persicifolia.*
3′ Folia ovata, oblongo-lanceolata vel inferiora late spathulata 4

4. Folia sessilia, racemus distincte pedunculatus 5
4′ Folia brevi-petiolata, oblongo-lanceolata; lobi calycis 4 mm longi, erecti. C. P. .... 3. *C. phillipsii.*

5. Folia lanceolata, argute dentato-serrata; calycis lobi sublineares erecti. Tvl. .... 4. *C. stenodonta.*
5′ Folia ovato-acuta, adpresse denticulata; lobi calycis reflexi. Tvl. ... 5. *C. belfastica.*

6.(1.). Calycis lobi dentibus longis muniti, patentes usque subreflexi, 3—5 mm longi. Folia elliptica, utrinque acuta. S. Rhod. .... 6. *C. rivularis.*
6′ Calycis lobi fere subulati, 1,5—2,5 mm longi, integri vel minute denticulati, erecti, patentes vel reflexi 7

7. Folia 3—5-partita vel in basi lobata, folia linearia inferiora occurrunt 8
7′ Folia integra, non partita, linearia usque lanceolata[1]) 9

8. Folia inferiora anguste linearia, reliqua et bracteae 3-lobae, corollae tubus plerumque angustus et subarcuatus. .... 7. *C. zeyheriana.*
8′ Folia omnia palmato-quinquepartita; bracteae saepe trilobae. Corollae tubus minus angustus et interdum prius se solvens. .... 8. *C. ranunculifolia.*

9. Flores in axillis foliorum superiorum solitarii et a folio fulcrante superati. Corollae lobi ad 15 mm longi. Folia et flores saepe puberuli, saltem plantarum novellarum. CP. .... 9. *C. longilobata.*
9′(7′) Flores in racemo laxo dispositi, bracteae multo breviores quam flores ... 10

10. Semina exalata, forma irregulari, triangulari vel ovoidea. Folia sessilia, obsolete vel callose denticulata vel subserrata. Corolla 11—19(21) mm longa, stamina 4—6 mm longa. Tvl. Bech. .... 10. *C. stenopetala.*
10′ Semina late alata, complanata, ovalia. Folia brevi-petiolata, minute denticulata. Corolla 9—11:3,5. N. Rhod. Tvl. Nat. .... 11. *C. rogersii.*

1. **Cyphia stheno** Webb apud Hooker, Niger Flora (1849) 148; J. A. Schmidt, Beitr. z. Flora d. Cap Verdischen Inseln (1852) 207. — *C. lobelioides* Welw. ex Hiern, Cat. Welw. Afr. Pl. III (1898) 628. — *Cyphia sp.* Welw. in Journ. Linn. Soc. V (1861) 187.

[1]) Si folia caulina integra-linearia, sed bracteae 3-lobae., vide etiam *C. zeyherianam* var. *ecklonianam* et *C. volubilem.*

Radix tuberosa (tuber globosus c. 16 mm diametiens). Caulis erectus, plerumque simplex, tenuis, glaber vel superne paululum puberulus, basi cataphyllis minutis instructus, ad 60 cm altus, remote foliatus. Folia sessilia, anguste linearia, 5—20 × 1—1,5 mm, denticulata, glabra. Flores in racemo terminali, distincto, laxo, 3—20 cm longo et 10—30-floro. Bracteae foliaceae, pedicellos fere aequantes. Pedicelli ad 5 mm longi, puberuli, basi vel medio bibracteolati. Calycis tubus semi-ellipsoideus, adpresse tomentosus; lobi calycini anguste triangulares, 1—2 mm longi, integri vel denticulati, erecti. Corolla 8—10 mm longa, extus glabra, intus pubescens, „purpurea, inferne lutescens" (Webb) vel „violaceo-purpurea" (Welw.); tubus subcurvatus, 5 mm longus; lobi aequales, lanceolati, c. 3 mm longi, patentes, interdum postremo 2 inferiores se solventes. Stamina 3 mm longa, glabra; filamenta basi ampliata; antherae anguste lineares, dorso glabrae, apice pilis paucis inconspicuis ciliatae. Stylus staminibus brevior, stigma capitatum, pilosulum. — Fig. 35 A.

Tropisches Westafrika: Kapverdische Inseln, auf grasigen Stellen (P. B. Webb! Typus — P., G. St.-Hilaire—P.).—Angola, Huilla zwischen Lopollo und Morro de Quilengues, auf feuchten Waldwiesen, I. 1860 (Welwitsch n. 1135! — K., Del., Typus für *C. lobelioides*); Distr. Ganda, Alto Columbela und Pundu, Sümpfe, gemein, 1500 m, I. 1941 (Faulkner n. 466 — Pret., „always growing in swampy ground and singly from a small fibrous root, if several stems twined togheter. Flowers dark pink").

2. **Cyphia persicifolia** Presl in E. Mey., Commentar. Pl. Drege (1837) 296; A. DC., Prodr. VII (1839) 498; Harvey, Thes. Cap. II (1863) 38, t. 159; Sonder in Harv. & Sond., Fl. Cap. III (1865) 599. — *C. linarioides* Phillips in Annal. S. Afr. Mus. IX (1917) 461 p. pte.

Radix tuberosa. Caulis erectus, simplex, angulatus, glaber, ± foliosus, ad 50 cm altus. Folia sessilia, linearia vel lineari-lanceolata, 20—70 × 2—3 mm, acutiuscula, margine denticulato-revoluta, glabra. Flores in racemo terminali, sublaxo, multifloro, pedunculato. Pedunculus foliis multo minoribus obsitus. Bracteae lanceolatae, denticulatae, pedicellis longiores. Pedicelli 2 mm longi, apice bibracteolati, glabri. Calycis receptaculum turbinatum, glabrum; lobi calycini anguste triangulares, subdenticulati, ad 3 mm longi. Corolla 10—12 (14) mm longa, intus extusque glabra: tubus subcurvatus, demum interdum in 2 labia fissus; lobi anguste lanceolati, subrecurvati, 4—6 mm longi. Stamina 4—5 mm longa; filamenta basi connata, puberula vel glabrata; antherae anguste lanceolatae, dorso glabrae. Fructum non vidi. — Fig. 35 B.

Kapland, südöstliches Gebiet: Zwischen Basche und Morley, zwischen höherem Gras in 300—600 m Höhe, II. (Drege! — Stkh; Del; beide mit Handschrift Presls); East London, XI. 1908 (Rattray n. 294!—Albany Mus.); East London, in campis graminosis, 100 m (Bolus n. 7370! — Bol.); between Komgha and Kei Mouth, 300 m (H. G. Flanagan n. 45! — Bol.); inter Umtata et St. Johns, Mlengana inter Omtata et flumen Omgazi, 1000 m (Bolus n. 10178, 10180! — Bol.), diese beiden Exsikkate gleichen total dem Holotypus.

Ich vermute, daß diese Art und *C. stenopetala* zusammengehören, aber solange ich nicht auch die Samen von *C. persicifolia* gesehen habe, möchte ich sie als geographische Rasse bestehen lassen. Alle aus Transvaal stammenden Pflanzen, die ich wegen ihres mehr aufrechten Wuchses in einzelnen Herbarien früher zu dieser Art gezogen habe, sind daher als zu *C. stenopetala* gehörig zu betrachten.

3. **Cyphia phillipsii** E. Wimm. stat. nov. — *C. assimilis* var. *latifolia* Phillips in Annal. S. Afr. Mus. IX (1917) 461. — Caulis glaber, erectus, subramosus, teres, circiter 50 cm altus, saltem in medio densius foliatus. Folia subsessilia, oblonga

Fig. 35. A. *Cyphia stheno* Webb (sp. *C. lobelioides* Welw.); a — flos, b — stamen. — B. *C. persicifolia* Presl; a — folium, b — flos, c — stamen (Drege n. 4017). — C. *C. belfastica* E. Wimm.; a — corolla aucta, b — corolla mag. aucta, c — stamen, d — stylus stigmato agglutinato cum anthera, e—f — semina a fronte et latere, g — capsula.

usque lanceolata, 40—50×8—14 mm, apice acuta vel obtusiuscula, basi angustata, margine obsolete repanda vel inaequaliter remote denticulata, venae subtus invisibiles. Pedunculus inflorescentiae 4 cm longus, subflexuosus. Flores in racemo terminali distincto, in nostro specimine 4-floro dispositi. Bracteae sublineares, foliaceae, 3—5 mm longae. Pedicelli 4 mm longi, glabri, superne bibracteolati. Calycis tubus turbinatus, 2—3 mm longus; lobi lineares, 3 mm longi, denticulati, patuli, apice subrecurvati. Corolla 17 mm longa, glabra, rubra (?), bilabiata: tubus angustus, subcurvatus, interdum in 2 labia fissus; lobi lanceolati. Stamina ad 4 mm longa, glabra, sub anthesi inclusa: filamenta versus basin dilatata; antherae lineari-triangulares, 1,5 mm longae, dorso glaberrimae. — Fig. 36A.

Kapland, südöstliches Gebiet: East London, XII. 1908 (G. Rattray n. 628! — Albany Mus.); Kentani Distr., rare, 31/10. 1914 (A. Pegler n. 2098! — Bol.).

Von der *Cyphia assimilis* ist unsere Art reichlich verschieden durch die viel breiteren Blätter, besonders aber durch die Form der Korolle und die eingeschlossenen Stamina, die die Pflanze als zur Sektion *Cyphiella* gehörig ausweist, während *C. assimilis* zur Sektion *Cyphia* gehört.

4. **Cyphia stenodonta** E. Wimm. spec. nov. — Caulis e radice tuberosa erectus, superne flexuosus, glaber, foliatus, c. 50 cm altus. Folia alterna, basi angustata subsessilia, lanceolata, apice acuta, 30—65×3—16 mm, subremote argute dentata (dentes anguste-triangulares 2 mm longi), glabra, luteo-viridia, nervi subtus vix visibiles. Flores in racemo terminali, distincto, secundo, laxo, paucifloro. Bracteae lanceolatae, denticulatae, pedicellos parum superantes. Pedicelli 3 mm longi, puberuli, medio bibracteolati. Calycis receptaculum turbinatum, glabrum; lobi calycini 2,5 mm longi, sublineares, denticulati, erecti. Corolla 18 mm longa, malvacea (?), glabra: tubus angustus, subcurvatus; lobi lanceolato-lineares, labia 2 formantes, quorum 3 superiores 5 mm longi, 2 inferiores 9 mm longi. Stamina 5 mm longa: filamenta pubescentia, basi dilatata; antherae 2 mm longae, angustae, dorso glabrae. Stylus 4 mm longus, glaber, stigma capitatum, pilosum. Semina ovalia, complanata, fusca, alata, 0,8 mm longa. — Fig. 36B.

Transvaal: Distr. Pretoria, Birchleigh, 18. IV. 1925 (C. E. Moss n. 11223! — Witw. R., W.).

5. **Cyphia belfastica** E. Wimm. spec. nov. — Radix tuberosa. Caulis strictus, erectus, teretiusculus, striatus, glaber, sparse foliatus, circiter 80 cm altus, 5 mm diametiens, ramosus. Folia alterna, sessilia, glabra, ovata, etiam elliptica et oblonga, 35—40×15—20 mm, basi rotundata, apice acuta, margine crenulato-denticulata, luteo-viridia et fere concoloria. Flores sessiles, solitarii in axillis bractearum foliacearum, spica laxa, multiflora, terminalis. Calycis receptaculum hemisphaericem, a lobis calycinis obtectum, lobi reflexi, ovato-acuminati, exserte dentati, glabri, 2,5 mm longi (4 mm fr.). Corolla 12 mm longa, „alba", intus extusque glabra, bilabiata: tubus subcurvatus, inferne fenestratus; labium superius 3-fidum (lobis lanceolatis), labium inferius 2-fidum, postremo interdum in 5 petala dissoluta. Stamina, 4,6 mm longa: filamenta glabra, basin versus dilatata; antherae 1,6 mm longae, angustae, 1,6 mm alongae, in dorso glabrae. Stylus unus, glaber, 4 mm longus, stigmate clavato pilosulo declinato terminatus. Capsula semi-infera, subglobosa, 6 mm longa, 4 mm lata, ante dehiscentiam parte conica valvari. Semina rubiginosa, inaequaliter quadrangularia cum margine dilutiore, 1 mm longa et fere lata, subcompressa, rugosa? vel plane foveolata. — Fig. 35C.

Transvaal: Belfast, Dullstroom, mountain side above Crocodile River, waterfalls, occasional, 1600 m, 20. I. 1933 (E. E. Galpin n. 13728! — K. Typus, P., Bol. Hb. n. 26272!).

Fig. 36. A. *Cyphia phillipsii* E. Wimm.; a — flos, b — tuber. B. *C. stenodonta* E. Wimm. (Typus! Moss n. 11 22 3); a — flos, b — stamen, c — sepalum.

6. **Cyphia rivularis** E. Wimm. in Kew Bull. 1952, 145. — *C. mazoensis* var. *stellaris* E. Wimm. in Kew Bull. 1952, 144 p. pte. — Herba volubilis, glabra vel parce hirtella, caule alternatim foliato, internodiis c. 3 cm longis, ad 40 cm alto. Folia 3—7 cm longe petiolata, inferiora saepe ovata, reliqua elliptica usque oblonga, 30—55 (80)×15—25 (45) mm, utrinque acuta, adpresse dentata vel subserrata, glabra, nervi subtus vix prominentes, venae invisibiles. Flores racemose dispositi in axillis bractearum lanceolato-linearium, pedicelli solitarii vel 2—5-flori, etiam pedunculi longiores pluriflori non pauci proveniunt. Pedicelli 2—5 mm longi, puberuli, in medio bibracteolati. Calyx turbinatus, 5-fidus, puberulus; lobi lineares, inaequaliter dentati (1—2 dentes basales longi et dentes minores in latere lobi). 3—5 mm longi, patentissimi. Corolla luteola vel alba vel dilute rosea, in fauce obscure rubra, 9 — 12 mm longa, brevi-tubulosa, basi fenestrata, extus puberula, intus subglabra; lobi sublineares, extremus pars lanceolata. Stamina fere 4 mm longa: filamenta basi deltoidea, secus filiformia et ibi puberula; antherae 1,8 mm longae, angustae, in dorso minutissime hirtellae vel glabrae, in apice pilis paucis inconspicuis munitae. Stigma subcupulare, pilosum. Stylus glaber, c. 3 mm longus. Capsula late ellipsoidea, 9×5 mm, glabrata. Semina suborbicularia, complanata, late alata, fusca, 2,5×2 mm. — Fig. 37A.

Süd-Rhodesia: Distr. Inyanga, Inyangombi River above Nyamziwa Falls, 2000 m, 18. I. 1948 (N. C. Chase n. 590 Holotypus, n. 894! — W.); Inyanga Distr., in open veld on hillside, 20. I. 1956 (A. S. Bughley n. 542! — K.); Distr. Inyanga, Stapleford, 1800 m, 17. V. 1944 (J. C. Hopkins! — W.); Distr. Umtali, Inyanatshire Mt. Range, 1600 m, 2. IV. 1955 (Chase n. 5538! — K., W.); Distr. Umtali, Cecil, in Cedar grove (Chase n. 2139 — W. Govt. Hb. Salisb.); Manicaland, Mt. Chililonkwe on Stapleford Forest Reserve (M. B. Gilliland n. 1623! — Br. M.; Moss Hb. n. 24865! — Witw. R.); Distr. Makoni (H. Wild n. 797! — Govt. Hb. Salisb.); Distr. Marandellas, Valley leading to Watzu Mt. (R. Davies n. D 1011! — Govt. Hb. Salisb.).

Zwei Eigentümlichkeiten zeichnen diese Art vor allen anderen aus: Die achselständigen Pedunculi mit wenigstens drei Blüten und die sternförmig ausgebreiteten Kelchzipfel, die an der Basis z. T. verwachsen sind und meist zahlreiche längere und kürzere Zähne aufweisen. Die Antheren sind am Rücken kahl oder mit sehr kurzen Härchen besetzt, so daß man Mühe hat, sie mit einer guten Lupe zu sehen.

7. **Cyphia zeyheriana** Presl in Ecklon & Zeyher, Enum. Pl. Afr. Austr. Extratrop. (1837) 392; Phillips in Ann. S. Afr. Mus. IX (1917) 468. — Radix tuberifera. Caulis volubilis, tenuis, glaber, sparse foliatus. Folia subsessilia, linearia vel digitato-partita, saepe triloba, segmenta linearia, remote longius dentata vel denticulata, subacuta, 10—30×0,6—2 mm, inaequali-longa. Flores solitari-axillares vel in racemum terminalem dispositi. Bracteae foliaceae, plerumque trilobae, 5—20 mm longae, lobo medio longiore. Pedicelli 2—5 mm longi, glabri, erecti, bibracteolati. Calycis receptaculum campanulatum, 1 mm longum, lobi triangulares, integerrimi, erecti, 1,5—2 mm longi. Corolla 10—16 mm longa, extus glabra: tubus anguste cylindricus, subarcuatus, circiter 8 mm longus et 1 mm latus; limbus aequaliter quinquemerus, lobi elliptici oblongi vel lanceolati, 7—12 mm longi et 1,5—6 mm lati, acuti, patentes. Stamina 3—5 mm longa; filamenta glabra vel subglabra; antherae 1,8—2 mm longae, anguste lineares, in dorso glabrae vel inconspicue pilosulae. Stylus unus, stigmate capitato piloso terminatus. Fructum non vidi. — Fig. 37B.

Im südwestlichen Kapland verbreitet, aber nicht häufig; in Höhen von 60—1200m, blühend im September und Oktober, manchmal auch in den 2 Monaten vorher und nachher.

Fig. 37. A. *Cyphia rivularis* E. Wimm.; a — corolla explanata, b — stamen, c — stylus, d — capsula, e — sepalum, f — semen a fronte. — B. *C. zeyheriana* Presl; a — stamen, b — stylus — C. *C. zeyheriana* var. *eckloniana* Sond.; a — stamen.

Clavis varietatum:

1. Corolla 15—16 mm longa, malvacea, lobis ellipticis usque oblongis, 10—12 mm longis et 5—6 mm latis. Stamina 4,5—5 mm longa, glabra .... var. *zeyheriana*.

1' Corolla 11—13 (14) mm longa, gracilior, extus purpurea, intus lutea vel fuscescenti-alba (Stephens) vel malvacea (Esterh.) lobis lanceolatis, 5—7 mm longis et 1,5 mm latis. Stamina 3—4 mm longa, glabra vel subglabra ...... var. *eckloniana*.

Si omnia folia digitato-partita et bracteae trilobae, fortasse planta hybrida inter var. *ecklonianam* et *Cyphiam digitatam* adest ut specimen de Pakhuis, Clanwilliam Div., lectum ab Esterhuysen n. 5908! — Hb. Pret.

var. **zeyheriana**. — *Cyphia zeyheriana* Presl l. c.; A. De Candolle, Prodr. VII (1839) 792; Sonder in Harvey & Sonder, Fl. Cap. III (1865) 604. — Folia inferiora linearia, saepe supra basin lobis 2 munita, reliqua 3—5-partita segmentis linearibus integris vel diverse dentatis vel denticulatis, 20—40×1—2 mm, bracteae trilobae, foliaceae, minores. Pedicelli 2 mm longi. Corolla major, 15—16 mm longa, extus glabra, „malvacea“ (Compton, Esterh.), hypocraterimorpha: tubus anguste cylindricus, subcurvatus, intus pubescens, 8 mm longus, 1 mm latus; lobi elliptici usque oblongi, 10—12 mm longi, 4—6 mm lati, acuti, patentes. Stamina 4—5 mm longa, glabra: filamenta 3 mm longa, glabra, basi dilatata et ibi minute pilosula; antherae 4,7—5 mm longae, anguste lineares, in dorso glabrae. Stylus 3,5 mm longus, stigma capitatum pilosum.

Kap-Provinz: Clanwilliam Div., Olifantrivier, in montibus prope Brackfontein (Ecklon & Zeyher n. 2442 et Ecklon Un. Itin. n. 125, Typus — Stkh. manuscriptum Preslii); in lapidosis prope Olifantsrivier, 160m (Schlechter n. 4992 (4993?)! — Z., Bol.); in convalle fluminis Olifantrivier, VIII. (Penther n. 2708! — W.); Modderfontein (Compton n. 4330! — Kirstb.); 10 miles N. of Clanwilliam (F. M. Leighton n. 1101! — Pret.); Karrooberg (L. Bolus n. 23152! — Bol.).

var. **eckloniana** Sond. l. c. — *Cyphia Eckloniana* Presl in Ecklon & Zeyh., Enum. (1837) 392 et in E. Meyer, Comment. Pl. Afr. Austr. Drege (1837) 293; A. De Candolle, Prodr. VII (1839) 501.—*C. Zeyheriana* Phillips l.c.p. pte—Folia simplicilinearia et tri-partita in caule, segmenta linearia vel raro lanceolato-linearia, integra vel remote denticulata, callose apiculata, folia saepe etiam triloba (lobo medio multo longiore quam lobi prope basin praesentes). Bracteae trilobae vel exserte denticulatae tantum, minores, foliaceae. Pedicelli 2,5—5 mm longi. Calycis lobi ovato-acuminati. Corolla 11—14 mm, longa, purpurea, intus lutea, fuscescenti-alba (Stephens), cremeolutea (Hutch.), malvacea (Esterh; Hutch.), glabra; tubus angustissime cylindricus, subcurvatus, intus pubescens, 7mm longus et vix 1 mm latus; lobi anguste lanceolati, acuti, 5—7 mm longi et 1,5 mm lati, patentes, interdum luteo-marginati. Stamina glabra, 3—4 mm longa: filamenta longitudine antherarum. — Fig. 37C.

Kap-Provinz: Swellendam Div., River Zondereinde, VII.—IX. (Ecklon n. 147! Typus, Ecklon & Zeyher s. n. — Stkh.); Worcester Div., Old Toll Gate, Bams Kloof (F. M. Leighton n. 1977! — Bol.); Paarl Div., Baiks Kloof (J. Gillett n. 207! — Bol.); Ceres Div., foot of mountains, near village, 500 m, X. (R. Marloth n. 12993! — Pret.); Gydouw, X. (Leipoldt n. 3288! — Bol.); Koude Bokkeveld 1200 m (Schlechter n. 8862! — Bol., n. 103! — W., Pret.); Tulbagh Div., mountains, near Waterfall, 300 m (R. Marloth n. 13004! — Pret. p. p.); mountains above Tulbagh Waterfall, fl. buff, IX. (J. Hutchinson n. 391! — Bol.); Clanwilliam Div., Top of Olifant's River Mts. behind Warmbaths (E. L. Stephens n. 6849! 7199! 7205! 7206! — Bol.); Eland's Kloof (G. T. Lewis — Bol. Hb. n. 22041); upper slopes of Middelburg, Eland's Kloof and lower slopes of Elandskloof Pass IX. (Hafström & Acocks n. 1470! 1468! — Pret.).

8. **Cyphia ranunculifolia** E. Wimm. spec. nov. — Herba volubilis, glabra, circiter 80 cm alta. Folia inferiora ranunculiformia, palmatiformi-partita, 4×4 cm, segmentis 3—5 linearibus iterum laciniis 1—3 linearibus vel dentibus longioribus munita; folia superiora 3—5-digitata, minora. Bracteae item vel summa paulatim simplices et basi interdum dentatae, plerumque longiores quam pedicelli. Flores in racemis terminalibus, secundis vel vagis, multifloris. Pedicelli uniflori, circiter 4 mm longi, glabri, 2 bracteolis infra calycem. Calycis tubus campanulatus, 1 mm longus, glaber, lobi calycini anguste triangulares, 3,5 mm longi, integri, patentes. Corolla „rubenti-violaceae", tubo angusto recto, 5—8 mm longo, demum plus minusve fisso-bilabiata, ad 14 mm longa; loborum extremitates lanceolati, 5 mm longi, 2 mm lati. Stamina 4,5 mm longa, glabra: filamenta in basi dilatata; antherae lineares, 1,5 mm longae, in dorso sine pilis. Stylus unus, stigma capitatum, pilosum. — Fig. 38.

Kapland: Clanwilliam Div., Pakhuis, N. Cedarberg, in stony sand amongst rocks, 1000 m, 7. IX. 1953 (E. Esterhuysen n. 21748! 5908! Typus — Bol.).

Eine mit vielen Blütentrauben geschmückte windende Pflanze, deren Blüten stark an *C. zeyheriana* var. *eckloniana* erinnern. Die Blätter sind ähnlich denen unseres *Ranunculus acris* L.

9. **Cyphia longilobata** Phillips in Annals S. Afr. Mus. IX (1917) 465. — Caulis volubilis, tenuis, sparse foliatus. Stirps novella tenuiter sparseque pubescens, demum glabrescens. Folia brevi-petiolata, linearia, 50—60×2—3 mm, acuta, margine remote callose denticulata, utrinque pubescentia. Flores solitari-axillares, foliis fulcrantibus breviores. Pedicelli 6—10 mm longi, cum calyce puberuli, medio bibracteolati. Calycis receptaculum semi-ovoideum; lobi triangulari-lineares, integerrimi, erecti. Corolla c. 16—18 mm longa, intus extusque puberula, malvacea (?); tubus angustus, cylindricus, subarcuatus, c. 8 mm longus; lobi insolite longi, 8—14 mm longi, anguste lanceolati, patentes. Stamina 3,6 mm longa: filamenta 1,0 mm longa, teretiuscula, basi triangulariformiter dilatata, glabra; antherae anguste lineares, 2 mm longae, in dorso glabrae. Stylus 2,5 mm longus, apice stigmate capitato, subciliato coronatus. Semina fusca, ovalia, complanata, alata, c. 0,8 mm longa. — Fig. 40 A.

Kapland, Südwest: Albany, Oudthoorn, 21. IV. 1906 (A. Taylor! — Albany Mus. Typus; B., K.).

Der *Cyphia stenopetala* nahestehend, unterscheidet sie sich durch die Pubeszenz, durch die doppelt so langen Blütenstiele und die langen Blumenzipfel. Auch der flache, geflügelte Same ist charakteristisch.

10. **Cyphia stenopetala** Diels in Engler's Bot. Jahrb. XXVI (1899) 112. — *C. volubilis* Phill. in Ann. S. Afr. Mus. XI (1917) 469 p. pte. — Radix tuberosa. Caulis volubilis usque suberectus, plerumque simplex, glaber, foliatus, ad 80 cm altus. Folia sessilia, linearia vel lineari-lanceolata, 30—70×2—11 mm, apice mucronulata, margine denticulata vel serrulata. Flores in racemo terminali plus minusve distincto, laxo, 8—12 cm longo. Pedicelli 2—4 mm longi, in basi vel in medio bibracteolati, breviores quam bracteae foliaceae. Calycis tubus turbinatus, glaber; lobi calycini anguste triangulares, denticulati vel subintegerrimi, patentes usque subreflexi, 1,5—3 mm longi. Corolla 11—21 mm longa, alba et purpureo-maculata (Connell) vel rosea (Liebenberg) vel pallide malvacea (Sutton), extus glabra, intus basin versus puberula, tubus angustus plus minusve arcuatus, postremo interdum in 2 labia divisus; lobi anguste lanceolati, patentes, 8—12 mm longi, 1 mm lati. Stamina 4—6 mm longa: filamenta pubescentia, basin versus dilatata; antherae atrovirides, angustae, in connectivo dorsali glabrae, apice interdum paucis ciliis inconspicuis terminatae. Stylus 4 mm longus, stigmate capitato pilosulo apicali. Capsula globoso-ovoidea, 6 mm longa, semi-infera. Semina irregulariter ovoidea, plus minusve compressa, angulata et exalata, rubiginosa, foveolata, 0,8—0,9 mm longa. — Fig. 42 A.

Hauptsächlich in der östlichen Kalahari-Region verbreitet.

Clavis varietatum:

1. Folia linearia usque lanceolato-linearia, denticulata. Calycis lobi dentati, patentes usque subreflexi. Corolla 11—16 mm longa .... var. *stenopetala*.

1' Folia plerumque lanceolata et serrulata. Calycis lobi denticulati tantum, erecti. Corolla 16—21 mm longa. (Formae transeuntes non raro occurrunt) .... var. *johannesburgensis*.

var. **stenopetala**. — Caulis volubilis, foliis anguste linearibus sparsis praeditus. Calycis lobi anguste triangulares, 2 dentibus longioribus et 2 minoribus muniti, patentes usque subreflexi. Corolla 12—16 mm longa. Antherae apice sine ciliis.

Transvaal: Blinkwaater und Hellsgate, zwischen Lydenburg und Spitzkop, II. 1888 (F. Wilms n. 894! — K., Del. Typus); höchste Spitze des Mt. Anderson, 2150 m (Galpin n. 13769! — Pret.); Pilgrims Rest (Rogers n. 14619! — Z.); Distr. Barberton, Berlin, Godwan River, I. (Hofmeyr! — Pret.); Ostabhang des Saddleback-Gebirges, 1500 m, III. (Galpin n. 1323! — Albany-Mus., Pret., K.); Magaliesburg, Maloney's Eye, 8. III. 1941 (M. E. Connell n. 87! — Pret.); Distr. Johannesburg (Miss Sounders of Jongaart! — K.; Guthrie n. 3176; G. Edwards — Hb. Bolus n. 26271!); Westkliff Kopje (Haughton College n. 45! — Pret.); Witpoortje Kloof (Moss n. 5067!, 6456! — Witw. R.); Witpoortje (Miss Gilmore n. 489; G. Edwards — Bol. n. 13982!); Nancefield (Moss n. 14247! — Witw. R.); Krugersdorp (Jenkins n. 10023! — Pret.); Lichtenburg (Jenkins n. 11697! — Pret.); Distr. Pretoria, Kaalfontein, VIII. (Pole-Evans n. 17567! — Pret.); Distr. Potchefstroom, Ventersdorp und Raathiehay (Pole-Evans n. 3128! 3124! — Pret.); Ventersdorp, Goedgedacht, 1650 m, Wolmaransstad, Steydpoort, 1600 m, X. (Sutton n. 246 — Pret.); Distr. Maquassi Range, c. 1650 m (Liebenberg n. 3415! — K., Pret.); Parys, twinig herb, flow. pinkish (Grey College Hb. n. 535! — Bol.).

var. **johannesburgensis** E. Wimm. stat. nov. — *C. bechuanensis* Bremek. & Oberm. in Ann. Transvaal Mus. XVI (1935) 437. — Caulis volubilis, c. 2 mm in diametro. Folia anguste lanceolata, 50—70×5—10 mm, subsessilia, margine serrata, superiora gradatim deminuta et floribus breviora. Flores solitari-axillares racemose dispositi videntur. Lobi calycis denticulati tantum, 2—3 mm longi, suberecti. Corolla 16—21 mm longa, purpurea (Louw.), „violacea intus alba“ (Obermeyer), tubus 8—9 mm longus, lobi liberi paulo longiores. Stamina 5 mm longa; antherae in dorso glabrae, in speciminibus bechuanensibus apice paulum ciliatae. Semina ut in planta typica.

Transvaal: Distr. Johannesburg, Witpoortje Kloof, damp places, 12. III. 1920 (C. E. Moss n. 3561! — Witw. R. Typus); Johannesburg, Kopje, Milner Park, IV. 1924 (C. E. Moss n. 9523 — Br. M., Witw. R., n. 9238 — Witw. R.); Johannesburg, I. (M. C. Holden! — Pret.); Venterskroon, IV. (G. van Dam n. 16932! — Pret.); Welverdiend (W. J. Louw n. 826! — Pret.); Distr. Pietersburg, Griffin-Mine, I. 1915 (H. G. Breyer in Hb. Rogers n. 23992! — K.); Bergabhang bei Lydenburg, I. 1930 (Obermeyer n. 255! — Pret.); Crocodilepoort (H. G. Breyer n. 13845! — Pret.); Crocodile River (Jenkins! — Pret.).

Griqualand West: Kimberley, Riverton, II. (M. Wilman n. 19238! — Pret.). — Bechuanaland Protectorate: Metsimaklaba River, near Gaberones (G. van Son! — Pret; Typus pro *C. bechuanensis*); below Sanie's Stadt, 15 miles down Molopo, near Mafeking, V. 1899 (F. Bolus n. 6453! — Bol.).

C. stenopetala ist sehr variabel, oft von *C. persicifolia* kaum zu unterscheiden, besonders wenn der Stengel aufrecht ist; von *C. rogersii*, der sie auch ähnlich ist, durch die sitzenden Blätter, größere Blüten und den Samen verschieden; mit *C. tysonii* durch die kahlen Antheren nicht verwechselbar; von *C. longilobata* verschieden durch die gezähnten Kelchzipfel, die außen kahle Korolle, die kürzeren Korollenzipfel und den Samen.

11. **Cyphia rogersii** S. Moore in Journ. Bot. LVI (1918) 9. — Caulis volubilis, gracilis teres, glaber, sparse foliatus, 50—100 cm altus, 0,6—1,5 mm in diametro. Petioli breves; lamina folii anguste lanceolata vel linearis, 30—60×1—12 mm, ad apicem et basin sensim acuta, margine remotius denticulata, glabra. Flores in racemo laxo, distincto, terminali, multifloro, rachis glabra vel puberula. Bracteae fere filiformes, 3—5 mm longae. Pedicelli 2—6 m longi, puberuli, supra basin bibracteolati, subpatentes. Calycis receptaculum turbinatum, glabrum; lobi triangulari-lineares, 1—2 mm longi, obsolete denticulati, patentes usque reflexi. Corolla 9—14 mm longa, lilacina, extus glabra, intus puberula: tubus angustus, subrectus vel subcurvatus, basin versus fenestratus, 5—7 mm longus; lobi lanceolati, superiores 3 mm-inferiores 3,5 mm longi, 1 mm lati. Stamina 3,5—5 mm longa: filamenta puberula, ad basin dilatata; antherae angustae, in dorso glabrae. Stylus crassus, stigmat, oblique clavato; piloso terminatus. Capsula subglobosa, 4—6 mm longa, subsuperae Semina suborbicularia vel late ellipsoidea, complanata, late alata (0,5 mm), 2—3 mm. longa, 1,6—2 mm lata, fusca.

Clavis subspecierum:

1. Folia lanceolata usque lineari-lanceolata, ad 3—12 mm lata. Rachis inflorescentiae glabra. Corolla 11—14 mm longa .... subspec. *rogersii*.
1' Folia linearia, ad 1—2 mm lata. Rachis plerumque puberula. Corolla 9—11 mm longa.. subspec. *winteri*.

subspec. **rogersii**. — Petioli 3—5 mm longi, lamina folii lanceolata usque lineari-lanceolata, 40—60×3—12 mm, utrinque acuta. Flores in racemo ad 30 cm longo, rachis glabra. Calycis lobi ad 2,5 mm longi, primo patentes, sub anthesi jam plus minuve reflexi. Corolla 11—14 mm longa, „lilacina“, validior quam in seqente subspecie. Stamina plerumque 4,5—5 mm longa, abscondita in tubo corollae. Capsula 5—6 mm longa, interdum fere semi-supera. Semina majora quam in subsp. *winteri*. — In specimine Richards 4159 vidi etiam caulem erectum usque ad volubilem, ramosum et in altero specimine flores albi dicti. — Fig. 39.

Transvaal: Distr. Pietersburg, Modjadjes (Rogers n. 18212! — Typus, Witw. R.); Maketsie, IV. (G. van Dam n. 25036! — Pret.); Distr. Zoutpansberg (M. C. Gillet n. 4749! — Pret.); Ravin du Masétane, Shilouvane, II.—V. 1905 (H. A. Junod n. 794! — Del., n. 10210! — Pret.); Louis Trichardt, slopes of Zoutpansberg Mts. (R. G. N. Young n. 26932! — Pret.); Louis Trichardt, among planted trees (Miss Blenkiron in Hb. Moss n. 14518! — W., Witw. R.); 1 mile N. of Haenertsburg, 1600 m, I. (L.E. Codd n. 8417! — Pret.); Distr. Rustenburg, Brits, Magaliesberg (Meeuse n. 9273! — Pret.); Swaziland, III. (M. Stewart — Hb. Pret. n. 10092!).

N. Rhodesia: Distr. Abercorn, Sansia Falls, Kalambo River, 1500 m, 1.I. 1957 (H. M. Richards n. 7434! — K.); Chilongowelo, Plain of Death, 1600 m, XII. (H.M. Richards n. 3754!, 4159!—K.); edge of Kambole Escarpment, 1660 m (H.M. Richards n. 3864! — K.); Top of Sunzu Mts. among rocks, 2200 m (H. M. Richards n. 3975! — K.).

subspec. **winteri** E. Wimm. subsp. nov. — Caulis volubilis, videtur humilior quam in planta typica, filiformis. Folia anguste linearia, 10—40×1—2 mm, brevipetiolata, glabra. Racemus terminalis, distinctus, saepe secundus et multiflorus, rachis plerumque puberula. Pedicelli 2—4 mm longi, puberuli, basi bibracteolati. Calycis tubus late turbinatus, glabrescens, lobi 1—2 mm longi, obsolete denticulati, patentes usque reflexi. Corolla 9—11 mm longa, „pallide lavandulacea" vel „roseo-alba" (Wood), „alba" (Galpin), tubus 4—5 mm longus, lobi lanceolati, 4 mm longi. Stamina 3,5—4 mm longa: filamenta puberula, antherae in dorso glabrae, 1,4 mm longa. Capsula subglobosa, subsupera, 4 mm longa, 3 mm lata. Semina late ellipsoidea, alata, complanata, 2 mm longa.

Kapland, Natal: Regio Estcourt, Cathkin Park Drakensberg, upper slopes „Little Berg", moist ravines in thickets, amongst rocks, I.—II. 1932 (E. E. Galpin n. 11848!, 11849! Typus — Pret.); Cathedral Peak, Drakensberg, Distr. Bergville (Moss Hb. n. 22173! — Witw. R.; D. J. B. Killick n. 1648! — Pret., W.); regio Weenen City, N. E. of Hlatikulu Mt., Highland Sourveld at brink of steep rocky place, locally frequent, c. 1700 m, 9. III. 1944 (J. P. H. Acocks n. 10187! — Pret.); Distr. Pietermaritzburg, edge of wood Fort Nottingham, 1000—1300 m, III. IV. (J. M. Wood n. 6720!, 4569! — K.); Distr. Weenen, Culvers, 2000 m, XI., XII. (Rogers n. 27790! — Del., Witw. R., Bol.).

Wie eine Mittelform zwischen den 2 Subspecies oder diesen und *Cyphia stenopetala* erscheint: L. E. Codd n. 4177! im Hb. Pret., Transvaal, Pretoria, Trigardtspoort, 21 miles N.E. of Bronkhorstspruit, 7. V. 1948; ähnlich Schlechter n. 4084!, östl. Kapland, Botsabelo, Qumbu Div., 1600 m, XII. im Hb. B., Bol.

Bemerke, daß die Blätter der *C. rogersii* immer deutlich gestielt sind, während die Blätter der sehr ähnlichen *C. stenopetala* sitzend sind. — Bei 2 Exemplaren von *C. rogersii* (Richards n. 3975 et n. 4159) sind am Rücken und an der Spitze der Antheren sehr kurze, fast unscheinbare Haare zu sehen; im allgemeinen sind die Antheren ganz kahl.

2. Subsect. Trichandrae E. Wimm.

Trichandrae E. Wimm. subsect. nov. — Antherae in nervo dorsali pilosae, raro etiam in ipso apice inconspicue piliferae. Stamina breviora quam corolla dimidiata.

Clavis specierum:

1. Caulis erectus vel et partim volubilis. Folia subpetiolata, lanceolata. Corolla minute puberula. N. Rhod. .... 12. *C. subscandens.*

1′ Caulis volubilis 2

2. Corolla et calyx extus puberula 3

2′ Corolla extus glabra 4

3. Folia sessilia, linearia, saepe puberula. Calycis lobi integerrimi, erecti. Flores in axillis foliorum superiorum solitarii, racemum laxum fingentes. Nama. .... 13. *C. longiflora.*

3′ Folia petiolata, lanceolata, etiam oblonga et ovata inveniuntur. Calycis lobi dentati, suberecti usque subreflexi. Flores in racemis laxis bracteati. Semina compressa, alata. S. et N. Rhod. .... 14. *C. mazoënsis.*

4. Folia petiolata, lanceolata, oblonga, inferiora ovata. Calycis lobi denticulati, patentes usque reflexi. Semina vix alata, irregulariter plano-angulato-ovoidea. Tvl. .... 15. *C. transvaalensis.*

4′ Folia sessilia, anguste linearia. Flores in racemo terminali 5

5. Calycis lobi integerrimi, erecti. Folia remote exserte dentata, saepe 2—3 mm lata. Bracteae basi utrinque bilobulatae vel bidentatae. Corollae tubus angustus circiter 5 mm lg. 16—18:5—6 mm. C.P. West .... 16. *C. subtubulata.*
5′ Calycis lobi basi utrinque 1-dentati, reflexi. Folia minute denticulata, plerumque 1mm tantum lata. Corollae tubus brevis, saepe mox se solvens. 13—15: 4mm. C.P. Griqu. E. .... 17. *C. tysonii.*

12. **Cyphia subscandens** E. Wimm. spec. nov. — Caulis erectus vel partim volubilis, circiter 30 cm altus, glaber, foliatus, superne nudus. Folia subpetiolata, lanceolata, 30—40×5—11 mm, utrinque acuta, margine adpresse calloso-denticulata, glabra. Rachis inflorescentiae puberula. Racemus terminalis distincte pedunculatus (per 10—17 cm), laxus, 7—11-florus. Bracteae sublineares, foliaceae, 3—15 mm longae. Pedicelli 4 mm longi, puberuli, basi bibracteolati. Calycis tubus turbinatus, lobi triangulares, utrinque 1 dente muniti, 2 mm longi, subpatentes. Corolla „rosea", 12—15 mm longa, extus minute puberula, tubo in medio connato, demum fisso, lobis intus puberulis. Stamina 4—5 mm longa: filamenta puberula, antherae in dorso et in apice pilis brevibus ciliatae. Stigma capitatum, pilosum. — Fig. 40B.

N. Rhodesia (Sambia): Distr. Tanganyika, Sunsu Mts. among rocks near summit, 2200 m, 6. I. 1950 (A. A. Bullock n. 2184! — K., W.).

13. **Cyphia longiflora** Schlechter in Engler's Bot. Jahrb. XXVII (1900) 194; Phillips in Annals S. Afr. Mus. IX (1917) 464. — Caulis volubilis, parce puberulus, subramosus, circiter 30 cm altus, 1,6 mm in diametro. Folia sparsa, sessilia, linearia, 20—30×1—3 mm, apice obtuso mucronulata, margine remote dentata vel undulata, revoluta, utrinque plus minusve puberula, crassiuscula. Flores solitari-axillares, interdum laxe racemose dispositi, folia sensim in bracteas transeuntia. Pedicelli 3—4 mm longi, puberuli, in medio bibracteolati. Calycis receptaculum semiglobosum vel turbinatum, tomentosum; lobi triangulares, acuti, integerrimi, suberecti, c. 2 mm longi. Corolla 11—13 mm longa, violascens (?), extus puberula, bilabiata: tubus subarcuatus, intus pubescens, 7—8 mm longus; lobi late lanceolati, 3×1,5 mm, intus glabrescentes. Stamina 5 mm longa, dimidium corollae non attingentia: filamenta connata, puberula, 3 mm longa; antherae liberae, in dimidio superiore dorsi pilosae, 2 mm longae. Stylus 4 mm longus, glabratus, stigma clavatum (secundum Schlechter cucullato-galeatum), pilosum. Capsula subglobosa, semi-infera, c. 9×7 mm, quatuor valvis dehiscens. Semina irregularia, tri- vel quadrigona, ovata-acuta, paulo compressa, foveolata, non alata, c. 1,8 mm longa. — Fig. 40C, 41, 45.

Kapland: Namaqualand, in den Karree-Bergen, 660 m, VII. (Schlechter n. 8246! Typus — K., Bol., Del., Z.); Distr. Steinkopf, 20 Meilen südwestlich von Steinkopf, VI. (R. Marloth n. 13260! — Pret.); zwischen Spektakel und Ookiep, 1030 m, IX. (H. Bolus n. 9407! — K., Z.); Spektakel, 25/8. 1940 (E. Esterhuysen n. 5851! — Bol., forma foliis eroso-dentatis.)

14. **Cyphia mazoënsis** S. Moore in Journ. Bot. XLV (1907) 46. — Caulis e tubere subgloboso c. 3 cm diametiente enascens, volubilis, ramosus, glaber, remote foliatus, ad 70 cm longus. Folia lanceolata, 6—10×0,5—2,5 cm, apice acuta, ad basin in petiolum circiter 5 mm longum angustata, margine serrulata vel callose denticulata, glabra. Flores in racemo terminali laxo dispositi, rachis interdum puberula. Bracteae lineares, 4—7 mm longae. Pedicelli uniflori, 3 mm longi, puberuli, basi minute bibracteolati. Calyx turbinatus, 5-fidus; lobi lineares, 3 mm longi, basi utrinque 1 dente longo muniti, patentes usque reflexi. Corolla 10—15 mm longa, „coeruleo-purpurea, obscurius intus et petala superiora interdum alba in margine basali" (Eyles) vel „rosea" (Wild, Chase), extus plerumque puberula, intus versus basin puberula,

tubus integer brevis, lobi extremi lanceolati. Stamina 5—6 mm longa; filamenta pubescentia, antherae angustae, 2 mm longae, in dorso brevi-pilosae, imprimis apicem versus. Stylus staminibus paulo brevior, stigma capitato-cupuliforme, pilosum. Capsula subglobosa, semi-infera, 7×5 mm. Semina complanata, late elliptica, late alata, fusca, c. 2,5×2 mm. — Fig. 42B.

Süd-Rhodesia: Mazoe, 1600 m, I. 1906 (F. Eyles n. 231 — Br. M., vidi Photo, Holotypus); Distr. Salisbury, Cleveland Dam, on granite whaleback (H. Wild n. 639! — Govt. Hb. Salisb. n. 14269! — W.); near Salisbury (O. Craster n. 214! — K.); Central Umoukwe Mts., near African Chrome Co., and central area, near Toroshanga Pass on serpentin soil, 26. IV. 1948 (R. J. Rodin n. 4426! — Pret.); Distr. Inyanga, Rupango Mts., Chipungu River, 2000 m (N. C. Chase n. 4350! — Govt. Hb. Salisb.). — Nord-Rhodesia: Mumbwa, 15° S., 28° E. (Macaulay n. 1146! — K.).

f. **angustior** E. Wimm. f. nov. — Folia anguste lineari-lanceolata, 40—70 ×2,5—5 mm, utrinque acuta, margine callose denticulata, petioli 3—5 mm longi. Corolla 10 mm longa, stamina 4 mm longa.

Süd-Rhodesia: Umtali Distr., Banti Forest, grassland, 1980 m, 4. XI. 1955 (Iter Zambesiacum lg. Exell, Mendonça et Wild n. 210 — Govt. Hb. Salisb.); Distr. Melsetter, Jona Farm, 1300 m, fl. purple, III. (N. C. Chase n. 4860 — Govt. Hb. Salisb.).

15. **Cyphia transvaalensis** Phillips in Annals S. Afr. Mus. IX (1917) 462. — Caulis volubilis, glaber, sparse foliatus, 1—2 m altus. Folia inferiora ovata, 8×4,5 cm, basi rotundata, vel elliptica, 3,5×1,6 cm, basi apiceque subacuta, reliqua sensim angustiora et lanceolata, 1,5—5×0,3—1,3 cm, apice acuta, basi subacuta et in petiolum 3—13 mm longum angustata, margine crenulato-denticulata vel uncinato-serrulata, glabra, herbacea. Flores solitarii in axillis foliorum sensim minorum, interdum racemum fingentes, rarius pedunculi 2-flori intercedunt. Pedicelli 3—6 mm longi, puberuli vel glabrati, in medio bibracteolati. Calycis receptaculum turbinatum, glabrum vel puberulum; lobi calycini triangulari-lineares, 3—4 mm longi, utrinque unidenticulati, raro bidenticulati, patentes usque reflexi. Corolla 14—18 mm longa, malvacea vel violacea, lobis 3 superioribus purpureis, extus glabra, intus versus basin inconspicue puberula: tubus subcurvatus, 7—9 mm longus, demum plus minusve in 5 petala solutus; lobi lanceolati, 5—9 mm longi. Stamina 5—6 mm longa, in tubo corollae abscondita: filamenta linearia, puberula; antherae angustae, in dorso brevi-pilosae. Capsula oblongo-ovoidea, 7×4 mm. Semina fusca, compresso-ovoidea, in uno latere irregulariter triangularia, foveolata, 2 mm longa, non vel angustissime alata. — Fig. 42C, 43.

Transvaal: Kalahari-Gebiet, Distr. Pietersburg, in stony mountains at Houtbosch, c. 1700 m, II. (Bolus n. 10989! — Typus Bol., K.); Duivels Kloof, twining amongst shrublets on lower slopes, V. (Galpin n. 11399! — K., Pret.); Magoebas Kloof, 1600 m, I. (L. E. Codd n. 8410! — Govt. Hb. Salisb.); Houtbosch Village, I. (Pole-Evans n. 4748! — Pret.); New Agatha, 1300 m, II. (J. McCallum! — Pret.); Distr. Zoutpansberg, Louis Trichardt, II. (H. G. Breyer n. 19403! — Pret.); 13 miles west of Louis Trichardt, near Happy Rest, III. (J. Gerstner n. 6035! — Pret.); Makapan Valley, on hillside, VII. (Hb. Moss n. 21845! — Witw. R.); Makapans Poort, 1500 m, I. (Schlechter n. 5353! — Pret.); Woodbusch (H. Wager n. 23029! — Pret.); Shiluvane, III.—V. 1905 (H. Junod n. 10211! — Pret.); Combe du Masétane (H. Junod n. 1019! — Del.).

16. **Cyphia subtubulata** E. Wimm. spec. nov. — E rhizomate crasso cylindraceo, c. 5 mm diametiente, exsurgit caulis volubilis, glaber, sparse foliatus, c. 60 cm

altus. Folia alterna, glaberrima, caesia, sessilia, linearia, ad apicem acutum sensim angustata, 50×2 mm, margine remote adpresse denticulata vel angusto-dentata, superne in bracteas foliaceas pedicellos vix superantes transeuntia, bracteae interdum basi leviter breviterque lobulatae. Flores racemosi, secundi, c. 11 in nostro specimine. Pedicelli 5 mm longi, glabri, bibracteolati. Calycis tubus turbinatus, 1,5 mm longus, glaber; lobi triangulares, acuti, integerrimi, erecti, 2 mm longi. Corolla alba vel malvacea, c. 18 mm longa, extus glabra, intus versus basin puberula, bilabiata: tubus integer, c. 5—8 mm longus, angustus, parum curvatus vel rectus; labium superius 3-fidum lobis lanceolatia, 8×2 mm, labium inferius 2-petalum lobis superioribus similibus. Stamina 5 in tubo corollae inclusa, libera, 6 mm longa, filamenta glabra; antherae lineares, in dorso pilosae. Stylus 4 mm lg., stigma capitatum, pilosum. — Fig. 44.

Kapland: Worcester Div., 11 miles from Worcester on Bain's Kloof Road, 160 m, level open country plus pebbly soil, 2. IX. 1947 (R. Story n. 2911! — Holotypus in Hb. Pret.); gemein bei Wellington 15. VIII. (A. L. Grant n. 2369! — Pret.); Wellington, XI. 1883 (J. B. Thomson n. 85! — Pret.); Darling Bridge (Esterhuysen n. 6095! — Bol.); Ceres Div., Michell's Pass (Hafstroem & Acocks n. 1472! — Pret.); Tulbagh Div., near Roman's River Siding (Salter n. 6837! — Bol.); 9 miles S. E. of Tulbagh, Road Station, 17. VIII. 1934 (T. M. Salter n. 4680! — Cotypus Br. M.); Tulbagh Div., near Gouda, west-slopes of Vogelvlei Mts. (E. Esterhuysen n. 18800! — Bol.); Tulbagh Valley, X. (Esterhuysen n. 17539! — Bol.).

Hybrida inter has ambas species? — Piquetberg Div., E. slopes of Aventuur Mt., 9. XI. 1934 (N. S. Pillans n. 7576! — Bol.).

Das kleine Areal, das unsere Art mit der ähnlichen, aber viel weiter verbreiteten *C. volubilis* bewohnt, ist bemerkenswert. Sie unterscheidet sich hauptsächlich von ihr durch die Brakteen (linear-lanzettlich, nicht dreilappig), durch die Korollenröhre, in der die Stamina verborgen bleiben, durch die Petalen, die zum Teil verwachsen sind (nicht getrennt), durch die fast 6 mm langen Stamina (nicht 3 mm lang und sichtbar).

17. **Cyphia tysonii** Phillips in Annals S. Afr. Mus. IX (1917) 470.—Radix bulbosa. Caulis volubilis, sparse foliatus, ad 40 cm altus vel longior, glaber. Folia sessilia, anguste linearia, 30—60×0,7—3 mm, cuspidata, margine remote denticulata, glabra, caesia. Flores in racemo terminali, multifloro. Bracteae foliaceae, 3—7 mm tantum longae, interdum in basi 2—3 denticulis munitae. Pedicelli 2 mm longi, glabri, in medio bibracteolati. Calycis tubus brevis, campanulatus, glaber; lobi triangulares, 2 mm longi, patentes usque reflexi. Corolla lilacina, 13—14 mm longa, brevi-tubulosa, demum in 2 labia fissa, extus glabra, intus inferne puberula, corollae imprimis vetustiores paulatim in 2 labia soluta ut in sectione *Cyphia*. Stamina 4—6 mm longa: filamenta basin versus cohaerentia et dilatata, pubescentia; antherae in dorso pilosae. Stylus 4 mm longus, glaber; stigma oblique clavatum, pilosum. Fructum maturum non vidi. — Fig. 45, 46.

Kapland: Tembuland, Distr. Xalanga, Cala, Bergabhang, 1300 m, 2. III. 1916 (A. Pegler n. 1687! — W., K., Br. M., Pret. — Bol. Typ.); Griqualand East, selten bei Kokstad, grasige Plätze, 1600 m, III. (W. Tyson n. 1337 ex Phillips); Mafube, IV. (Jacottet & Jacottet n. 244! — Z.); Kaffraria, Sandee, 100—130 m, II. (R. Baur n. 1032! — K.); Maclear Div., Pomona Ugie, Base of Kopsie, 1400 m (G. A. Gill n. 151! — Bol.).

Das von Phillips an erster Stelle zitierte Exsikkat, das ich im Herbar Kew gesehen habe (Galpin n. 1323, aus den Saddleback Mountains) gehört zu *C. stenopetala*, es hat ganz kahle Antheren. Überhaupt stehen diese beiden Arten einander sehr nahe, so daß ich anfangs *C. tysonii* nur für eine Form der *C.*

stenopetala ansah; erst die Sichtung eines größeren Materials überzeugte mich von der Richtigkeit beider Arten, die ja auch geographisch ziemlich gut voneinander getrennt sind.

II. Sect. **Cyphia**

Eucyphia (sect.) Presl in Ecklon & Zeyher, Enum. (1837) 392; *Eucyphia* (subgen.) Presl in E. Meyer, Commentar. Pl. Afr. Austr. Drege (1837) 293; Sonder in Harvey & Sonder, Fl. Cap. III (1865) 597. — *Isomeria* Presl in 11. cc. 391, 293.

Corolla usque ad basin in 2 labia fissa: labium superius 3-fidum, interdum postremo in 3 petala se solvens; labium inferius in 2 petala libera divisum, initio brevi tempore cum labio superiore saepius adhaerentia. Stamina inter labia patentia progredientia et visibilia. — Species 63 huc pertinent.

Clavis subsectionum:

1. Caulis erectus, interdum verticem versus ± flexuosus 2
1′ Caulis volubilis 3
2. Caulis scaposus; folia basalia rosulata, raro parum supra basin caulis orientia .... 1. Subsect. *Scaposae.*
2′ Caulis erectus, sparse foliatus .... 2. Subsect. *Cyphia.*
3. Stamina pro portione brevia, 1/3 usque ad 1/2 longitudinis corollae attingentia, ergo dimidio breviora quam tota corolla .... 3. Subsect. *Brevistes.*
3′ Stamina manifeste longiora quam dimidium corollae, 2/3 usque ad 3/4 longitudinis corollae attingentia vel superantia .... 4. Subsect. *Longistes.*

1. Subsect. **Scaposae** E. Wimm. subsect. nov.

Caulis erectus, nudus vel fere nudus. Folia rosulata, rarissime parum supra basin caulis cataphyllis vestiti orientia (*C. glandulifera*). Flores in racemo terminali laxo.

Clavis specierum:

1. Folia ± lyrata, pinnati-partita vel anguste sinuata vel raro oblanceolata et remote profunde dentata, bracteae similes .... 18. *C. incisa.*
1′ Folia oblonga vel obovata, crenata vel inaequaliter grossius dentata aut oblongo-lanceolata et denticulata 2
2. Calycis lobi integerrimi, erecti, 5 mm longi. Corolla 8—10 mm longa, stamina 3 mm longa, antherae in ipso apice tantum ciliatae. Capsula globosa, semina late ellipsoidea, complanata, late alata. Eritraea — Tang. T., Nyas. .... 19. *C. glandulifera.*
2′ Calycis lobi dentati, reflexi (saltem versus finem florescentiae) 3
3. Antherae in connectivo dorsali pilosae, filamenta pubescentia, stamina 5—6 mm longa. Corolla 16—20 mm longa, bracteae ovato-acuminatae, fere pectinato-dentatae. CP. .... 20. *C. phyteuma.*
3′ Antherae in dorso lanuginosae. Folia oblongo-lanceolata, denticulata. Caulis etiam volubilis. Vide no. .... 52. *C. lasiandra.*

18. **Cyphia incisa** (Thunb.) Willd., Spec. Plant. ed. 4, I (1897) 933. — Caulis erectus, simplex, scaposus, parce villosus, ad 15 (25) cm altus, raro caules plures et paulum foliati occurrunt. Folia basalia valde approximata et rosulantia, foliis *Carda-*

mine amarae similia, petiolo 10—30 mm longo, lamina irregulariter pinnatipartita usque pinnatifida, lobo terminali majore et saepe minus profunde incisa, lyrata vel sinuata, 2—10×1—2,5 cm, utrinque plus minusve hirsuta. Flores in racemo terminali, laxo, 4—8-floro. Bracteae fere subulatae, pedicellos aequantes. Pedicelli 2—4 mm longi, basi bibracteolati. Calycis tubus campanulatus vel late turbinatus, pubescens; lobi anguste triangulares, 2—5 mm longi, integerrimi, ciliati, patuli. Corolla 10 — 14 mm longa, „coerulescens" (Marloth), „rubicunda" (Gillett), raro „alba" (Hutch.), extus subglabra, intus puberula, in 2 labia fissa: labium superius (adaxiale) 3-fidum, labium inferius 2-petalum. Stamina 5, 6 mm longa: filamenta pubescentia, ad basin dilatata; antherae albidae, oblongae, in dorso et in apice pilosae. Cetera non vidi. — Fig. 47.

Südwestliches Kapland, von Swellendam bis Tulbagh und Calvinia, scheint nur um Kapstadt herum häufiger zu sein, hauptsächlich auf sandigen Plätzen und Hügeln in Höhen von 10—950 m, blühend im September und Oktober, selten auch im November.

Clavis varietatum:

1. Folia irregulariter pinnatifida usque pinnati-partita vel lyrata 2
1′ Folia aequaliter inciso-dentata vel angusto-sinuata tantum 3

2. Folia pinnatifida, pars summa minus lobata, basi unum vel alterum segmentum profundius gradatim solutum .... var. *incisa*.
2′ Folia profundissime pinnati-partita, pinnae basi angustata, cuneatae et trilobae vel obtusiusculo-dentatae .... var. *cardamines*.
2″ Folia lyrata i.e. summa pars folii major, impartita, crenulata, basin versus sensim profundis incisa et lobata, imi lobi fere pinnatiformes .... var. *lyrata*.

3. Foliorum lamina rotundo-ellipsoidea usque ellipsoidea, inciso-sinuata var. *sinuata*.
3′ Folia oblonga, remotius inciso-dentata; bracteae foliis similes, utrinque bidentatae .... var. *bracteata*.

var. **incisa**. — *Lobelia incisa* Thunb., Prodr. Plant. Cap. (1794) 39, Fl. Cap. ed. Hafn. II (1818) 50, ed. Schultes (1823) 185. — *Cyphia incisa* Presl in Ecklon & Zeyher, Enum. (1837) 388., A. De Candolle, Prodr. VII (1839) 499; Sonder in Harvey & Sonder, Fl. Cap. III (1865) 598; Phillips in Ann. S. Afr. Mus. IX (1917) 454. — Haec typica varietas a sequentibus varietibus praecipue foliis distat. Folia ima pauca oblongo-spathulata, minora, crenulata tantum, reliqua inaequaliter incisa vel pinnatifida aut -partita, lobus terminalis major, obtuse dentatus, lobi sequentes basin versus paulatim minores et profundius soluti, obtuse dentati, in utroque latere sparse pilosi. Stylus fere longitudine filamentorum; stigma capitatum pateriforme. Semina compressa, plana, lato-alata, orbicularia (ex Sonder).

Kap (Thunberg — Ups. Typus; J. Verreaux a. 1831! — Del.; Roxburgh! — Del., f. transiens); Kapstadt bei Round House (Marloth n. 7699! — Pret.); Green Point, lehmige Stellen (Zeyher? n. 4782! — Bol.); Green Point, common (Wolley-Dod n. 1536!, T. M. Salter n. 7679! — Bol.); Wellington (Thomson! — Pret.); Piquetberg Div., Modderfontein (J. Gillett n. 39691! Bol.); Clanwilliam Div., Mt. Koudeberg prope Wupperthal, (H. Bolus! — Bol.); Oliphant's River (Schlechter n. 5020).

var. **cardamines** (Thunb.) Phillips in Ann. S. Afr. Mus. IX (1917) 454. — *Lobelia cardamines* Thunb., Prodr. Plant. Cap. (1794) 39, Fl. Cap. ed. Hafn. II (1818) 49, ed. Schultes (1923) 185. — *Cyphia cardamines* Willd., Spec. Plant. ed 4, I (1797) 953;

Fig. 47. *Cyphia incisa* (Thunb.) Willd. (typica e specim. orig. Thunb.); a — var. *sinuata* E. Wimm. (sp. Banks), b — var. *cardamines* (Thunb.) Phill. (*Lobelia cardamines* Thunb. sp. orig.), c — var. *lyrata* E. Wimm. (sp. Drege n. 516, folium c'e sp. Ecklon et Zeyher). — Fig. 4 d konnte im Manuskript nicht nachgewiesen werden (d. Redakt.).

Roemer & Schultes, Syst. V (1819) 476; Presl in Ecklon & Zeyher, Enum. (1837) 388; A. DC., Prodr. VII (1839) 498; Sonder in Harvey & Sonder, Fl. Cap. III (1865) 599. — Folia pinnata usque pinnati-partita, pinnae utrinque attenuata, dente uno alterove, ultima triloba, ceterum ut in var. *incisa.* Corolla 13 mm longa, „coccinea" (Hutchinson). Racemi 3—7-flori.

Cape Div., in sabulosis extra urbem (Thunberg! Typus — Ups.); Kapstadt (Marloth n. 7773! — Pret., A. G. N. Young n. 26531! — Pret.); Green Point (Pappe — Stkh!, f. transiens); Cape Peninsula, in a damp hollow near Milnerton (T. M. Salter n. 8683! — Bol.); on flats beyond Milnerton (J. Hutchinson 555! — Bol.); Camp Ground prope Capetown, in campis, 30 m (H. Bolus! — Bol.); Camp Ground (Wolley-Dod n. 196! — Bol.); Worcester Div., Orchard Siding, 450 m (Rogers n. 16526! — Z., Witw. R.); Ceres (G. Lindeberg! — Stkh.); Cold Bokkeveld, Theronsberg (Marloth n. 3298! — Pret.); between Karroopoort's Ceres (S. M. Leighton — Bol. n. 21213!); Hottentots Kloof (Acocks n. 1629! — Stkh.); Calvinia Div., Lokenberg (E. Esterhuysen n. 5754! — Bol.); between Oorlog's Kloof and Papkailsfontein, Kalahari Region, IX. 1939 (C. L. Leipoldt n. 3292! — Bol.); between Van Rhyn's Pass and Nieuwoudville (T. M. Salter n. 1629! — Br. M.).

var. **lyrata** E. Wimm. var. nov. — Hirsuta, corolla excepta, caule 10—30 cm alto, simplici (occasionaliter pauci-ramuloso et pauci-foliato). Folia basalia approximata vel rosulata, petiolo 10—20 mm longo, lamina lyrata, obovato-oblonga in ambitu, 10—40×4—20 mm, lobus ultimus major, crenatus usque obtuse dentatus et lobulatus, basin versus profundius lobatus. Scapi 1—3, erecti, floribus 3—10 terminati, racemosi. Pedicelli 5—10 mm longi, bracteae lanceolatae, ciliatae, 3—5 mm longae. Calyx late turbinatus lobis anguste triangularibus, ciliatis, 3 mm longis. Corolla 13 mm longa. Stamina 6—7 mm longa; antherae in connectivo dorsali dense pilosae.

Kap-Provinz: Paarl Div., N. end of Paarl, flats, 13. IX. 1941 (E. Esterhuysen n. 6122! — Bol. Typus); Kap (Drege n. 516! — Hb. Harvey); Hügel bei Kapstadt (Ecklon & Zeyher n. 152! 153! — Stkh.); Kapstadt, Signal Hill (Hafström! — Stkh.); in monte „Lion's Rump", 110 m, X. 1903, (H. Bolus n. 9322! — Bol.); Kamps Bay (H. Bolus n. 4977! — Bol.); Swellendam Div. (Ecklon a. 1828! — Stkh.); Durbanville (Acocks n. 4971! — Stkh.); Mitchell's Pass, 300 m (Schlechter n. 8965! — Z., Del.).

var. **sinuata** E. Wimm. var. nov. — Foliis exceptis omnia similia ut in var. *incisa.* Folia petiolis brevioribus, c. 10 mm longis, lamina rotundo-elliptica usque elliptica, 12—17×11—12 mm, apice subacuta, basi in petiolum acuminata, margine inciso-sinuata, lobi anguste ovati, obtusi vel subacuti, 2—4 mm longi, patentes.

Cap B. Spei (Banks! — W.).

var. **bracteata** Phillips in Ann. S. Afr. Mus. IX (1917) 455. — Planta videtur humilior quam praecedentes varietates et caule et foliorum nervis faciei inferioris parce hirtellis exceptis glabra. Folia ima approximata subrosulatia, oblanceolata, acuta, basi in petiolum indefinitum sensim angustata, margine dentibus 2—3 remotis paulum grossis munita, subtus pallida. Caulis foliis duobus instructus. Bracteae foliaceae, 11 mm longae, inclusis dentibus 6 mm latae. Pedicelli puberuli, 5 mm longi. Calyx et corolla 11 mm longa glabra, „alba". Stamina 7 mm longa, antherae 2 mm longae, in dorso pilosae.

Cape Div., near Kirstenbosch, on slopes of the Table Mt., X. 1872 (H. Bolus n. 7281!).

19. **Cyphia glandulifera** Hochstetter ex A. Richard, Tentamen Fl. Abyss. II (1851) 8, t. 64 (et apud Schimper, Pl. Abyss. sect III. n. 1639, 1844); Schnitzlein, Iconogr. II (1843—70) t. 123, f. 15—22; Hemsley in Oliver, Fl. Trop. Afr. III (1877) 471; Chiovenda, Fiori, Lanza et Cufodontis, Missione Biol. Borana. Raccolte Botan., Angiosp. (1939) 242. — Caulis erectus, simplex, oriens e tubere ovoideo, inferne cataphyllis subulatis praeditus, superne nudus et interdum flexuosus, glaber, 10—30 cm altus. Folia paulo infra medium caulis sita, pauca, approximata, sessilia vel subpetiolata, lanceolata, sed plerumque in triente superiore latiora, vel obovata, acuta vel abrupte brevi-acuminata, glabra, margine remote callose denticulata. Rachis vel etiam magna pars caulis volubilis aut flexuosa. Racemus terminalis, laxus, multiflorus, saepe secundus. Bracteae anguste lineares, denticulatae, ad 9 mm longae. Pedicelli 2—4 mm longi, basi 2 bracteolis item longis subulatis muniti. Calycis receptaculum turbinatum, glabrum; lobi calycini subulati, 2,5—5 mm longi, integerrimi, suberecti, in fructu divergentes, glabri. Corolla (6) 8—13 mm longa, dilute rosea, lilacina vel coerulea, extus glabra, intus puberula, bilabiata: petala lanceolata, in medio angustiora, ciliolata inferne. Stamina 2—3 mm longa: filamenta plana, ciliata; antherae in dorso glabrae, in apice ciliatae. Stylus crassus, stigma capitatum, pilosum. Capsula subglobosa, semi-infera, c. 7 mm longa. Semina fusca, ovali-orbicularia, complanata, late alata, 2×1,5 mm. — Fig. 48 A.

Tropisches Ostafrika: Von Eritrea (Äthiopien) bis Nyassaland (Malawi) verbreitet.

f. **glandulifera**. — Folia lanceolata vel oblanceolata, c. 9×2 cm, sessilia, ad basin angustata, apice acuta vel brevissime acuminata. Corolla 7—10 mm longa.

Abessinien (Äthiopien): In montibus prope Geladjeranne, 3. I. 1840 (Schimper n. 1639!—K., Stkh. Typ.); in pratis convallis fluvii Tacazzé, VI. (Qu. Dillon!). — Eritrea (Äthiopien): Amasen, Asmara, 2300 m, 2. VIII. 1902 (A. Pappi n. 2137! — Stkh.); Arero (Meta Gafersa), presso i pozz., 1600 m, IV. (Fiori n. 263 ex Chiov.); frequente a Javello (Chiov.!). — Kenya Col. (Kenia): Moyale, Northern Prov., 3°32′ N., 39°0,3′ E., 1080 m, IV., montane scrub, frequent (J. B. Gillett n. 12845! — K., W.); Kenya (Kenia) D. C. Edwards n. 1935! — K.); um Naírobi (W. J. Dowson n. 235! — K.); Cheberarà, 1800 m, V., poor sandy soil, rosette of leaves at the base of the stem, flowering stems twine together or around grasses, flow. pale mauve (E. R. Napier n. 2041! — K.). — Tanganyika Territ. (Tansania): Kilimandscharo, Baumsteppe, 1100 m, III. (R. Endlich n. 390! — B., Mü.); Amani (D. Sturdy n. 10, 15! — K.); N. P. Kwakuhinga (Hornby n. 2128! — K.); Mbulumbul (Greenway n. 6922! — K.); Landsch. Großer Graben, Kilimatinde — Muhalala See, XII. (A. Peter n. 33552! — B.); Landsch. Uyansi, Pori bei Tschaya, 1250 m, und von Tschaya nach Tura, I. (A. Peter n. 34000! 45811! — B.).

f. **obovatifolia** E. Wimm. f. nov. — Caulis etiam subramosus. Folia brevipetiolata, oblongo-usque lato-obovata, ad basin sensim angustata, apice abrupte brevissime acuminata, 5—10×2,4—5 cm. Corolla 6—8 mm longa, lilacino-coerulea (Burtt) vel rubescens („pinkish" Gillett). Stamina 1,5—2 mm longa. Semina 1,5 mm longa.

Kenya Col. (Kenia): Dandu, N. Prov., 3°26′ N., 39°54′ E., c. 1100 m, 9. V. 1952, montane scrub, rootstock a tuber (J. B. Gillett n. 13148! — K., W! Holotyp.); Station Kitui in Ukamba, felsige Orte, bl. lila, V. 1877 (J. M. Hildebrandt n. 2740! — P. Mü. Hausskn. Paratyp); Nairobi (Donald n. 761!., M.E. Johnstone n. 161! — K.); Kenya (Kenia) (Rogers n. 468! 478!; R. W. Mettam n. 231!; E. L. Napier n. 126! — alle K.). — Tanganyika Territ. (Tansania): Distr. Mangoni,

Fig. 48. A. *Cyphia glandulifera* Hochst. ex A. Rich.; a — flos, b — stamen, c — capsula, d — semen a fronte. — B. *C. phyteuma* (L.) Willd.; a — flos a latere, b — flos mag. aucta, c — stamen, d — capsula, e — semen a fronte. — C. *C. regularis* E. Wimm.; a — folium, b — corolla explanata, c — stamen. — D. *C. erecta* De Wild., flos. — E. *C. phyteuma* var. *grandidentata* E. Wimm., folium.

Kazikazi, 1300 m, swamp, locally common, I. (B. D. Burtt n. 4578! — K.). — Nyassaland (Malawi): (C. F. Elliott n. 163!; T. Kässner n. 980! — K.). — Uganda: Ruwenzori Expedition, way to mts. Mkinlu (Scott Elliott n. 6221! — K.).

f. **subcuspidata** E. Wimm. f. nov. — Folia anguste lanceolata, 9—13 × 1—1,3 cm, ad apicem cuspidata, ad basin longe sensimque in petiolum longiorem indefinitum angustata, glabra, laevia, tenuia, margine integro remote minute denticulata. Racemus 35 cm longus. Flores fere sessiles. Corolla 13 mm longa, purpurea (Battisc.). Stamina 2,5 mm longa.

Nyassaland (Malawi): Thica River, Fort Hall Road, 1500 m, 24. VI. 1909 (E. Battiscombe n. 141! Holotyp. — K.); Kenya, Col. (Kenia) Northern: Prov., Moyale, 1080 m (J. B. Gillett n. 12845! — Brux.).

20. **Cyphia phyteuma** (L.) Willd., Spec. Plant. ed. 4, I. (1797) 953. *Lobelia phyteuma* L., Spec. plant. (1753) 1319. — Radix tuberosa. Caulis stricto-erectus, glaber vel inferne pubescens, scaposus, foliis raris parvis linearibus arrectis obsitus, 20—40 cm altus. Folia rosulata, oblonga vel subobovato-oblonga usque subelliptica, 7—13 × 3—4 cm, petiolata, apice rotundata usque acuta, margine crenulata, repando-dentata vel irregulariter sinuato-dentata, glabra vel sparse hirta, raro ciliata. Flores brevi-petiolati, in racemum terminalem interdum spiciformem, 8—20 cm longam dispositi, saepe secundi. Bracteae sublineares, acutae, dentatae, flore breviores. Pedicelli 1—4 mm longi, 2 bracteolis ornati. Calycis receptaculum obconicum, glabrum, 3 mm longum; lobi calycis anguste triangulares, 5—7 mm longi, exserte dentati, primo erecti, mox reflexi et calycis tubum tegentes. Corolla 16—20 mm longa, rosea vel carnea, lilacina vel cremeo-alba et purpureo-maculata, glabra, in 2 labia divisa: labium superius trifidum, labium inferius bipetalum, lobi sublineares, superne revoluti, intus basin versus pubescentes. Stamina 5—6 mm longa; filamenta pubescentia, basi dilatata; antherae albidae, angustae, 2,6 mm longae, in dorso pilosae. Stylus 4—5 mm longus, glaber; stigma capitatum, pilosum. Capsula 12 × 8 mm, fere semi-infera, ovoidea, pars inferior semiglobosa, 10-costata, valde nervosa, bilocularis, valvae triangulares, 6 mm longae. Semina obvalia, complanata, alata, 3 mm longa, 2,5 mm lata. — Fig. 48 B, 49.

Im südwestlichen Gebiet des Kaplandes verbreitet und häufig auf Bergen und in der Ebene, blühend August bis November.

Clavis varietatum:

1. Folia in petiolum brevem, marginatum angustata, oblonga vel obovato-oblonga, apice rotundata vel obtusa vel subacuta 2
1′ Folia in petiolum 1—2 cm longum subacuminata, oblonga, apice subacuta, margine irregulariter sinuato- vel grosse-dentata, glabra. Corolla caesia ... var. *grandidentata*.

2. Folia in toto margine hirsuto-ciliata. Calyx hirsutus. Bracteae ciliatae .. var. *ciliata*.
2′ Folia in margine non ciliata, sed subintegra, crenulata vel repando-brevi-dentata. Calyx glaber .... var. *phyteuma*.

var. **phyteuma**. — *Lobelia phyteuma* L. quoad typum. — *Cyphia phyteuma* Willdenow l. c.; Roemer & Schultes, Syst. V. (1819) 476; Kerr, Bot. Reg. (1822) t. 625; Presl in Ecklon & Zeyher, Enum. (1837) 388, in E. Meyer, Commentar. (1837) 292; A. De Candolle, Prodr. VII (1839) 498; Sonder in Harvey & Sonder, Fl. Cap. III (1865) 598; Phillips in Ann. S. Afr. Mus. IX (1917) 453. — *Lobelia phyteuma* Thunb., Fl. Cap. ed Hafn. II (1818) 47, ed. Schultes (1823) 184. — *Lobelia nudicaulis* Lamarck, Dict. Bot. III (1791) 590. — *C. serrata* Sprengel, Neue Entdeck. I (1820) 274, Syst. I

Fig. 33. *Cyphocarpus rigescens* Miers (Wagenknecht n. 18452).

Fig. 34. *Pseudonemacladus oppositifolius* (B. L. Robins.) McVaugh (Pringle n. 3300).

Fig. 38. *Cyphia ranunculifolia* E. Wimm. (Typus! Esterhuysen n. 5908).

Fig. 39. *Cyphia rogersii* S. Moore ssp. *rogersii* (Richards n. 3975).

Tafel 34

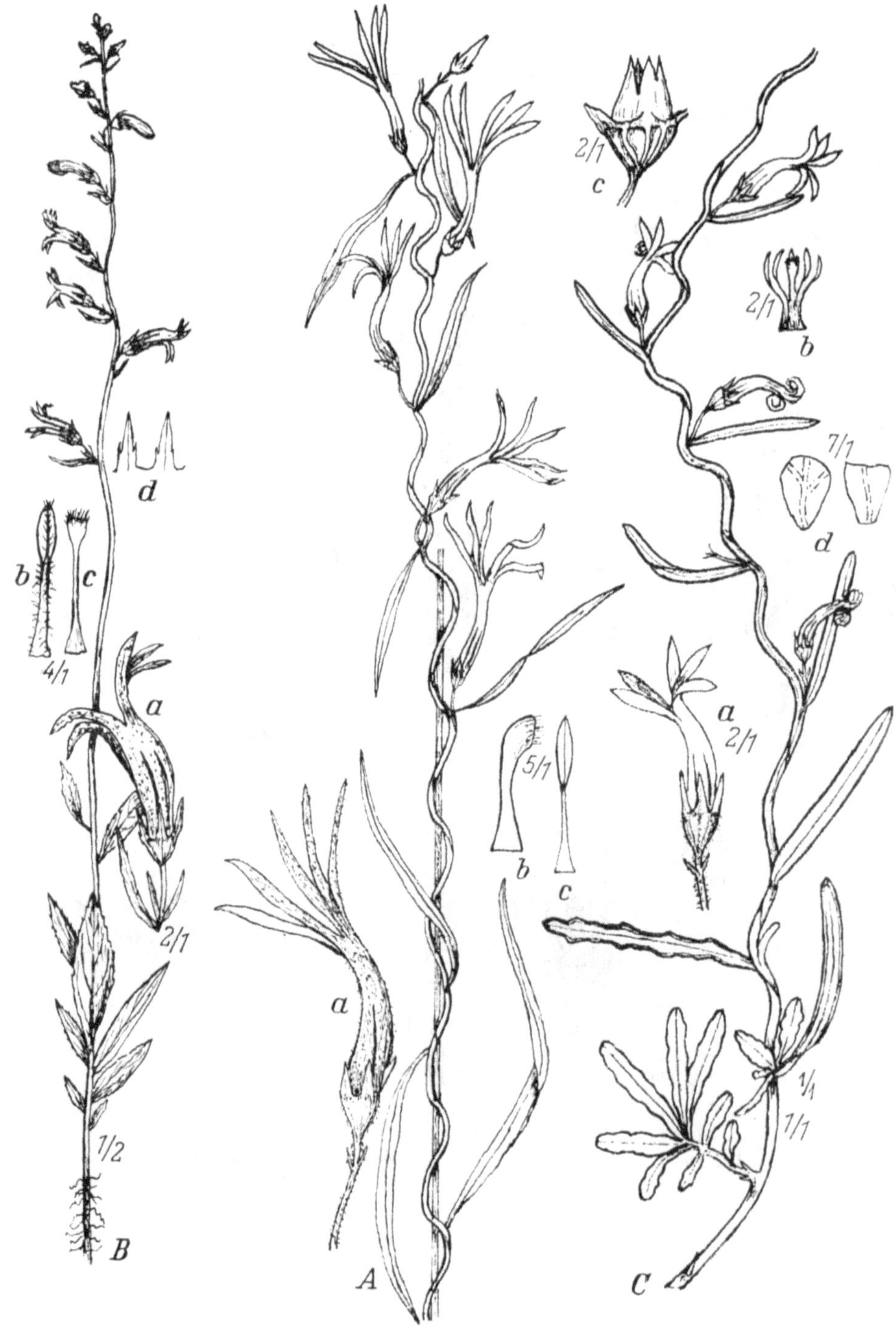

Fig. 40. A. *Cyphia longilobata* Phillips; a — flos; b — stylus, c — stamen. — B. *C. subscandens* E. Wimm.; a — flos, b — stamen, c — stylus, d — sepala. — C. *C. longiflora* Schlecht.; a — flos, b — stamina cum stylo, c — capsula, d — semina.

Fig. 41. *Cyphia longiflora* Schlecht. (Bolus n. 9407).

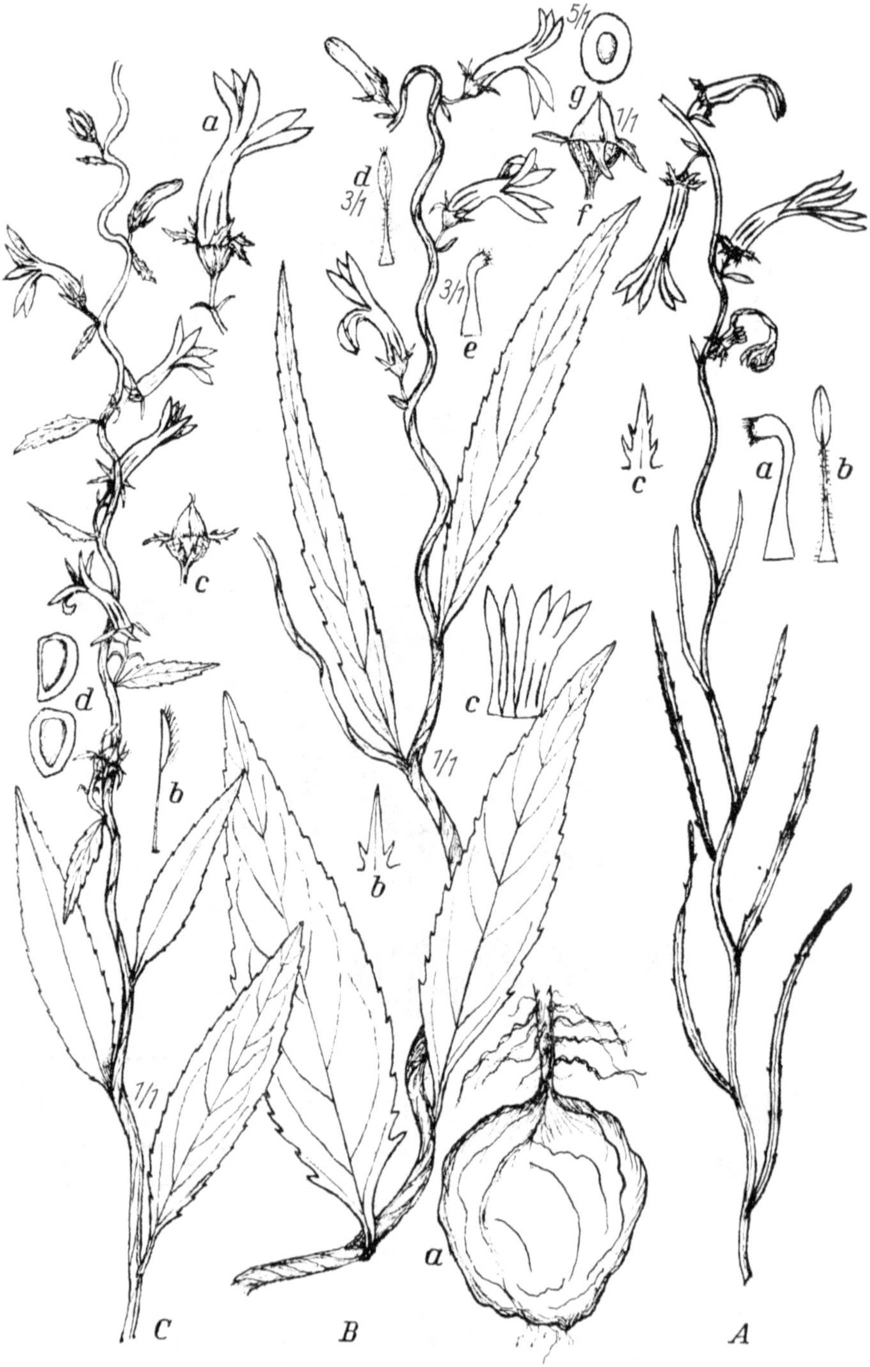

Fig. 42. A. *Cyphia stenopetala* Diels (Wilms n. 894); a — stylus, b — stamen, c — sepalum. — B. *C. mazoënsis* S. Moore (Macaulay n. 1146 — K.); a — tuber, b — lobus calycis, c — corolla explanata, d — stamen, e — stylus, f — capsula, g — semen a fronte. — *C.* C. *transvaalensis* Phillips; a — flos, b — samen, c — capsula, d — semina.

Fig. 43. *Cyphia transvaalensis* Phill. (Typus! Bolus n. 10989 — Bol.).

Fig. 44. *Cyphia subtubulata* E. Wimm. (Esterhuysen n. 18800).

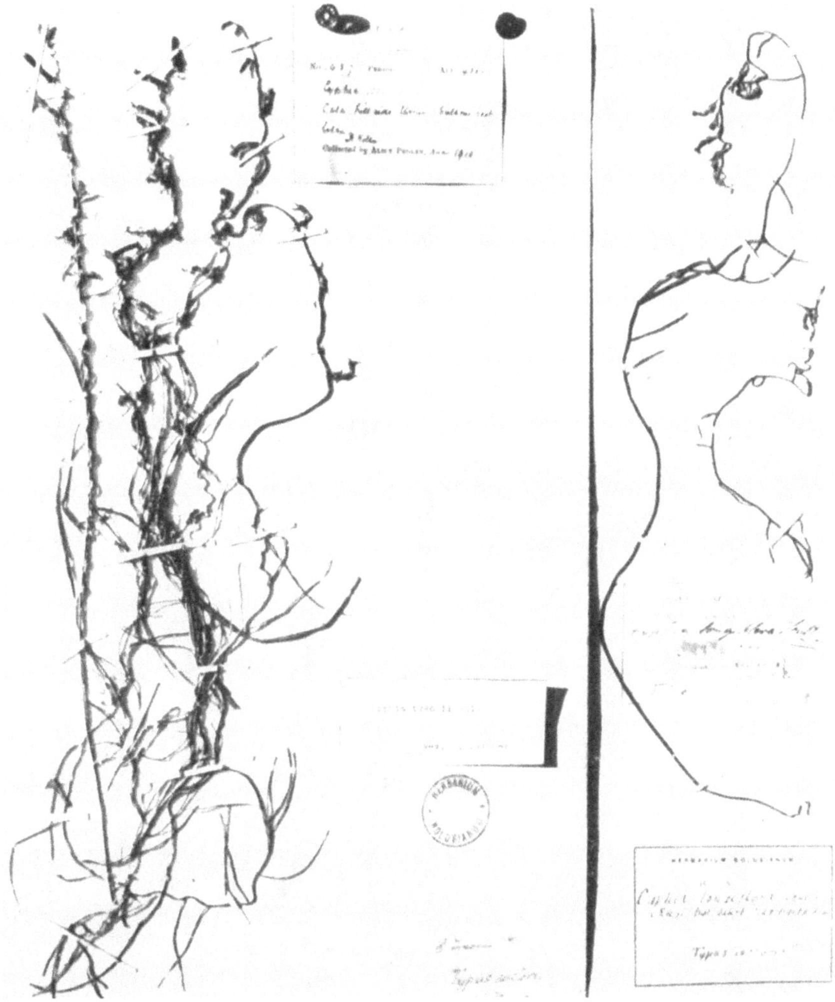

Fig. 45. Links: *Cyphia tysonii* Phill. (Pegler n. 1687 — Bol.). — Rechts: *C. longiflora* Schlecht. (Schlechter s. 8246 — Bol.).

Tafel 40

Fig. 46. *Cyphia tysonii* Phillips; a — stamen, b — sepala.

Fig. 49. *Cyphia phyteuma* (L.) Willd. (Drege n. 6269 c).

Fig. 51. *Cyphia bulbosa* (L.) Berg. var. *leiandra* E. Wimm. (Pillans n. 7599).

(1825) 809. — *C. phyteumifolia* St. Lager in Ann. Soc. Bot. Lyon VII (1880) 124. — Scapus foliis parvis, 5—10 mm longis, paucis, sublanceolatis praeditus. Folia rosulata oblonga vel subobovato-oblonga, basi in petiolum indefinitum angustata, apice rotundata usque subacuta, margine crenulata usque subintegra, raro repando-dentata. Rachis subflexuosa, flores subsessiles lobis revolutis colore plerumque rubro. Stamina etiam 7 mm longa occurrunt.

Kapland, östlich bis Riversdale, nördlich bis Calvinia. Kap (Thunberg! — Ups! Typus, Stkh.; Richard! — P.); Kapstadt (R. & Th. Fries n. 3002! — Stkh.); Tafelberg (Rogers n. 17770!—Z.); Löwenberg (Drege 6269!; Ecklon, Un. it. n. 230! — W., Stkh.); Wynberg Hill (Purcell n. 11; Wolley-Dod n. 691! — Z., Bol., f. transiens ad var. *grandidentata*!); Green Point (Ecklon & Zeyh. n. 2423! — Bol.); Stellenbosch Div., Somerset, Strand, X. (Hb. Moss n. 22888! — Witw. R.); Papagaaisberg, 200 m (S. Garside n. 448! — K.); Somerset und Hottentotsholland (Ecklon & Zeyh. sub 83.9! — Stkh.); Caledon Div., Onrust, sandy near sea (M. C. Gillett n. 4401! — Bol.); Hügel bei Caledon, XI. (Ecklon, Typus pro „*Cyphia serrata* Spr."! — Stkh.); Caledon (Mc Owan n. 2351! — W.; Penther n. 2408! — W.; Esterhuysen! — Pret.); Ruggens bei Caledon, c. 260 m (Galpin n. 4303! — Pret.); Swellendam Div., Swellendam (Pappe! — Stkh.); Buffeljagdrivier (Zeyher n. 3098! — Stkh.); Rieversdale Div., in clivis montium Langebergen prope Rieversdale, 460m, XI. (Schlechter n. 1841! — Z.); propre Rieversdale, 250 m (H. Bolus n. 11325! — Bol.); Paarl Div., inter Paarl et Pont, XI. (Drege!—Stkh; Hauskn.); prope Paarl (Drege n. 6269 b! — W.); Wellington (J. B. Thomson! — Pret.); Wellington, Bergrivier, sandy veld, VIII. (C. E. Moss n. 6389! — Witw. R.); Worcester Div., Rabiesberg (G. J. Lewis — Bol. n. 26246! p. p., alia est *C. phyteuma* var. *grandidentata* (?); Piquetberg Div., Piquetberg, 300—500 m (Schlechter n. 5205! — Z.); Leipoldt n. 3703! — Pret.; Acocks n. 2873! — Stkh.); Kapitein's Kloof (J. P. Stokoe n. 8250! — Bol.); Hills NW. of Mouton's Vley, 6. XI. 1934 (N. S. Pillans n. 7445! — Bol.); Modderfontein, sandy slopes (T. Gillett n. 39691 p. p., alia *C. incisa* var. *incisa*); Het Kruis, flowers cream with purple markings (E. L. Stephens & Glover n. 8746! — Bol.); Tulbagh Div., Tulbagh (Marloth n. 7129! — Pret.); Malmesbury Div., Darling, Rhenosterbos slope, flow. pale mauve (Esterhuysen n. 12979! — Bol.); Ceres Div., prope Ceres, c. 450 m, X. (H. Bolus n. 8386! — Bol.); Clanwilliam Div., Olifant's Rivier (Zeyher! — Z.); 1 mile from Alpha to Algerian Forest Station (M. C. Gillett n. 4137! — Pret.).

var. **grandidentata** E. Wimm. var. nov. — Planta saepe fere glabra. Folia rosulata oblonga in petiolum sublongiorem, ciliatum angustata — petioli 10—15 mm longi — apice plerumque acuta, margine grosse usque sinuato-dentata — dentes minores inter majores — plerumque glabra. Flores subsessiles, spicam circiter 20 cm longam formantes. Bracteae et calycis lobi serrati vel ciliati. Corolla (16) 20 mm longa, caesia („smoke blue" Hutch.). Stamina 6—7 mm longa: filamenta pubescentia; antherae anguste lineares, 3 mm longae, in connectivo dorsali brevi-pilosae. — Fig. 48 E.

Verbreitet ähnlich wie die var. *phyteuma*, aber seltener. Malmesbury Div., between Darling and Hopefield, 6. IX. 1928 (J. Hutchinson n. 305! — K. Typus); Umgebung von Hopefield, Mureesbury, auf Lehm (F. Bachmann n. 987) und Ackerland bei Roodevalei, IX. (F. Bachmann n. 2200! — Z.); in apertis Mooreesberg, 150 m, X. 1902 (H. Bolus n. 26245! — Bol.); Piquetberg Div., Farm Winkelhoek (Penther n. 2706! — W., f. transiens); Caledon Div., in campis subhumidis inter Houwhoek et Caledon, 150 m, X. (McOwan & Bolus n. 749! — Bol. p. p.); collibus in prope Bot Rivier, 230 m, X. (Schlechter n. 5522! — B., Z.);

Stellenbosch Div., Gordon's Bay, in dense shade of pine and gums, 9. x. 1946 (R. N. Parker n. 4126! — Bol.); Cape Div., above tram road from Kloof Nek to Camps Bay (Acocks n. 903) und N. of Bottelary road, granite hill (Acocks n. 1162! — Stkh.); Wynberg Hill (Purcell n. 11! p. p. — Z.); in clivis montis Leonis (Schlechter n. 1383! — Z.; Ecklon, Un. it. n. 230! — P., f. transiens); Hercules Pillar (T. M. Salter n. 8676! — Bol.).

var. **ciliata** E. Wimm. var. nov. — Scapus glaber. Folia oblonga, subacuta, basi in petiolum brevem decurrentia, margine inaequaliter et irregulariter dentata et circum piloso-ciliata, sic etiam bracteae. Calyx hirsutus. Corolla 17 mm longa.

Piquetberg Div., prope Piquetberg Road Station, c. 120 m, X. 1895 (J. Guthrie — Hb. Bolus n. 13604!).

2. Subsect. **Cyphia**

Caulis erectus (raro etiam ± volubilis) sparse foliatus, folia sursum decrescentia et saepe in bracteas transeuntia. Corolla 4—16 mm longa, bilabiata. Stamina plerumque breviores, raro paulo longiores quam dimidia corolla.

Clavis specierum:

1. Folia palmato- usque subpinnato- partita, caulis interdum paucifoliatus indeque ± scapiformis .... 21. *C. bulbosa.*

1′ Folia integra, non partita, summum dentibus elongatis paucis, praesertim prope basin conspicua 2

2. Folia spathulata, cuneata vel oblanceolata 3

2′ Folia linearia usque lanceolata, oblonga, ovata, triangularia 4

3. Flores solitarii in axillis foliorum superiorum, folia flabelliformia vel cuneata, in fronte ± profunde inciso-dentata, sessilia. Semina irregulari-triangularia. CP. Vide etiam *C. bulbosam* var. *acocksii* .... 22. *C. comptonii.*

3′ Flores in racemo terminali laxo. Folia ima petiolata, reliqua sessilia, inaequaliter obtuso-dentata, spathulata usque oblanceolata. Semina compresso-ovoidea. CP. .... 23. *C. oligotricha.*

4. Flores ± sessiles, raro subpetiolati, 1—2—6 in axilla bractearum in spica elongata, interdum thyrsoidea, raro globulari compositi (series *Elatae*) 5

4′ Flores 1—2—3 pedicellati in pedunculo axillari vel in laxo racemo dispositi .. 11

5. Flores 2—6 in spicula axillari densa congesti. Folia sessilia. Nat. Tvl. Zulu. .... 24. *C. elata.*

5′ Flores in spica, singuli vel bini in spicula axillari 6

6. Calycis tubus brevissimus vel fere nullus, capsula ± supera 7

6′ Calycis tubus obconicus, turbinatus vel campanulatus, capsula semi-infera ... 8

7. Corolla 7—8 mm longa, stamina 3,5 mm longa, flores 1—2 in axillis bractearum linearium. Folia lanceolata usque lineari-lanceolata. OFS. Swaz. .. 25. *C. ramosa.*

7′ Corolla 12 mm longa, stamina 5,6 mm longa, forma corollae urceolaris, bracteae et sepala pectinato-dentata, spicula uniflora. Folia ovato-oblonga usque oblonga, acuta. Swaz. .... 26. *C. pectinata.*

8. Antherae longiores quam filamenta, quod raro accidit 9

8′ Antherae 2—3-plo breviores quam filamenta, quod plerumque accidit 10

9. Folia oblonga, acuta. Bracteae ovato-lanceolatae, multidentatae. Flos 1, occasionaliter in parte inferiore spicae angustae 2. Nat. Swaz. .... 27. *C. oblongifolia.*

9′ Folia ovato-lanceolata, basi rotundata, ad apicem sensim acuta. Bracteae et lobi calycis circiter in medio utrinque 1-dentati. Antherae in dorso glabrae. Tvl. .... 28. *C. smutsii.*

10. Folia linearia, scabriuscula, margine revoluta. Bracteae et lobi calycis fimbriato-dentati. Flores subpetiolati, solitarii in spica angusta, rachis puberula. Tvl. Nat. OFS. .... 29. *C. stenophylla.*

10′ Folia subanguste triangularia, acuta, basi rotundata et 2—3 dentibus acutis patentibus ornata, pars reliqua marginis integra et revoluta, folia summa angustiora et uno dente in basi tantum munita. Flores solitarii in spica densa. Pond. .... 30. *C. revoluta.*

11 (4′). Folia suborbicularia usque ovata, basi subcordata vel rotundata, brevi-petiolata. Pedicelli 5—7 mm longi hirtelli. Flores in racemo vago vel raro secundo. Antherae in dorso dense cano-pilosae. T. T. .... 31. *C. rupestris.*

11′ Folia lanceolata vel linearia, raro etiam oblonga usque elliptica. Flores plerumque in racemis terminalibus, raro solitarii axillares 12

12. Corolla 5—6 (7) mm longa, antherae parum longiores quam filamenta 13

12′ Corolla (7)8—14 mm longa, stamina (4)5—7 mm longa. 15

13. Planta pubescens. Folia oblonga usque lanceolata (6—13 mm lata). Corolla 5,4 mm longa, filamenta 1 mm, antherae 1,5 mm longae. Swaz. . 32. *C. bolusii.*

13′ Plantae glabrae (excepta inflorescentia minute puberula apud *C. albam*). Folia 1—6 mm lata. Corolla 6—7 mm longa 14

14. Folia elongato-linearia, denticulata vel serrulata. Corolla vix 6 mm longa, stamina 2—2,4 mm longa. S. Rhod. ....33. *C. alba.*

14′ Folia lineari- lanceolata, subcuspidata, margine uncinulato-serrulata. Corolla 6—7 mm longa, stamina 3 mm longa. N. Rhod. .... 34. *C. richardsiae.*

15 (12′). Antherae omnes in dorso pilosae 16

15′ Antherarum 2 in dorso pilosae, 3 glabrae 22

16. Antherae omnes in dorso dense villosae vel lanatae 17

16′ Antherae in connectivo dorsali pilis ciliatae 20

17. Apices petalorum intus tomentosi. Folia anguste linearia (2—3 mm lata), remote denticulata. Corolla 13 mm longa, stamina dimidium corollae superantia (7 mm lg.). T. T. .... 35. *C. ubenensis.*

17′ Apices petalorum intus glabri vel petala intus puberuli 18

18. Calycis tubus primo turbinatus, demum fere nullus et lobi calycis patentes mox reflexi. Folia lanceolata et latiora usque elliptica, inferiora brevi-petiolata, superiora sessilia, remote denticulata. Pedicelli prope basin bibracteolati. Petala basi saccata. 12—16:6. Belg. Kongo, T. T., N., S. Rhod. Nyas. ... 36. *C. erecta.*

18′ Calycis tubus turbinatus vel late campanulatus, lobis triangularibus subpatentibus vel erectis, utrinque 1-dentatis. Petala non saccata 19

19. Folia lanceolata, petiolata, patentissima. Flores in axillis foliorum, sensim decrescentium solitarii. Bracteolae lineares, 2—3 mm longae, divergentes, infra calycem pedicellis insertae. Nyas. .... 37. *C. regularis.*

19′ Folia lineari-lanceolata, erecta, subpetiolata, 40 mm longa, 5 mm lata. Flores in racemo distincto, subsecundo. Bracteolae videntur deesse. 10:6. N. Rhod. ... . 38. *C. rhodesiaca.*

20 (16′). Inflorescentia puberula. Folia elongato-linearia, sessilia, 2—10 mm lata, glabra. 11:5. Griq-O. Nat. CP. Tvl. ....39. *C. longifolia.*

20′ Inflorescentia glabra. 21

21. Stamina distincte breviora quam dimidia corolla, 14—15:4—5, antherae parum longiores quam filamenta! Folia plerumque elongato-linearia, remote denticulata. Flores in racemo distincto. CP. .... 40. *C. assimilis.*

21′ Stamina dimidiam corollam distincte superantia, (7)8—13:5—7, antherae 4-plo breviores quam filamenta. Folia valde variabilia, linearia usque oblonga, brevia, semper inaequaliter adpresse calloseque denticulata vel grossius dentata, imprimis supra basin dente vel lobulo elongato munita. Flores in racemo plerumque distincto. Caulis non raro etiam volubilis. Semina irregulariter ovali-trigona. CP. .... 41. *C. undulata.*

22 (15′). Folia keratiformia i.e. linearia, irregulariter remote dentibus elongatis paucis, non oppositis, et inter eos et versus apicem callose dentata, circiter 50 mm longa et 5 mm lata sine dentibus 8—10 mm longis. Bracteae 6 mm longae, basi exserte dentatae. Flores in racemo 10—12-floro. 9:6. CP. .....42. *C. kerastes.*

22′ Folia anguste linearia, margine revoluto minute denticulata 23

23. Flores solitari-axillares, pedicelli 10 mm longi, alabastra erecta. 9:5. CP. .... 43. *C. georgica.*

23 Flores in racemo secundo laxo, alabastra nutantia. 8—9:5—6. Caules stricto-erecti vel saepius etiam volubiles, sparse foliati vel nudiusculi et folia minutissima. CP. .... 44. *C. campestris.*

21. **Cyphia bulbosa** (L.) Bergius, Descr. Pl. Cap. (1767) 172. — *Lobelia bulbosa* L., Spec. Pl. (1753) 1319. — Caulis e radice tuberosa exsurgens, erectus, simplex, striatus, pubescens vel glabrescens, foliatus, 12—30 cm altus. Folia inferiora approximata, petiolata (petiolis 5—20 mm longis), reliqua passim sessilia, lamina in ambitu ovata vel oblonga, 20—40×10—20 mm, pinnati-partita usque pinnati-fida, segmentis anguste linearibus vel lanceolatis, pauci-dentatis vel iterum lobatis, superior sensim minor et 3—5-lobata aut obtusi-dentata vel (var.) 3—5-inciso-lobata (segmentis triangularibus acutis) vel plano-lobata tantum. Flores in racemo terminali, denso vel sublaxo, multifloro dispositi. Bracteae plus minusve digitato-partitae, floribus breviores. Pedicelli c. 3 mm longi, puberuli, bibracteolati. Calycis tubus turbinatus vel campanulatus, subhirtus vel glaber; lobi calycis anguste triangulares, integerrimi, glabri, erecti, 3—4 mm longi. Corolla 8—13 mm longa, glabra, bilabiata: labium superius trifidum, inferius bipetalum, partes extremae loborum lanceolatae, subrevolutae. Stamina 6 mm longa: filamenta pubescentia, ad basin dilatata et cohaerentia; antherae angusti-oblongae, 2 mm longae, 2 earum in connectivo dorsali brevi-pilosae, 3 glabrae vel (var.) omnes glabrae. Stylus staminibus brevior, glaber, apice obliquo-capitatus, pilosus, stigmate demum brevi-bilobum. Semina (immatura) videntur complanato-ovalia, anguste alata, c. 1,3 mm longa. — Fig. 50 A.

Im südwestlichen Kapland, von der Kap-Halbinsel bis zum Distrikt Clanwilliam verbreitet, häufig um Kapstadt, vereinzelt im Distrikt Albany, in der Ebene und auf den Bergen, bis 300 m, selten bis 1000 m Seehöhe, blühend von August bis Oktober, in höheren Lagen bis Dezember.

Die Blätter dieser Art sind sehr variabel und bilden anfangs nur Rosetten und niedrige Pflanzen ohne Blüten. Der Species-Namen „bulbosa“ ist irreführend, da die Verdickung der Wurzel keine Zwiebel (bulbus) ist, sondern eine Knolle (tuber).

Clavis varietatum:

1. Antherae omnes in connectivo dorsali glabrae. Folia plurima ovata, margine crenato-dentata usque pinnatifido-lobata; bracteae 5-laciniatae .... var. *leiandra.*

1′ Antherae 3 glabrae, 2 pilosae in dorso 2

2. Folia pedato-usque pinnatipartita et pinnatifida, inferiora in petiolum marginatum lamina duplo breviorem angustata, superiora sessilia .... var. *bulbosa*.
2' Folia aliter formata, saltem pro parte 3

3. Bracteae lanceolatae, basi utrinque 1—2-lobatae vel 1-dentatae 4
3' Bracteae 3—5-laciniatae. Folia caulis inferiora lanceolata, remote obtuse pinnatidentata (dentes vel lobuli 2—3 in latere) in petiolum brevem sensim angustata, superiora profunde palmati-partita .... var. *hafstroemii*.

4. Folia palmatifida laciniis 5—7 lanceolatis vel ovato-acutis, subsessila. Bracteae lanceolatae, basi utrinque elongato-unidentatae vel unilobatae. Calycis lobi anguste triangulares .... var. *acocksii*.
4' Folia lanceolata, pinnati-dentata vel obtuse serrata. Bracteae basi utrinque unidentatae. Lobi calycis ovati .... var. *orientalis*.

var. **bulbosa**. — *Cyphia bulbosa* Berg. l. c. quoad typum; Willd., Spec. Plant. ed. 4, I (1797) 953; Presl in E. Meyer, Commentar. Pl. Drege (1837) 297 incl. var. *pinnatifida*; A. De Candolle, Prodr. VII (1839) 499 incl. var. *angustiloba*; Schnitzlein, Iconogr. II (1856—65) t. 123, f. 26. — *Lobelia cyphia* Gmelin, Syst. (1791) 357. — *Cyphium capense* Gmelin, Syst. (1791) 370. — *C. botrys* Willd. ex Roem. & Sch., Syst. V (1819) 477. — *Cyphopsis bulbosa* O. Kuntze, Rev. Gen. Pl. III/2 (1898) 186. — [*Rapunculus galeatus Artemisiae folio*] Petiveri, Mus. Cent. IV (1692—1703) 41. — [*Rapuntium tuberosum*] Burm., Rar. Afr. Pl. (1738) 99, t. 38, f. 2. — Caulis puberulus, interdum superne ramosus. Folia glabra, ad 40 mm longa, 25 mm lata incl. petiolo, inferiora palmatisecta usque pinnatifida, segmentis anguste linearibus vel sublanceolatis, diverse iterum lobatis vel paucidentatis, rarius fere integerrimis; folia superiora passim simpliciora, 3—5-partita, sic etiam bracteae. Flores in racemo denso vel laxo, floribundo, 2—24 cm longo. Pedicelli 3—4 mm longi, puberuli. Calycis tubus turbinatus, subhirtus; lobi 3—4 mm longi, anguste triangulares. Corolla (6)8—13 mm longa, bilabiata, malvacea vel rosea vel violacea. Stamina 5—6 mm longa; antherarum 2 in dorso pilosae, 3 glabrae.

Kap (Bergius!— Stkh. cum manuscripto Bergii, Typus; Drege!— Hausskn., W.; Mundt! — P.; Brossard! — P.; Drege n. 6270 a!, — Stkh.; Drege 6270 c! — W.; Zeyher, Fl. Cap. n. 136! — W.; Sieber, Fl. mixta n. 136! — Stkh., Brem., Brux.; A. Prior! — Z.; Forbes! — K.; Oldenburg! — Stkh.; Harvey n. 439! — NY.; Welwitsch! — W.). Kap-Halbinsel (Rogers n. 16907! — W.); Lottenklip (Wolley-Dod n. 195! — Bol.); Camp's Bay, XII. (J. C. Letty n. 226! — Pret.; F. Wilms n. 3397! — W.; Hafström! — Stkh.); Kalk Bay Mt. (Purcell! — Z.); Smitswinkels Bay (H. Bol. n. 26251!). Simonstown (Hafström & Lindeberg! — Stkh.; Schlechter n. 1086! — Z.); Simon's Bay (C. Wright! — P.); Muizenberg (K. Lansdell! — Pret.); Granite hill, N. of Bottelary Road (J. R. H. Acocks n. 728! — Sthk.); in clivis montis Vlaggeberg supra Houtsbay — Neck, 300 m (Schlechter n. 1313! — Z.); Kirstenbosch, N. of Window stream (E. Esterhuysen n. 11849! — Pret.; Zeyher n. 4794! — Bol.; C. Moss n. 19313! — Witw. R.; J. Hutchinson n. 44! — Bol.); Redhill Cape (Rogers n. 11246! — Z.); Berge bei Kapstadt, Tafelberg (Ecklon & Z.! — Stkh.; Ecklon & Z. n. 121!, n. 231! — Stkh., W., Hausskn.; Schlechter n. 1352! — W.; H. Bolus n. 3398!; Rehmann n. 766!, n. 1226! — Z.; McOwan & Bolus n. 93! — W., P.; G. van Niekerk n. 161! — Bol.); Ostabhang des Tafelberges bei Constantia, X. (Ecklon n. 121! — Stkh.); Kapebene (Ecklon n. 293! — Stkh.; Loibold! — W.; Krauß! — W.); Stellenbosch (Ecklon n. 2426! — Bol.); Faure, comomon (R. N. Parker n. 3913! — Bol.). Lisbeksrivier, steinige Stellen (Zeyher n. 4778! — Bol.);

Fig. 50. A. *Cyphia bulbosa* (L.) Berg.; a — stamen. — B. *C. oligotricha* Schlecht.; a — flos, b — stamen, c — semen a fronte.

Paarl Div., Wellington (J. B. Thomson n. 83! — Pret.); Paarlberg, am Fuß, 330 m, VIII. — IX. (Drege! — Stkh.); Zuider Paarl, XII. (Roberts & Adendorff n. 17654! — Pret.); Malmesbury Div., Hopefield, Brachacker bei Hamburg (F. Bachmann n. 2087! — W., Z.); Hopefield, 65 m (Schlechter n. 5325! — Z.); Zwartland (F. Bachmann n. 986! — Z. mit kleiner Korolle (6 mm); Darling (D. G. Winkler n. 125! — Bol.)., Worcester Div., Du Toits Kloof, granite slopes (Esterhuysen n. 11849! — Bol.); between Worcester and Robertson (Leipoldt n. 4472! — Bol.)., Tulbagh Div., Drakensteinberg (Rehmann n. 2225! — Z.); in montosis humidis „Draakensteenbergen", 850—1000 m (Drege n. 6270 c! sub „var. *pinnatifida* Presl" — Stkh., K., W.); in collibus ad Bergrivier et Klein-Draakensteen, 150—300 m (Drege n. 6270 a! — Stkh., K.); Groot Draakensteen (Rogers n. 11340! — Z.); Piquetberg Div., Piquetberg, X. (H. Bolus n. 11909! — Pret.; G. Edwards n. 184! — Z.); Clanwilliam Div., between Grey's Pass and Graafwater (Leipoldt n. 3291! — Bol.); Olifant's Rivier (Penther n. 2705!, n. 2728! — Stkh., W.); Malmesbury Div., Darling, Slangkop (M. C. Gillett, n. 2092! — Bol., f. minor foliis pinnatidentatis tantum).

f. **lobata** E. Wimm. f. nov. — Folia ima subspathulata, obliquo-dentata, reliqua ambitu oblonga usque ovata, profundius obtuse dentata vel lobata, summa minora et bracteae profunde 5-lobatae. Corolla 10 mm longa; stamina 6 mm longa, antherae 2 pilosae, 3 glabrae in dorso.

Piquetberg Div., Kapitein's Kloof, 25. IX. 1941 (J. P. Stokoe! — Bol.).

var. **hafstroemii** E. Wimm. var. nov. — Glabra, ramosa a basi ramis ascendentibus. Folia basalia pauca, pinnatifida segmentis linearibus 2 utrinque; folia plurima caulina lineari-lanceolata, c. 30×7—10 mm, pinnatifido-dentata (dentes plerumque 3 sublineares obtusiusculi), folia superiora et bracteae digitato-partitae, laciniis 3—5, pedicellis longiores. Pedicelli 5—7 mm longi. Lobi calycis 3 mm longi sublineares. Corolla 12 mm longa; stamina 6 mm longa.

Kap-Distrikt, Tafelberg gegen Kirstenbosch, 25. XI. 1936 (Hafstroem & G. Lindeberg! — Stkh.).

var. **acocksii** E. Wimm. var. nov. — Glabra. Folia profunde vel minus profunde palmatifida segmentis lanceolatis 3—7, crenatis vel subintegris, 27—35 mm longis et 7—11 mm basi latis, lamina tota c. 45×45 mm, ad basin cuneata et subsessilis, folia superiora in caule interdum late lanceolata et inciso-dentata vel ut inferiora, sed minora. Bracteae lanceolatae, basi 1—2 lobis munitae. Pedicelli 4 mm longi, apice bibracteolati. Calyx glaber, semi-globsus, lobi triangulares, cuspidati, 5 mm longi. Corolla 13—14 mm longa, „alba" (Acocks), intus basin versus pubescens. Stamina 7 mm longa; filamenta apice et basi dilatata pubescentia; antherae 2 in dorso pilosae, 3 glabrae.

Kap-Provinz: Clanwilliam Div., half-way up bushy northfacing slopes below Uitkyk Pass in the Cedarberge, 26. IX. 1934 (Acocks n. 3103! — Stkh. Typus); Uitkyk Pass, 660—1000 m (Compton n. 4979! — Kirstb.); 2 miles from top of Uitkyk Pass (M. C. Gillett n. 4107! — Bol.); Uitkyk Pass (G. J. Lewis — Bolus Hb. n. 26273!); Cedarbergen, between Middleberg Hut and Crystal Pool, 1300 m, IX. (D. Weintraub — Hb. Bolus n. 19423!); Cedarbergen, between Middelburg Mt. to Crystal Pool, c. 1400 m (Hb. Moss n. 19796! — Witw. R.); Piquetberg Div., Piquetberg, X. (Marloth n. 10736! — Pret.); Ceres Div., Foothills of Cold Bokke Veld Mts., Olifant's Rivier Valley, fl. pale brown (?) (E. L. Stephens n. 7312! — Bol.).

var. **orientalis** Phillips in Ann. S. Afr. Mus. IX (1917) 456. — Folia vulgo obtusiuscule serrata. Bracteae basi 2-dentatae. Lobi calycis ovata, 2 mm longi. (Ex auct., non vidi).

Albany Div., Grahamstown, near Golf Links, V. (Gane n. 7).

var. **leiandra** E. Wimm. var. nov. — Caulis glaber, usque ad inflorescentiam foliatus. Petioli foliorum inferiorum c. 5 mm longi, foliorum ceterorum passim nulli. Lamina ima subrotunda, reliqua ovata, obtuse dentata usque inciso-lobata, bracteae obtusiusculo- vel acuto-lobata, lobis plerumque quinque. Flores in racemo laxo multifloro. Pedicelli 2 mm longi, glabri, sub calyce bibracteolati. Calyx turbinatus glaber; lobi calycis lineares, cuspidati, 3—4 mm longi. Corolla 11—13 mm longa, lobi lanceolati, recurvi apice. Stamina 5—6 mm longa: filamenta glabra, basin versus dilatata; antherae omnes in dorso glabrae, unde nomen. — Fig. 51.

Piquetberg Div., southwestern slopes of Zebra Kop, 1300 m, 10. XI. 1934 (N. S. Pillans n. 7599! — Bol.).

Diese Varietät sieht der f. *lobata* sehr ähnlich, ist aber durch ihre kahlen Stamina leicht zu unterscheiden.

22. **Cyphia comptonii** Bond in Journ. S. Afr. Bot. VI (1940) 62. — Herba glaberrima. Caulis erectus, subflexuosus, ramosus, circiter 16 cm altus. Rami patentes foliati. Folia sessilia, cuneata vel fere flabellata, 8—14×4—12 mm, apice inciso-dentata — lobo medio ovato et parum longiore — dentes acuti 2—4, ceterum integra, crassiuscula, glauca. Flores solitarii in axillis foliorum parum decrescentium. Pedicelli 3—4 mm longi, versus apicem bibracteolati. Calycis receptaculum semiglobosum, semi-inferum, 1 mm longum, 10-costatum; lobi anguste triangulares, 3—4 mm longi, integerrimi, erecti. Corolla alba: petala 3 superiora 8 mm longa, 2 inferiora 10 mm longa, linearia, versus apicem parum latiora, plus minusve ciliata. Stamina libera, 5 mm longa: filamenta filiformia, basin versus dilatata, subpubescentia; antherae oblongae, in dorso plus minusve pilosae, 2 mm longae. Stylus teres, 4 mm longus, stigma capitatum, ciliatum. Capsula ad 7 mm longa, subglobosa, 10-costata, bilocularis, apice 2 valvis triangularibus dehiscens. Semina numerosa, 2 mm longa, obscuro-rubra, subtriquetra, minute punctata.

Kapland: Ceres Div., Sutherland, Tanqua Karoo, 460 m, VII., VIII. 1938 (R. H. Compton n. 7346!, 7347! — Kirstb.); 21 miles SSW. of Roodewerft, shale desert, frequent, 430 m, 23. VI. 1948 (Acocks n. 14448! — Pret.); Calvinia Div., Stompiesfontein (P. Bond n. 1178!; Esterhuysen n. 5353! — Bol.).

Der folgenden Art ähnlich, aber durch die fast vom Grunde an reiche Verästelung und die breitkeiligen Blätter auffällig und verschieden.

23. **Cyphia oligotricha** Schlechter in Engler's Bot. Jahrb. XXVII (1900) 195; Phillips in Ann. S. Afr. Mus. IX (1917) 458. — Radix tuberosa, caulis erectus, subflexuosus, simplex vel a basi ramosus, glaber, foliatus, ad 20 cm altus. Folia basalia approximata, mox emarcida, spathulata, basi in petiolum 3—6 mm longum angustata, inaequali-dentata, folia reliqua caulina late elliptica usque oblonga, 10—23×5—12 mm, integra vel obtuso-dentata, apice acuta vel obtusa, basi in petiolum brevem attenuata vel subsessilia, glabra, superne in bracteas foliaceas sensim minores transeuntia. Flores inferiores solitari-axillares, ceteri racemose dispositi. Pedicelli 2—4 mm longi, minute bibracteolati, puberuli. Calycis tubus turbinatus, subglaber, 1,5 mm longus, lobi calycini anguste triangulares, integri, erecti, 2 mm longi. Corolla 8—12 mm longa, glabra, bilabiata: labium superius 3-fidum, labium inferius 2-petalum, lobi extremi anguste lanceolati. Stamina 5 mm longa: filamenta superne glabra, inferne

puberula, dilatata et cohaerentia; antherae oblongae, 2 mm longae, in parte dimidia inferiore connectivi dorsalis pauci-pilosae. Stigma capitatum, pilosulum. Semina compresso-ovoidea, rubiginosa, planofoveolata, 0,7 mm longa. — Fig. 50 B.

Kapland: Clanwilliam Div., Zout River, c. 150 m, 12. VII. 1896 (Schlechter n. 8105! — Bol., W., K., P., Stkh., Pret. Typus).

Im Herb. Brit. Mus. liegt ein Exemplar aus dem Bot. Garten von Kew aus dem Jahre 1795, das ich ad interim *Cyphia latifolia* nannte, eine etwas größere Blüte hat, aber sonst mit *C. oligotricha* identisch ist.

Kapland: Clanwilliam Div., Zout River, 140 m, XII. 1896 Schlechter n. 8105! — W., Stkh., K., Pret., Bol.).

24. **Cyphia elata** Harvey, Thesaur. Cap. II (1863) 39, t. 160. — Herba glabra vel pubescens caule erecto, simplici vel rarius ramoso, foliato, 60—100 (180) cm alto et digiti parvi vel plumbi crassitie, raro tenuiore. Folia sessilia, interdum decurrentia, inferiora cordato-ovata, cordato-elliptica, ovata usque oblonga, circiter 10×6 vel 5×2 cm, sursum paulatim deminuta, apice abrupte acuminata, acuta usque subcuspidata, basi rotundata vel parum angustata, margine serrata, rarius callose dentata vel denticulata vel anguste revoluta, pubescentia vel glabra, superne in bracteas transeuntia. Flores 2—6 in axillis bractearum subsessiles vel brevi-pedicellati, bibracteolati spicam vel racemum anguste cylindricum, thyrsoideum vel subcapitatum formantes. Bracteae ovato-lanceolatae, fere pectinato-dentatae, pauci-dentatae vel integrae, flores plus minusve aequantes. Tubus calycis turbinatus vel campanulatus, 1—2 mm longus; lobi calycini anguste triangulares vel sublineares, 2—5 mm longi, fimbriato-dentati vel subintegri, interdum arcuato-recurvati. Corolla 4—8 mm longa, extus glabra, intus in parte inferiore pubescens, bilabiata, lobi panduraeformes, ciliolati, subaequales, apice recurvati. Stamina 3—4 mm longa: filamenta pubescentia, ad basin dilatata; antherae 1 mm longae, in connectivo dorsali pilosae. Stylus apice obliquus, stigmate capitato, pilosulo, raro glabro. Capsula oblonga vel ellipsoidea, 6—10 mm longa, subsemi-infera. Semina ovalia, complanata, alata, c. 3 mm longa.

Eine ziemlich veränderliche Art, besonders in der Blattform und in der Zahl der Blüten in einer Blattachsel, verbreitet in der Kalahari- und südöstlichen Bergregion Südostafrikas in (100)600—2200 m, blühend vom (Dezember) Januar bis März, selten bis Juni.

Clavis varietatum:

1. Inflorescentia spica longa; 2—6 flores in axilla bracteae, spica densa, cylindrica, vel laxa et interdum interrupta 2
1′ Inflorescentia globularis, interdum parum elongata, 2 flores tantum in axilla bracteae . . . . var. *globularis*.

2. Planta omnino glabra . . . . var. *glabra*.
2′ Plantae ± hirtae, folia interdum glabrata 3

3. Folia oblonga usque lanceolata. Bracteae et lobi calycini fere pectinato-dentati . . . . var. *elata*.
3′ Folia inferiora cordato-ovata vel elliptica, reliqua ovata usque ovato-oblonga. Lobi calycis ± integri. Plantae saepe validiores . . . . var. *gerrardii*.

Formae transeuntes inter has varietates non raro occurrunt.

var. **elata**. — *C. elata* Harvey incl. var. *pubescens* l. c.; Harvey & Sonder, Fl. Cap. III (1865) 601; Phillips in Ann. S. Afr. Mus. IX (1917) 456. — *Cyphopsis elata*

O. Kuntze, Rev. Gen. Pl. III (1898) 186. — Folia sessilia, membranacea, oblongo- vel ovato-lanceolata, 40—80×14—20 mm, acuta vel subacuminata, basi parum angustata vel subrotundata, denticulata vel serrulata, subhirta. Flores subsessiles (2)3—6, semi-verticillati in axilla bracteae, spicam terminalem cylindricam densam, 5—15 cm longam formantes. Bracteae et lobi calycis inciso-dentati, bracteolae lineares, utrinque unidentatae, omnes pubescentes. Calycis turbinati lobi 5 mm longi. Corolla 6—7 mm longa, „cremeo-albida", labium superius 3-fidum, labium inferius 2-petalum, omnia petala ciliolata. Stamina 4,5 mm longa: filamenta pubescentia; antherae oblongae, 1,8 mm longae, in dorso pilosae. Semina 2 mm longa, 1,7 mm lata.

Oranje-Freistaat: Drakensberg (T. Cooper n. 1087! Typus — Un. Dublin, Z.); — Natal: Drakensberg, Biggasberge (Rehmann n. 7101! — Z.); Cathkin Park, Little Berg, c. 2000 m (Galpin — Hb. Bolus n. 26259!); Van Reenen Pass, 1800 m, III. (O.Kuntze! — Z.); Van Reenen, in graminosis (Schlechter n. 6924! — Boiss.); Inanda (J. M. Wood n. 56! — Z.); Alexandra Div., Dumisa, Umgayeflat (H. Rudatis n. 859! — Hausskn., K., Stkh., Z.). — Transvaal: Barberton, III. (J. H. Holland — Hb. Bolus n. 26257!); Dullstroom, on dolorite Koppies, 21. XII. 1933 (Galpin — Hb. Bolus n. 26258!).

f. **depauperata** E. Wimm. f. nov. — 40—80 cm alta. Folia oblongo-ovata, basi rotundata, acuta usque acuminata, serratula, puberula. Flores in spica laxissima, 2(3) flores in axilla bracteae. Corolla „lutea", 7 mm longa.

Kap-Provinz: Willowvale Div., hillside, among coarse grasses, 300 m, frequent, 4. IV. 1905 (A. Pegler n. 1193! — Brux.); in monte Engcobo, 1500 m, II. (Bolus n. 26255!).

var. **globularis** E. Wimm. var. nov. — Glabra vel hirta. Folia anguste triangularia vel lanceolata, 40×8 mm, 55×5 mm, supra basin utrinque dente exserto munita, folia summa multo minora et sine dentibus basalibus, margine serrulata, apice acuta, basi obtusa vel rotundata. Flores 2 in axilla bracteae, congesti in capitulo terminali, circiter 15 mm longo et lato, interdum parum elongato. Bracteae anguste triangulares, 6—10 mm longae. Calycis lobi sublineares, 4 mm longi, prope basin dente longiore muniti. Corolla 10 mm longa, „lutea".

Natal: Liddesdale, 1300—1600 m, 12. XII. 1889 (J. M. Wood n. 4265! — K. Typus); ohne nähere Ortsangabe (W. T. Gerrard n. 1955! — K.); Lidgetton, III. (Mogg n. 833! — Pret.); Alexandra Div., Station Dumisa — Farm Friedenau, kurzgrasige Weiden, c. 600 m, Blüten blaßgelb, III. (H. Rudatis n. 326! — P.). — Kap-Provinz: Tembuland, in monte Engcobo, c. 1500 m, I. (H. Bolus n. 26254!). — Transvaal: Vlakfontein, I. (Rogers n. 11545! (? 11548) — Z.); Belfast (Burtt-Davy n. 1320! — Bol.); Belfast, on the commonage (J. Hutchinson n. 2733! — Bol.); Wonderfontein, 1800 m (H. Bolus n. 26253!); Dullstroom, amongst doloritic rocks on valley side, 2150 m, I. (Galpin n. Hb. Bolus 26256!).

f. **latifolia** E. Wimm. f. nov. — Folia ovata, acuta, basi rotundato-truncata, margine serrulata, 40×25 mm.

Natal: Zululand, Entumeni, 15. I. 1937 (J. Gerstner n. 2993! — K.); in collibus Inchanga, 3150m (Schlechter n. 3252! — Bol.); ohne Ortsangabe (Hutchinson n. 1834! — Bol.). — Griqualand East: Mt. Malowe prope Clydesdale, 1300 m, II. 1885 (W. Tyson n. 2152! — Bol.); in montosis udis circa Clydesdale, 1150 m, XI. (W. Tyson n. 2715! — K.); inter Clydesdale et flumen Ibisi (W. Tyson n. 1205! — Bol.).

var. **glabra** Harvey l. c.; Harvey & Sonder, Fl. Cap. III (1865) 601. — Glabra, sed folia etiam ovato-oblonga, 30×10 mm, basi rotundata. Flores saepe 2 tantum in axilla bracteae.

Natal: Zululand (Gerrard & M'Ken n. 1462 — Univ. Dublin ex auct.); Lancaster, Vryheid Div., hill summit, amongst rocks, I. (Galpin n. 9756! — B.); Inanda (J. M. Wood n. 456! — K.).

f. **flanagana** E. Wimm. f. nov. — Folia triangulari- vel ovato-oblonga; irregulariter grossius dentata, praecipue basin versus, subtus in nervis parce hirtella; 2 flores in bractearum axilla.

Kap-Provinz: Tembuland, Engcobo Mountains, 1200 m (Flanagan n. 2689! — Pret.).

f. **truncata** E. Wimm. f. nov. — Folia omnia ovata, 25×15 mm et minora, basi truncata, apice callose apiculata, margine cum bracteis fere pectinato-dentata. Caulis in specimine nostro 50 cm altus, jam defloratus.

Zululand: Mtunzim, Stufziekte, Hamewith, 1. V. 1919 (A. O. D. Mogg n. 4336! — Pret.).

var. **gerrardii** (Harvey) E. Wimm. comb. nov. — *C. gerrardi* Harvey l. c. nom. nud., Harvey & Sonder l. c. 601. — *C. wilmsiana* Diels in Engler's Bot. Jahrb. XXVI (1899) 113. — *Cyphopsis gerrardi* O. Kuntze l. c. 186. — Planta plerumque altior, hirta, interdum caulis et folia glabrata. Folia cordato-ovata, 7—10×4—6 cm, madia saepe ovata, 5×2 cm, superiora plerumque oblonga, apice brevissime acuminata vel acuta, basi anguste decurrentia vel basis rotundata tantum, margine serrata vel denticulata, saepe plus minusve hirta. Flores plures in axilla bracteae, brevi-pedicellati, bibracteolati. Bracteae inferiorum florum foliaceae, ceterae lineares, ciliolatae. Corolla 6 mm longa, puberula, cremeo-albida (McCallum), luteola (Junod), duo petala alba, tria macula rosea ornata (Wood). — Fig. 52 A, B.

Natal: Port Natal (Gerrard & M'Ken n. 1461! — Univ. Dublin, Typus; Gerrard n. 1464! — K., W. Isotyp.); Drakensberg, mountain Prospect (Rehmann n. 6964! — K.); Charlestown, 1600—2000 m, 25. II. 1895 (J. M. Wood n. 5617! — K.); Ismont, 800 m, IV. 1883 (J.M. Wood n. 1838! — K.). — Transvaal: Wakkerstroom, Volksrust (Jenkins n. 9313! — Bol.); Barberton (Holland n. 522! — Bol.; E. Williamson n. 27! — Pret.); Barberton, White River, 750 m, IV. (Rogers n. 20074! — Z.); Kopje, 1700 m (Galpin n. 1340! — Pret.); between Komati Poort and Letaba River, 350—650 m, VI. (Rogers n. 2701 — Govt. Hb. Salisb.); Kaapsche Hoop, V. (Rogers n. 21037! — Z.); Lydenburg, am großen Wasserfall, II. 1886 (F. Wilms n. 1245! — W., K., Typus pro *C. Wilmsiana* Diels); Hoggeveld (Rehmann n. 5858! — Z.); Lukukuni, mountain sides, 1600 m (W. G. Barnard n. 364! — Pret.); Lydenburg (H. G. Atherstone! — K.); Pietersburg Distr., hills, IV. (McCallum n. 137! — W., Pret.); Shilouvane, 300—700 m (Junod n. 813! — K., n. 2144! — Z.); in montibus circa Houtbosch (H. Bolus 10990! — K.); Zoutpansberg, Entabeni, I. (Meeuse n. 9209! — Pret.).

f. **decurrens** E. Wimm. f. nov. — Folia basi late decurrentia et alae acute grossius dentata. Inflorescentia thyrsoidea.

Transvaal: Barberton Distr., Joy Range Moodies, 1600 m, flow. white, 2. IX. 1890 (Horncroft — Hb. Wood n. 4354! — K.).

f. **thodeana** E. Wimm. f. nov. — Folia ovato-lanceolata, 50×13 mm, ad apicem acuminata, ad basin late angustata et semi-amplexicaulia, margine conferte serrulata, subtus in nervis parce hirta. Calycis lobi anguste lineares, 4 mm longi; corolla 6 mm longa, flores 2—3 in axilla bracteae.

Natal: Richmond, waterfall, II.—VI. 1927 (J. Thode n. A 1217! — Pret.).

Betreffs *Cyphia wilmsiana* Diels bemerke ich, daß Stengel und Blätter kahl sind, Brakteen und Kelchzipfel sind ohne Zähne und wie die 4 mm lange Korolle innen kurz-weichhaarig; es gibt aber so viele Übergänge zu var. *gerrardii*, daß man sie doch nicht trennen kann.

Einheim. Name für die var. *gerrardii* im Distrikt Lydenburg nach Barnard: „*Mude Kula*".

25. **Cyphia ramosa** E. Wimm. spec. nov.—Caulis erectus, ad 50 cm altus, 2,5 mm in diametro, striatus, puberulus, foliatus, non longe a basi jam ramosus, rami erecti. Folia sessilia, lanceolata usque lineari-lanceolata, 35—50×3—10 mm, acuta, basi angustata, margine denticulata, glabra. Flores in racemo laxo, angusto, ad 7 cm longo dispositi, singuli in axillis bractearum linearum, c. 8 mm longarum, dentatarum. Pedicelli 2—3 mm longi, puberuli, bibracteolati, apice in tubum calycis brevissimum, mox patelliformem, dilatati, lobi lineares, 4 mm longi, utrinque 2 dentibus longis muniti, glabri. Corolla 7 mm longa, lilacina, extus glabra, intus puberula; labium superius 3-fidum, labium inferius 2-petalum, petala panduriformia, apice recurvo-caudata. Stamina 4 mm longa: filamenta pubescentia; antherae angustae, in connectivo dorsali pilosae. Stylus 2,5 mm longus, glaber, apice obliquus, stigmate capitato pilosulo terminatus. Capsula ellipsoidea, 8 mm longa, 5 mm lata, supera. Semina elliptica, complanata, late alata, 4 mm longa. — Fig. 53, 54A.

Oranje-Freistaat: Witzie's Hoek, III. 1917 (H. Junod n. 17509! — Pret.). — Basutoland: Leribe, Bergabhänge und -Plateau (A. Dieterlen n. 451! — P., Pret.). Einheim. Name: „*Lenkoto*" (Sesutho).

Phillips (Contrib. of the Flora of the Leribe Plateau and Environs, in Annals S. Afr. Mus. XVI (1917) 177) unterschied damals unsere neue Art noch nicht von *Cyphia elata*, sie ist aber reichlich von derselben verschieden durch die Blätter, die Blüte und die Frucht.

26. **Cyphia pectinata** E. Wimm. spec. nov. — Caulis stricto-erectus, teres, striatus, fistulosus, simplex, inferne glabrescens, sursum puberulus, foliatus, 60—90 cm altus, 7 mm in diam. Folia alterna, sessilia, glabra, ovato-oblonga usque oblonga, 60×25 mm, apice subacuminata, basi subrotundata usque obtusa, margine serrata vel adpresse denticulata, folia summa anguste lanceolata. Flores solitarii in axillis bractearum in racemo sublaxo, circiter 25 cm longo dispositi. Bracteae lanceolatae, fere pectinato-dentatae, 12 mm longae, flore parum breviores. Pedicelli 2 mm longi, puberuli, basi 2 bracteolis sublinearibus, integris, 8 mm longis muniti. Calycis tubus fere nullus, sepala anguste triangularia, pectinato-dentata (4—5-dentibus utrinque), 7 mm longa, glabra, erecta. Corolla primo forma urceolari 5-costata, mox fisso-bilabiata, „pallido-malvacea", extus puberula, intus parce puberula: labium superius 3-fidum, labium inferius 2-petalum, segmenta linearia, mox omnia soluta, 11—12 mm longa, eorum extremitates anguste lanceolatae. Stamina 5,6 mm longa: filamenta puberula, basin versus dilatata et cohaerentia; antherae angustae, 2,6 mm longae, in dorso pilosae. Stylus 4 mm longus, stigmate oblongo pilosulo terminatus. Capsula supera. — Fig. 54B.

Südostafrika: Swaziland, Bremersdorp, in grassland, near Vlei bordering Little Usutu River, c. 850 m, 2. I. (R. M. Hornby n. 2855! — Govt. Hb. Salisb.).

Diese Art gehört zwar auch zur *Elata*-Gruppe, ist aber durch die Form ihrer Knospe (wie eine Flasche mit langem gleich-weitem Hals und unten daran eine breitere, nach oben zugerundete Scheibe) und ihrer Blüte (wie ein Krug aussehend), ferner durch das oberständige Ovarium ganz verschieden und so leicht kenntlich.

27. **Cyphia oblongifolia** Harvey & Sonder, Fl. Cap. III (1865) 601. — *C. elata* var. *oblongifolia* Phillips in Ann. S. Afr. Mus. IX (1917) 457. — Caulis erectus, striatus, simplex, foliosus, puberulus, ad 40 cm altus. Folia alterna, sessilia, oblonga, 25—40 ×6—11 mm, apice acuta vel subacuminata, ad basin parum angustata, margine callose denticulata, supra glabra, subtus puberula nervis prominulis, venis inconspicuis. Spica terminalis, sublaxa, ad 10 cm longa, multiflora. Spiculae inferiores saepe biflori, ceterae uniflori. Flores sessiles. Bracteae ovatae vel lanceolatae, pectinato-dentatae, flores circiter aequantes. Calycis tubus campanulatus, puberulus, lobi anguste triangulares, callose dentati et ciliolati, 3,5—5 mm longi, erecti. Corolla 6—7 mm longa, extus puberula, intus dense pubescens, lutea (?): lobi lineares, partes extremae lanceolatae. Stamina 3 mm longa: filamenta 1 mm longa, glabra vel puberula; antherae 2 mm longae, lineares, glabratae vel in connectivo dorsali brevi-pilosae. — Fig. 52C.

Natal: Ingoma, Port Natal (Gerrard & M'Ken n. 1463 — Holotypus, Univ. Dublin; Gerrard n. 1463! — W., K., offenbar gleich mit dem Holotypus); Higher grassy slopes of Mount-aux-Sources, 2700 m, I. 1896 (J. Thode n. 31! — Bol., kleinere Stücke bis 20 cm hoch mit lanceolaten kahlen Blättern). — Swaziland: Mbabane, 1600 m, in graminosis in terra „High Veld" dicta Dalriach (Bolus n. 12094! — Bol.); Mbabane, 1300 m (Rogers n. 11487! — Z.). Transvaal: Distr. Lydenburg, 16,5 km S. of Lydenburg, Quartzite Ridge on mountain sourveld, 2000 m, flow. pale mauve, 21. I. 1954 (L. E. Codd n. 8315! — Pret.).

28. **Cyphia smutsii** E. Wimm. spec. nov. — Caulis circiter 50 cm altus, erectus, simplex, hirtellus, foliatus, superne paulatim nudus, inflorescentia terminalis, pedunculata. Folia sessilia, ovato-lanceolata, 50—60×9—12 mm, basi rotundata semiamplexicaulia, ad apicem sensim acuta, margine remotiuscule serrulata, utraque facie hirtella; folia pauca summa multo minora, 20×3 mm. Flores subpetiolati, singuli in axilla bractearum, dispositi in spica distincta, sublaxa, c. 10 cm longa. Bracteae anguste triangulares, c. 6 mm longae, hirtellae, paulatim acutissimae, utrinque prope basin 1-dentatae. Basis pedicelli inconspicui 2 bracteolis ornata. Calycis receptaculum turbinatum, hirtellum, 2 mm longum; lobi calycini anguste triangulares, acutissimi, 3—4 mm longi, utrinque prope basin 1-dentati, hirtelli, erecti. Corolla 6 mm longa, bilabiata: petala 2 inferiora soluta, superiora in labium trifidum connata, sublinearia, acuta, intus imprimis versus apicem villosa, extus videntur glabra. Stamina 3 mm longa: filamenta hirta, 1 mm tantum longa; antherae 2 mm longae, anguste lineares, in dorso glaberrimae. — Fig. 54C.

Transvaal: Gebiet von Pilgrims Rest, Mauchaberg, Sabie, 1600—1900 m, 22. XII. 1932 (Smuts & Gillett n. 2274! — Pret.).

Der *Cyphia oblongifolia* nahe stehend, ausgezeichnet durch ihre einzähnigen Brakteen und Sepalen und die langen Antheren.

29. **Cyphia stenophylla** E.Wimm. spec. nov. — Caulis erectus, strictus, simplex, e decurrentia foliorum lineatus, parce scabro-hirtellus, superne cum rachide pubescens, c. 30 cm altus. Folia sessilia, scabriuscula, sublinearia, 25—60×4—5 mm, basin vix attenuata, apice acuta, margine revoluto remote denticulata, subtus costa albida prominente, venis invisibilibus. Flores in racemo spiciformi, parum denso, 14-floro, solitarii in axillis bractearum lanceolato-linearium, c. 7 mm longarum, subpectinato-dentatarum. Pedicelli 1,3 mm longi, puberuli, basi bibracteolati. Calycis tubus turbinatus, glaber: lobi calycini 5 mm longi, more bractearum dentati, sublineares, erecti. Corolla bilabiata, 8—9 mm longa, „alba fauce rosea" (Galpin) vel „alba et purpurea" (Sankey), extus glabra, intus apicibus exceptis pubescens: lobi

sublineares, acuti. Stamina 5 mm longa: filamenta pubescentia; antherae in dorso pilosae, oblongae, 1,5 mm longae. Stylus longitudine filamentorum, stigma obliquo-capitatum, pilosum. — Fig. 52D.

Transvaal: Barberton District, Upper Moodies, mountain tops amongst rocks, 1300—1600 m, II. 1890 (Galpin n. 791! — K., Pret.).—Natal: (W. T. Gerrard n. 1957! — K., Schlechter! — B. Typus). — Oranje R. C.: Harrismith, 2500 m, I. 1905 (H. J. Sankey n. 213! — K.).

Der *Elata*-Reihe zugehörend, steht diese Art der *C. oblongifolia* am nächsten und unterscheidet sich von ihr hauptsächlich durch die rauhen, schmalen Blätter und durch die längeren, am Rücken behaarten Antheren.

30. **Cyphia revoluta** E. Wimm. spec. nov. — Caulis erectus, simplex, foliosus, ad 40 cm altus, inferne glabratus, axis inflorescentiae puberula. Folia sessilia, subamplexicaulia, chartacea, glabra, triangularia, nitentia, basi late rotundata et ibi utrinque 2—3 dentibus acutis sursum versis munita, reliquo margine integra et revoluta, basi 8—16 mm lata, in medio 6—10 mm lata, 30—45 mm longa, apice acuta, nervi subtus prominentes, venae inconspicuae. Spica terminalis, densa, inferne parum interrupta, circiter 10 cm longa. Flos unus in spicula, bracteata. Bracteae triangulares, 8—15 mm longae, basi unidentatae vel apud minores bracteas pluridentatae. Calycis receptaculum turbinatum, lobi anguste triangulares, 5 mm longi, in medio 1 dente exserto, erecti. Corolla 7 mm longa, glabra, intus puberula, fisso-bilabiata, petala sublinearia. Stamina 4 mm longa: filamenta puberula, 2,5 mm longa; antherae 1,5 mm longae, in dorsali connectivo pilosae. — Fig. 58A.

Kapland: Pondoland, summit Western Gate, Port St. John, 350 m, 2. IV. 1899 (E. E. Galpin n. 2872! — K., Holotypus; Pret.).

Der *C. oblongifolia* nahestehend, durch die eigentümlichen Blätter von allen anderen leicht erkenntlich.

31. **Cyphia rupestris** E. Wimm. spec. nov. — Caulis erectus, simplex vel superius ramosus, lineatus, glaber, foliis alternis, usque ad inflorescentiam foliatus, in inferiore parte autem cataphyllis vestitus, 10—30 cm altus. Folia brevissime petiolata, glabra, herbacea, subtus pallida, suborbicularia (pauca) vel ovata, 36×34, 20×10 mm, basi cordata usque rotundata, apice obtusa vel acuta, margine crenato-denticulata. Flores in racemo terminali, plerumque vago, multifloro, rachide hirto. Flores inferiores saepe in axillis foliorum, reliqui solitarii in axillis bractearum paulatim linearium pedicellos superantium. Pedicelli 5—7 mm longi, hirtelli, suberecti, supra medium bibracteolati. Calyx late turbinatus, subhirtellus, 5-fidus; lobi triangulares, basi 2-dentati, obtusi, erecti, purpurascentes. Corolla fisso-bilabiata, „lilacina", 14 mm longa, 3 mm in diametro, extus glabra, intus in basi puberula; lobi sublineares, fere aequilati. Stamina 6 mm longa: filamenta alba, versus basin dilatata, superne subpubescentia, secus glabrata; antherae oblongae, luteo-virentes, in dorso dense lanuginosae. Stylus stigmate capitato piloso terminatus. — Fig. 55.

Tanganyika Territ. (Tansania): Njombe Distr., Elton plateau, 2400 m, on steep mountain side in crevices of rocks, flow. lilac, 7. I. 1957 (H. M. Richards n. 7561! — K., Typus); Njombe Distr., Kipengere Mt., Mtorwi Peak, 2914 m, 13. I. 1957 (Richards n. 7708! — K.).

Entfernt ähnlich ist dieser neuen charakteristischen Art die *C. erecta*, die aber ganz andere Blätter hat.

32. **Cyphia bolusii** Phillips in Annal. S. Afr. Mus. IX (1917) 459. — Planta erecta, pubescens, 43 cm alta. Caulis teres, sulcatus. Folia lanceolata vel lineari-

lanceolata, 30—52×6—13 mm, apice subobtusa, margine serrata, subtus distincte venosa, pubescentia. Inflorescentia spicata, 75 mm longa, c. 15-flora, pedunculata. Flores subsessiles, solitarii. Bracteae lineares, subacutae, 6 mm longae. Pedicelli 1,25 mm longi, basi 2 bracteolis subulatis, 1,5 mm longis, subciliatis ornati. Calycis tubus campanulatus, 1 mm longus, pilosus; lobi lineares, ad basin parum ampliati, ciliati, 2,5 mm longi. Segmenta corollae 5,25 mm longa, inferne linearia, superne ovata et acuminata, ciliata. Filamenta 1 mm longa, ciliata; antherae 1,5 mm longae, oblongae, parce ciliatae in dorso. Stylus 5 mm longus, stigma obliquum.

Kalahari-Gebiet. — Swaziland: Grassy places in the „High Veld", near Mbabane in Dalriach District, 1600 m, I. (Bolus n. 12093!).

Unterscheidet sich von der nächst stehenden *C. longifolia* N. E. Br. durch die behaarten Blätter und die viel kürzeren Filamente und Griffel.

33. **Cyphia alba** N. E. Brown in Kew Bull. (1906) 165. — Caulis erectus, paulum flexuosus, glaber, 2 mm diametiens, supra medium sine foliis per 16 cm. Folia patentia, sessilia, glabra, complicata, linearia, 40—90×4—6 mm, apice acuta, margine callose serrulata vel denticulata. Racemus terminalis, 50 mm longus, pluriflorus, parum flexuosus. Flores solitarii in pedicello 2—3 mm longo, puberulo. Bracteae lineares, denticulatae, 4—6 mm longae. Bracteolae 3 mm longae. Calycis receptaculum turbinatum, tomentosum; lobi lineares, acuti, ad 3 mm longi, integri vel uno alterove dente muniti, erecti. Corolla alba, bilabiata: petala 5—6 mm longa, 2 mm lata, inferne linearia, superne late lanceolata, extus versus basin parce puberula, intus glabra. Stamina 2 mm longa; filamenta ciliolata, antherae oblongae, in connectivo dorsali et in apice breviter ciliatae. — Fig. 56A.

Süd-Rhodesia: Manika District, nördlich von Umtali (E. Cecil n. 163! — K.); Inyanga District, Pungwe Gorge, 1800 m, I. (N. C. Chase n. 3679 — Govt. Hb. Salisb. n. 33801!, W.); Inyangani Mt. (Munch n. 400! — Govt. Hb. Salisb.).

f. **purpurea** E. W. f. nov. — Folia angustiora (15—30×1—2 mm) plerumque plicata. Flores „purpurei". Antherae fuscae, in dorso glabrae.

Süd-Rhodesia: Inyanga Distr., Inyangani, summit ridge, 2600 m, 3. III. 1956 (W. Davies n. 987 — K!).

34. **Cyphia richardsiae** E. Wimm. spec. nov. — Caulis erectus vel subvolubilis, 20—40 cm altus, 1—2 mm latus, glaber, usque ad medium cataphyllis vestitus, dein foliis alternis 3—5 obsitus. Folia sessilia, lineari-lanceolata, 15—40×1—6mm, apice subcuspidata, serratula vel adpresse denticulata, glabra, „viridia, margine fusca". Racemus terminalis, laxus, vagus, 6—10-florus. Bracteae lineares, 6—10 mm longi, patentes. Pedicelli 2—4 mm longi, puberuli, basi bracteolati. Calyx turbinatus, subglaber, 5-fidus; lobi triangulares, 2,5 mm longi, integri vel obsolete 1-denticulati, patentes. Corolla 5—6 mm longa, fisso-bilabiata, „violacea cum centro cremeo-albo", extus glabra, intus infra medium pubescens, laciniae fere lineares. Stamina 3 mm longa: filamenta brevissima, puberula; antherae in dorso albo-lanuginosae. — Fig. 57.

Nord-Rhodesia (Sambia): Mpanda Distr., Silkcub Highlands, 1500 m, in reddish damp soil on uplands, stem inclined to twist up grass stems, 3. XII. 1956 (H. M. Richards n. 7123! Typus; 7120! — K.).

Der *C. alba* nahestehend, aber durch breitere Blätter, breitere Korollenzipfel und die wollig-behaarten Antheren verschieden.

35. **Cyphia ubenensis** Engler, Bot. Jahrb. XXX (1901) 419. — An radix uberosa, mihi ignotum est. Caulis erectus, tenuis, simplex, glaber, lineatus, ad

25 cm altus, inferne cataphyllis instructus, in medio foliosus, superne nudus. Folia sessilia, suberecta, crassiuscula, linearia, subacuta, 30—70×2—3 mm, margine remote denticulata. Racemus terminalis, 5—7-florus, rachis, pedicelli et calyx hirtelli („sparse albo-pilosi" ex auct.). Bracteae lineares, foliaceae, pedicellos circiter duplo superantes. Pedicelli 3—4 mm longi, in medio bibracteolati. Calycis tubus late turbinatus, interdum glabrescens; lobi elongato-triangulares, subacuti, cum vel sine denticulo utrinque, c. 3 mm longi, patuli. Corolla in 2 labia fissa, 12—13 mm longa, lilacina, extus glabra, intus in parte apicali loborum lanigera, petala sublinearia. Stamina 6—7 mm longa: filamenta glabra, basin versus dilatata; antherae in dorso denso lanigerie. Cetera non vidi. — Fig. 58B.

Tanganyika-Territorium (Tansania): Livingstone-Gebirge, westliches Ubena, auf Wiesen des Lugaraberges, 2300m (W. Goetze n. 821! — Br. M., Duplum aus dem Berliner Museum.) — Einheim. Name: „*Msimbati*".

Diese Art ähnelt sehr der *C. erecta* De Wild. und unterscheidet sich von dieser: Blätter linear (nicht lanzeolat), Teile der Infloreszenz behaart (nicht kahl), Brakteen dentikulat (nicht ganzrandig mit umgerolltem Rand), Pedicelli bibrakteolat (nicht ebrakteolat), die Innenseite der Korollenzipfel filzig (nicht kahl). Bisher sonst nirgends gefunden.

36. **Cyphia erecta** De Wildeman, Fl. Katanga in Annal. Mus. Congo, ser. IV (1903) 162, t. 38, f. 5—8; Durand, Sylloge Fl. Congo (1939) 318. — Caulis erectus raro subvolubilis, angulatus, sparse foliatus, inferne cataphyllis instructus, 16—70 cm altus, plerumque glaber. Folia lanceolata usque elliptica, inferiora subpetiolata, reliqua sessilia, 30—70×6—20 mm, remotiuscula denticulata, raro inaequaliter dentata, apice acuta, viridia, margine purpurascente, glabra, rarissime hirtella. Flores solitarii in axillis foliorum vel in racemo laxo terminali et bracteati. Bracteae sublineares, denticulati. Pedicelli 1—5 mm longi, bibracteolati. Calycis tubus turbinatus vel patelliformis; lobi anguste triangulares, acuti, 3—5 mm longi, integri vel 1-dentati, suberecti usque reflexi. Corolla 12—16 mm longa, rubra usque malvacea, intus alba, fisso-bilabiata, glabra, intus saltem pro maxima parte tomentosa, petala linearia, superne lanceolata, basi saepe plus minusve saccata. Stamina 4—8 mm longa: filamenta pubescentia, inferne dilatata; antherae in dorso dense villosae. Stylus staminibus parum brevior, stigmate obconico, piloso coronatus. — Fig. 48D.

Scheint weit verbreitet zu sein, vom südöstlichen Kongogebiet nach Nord-Rhodesia (Sambia) und Tanganyika (Tansania), sie variiert demnach auch ziemlich stark. Sie gedeiht nach Quarré auf trockenem rötlichen Boden, auf mittelmäßig feuchten Prärien, auf buschigen Savannen, im Gebirge und in der Ebene.

Clavis varietatum:

1. Caulis et folia glabra 2
1′ Caulis et folia plus minusve hirtella .... var. *wetteana*.

2. Lobi calycis reflexi .... var. *erecta*.
2′ Lobi calycis suberecti, denticulati. Folia ovato-lanceolata, subpetiolata var. *ufipana*.

var. **erecta**. — Folia inferiora subpetiolata, reliqua sessilia, lanceolata usque oblonga, glabra. Flores solitarii in axillis foliorum superiorum, interdum in racemum laxum transeuntes. Pedicelli 2—4 mm longi. 12:6. — Fig. 59.

Kongo (Kongo-Kinshasa): Distrikt Katanga, Lukafu, XII. 1899 (Verdick n. 345! — Brux. Holotypus); Katabu, Kafubu, Vallée de la Karavia (Quarré n. 4335!, 3595!, 806! — Brux.); Elisabethville (Quarré n. 6965; S. De Giorgi n. 287! — Brux.); Plateau de la Manika, environ de Katentania, région du Lualaba, vallée de

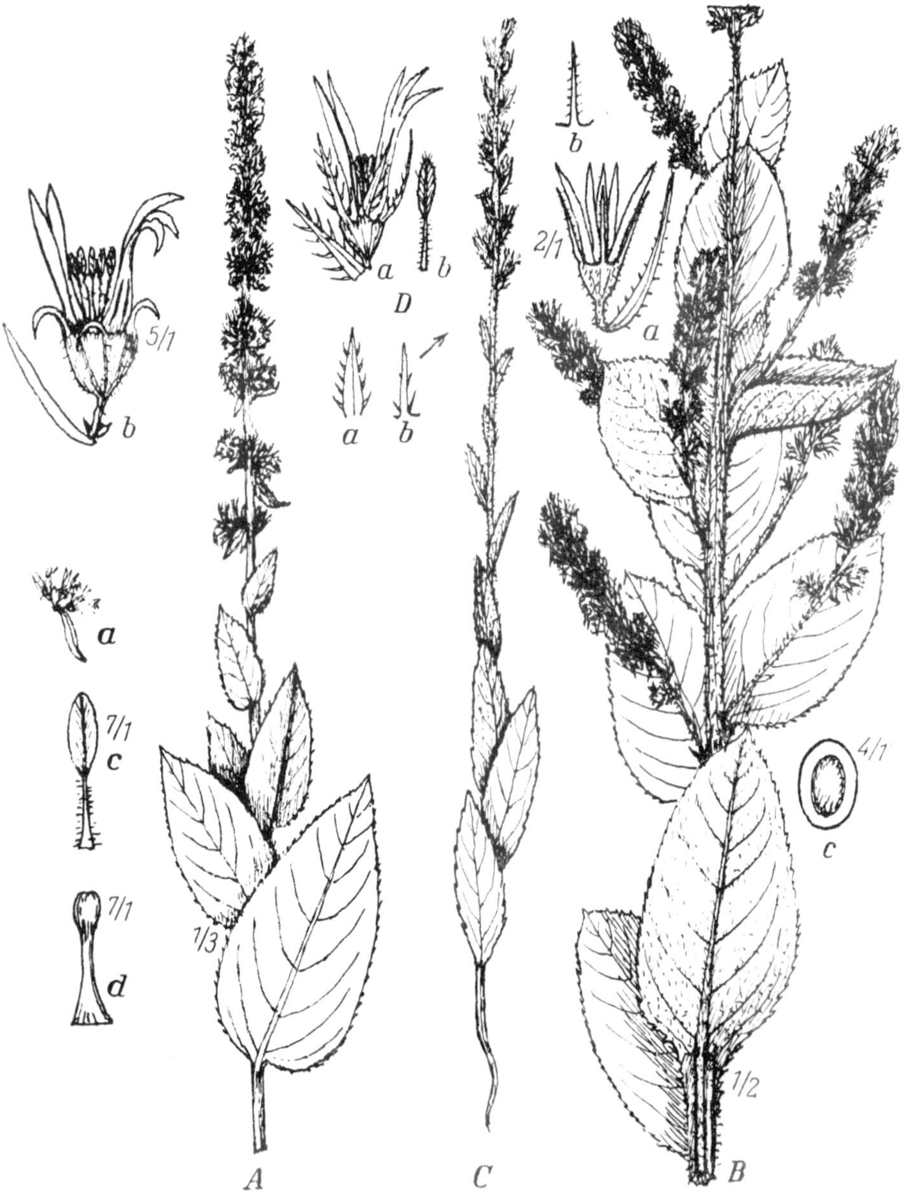

Fig. 52. A. *Cyphia elata* var. *gerrardii* (Harvey) E. Wimm. (typ. *C. wilmsiana* Diels); a — infl. pars, b — flos, c — stamen, d — stylus. — B. *C. elata* var. *gerrardii* (Harvey) E. Wimm.; a — flos, b — sepalum, c — semen a fronte. — C. *C. oblongifolia* Harvey & Sonder; a — bractea, b — sepalum. — D. C. *stenophylla* E. Wimm.; a — flos, b — stamen.

Fig. 53. *Cyphia ramosa* E. Wimm. (Dieterlen n. 451 — P.).

Fig. 54. A. *Cyphia ramosa* E. Wimm.; a — folium, b — flos, c — bracteae, d — sepalum, e — stamen. f — semen a fronte. — B. *C. pectinata* E. Wimm.; a — flos, b — stamina et stylus, c — stamen. — C. *C. smutsii* E. Wimm.; a — flos, b — stamen. — D. *C. kerastes* E. Wimm.; a — folium superius, b — flos, c — stamen.

Fig. 55. *Cyphia rupestris* E. Wimm. (Typus! Richards n. 7561).

Fig. 56. A. *Cyphia alba* N. E. Brown; a — flos, b — stamen. — B. *C. longifolia* N. E. Brown; a — folium, b — flos, c — stamen, d — semen a fronte. — C. *C. assimilis* Sonder; a — flos, b — stamen. — D. *C. angustifolia* Eckl. & Zeyh. (Typus); a — flos, b — stamen, c — stylus.

Tafel 48

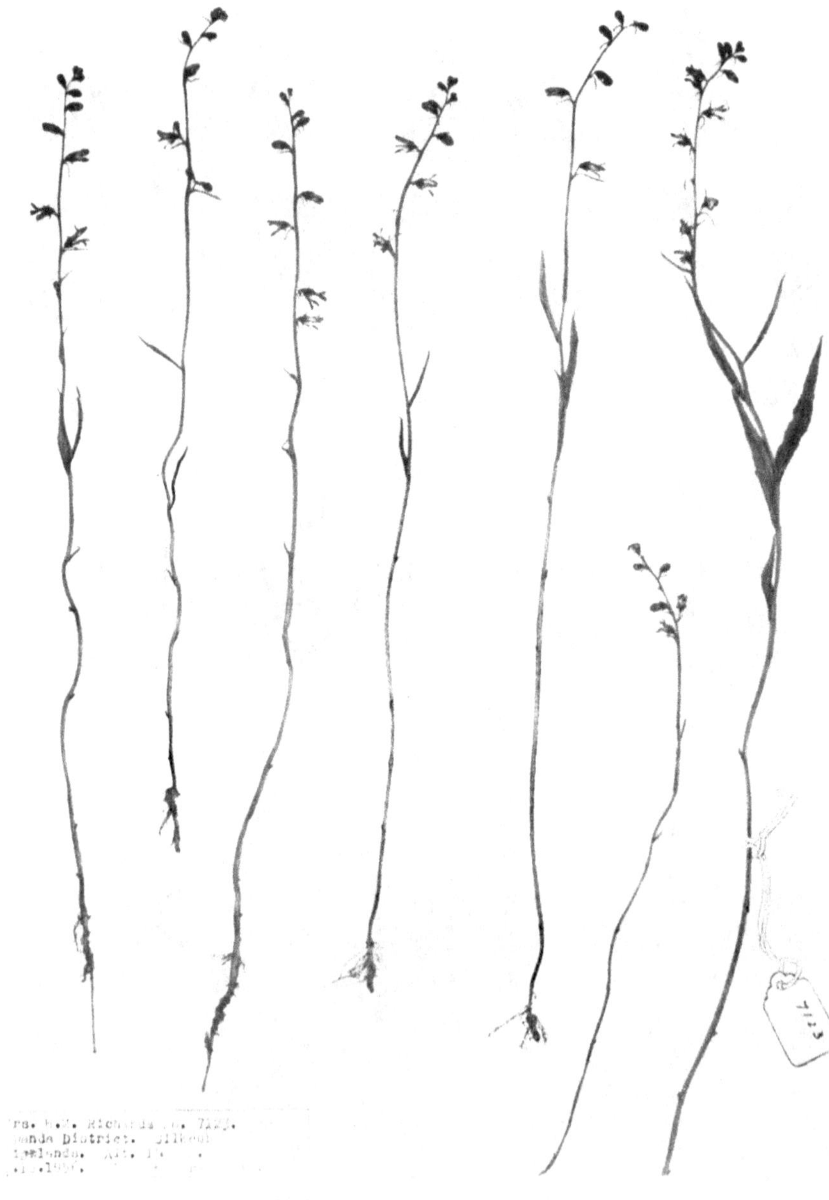

Fig. 57. *Cyphia richardsiae* E. Wimm. (Typus! Richards n. 7123).

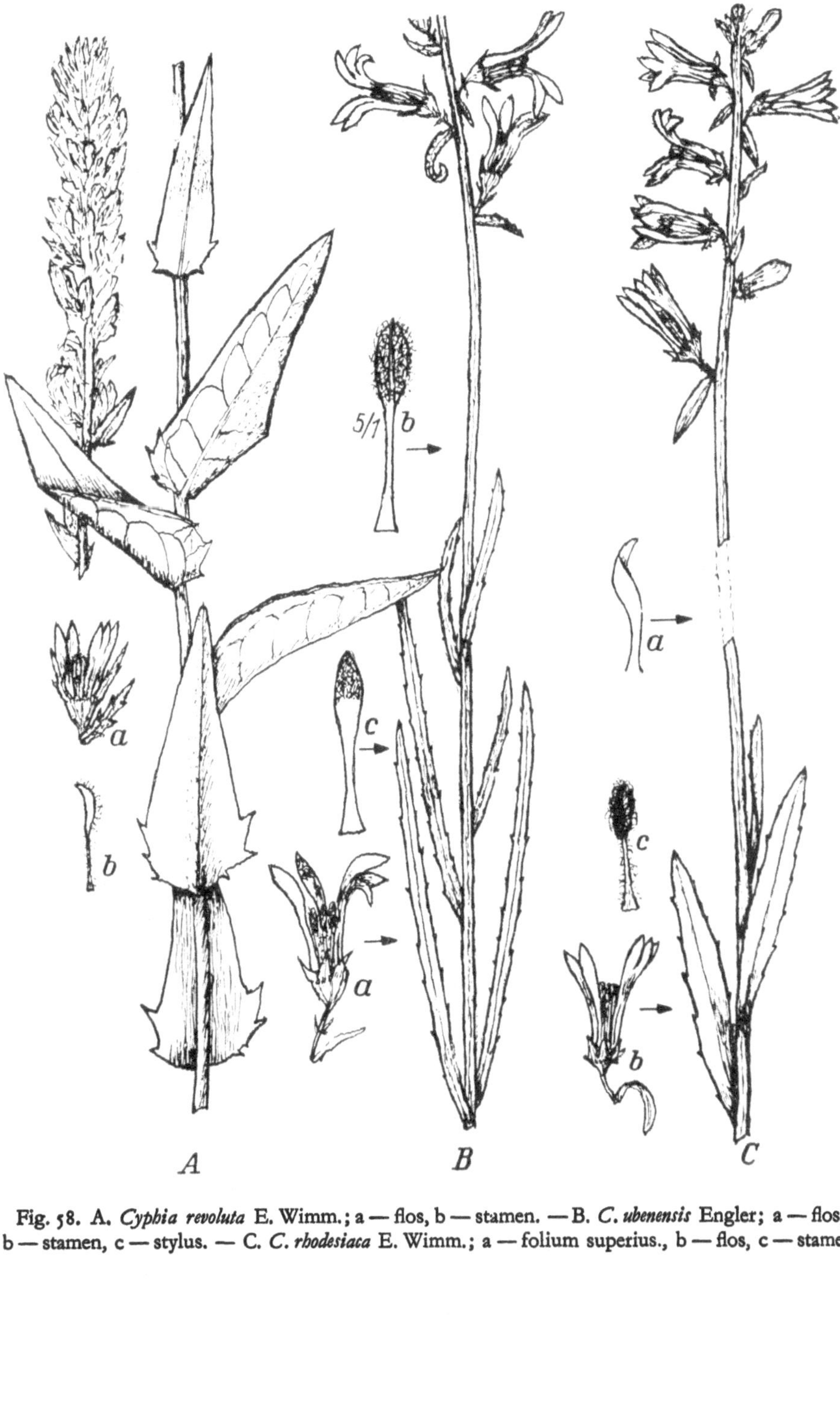

Fig. 58. A. *Cyphia revoluta* E. Wimm.; a — flos, b — stamen. — B. *C. ubenensis* Engler; a — flos, b — stamen, c — stylus. — C. *C. rhodesiaca* E. Wimm.; a — folium superius., b — flos, c — stamen.

Fig. 59. *Cyphia erecta* De Wild. var. *erecta* (Richards n. 3985).

la Kapemba (Homblé n. 809!, 1016! — Brux.); Keyberg, 8 km SO. d'Elisabethville (A. Schmitz n. 208!, 4223! — Brux.).—Nord-Rhodesia (Sambia): Ohne nähere Ortsangabe (Kassner n. 2159!; Bredo n. 5884!, 5913!, 5854!—Brux.); zwischen Musosa und Kaputa (Bredo n. 3593! — Brux.); Musosa, I. 1940 (Bredo n. 3706! — Brux.); Abercorn Distr., Kasama Road, near Sunzu Turning, 1600 m, 9. I. 1955 (H. M. Richards n. 3985! — K.); Kawimbe, 1600 m, open grassland (H. M. Richards n. 7324! — K.).

f. **minor** De Wild. — Caulis 6—16 cm altus, foliosus. Folia lanceolata usque elliptica, utrinque acuta, denticulata. Lobi calycis reflexi. 11:6.

Kongo (Kongo-Kinshasa): Katanga, Shinsenda, III. 1912 (Homblé n. 481! — Brux.); Elisabethville, Kibiré (Homblé n. 8! — Brux.); Boitsfort, route de la Lubumbathi, le long de la route, terrain pierreux (W. Robyns n. 1623! — Brux.).

var. **wetteana** E. Wimm. var. nov. — Caulis et folia puberula, folia oblonga usque elliptica, acuta, petiolata, crenulato-denticulata, summa lanceolata. Flores in racemo, bracteae foliaceae. Lobi calycis anguste triangulares, integri, reflexi. 16:8.

Katanga: Lukafu, Plateau, XII. 1930 (De Wette n. 49! — Brux.).

var. **ufipana** E. Wimm. var. nov. — Folia ovato-lanceolata, 40—70×8—20 mm, basi abrupte in petiolum 7 mm longum attenuata, ad apicem sensim acuta, superiora passim sessilia. Flores solitari-axillares, remoti. Pedicelli 5 mm longi, 2 bracteolis linearibus 4 mm longis muniti. Calycis-lobi denticulati, suberecti. Petala „alba apicibus purpureis", „coerulea", basi non saccata. 10:5.

Tanganyika Territorium (Tansania): Chapota, Ufipa, 1800 m, Distr. Bismarckburg, solitary plants under Acacias at edge of Mbuga, flow. blue, 7°59′ S., 31°18′ E. (A. A. Bullock n. 2061! — K.). — Nyassaland (Malawi): Kota-Kota, 560 m (F. M. Benson n. 693! — Pret.).

37. **Cyphia regularis** E. Wimm. in Kew Bull. (1952) 143. — Caulis erectus, glaber, simplex, foliatus (internodiis 20—30 mm longis), ad 40 cm altus. Folia 3—8 mm longe petiolata, lanceolata, 70—90×6—14 mm, apice acuta vel subacuminata, basi in petiolum indefinite angustata, margine denticulata vel adpresse crenulato-denticulata, glabra. Flores solitarii in axillis foliorum minorum, 20—50 mm longorum, circiter 20 mm inter se distantes. Pedicelli 3—5 mm longi, infra calycem 2 bracteolis sublinearibus 4 mm longis ornati. Calycis receptaculum late campanulatum, glabrum; lobi anguste triangulares, 3 mm longi, obsolete denticulati, erecti usque patentes. Corolla 11—12 mm longa, „violacea", extus glabra, intus basin versus pubescens, lobi lineares, superne latiores. Stamina 5 mm longa: filamenta puberula, basi ampliata; antherae oblongae, in dorso dense lanuginosae. Stigma clavatum, pilosum. Capsula subglobosa, 6×5 mm, semi-infera. Semina lenticularia, fusca, foveolata, 1 mm longa et fere lata. — Fig. 48 C.

N. Nyassaland (Malawi): Upper Loangwa River, 14. I. 1897 (J.G. Nicholson! — K.).

Der *C. erecta* nahestehend, unterscheidet sich unsere Art dadurch, daß alle Blätter gestielt sind, die Bracteolae unmittelbar unter dem Kelch inseriert sind, die Kelchröhre breit-kampanulat ist und die Kelchzipfel meist halb aufrecht stehen.

38. **Cyphia rhodesiaca** E. Wimm. spec. nov. — Caulis erectus, glaber, striatus, inferne kataphyllis instructus, 32 cm altus, 2 mm in diametro. Folia sessilia, patentia, crassiuscula, glabra, lineari-lanceolata, 40×5 mm, apice acuta, basi subangustata, margine remotiuscule denticulata. Inflorescentia pedunculata (4 cm lg.). Racemus

subsecundus, laxus, terminalis, ad 10 cm longus, 7—9-florus. Flores divergentes; pedicelli 2 mm longi, puberuli, bracteis foliaceis, 5—15 mm longis breviores; calycis tubus turbinatus, plus minusve puberulus, lobi triangulares, 3 mm longi, glabri, basi utrinque unidentati, subpatentes. Corolla 13 mm longa, „purpurea, inferne et in fauce purpurascens", extus glabra, intus velutina, sed apicibus glabratis. Stamina 6 mm longa: filamenta pubescentia, 4 mm longa; antherae 2 mm longae, in dorso albo-lanuginosae. Semina subcompressa, ovalia vel oblonga, fusca, longitudinaliter striatula, 0,9 mm longa. — Fig. 58C.

Nord-Rhodesia (Sambia): Distr. Mwinilunga, Kalanda, Dambo, laterit ground, 10. XII. 1937 (E. Milne-Redhead n. 3593! — Br. M.; Brux. Typus).

Der *C. erecta* nahestehend, unterscheidet sich von derselben durch die gestielte Blütentraube, durch die kurzen Brakteen, durch die fast breitdreieckigen Kelchzipfel, die an der Basis nicht ausgesackten Petalen oder deren drei nur wenig ausgesackten Petalen. Der Kollektor bemerkt noch: Stengel aufrecht oder windend, Wurzelstock knollig, schwach purpurn, Blätter grün mit purpurnem Rand.

39. **Cyphia longifolia** N. E. Brown in Kew Bull. (1908) 435; Phillips in Annal. S. Afr. Mus. IX (1917) 459, incl. var. — Tuber radicalis globosus, 25×20 mm. Caulis erectus, ad 60 cm altus, 3 mm in diametro, simplex, raro ramosus, inferne glabratus, superne dense puberulus, imprimis in inflorescentia, in parte inferiore satis foliatus. Folia sessilia, glabra vel parce hirta, linearia, acuta, rarius lineari-lanceolata, 55—150×2—10 mm, remote denticulata vel lanceolata, 60—100×6—20 mm, serrulata. Racemus terminalis, pedunculatus (pedunculus nudus 10—27 cm lg.), 2—20 cm longus, multiflorus, saepe secundus. Flores solitarii in axillis bractearum. Bracteae lineares, 2—10 mm longae, ciliatae. Pedicelli 2—4 mm longi, basi bibracteolati. Calycis receptaculum late turbinatum, tomentellum; lobi lineares, 2—3 mm longi, subintegri, ciliati, erecti. Corolla bilabiata, 9—11 mm lg. cremeo-alba vel lilacina, extus puberula, intus glabra: petala linearia, superne dilatata, acuminata, superiora apice recurvata. Stamina 6 mm longa; filamenta 4 mm longa, pubescentia, ad basin dilatata et leviter connata; antherae 2 mm longae, oblongae, in dorso et in apice pilosae. Stylus 3,5 mm longus, stigma capitatum, pilosum. Capsula globosa, 5—7 mm diametiens, subglabra. Semina fusca, ovalia, complanata, alata, 3×2 mm. — Fig. 56B.

Kapland: Natal: Zwartkop. 1300—1800 m, 17. XI. 1900 (J. Wylie, comm. J. M. Wood n. 10139! — K., Z.); Lions River Div., Lidgetton (Mogg n. 771! — Pret.); Nottingham, I. (H. G. Schweickerdt n. 1318! — Pret.); Alexandra Div., Station Dumisa, Wegränder, 600 m, XII. (H. Rudatis n. 1278! — K.); Weenen Div., Culvers und nördlich von Maritzburg (Rogers n. 28443! — Del., Z., Witw. R.; n. 28165! — Z.); Cape Prov.: Griqualand East, Mt. Currie Div., 9,5 miles N. of Zwartberg, 1700 m, frequent, flow. pale mauve (Acocks n. 13234! — Pret.); ad latus montis Malowe, 1000 m, XI. 1885 (W. Tyson n. 3092! — Typus, K.); grassy slopes near tip of mountain between Qumbu and Shawbury, scattered, 1200 m (S. Schönland n. 4103 — Albany Mus.); Maclear Div., V. (D. Murray n. 17! — Albany Mus.); Tembuland, between Engcobo and Cala, 1400 m (H. G. Flanagan n. 2686! — Pret.); Kaffraria, Bazija, 640 m, I. (Flora Transkaiana et Ciskaiana, Baur n. 576! — K., enthält 2 Exemplare, das eine gleicht ganz der typischen Art, das andere gleicht der var. *baurii* Phillips l. c. 460 („planta magis volubilis, foliis lineari-lanceolatis", 60—100×6—10 mm, „serratis", sed folia minute denticulata et racemus 12-florus) ist also wohl von der typischen Art nicht zu trennen.

40. **Cyphia assimilis** Sonder in Harv. & Sond., Fl. Cap III (1865) 600; Phillips in Annal. S. Afr. Mus. IX (1917) 460. — *C. linearioides* var. *major* Presl in Ecklon

& Zeyh., Enum. (1837) 391; A. DC., Prodr. VII (1839) 792. — Caulis erectus, simplex vel rarius ramosus, in parte inferiore et medio foliosus, superne nudus et interdum flexuosus vel volubilis, glaber, ad 60 cm altus. Folia sessilia, elongato-linearia, 25—70×0,8—2,5 mm, acuta, margine remote denticulata, plerumque suberecta, glabra. Flores in racemo terminali, laxo, pedunculato, saepe secundo, pauci-vel multifloro. Pedicelli 2—7 mm longi, supra medium bibracteolati, breviores quam bractea linearis, integra vel denticulata, 3—10 mm longa. Calycis tubus turbinatus, glaber vel puberulus, 1,5 mm longus; lobi anguste triangulares, 1—2 mm longi, integri vel obsolete uno-denticulati, erecti demum subreflexi, glabri. Corolla 11 — 15 mm longa, „alba rubescenter suffusa" vel „lilacina", extus glabra vel subglabra, intus versus basin puberula, bilabiata: labium superius trifidum, inferius bipetalum, lobi sublineares, acuti. Stamina 4—5 mm longa, medium corollae non attingentia: filamenta pubescentia, basi dilatata et connata; antherae oblongae, 2 mm longae, in dorso pilosae. Stylus 3 mm longus, stigma capitatum, pilosum. Capsula suglobosa, 4 mm longa. Semina oblongo-ovalia, complanata, anguste alata, 1 mm longa. — Fig. 56C.

Kapland: Victoria East Div., Alice (Pappe! Typus — K., Stkh.); Lovedale, II. 1894 (W. G. Bennie n. 703! — Albany Mus.); Tambukiland, hills near Klipplat River (Ecklon & Zeyher); Somerset (Sonder n. 195! — K.); Cathcart, 1400 m (O. Kuntze! — K.); Fort Beaufort District, 10 miles north of it, c. 800 m, 3. IV. 1947, rare, tuber 4×3 cm, edible potato-like (R. Story n. 2221! — Pret.); Queenstown, hillsides, 1200 m, III. 1895 (Galpin n. 1930! — K.).

41. **Cyphia undulata** Ecklon in S. Afr. Quart. Journ. (1830) 373. — Radix tuberosa. Caulis erectus vel saepius etiam volubilis, striatus, glaber, subramosus, sparse foliatus, 20 cm et ultra longus. Folia basi angustata sessilia, lanceolata (20×5 mm), oblonga (25×10 mm), linearia (10—70×1—3 mm), apice acuta, basi utrinque majore dente vel lobo instructa, de cetero adpresse denticulata vel crenulata vel grossius dentata, crassiuscula, glabra. Flores in racemo terminali secundo, multifloro, saepe laxo. Bracteae foliaceae, lineares, acutae, integerrimae vel basi bidentatae, circiter 4 mm longae. Pedicelli uno-, raro usque trifloro, 3—4 mm longi, puberuli, in medio bibracteolati. Calycis tubus turbinatus vel subpatelliformis, glabrescens; lobi ovato-lanceolati vel triangulares, 2 mm longi, integerrimi, erecti. Corolla 7—13 mm longa, glabra, albida vel malvacea, intus basin versus puberula, bilabiata: labium superius 3-fidum, inferius 2-petalum, lobi extremi lanceolati, unguiculati. Stamina 6—7 mm longa: filamenta pubescentia, ad basin dilatata; antherae oblongae, in dorso pilosae, c. 2 mm longae. Stylus 4—5 mm longus, stigma capitatum, pilosum. Capsula bilocularis, subglobosa, 6 mm longa, 4 mm lata. Semina irregulariter trigona, fusca, punctulata, c. 1 mm longa. — Fig. 60A, B.

Kapland: verbreitet, stellenweise gemein, von der Ebene bis in die Hügelregion gegen 1500 m, blühend von April bis September.

Clavis varietatum:

1. Folia oblonga usque lanceolata, remote grandidentata usque adpresse denticulata vel crenulata, basi utrinque dente lobiformi munita vel sine talibus, folia superiora angustiora. Corolla 10 mm longa et ultra .... var. *undulata.*

2′ Folia linearia, brevia vel subelongata, adpresse denticulata, interdum dente basali vel plures dentes grossiores. Corolla 7—9 mm longa .... var. *linarioides.*

var. **undulata.** — *C. undulata* Ecklon l. c. quoad typum; Presl, Prodr. Lobeliac. (1836) 51, in Ecklon & Zeyher, Enum. (1837) 390; A. DC., Prodr. VII (1839) 793;

Fig. 60. A. *Cyphia undulata* Ecklon; a — flos, b — stamen. — B. *C. undulata* var. *linarioides* (Presl) E. Wimm.; a — flos, b — stamen, c — stylus, d — semen a fronte. — C. *C. georgica* E. Wimm.; a — stamen.

Sonder in Harv. & Sond., Fl. Cap. III (1865) 603; Phillips in Annals S. Afr. Mus. IX (1917) 471 excl. *C. angustifolia* Presl. — *C. anomala* Presl l. c.; A. De Candolle, Prodr. VII (1839) 793. — Caulis erectus vel flexuosus vel plus minus volubilis. Folia ramorum novellorum etiam ovata (vide Zeyher n. 937), secus oblonga vel lanceolata et sublinearia, irregulariter dentata, sublobata, denticulata vel quasi crenulata, prope basin fere semper 2 dentibus majoribus (1—5 mm lg.) munita. Inflorescentia racemosa, pauci- vel multiflora. Pedunculi plerumque 1-flori, rarius 2—3-flori. Corolla 10—13 mm longa.

Uitenhage Div. (hier am häufigsten): Auf den karroo-artigen Hügeln zwischen Coega- und Zondagsrivier, VI. 1829 (Ecklon & Zeyher n. 131 — Stkh. Typus, von den Eingeborenen „*Vlaktebaru*" genannt; ex Enum. n. 2434: grasreiche Hügel oberhalb Elandsrivier unweit Uitenhage, V. VI. (Zeyher n. 3087!, 937! — Stkh., W., Del., Z., K.); neben dem Weg von Uitenhage nach Van Stadens, c. 160 m, gemein, 21. 4. 1919 (S. Schönland n. 3270! — Albany Mus.); Port Elizabeth, V. (R. Lucie! — Witw. R.; A. Rosenbrock n. 40! — B.); unterer Van Stadens River (A. Rosenbrock n. 1119! — B.); ad sinum Algoa (Forbes n. 12! — Br. M.); Bathurst Div., Port Alfred leg. W. Tyson „open ground" IV. (Hb. Marloth n. 8564! — W.; Albany Div., Grahamstown, 600 m, IV. (Schlechter n. 2605! — Stkh. Z!; Dale & Sole n. 144! — Z.); Zwartehoogde, Zuurebergkette, Weg nach Grahamstown, c. 660 m, III. (Ecklon & Zeyher n. 133! — Stkh.); Humansdorp Div., zwischen Assegai Bosch und Wit Eis Bosch, IV.—VIII. (Thode n. A 2545! — Pret., Breyer s. no.! — W.).

f. **longifolia** E. Wimm. f. nov. — *C. undulata* Phillips l. c. p. pte. — Differt a variatate *undulata* f. *undulata* tantum foliis elongato-linearibus, ad apicem fere cuspidatis, basi paulum angustatis, margine subremote adpresse denticulatis, 50—70 ×2—3 mm.

Somerset East, IV. (McOwan n. 1814! — Z., non n. 1814!, Florula Mt. Boschberg = *C. sylvatica* — K.).

var. **linarioides** (Presl) E. Wimm. comb. nov. — *C. linarioides* Presl in Ecklon & Zeyher, Enum. (1837) 391 excl. var. *major*, et in E. Meyer, Commentar. (1837) 294 excl. var. *micrantha*; Sonder in Harv. & Sond., Fl. Cap. III (1865) 600; Phillips l. c. 468. — *C. tenuifolia* A. De Candolle, Prodr. VII (1839) 498. — *Lightfootia sessiliflora* Zeyher, Pl. Exsicc. Cap. no. 227, non no. 203. — *C. volubilis* var. *racemosa* Griesselich in Linnaea V (1830) 420 (?). — Caulis glaber vel superne parce puberulus. Folia anguste linearia, adpresse denticulata, dentibusp rope basin majoribus vel, brevilobiformibus, lamina interdum perbrevis. Rachis saepe flexuosa flores plerumque racemosi, raro solitari-axillares (Gane n. 25 277! in Hb. Pret.). Corolla plerumque minor quam in var. *undulata*, 8—9(12) mm longa. Stamina 6—7 mm longa. Capsula et semina ut in var. *undulata*. — Fig. 60B.

Kap-Provinz: Caledon, grasiger Hügel, unter 300 m, IX. (Drege n. 6272! et s. no.!—Hb. Prag. Typus; Stkh!); near Caledon, twining, fl. white mauve with stripes, 29. VIII. 1939 (P. Bond n. 138! — Kirstb.); Bredasdorp, Bredasdorp Poort (Compton n. 14740! — Kirstb.); Napier (L. v. Niekerk n. 308! — Kirstb.); Oudtshoorn, VIII. (Rogers n. 4645! — Witw. R.); George, Mulen River leg. J. Dean (Hb. Moss n. 21 340! — Witw. R.); Zwartkopsrivier, II. III. (Zeyher n. 3088! — Stkh., Z., Del.! hier sub „*Cyphia angustifolia* Presl"); Uitenhage (Zeyher n. 64! — Br. M.); Winterhoeksbergen (Zeyher sub „109.11.! — Stkh.); in locis camporum arenosorum ad flumen Zwartkopsrivier inque Adow, III. IV. (Ecklon et Zeyher n. 2437! — Stkh.); Grootrivier und Trompeterspoort, Beervalei, 600—1000 m, V.

(Zeyher! — Stkh.); Steenbockslakte, Ylandsrivier (Zeyher! — Stkh.); Port Elizabeth, Cradock Place on downs, 30 m, V. (Galpin n. 6438! — Pret.); Alexandria Div., Hillary, sandflats (Burtt-Davy n. 13352! — Pret.); Port Natal (Gueinzius n. 150! — W.); Grahamstown, 600 m, IV. 1893 (Schlechter n. 2605! — Albany Mus., ist wie eine Mittelform zwischen var. *undulata* und var. *linarioides*; von Phillips als „*Cyphia assimilis* Sond." bestimmt, aber dagegen sprechen die langen Stamina, die kleine Korolle und die Blattbezahnung; ähnlich Bolus n. 1915); Albany Div., Coldspring near Grahamstown, II. 1917 (J. C. Gane n. 25277! — Pret., eine erst zu blühen beginnende Pflanze und wohl daher die paar Blüten und meisten Knospen in den Achseln der Blätter und nicht in einer Traube stehend, Stengel windend, Blätter 15—30×1—2 mm, Korolle 12 mm lang, Stamina 6 mm lang).

Die großen saftigen Wurzeln werden von den Hottentoten gegessen (Zeyher). Einheim. Name: „*Barroe*", der aber auch anderen *Cyphia*-Arten mit knolliger Wurzel beigelegt wird.

Ich halte für ein besonders charakteristisches Merkmal der *Cyphia undulata* die Bezahnung der Blätter, welche Form diese immer auch haben: Zähne dicklich-schwielig, angepreßt, der oder die untersten Zähne dicker und mehr vorstehend sowie mehr oder weniger verlängert und oft nahezu lappenförmig. Der Rand sieht oft kleingekerbt aus (infolge der angepreßten Zähne) oder er hat unregelmäßig entfernt-stehende, lange und schmale Zähne (so am typischen Exemplar Ecklon's). Auch bei schmallinearen Blättern der „*Cyphia linarioides* Presl" treten diese Merkmale auf, weswegen ich dieselbe als Varietät der *C. undulata* betrachte. — Ob die *Cyphia anomala* Presl mit *C. undulata* identisch ist, wie es A. De Condolle und Phillips a. a. O. tun, bezweifle ich sehr, habe aber weder die typische Pflanze noch ein der Beschreibung auch nur ähnliches Exemplar gesehen.

42. **Cyphia kerastes** E. Wimm. spec. nov. — Caulis erecto-scandens, glaber, circiter 50 cm altus, fistulosus, inferne ad 2 mm in diametro et cataphyllis subulatis munitus, sparse foliatus. Folia sessilia, crassiuscula, glabra, linearia (keratophylla) 25—50 mm longa et sine laciniis lateralibus 2—5 mm lata et callose dentata: laciniae vel lobi laterales non oppositi, 1—3 utrinque, lineares acuti, antrosum subcurvati, uno alterove dente muniti, 15—2 mm longi, folia superiora sensim in bracteas dentatas vel denticulatas transeuntia. Flores in racemo laxo, circiter 9 cm longo, ad 12-floro, non distincto. Etiam rami florentes adsunt. Bracteae lineares, denticulatae, circiter 6 mm longae. Pedicelli breves bibracteolati et calyces turbinati inconspicue puberuli. Calycis lobi anguste triangulares, 1,5 mm longi, integerrimi, suberecti. Corolla 9 mm longa, bilabiata, extus glabra, basin versus intus puberula: labium superius trifidum, inferius bipetalum, lobi lanceolati. Stamina 6 mm longa: filamenta puberula, inferne dilatata; antherae oblongae, 2 in dorso pilosae, 3 glabratae. Stylus 4,5 mm longus stigmate capitato piloso coronatus. — Fig. 54D.

Kapland: „Plains of Swellendam, Table Mountain and Lion Hill" (Bowie n. 3! — Br. M. Holotypus).

Bezweifle sehr vorstehende Angaben der Verbreitung, da mir die Pflanze bisher in keinem anderen Herbar begegnet ist, was doch der Fall sein müßte, wenn die Pflanze in diesem so oft von Sammlern besuchten Gebiet verbreitet wäre.

43. **Cyphia georgica** E. Wimm. spec. nov. — Caulis erecto-volubilis, ramosus, sparse foliatus, glaber, inferne cataphyllis subulatis obsitus. Folia sessilia, anguste linearia, 8—18×0,5—1 mm, apice acuta, margine subrevoluto denticulata, glabra, nonnulla supra basin utrinque dente uno elongato praedita. Flores in axillis foliorum superiorum solitarii, racemum laxum fingentes. Pedicelli 10—12 mm longi, puberuli, supra medium bibracteolati. Calycis tubus late turbinatus, glaber, lobi triangulares,

2 mm longi, integri, subpatentes, demum reflexi. Corolla 9—10mm longa, extus intusque glabra, in 2 labia fissa: labium superius trifidum, versus basin fenestratum; labium inferius bipetalum, lobi extremi oblongo-lanceolati. Stamina 5 mm longa: filamenta puberula, inferne dilatata et cohaerentia; antherae oblongae, 2 earum in dorso medio pilosae, 3 glabratae. Stylus 4 mm longus, apice capitatus, stigma videtur glabrum. Semina complanato-ovalia, late alata. — Fig. 60C.

Kapland: In planitie prope George, c. 190 m, 24. III. 1893 (Schlechter n. 2394! — B., Z., Typus).

Von der *Cyphia undulata* var. *linarioides*, für welche ich diese Exemplare ursprünglich hielt, vorzüglich durch die flachen, ovalen, breitflügeligen Samen (nicht dreikantigen, ungeflügelten Samen) verschieden.

44. **Cyphia campestris** Ecklon & Zeyher, Enum. Pl. Afr. Austr. (1837) 391. — *C. linarioides* Presl in E. Meyer, Comment. Pl. Drege (1837) 294 p.pte. ex Sond. et in herbariis. — Radix cum tubere subgloboso eduli. Caulis erectus vel volubilis, glaber, simplex vel in parte basali ramosus, non raro caulis fere aphyllus, rami autem foliis angusti-linearibus brevibus instructi, vel caulis cataphyllis et foliis brevissimis squamaeformibus remotissimis praeditus. Folia normalia sessilia, linearia, 8—20 ×1—2 mm, integerrima et remote denticulata, glabra, erecta. Flores in racemo subsecundo, laxo, terminali, 10—16-floro. Bracteae lanceolati, 4—8 mm longae. Pedicelli 2—8 mm longi, bibracteolati, glabri vel puberuli. Calycis tubus campanulatus vel turbinatus, 1 mm longus, lobi anguste triangulares, integri, erecti. Corolla 7—9 mm longa, „malvacea", „coerulea" vel „alba", extus intusque glabra, bilabiata. Stamina 5—6 mm longa: filamenta puberula, 4 mm longa; antherae 2 mm longae, 2 earum in connectivo dorsali pauci-pilosae, 3 glabrae. Stylus unus, glaber, apice stigmate obliquo-capitato pilosulo terminatus. Capsula globosa, 5 mm longa, 4 mm lata. Semina subrotunda, complanata, fusca, alata, 1 mm longa.

Clavis varietatum:

1. Caulis erectus vel interdum flexuosus, saepe in rachide tantum, rarius foliis paucis vel minutissimis vestitus. Calyx brevi-campanulatus .... var. *campestris*.
1' Caulis vulgo volubilis, raro flexuosus tantum, fere aphyllus vel foliis cataphylliformibus tantum vestitus. Calycis tubus turbinatus .... var. *nudiuscula*.

var. **campestris**. — Caulis erectus, interdum plus minusve flexuosus, plerumque foliatus, rarius fere efoliatus et folia minutissima vel cataphylliformia gerens. Flores racemosi. Bracteae ovato-lanceolatae, circiter 4 mm longae, basi utrinque cum dente parvo munitae. Pedicelli 2—3 mm longi, plerumque sub calyce bibracteolati. Calycis tubus brevi-campanulatus. Corolla 8—9 mm longa, „coerulea" (Guthrie), „alba vel lilacina" (Leighton). Stamina 6 mm longa. — Fig. 61.

Kapland: Caledon Div., in terra limosa collium prope montem Zwarteberg (Ecklon & Zeyher n. 2438! — P., Typus; Bol., Stkh. sub 51.8); Saltpan, near the sea, Franskraal, 21.IV. 1946 (F. M. Leighton n. 1678! — Bol.); Worcester, VII. 1940 (C. L. Leipoldt n. 3469! — Bol.); between Worcester and Villiersdorp, X. 1951 (R. H. Compton n. 22908! — Bol.); Ceres, 150 m (Guthrie n. 3391! — Bol.). — Oranje-Freistaat: Distr. Fauresmith, Farm Groenvlei, 23. III. (G. A. Gill n. 31! — Bol.).

var. **nudiuscula** E. Wimm. var. nov.—Caulis volubilis vel flexuosus, 20—50 cm longus, plerumque subnudus, foliis minutissimis triangularibus vel paucis breviter linearibus obsitus. Bracteae lineares, 2—8 mm longae. Pedicelli 5—8 mm longi. Calycis tubus late turbinatus, saepe in basi puberulus. Corolla 7—8 mm longa, „malvacea" (Esterh.), „alba" (Galpin). — Fig. 62.

Kap-Provinz: Uniondale Div., Jaubertina, dry stony hill, III. 1953 (E. Esterhuysen n. 18358, Typus; n. 21216! — Bol.); Mannetjieberg, Kammenassie Mts. along ridge on lower S. slopes (E. Esterhuysen n. 18391! — Bol.); Riversdale Div., lower slopes of Langeberge, V. (Esterhuysen n. 17230! — Bol.); Swellendam, Zuurbraak (J. Thode n. A 2348! — Pret.); Bredasdorp Div., Vindplaats, Elim, 100 m (Schlechter n. 778!, 7690! — Pret., Bol.); Hermanus in scrub plain, near Klein River, IV., and in cliff on sea front (Galpin n. 12846!, 12847!—Pret., Bol.); Distr. Port Elizabeth, Baaken's River Valley (Galpin n. 9934! — Pret.); Albany, plain, near the Karuka (Bowie n. 7! — Br. M.); Albany, damp soil on road to Iton's Hill, 660 m, II. (M. Daly & E. Cherry n. 933! — Pret.).

Cyphia campestris steht der *C. undulata* var. *linarioides* so nahe, daß man sie bei oberflächlicher Betrachtung kaum zu unterscheiden vermag, aber die Antheren- und Samenform lassen ihre spezifische Verschiedenheit leicht feststellen, wie aus obigen Diagnosen ersichtlich ist.

3. Subsect. **Brevistes** E. Wimm. subsect. nov.

Caulis volubilis, occasionaliter ± erectus. Stamina breviora (1/3—1/2 longitudinis corollae), quae causa in descriptiona specierum sic notatur: 13:5 i.-e. corolla 13 mm longa, stamina (filamenta cum antheris) 5 mm longa, exinde etiam nomen ex brevis et stantes = Brevistes.

Clavies specierum:

1. Calycis lobi inter se valde inaequales (ex Engler), serrati. Folia lanceolata. Corolla extus puberula. Antherae in dorso dense albo-pilosae. 15:6. Angola ...... 45. *C. antunesii.*

1' Calycis lobi inter se aequales vel fere sic 2

2. Folia omnia linearia (si insuper etiam folia et bracteae 3—5-partitae adsunt, vide *C. volubilem*) 3

2' Folia simplicia, sed latiora, lanceolata, oblonga, elliptica vel ovata 6

3. Caulis erectus vel occasionaliter ± volubilis, folia anguste linearia, saepe elongata. Flores in racemo pedunculato. 12—15:4—5. CP. .... vide 40. *C. assimilis.*

3' Caulis volubilis (vide etiam *C. crenatam*) 4

4. Folia brevi-petiolata, folia et bracteae lineares, remotius dentatae. Pedunculi 1—3-flori; calycis lobi ovati, 1,5 mm longi, 11—12:5. CP. .... 46. *C. dentata.*

4' Folia subsessilia, varia, linearia tantum vel partim linearia et partim 3—5-partita aut 3—5-lobata 5

5. Lobi corollae lanceolati usque elliptici. Folia omnia linearia tantum vel etiam 3—5-loba; bracteae integrae vel 3-lobae. 8—22(26):3(6). CP. ... 47. *C. volubilis.*

5' Lobi labii corollae superioris ovato-acuti (6 mm lg. 3 mm lt.), folia pauca linearia, acuti-dentata, cetera et bracteae cuspidato-trilobae. 14:5. CP. ... 48. *C. tricuspis.*

6 (2'). Antherae in dorso pilis strictis munitae 7

6' Antherae in dorso dense lanatae 9

7. Folia ovata usque elliptica et oblonga, petiolo 5—6 mm longo. Pedicelli uniflori 8

7' Folia late elliptica, irregulariter obtuse dentata, brevipetiolata. Lobi calycis erecti, integri .... vide 23. *C. oligotricha.*

Fig. 61. *Cyphia campestris* Eckl. & Zeyh. var. *campestris* (Compton n. 22908).

Fig. 62. *Cyphia campestris* Eckl. & Zeyh. var. *nudiuscula* E. Wimm. (Schlechter n. 7690).

Fig. 63. *Cyphia dentata* E. Wimm. (Typus! Esterhuysen n. 21751).

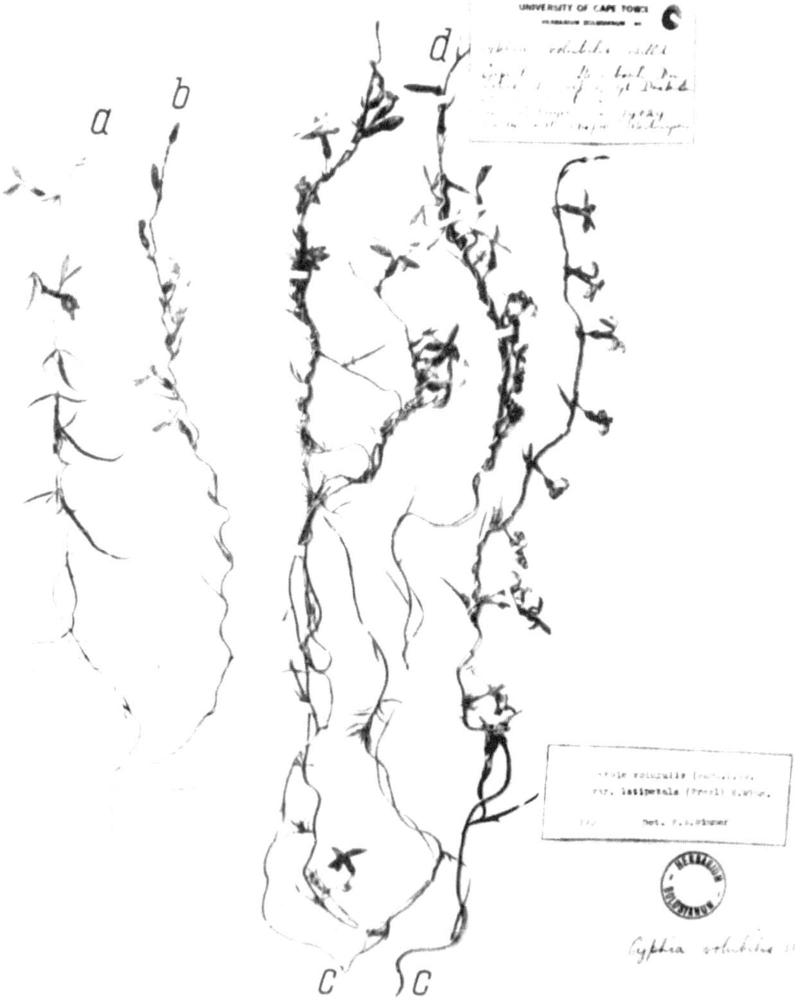

Fig. 64. *Cyphia volubilis* (Burm. f.) Willd. a — var. *intermedia* Wimm. (Leighton n. 1108 — Bol.), b — var. *volubilis* (Esterhuysen n. 8990), c — var. *latipetala* (Presl) Wimm. (Esterhuysen 14029 — Bol.), d — var. *volubilis* (Esterhuysen n. 14029 — Bol.).

Fig. 65. *Cyphia volubilis* (Burm. f.) Willd. var. *longipes* E. Wimm. (Esterhuysen n. 10360).

8. Calycis lobi erecti, sublineares, denticulati vel integri. Racemus secundus. 8:3. Eritr. .... 49. *C. eritreana.*
8' Calycis lobi reflexi, ovati. Folia adpresse denticulata, floralia multo minora. 11:5. Tvl. .... 50. *C. glabra.*

9 (6'). Folia ovata usque oblonga, 60×20 mm, obtusa, acuta vel acuminata, basi rotundata usque acuta. Pedunculi 1—3-flori. 14:4(5). Ang. T. T. 51. *C. cacondensis.*
9' Folia lanceolata, remotius denticulata, utrinque acuta, 15×2,5 mm (50×12 mm ex auct.). Pedicelli uniflori. 13:5. Ang. .... 52. *C. lasiandra.*

45. **Cyphia antunesii** Engler, Bot. Jahrb. XXXII (1903) 147. — Herba scandens, 40—120 cm alta, rami graciles. Folia lanceolata, 40—70×7—15 mm, apice acuta, ad basin sensim in petiolum 5—8 mm longum breviuscule cuneato-angustata, margine obsolete serrata, glabra. [Florum dispositio mihi ignota, ab auctore non adnotata.] Pedicelli 2—3 mm longi. Calycis lobi valde inaequales, duo parvi, tres 3 mm longi triplo longiores, ovati vel oblongo-ovati, acuti, serrati. Petala subaequalia, usque ad basin libera, 15 mm longa et 2—2,5 mm lata, intus glabra, extus et in marginibus densiuscule pilosa. Stamina libera 6—7 mm longa: filamenta et antherae in connectivis extus densissime albido-pilosae. (Diag. auctoris!)

Angola: Benguella, Huilla (Antunes n. 175 — der Typus scheint verloren gegangen zu sein, da ich ihn in keinem Herbar fand).

46. **Cyphia dentata** E. Wimm. spec. nov. — Caulis tenuis, volubilis, glaber, ramosus, remote foliatus. Folia subpetiolata, glabra, linearia, 30×3 mm, remotiuscule adpresso-dentata, apice subacuta, basi in petiolum indefinitum angustata, superne sensim in bracteas breves transeuntia. Flores solitarii in axillis foliorum, raro 2—3 flores in pedunculo ad 5 mm longo, bracteae 6—12 mm longae. Pedicelli 5 — 6 mm longi, rubicundi, glabri, supra medium bibracteolati. Calyx campanulato-turbinatus, 5-fidus, lobi triangulares, 1,5 mm longi, integri, erecti. Corolla 11—12 mm longa, 3 mm lata, fisso-bilabiata, „violacea", lobi lineares, inferne ciliolati, summitates lanceolati, 5×2 mm, patentes. Stamina 5 mm longa: filamenta linearia, 1,5 mm longa, sublgabra; antherae lineares, 2,6 mm longae, in dorso albo-pilosae. Stylus brevis, 1,5 mm longus, stigmate capitato piloso. — Fig. 63.

Kapland: Clanwilliam Div., Pakhuis, N. Cedarberg, rocky slopes, 1000 m, 7. IX. 1953 (E. Esterhuysen n. 21751! — Bol.).

Der Blüte nach ähnelt unsere Pflanze der *C. volubilis* var. *latipetala*, sonst aber deutlich von ihr verschieden.

47. **Cyphia volubilis** (Burm. f.) Willd., Spec. Plant. ed. 4, I (1797) 952. — *Lobelia volubilis* N. E. Burmann, Fl. Cap. Prodr. (1768) 29; Linné f., Suppl. (1781) 396. — Radix tuberosa, tubere globoso, ad 20 mm in diametro. Caulis volubilis, tenuis, glaber, ramosus, sparse foliatus, ad 80 cm longus. Folia sessilia vel subpetiolata, linearia 20×1,2 mm, acuta, margine subintegra vel adpresse denticulata, raro remote argute dentata, aut nonulla vel fere omnia folia 3—5-partita lobis plus minusve linearibus inaequali-longis, lobo medio ceteris longiore (in hoc casu talis species *Cyphiae digitatae* similis et cum ea saep ecommutata est, fortasse etiam plantae hybridae sunt). Flores solitarii in axillis foliorum vel bractearum, interdum racemum laxum formantes. Bracteae foliaceae, simplices lineares, 5—7 mm longae aut 3-lobatae. Pedicelli 4—20 mm longi, glabri, bibracteolati. Calycis tubus turbinatus vel brevicampanulatus, glaber, laciniis triangularibus, erectis, integerrimis, plerumque 2 mm longis. Corolla (8)10—26 mm longa, extus glabra, intus basin versus pubescens, in 2 labia fissa: labium superius 3-fidum, labium inferius 2-petalum. Stamina 3—4(6) mm

longa: filamenta linearia, pubescentia vel glabrescentia, ad basin dilatata et cohaerentia; antherae in connectivo dorsali plus minusve pilosae. Stylus 2—4 mm longus, stigmate capitato, demum brevi-bilobo, pilosulo terminatus. Capsula subglobosa, semi-infera, bilocularis. Semina irregulariter 3—4-angularia apicibus truncatis, rubiginosa, foveolata, dilute marginata, 1,5—2 mm longa (sic in specimine de Piquetberg lg. Esterhuysen n. 16125).

Im südwestlichen Kapland, von der Kap-Halbinsel bis Klein-Namaqualand, Längsburg bis Port Elizabeth verbreitet, häufig aber nur in Distrikten um Kapstadt, in Seehöhen von 40—300 und —1300 m, blühend von August bis Oktober, vereinzelt auch in den Monaten vor und nach dieser Zeit blühend anzutreffen. — Fig. 64, 65, 68 C.

Die Art ist sehr veränderlich, z. T. wahrscheinlich hybrider Natur mit *C. digitata*, *C. subtubulata* und *C. zeyheriana*, aber durch die kurzen, nur ein Drittel so langen Stamina als die Korolle erkennbar. Beachtet man nicht das Verhältnis der Stamina zur Korolle, so ist eine klare Bestimmung dieser Arten kaum möglich. Auch das Verbreitungsareal dieser Arten ist fast dasselbe.

Clavis varietatum:

1. Folia caulina integra; bracteae integrae, saepius in basi dente majore vel lobulo munitae. Corollae lobi lanceolati. 14—26:3—4(6). CP. .... var. *volubilis*.
1′ Folia partim linearia, partim in eadem planta, saepe cum maxima parte, 3—5-partita (simile ut apud *C. digitatam*); bracteae 3—5-lobatae 2

2. Pedicelli multo longiores (15—20 mm longi) quam in sequentibus varietatibus; corollae lobi extremi lanceolati .... var. *longipes*.
2' Pedicelli 3—5(10) mm longi[1]) 3

3. Corollae lobi extremi lanceolati 4
3′ Corollae lobi ovato-oblongi vel elliptici .... var. *latipetala*.

4. Folia basi utrinque 1-lobata, raro etiam 5-loba. Corolla 8—10 mm longa, extus intusque glabra. Stamina vix 3 mm longa .... var. *banksiana*.
4′ Folia 3—5-partita. Stamina 4—5 mm longa .... var. *intermedia*.

var. **volubilis**. — *Cyphia volubilis* Willd. l. c.; Sonder in Harvey & Sonder, Fl. Cap. III (1865) 604 excl. C. *latipetala* Pr. — *Lobelia volubilis* N. E. Burm. l. c. quoad typum; Linné f., Suppl. (1781) 396; Thunberg, Fl. Cap. II (1818) 38. — *Cyphopsis volubilis* O. Kuntze, Rev. Gen. Pl., III/2 (1898) 186. — Folia omnia simplicia, linearia, adpresse denticulata. Bracteae foliaceae, integrae vel basi utrinque dente exserto vel lobiforme ornatae, raro 3-lobatae. Pedicelli breves, 3—8 mm longi. Calycis lobi triangulares, 2 mm longi, erecti. Corolla 14—20 mm longa, „malvacea vel rosea" (Esterh.), „purpurea, violacea" (Esterh.), „albo-coerulea" (Marloth), „alba" (Grant, Smith), bilabiata, lobi extremi lanceolati. Stamina 3—4(6) mm longa, inter labia patentia mox visibilia: filamenta puberula vel glabrata; antherae in dorso ± pilosae. — Fig. 64 b, d.

Kap-Provinz: Kap ohne nähere Ortsangabe (Sparrmann a. 1772!; Thunberg & Sparrmann! — Stkh.; Thunberg — Ups. p. p., zweites Stück *C. digitata*; Hb. Willdenow! — B.; Scholl! — W.; Drege! — Univ. Prag.); Kap-Halbinsel: II. (Rogers n. 16916! — Z.); West of Hercules Pillar in Rhenosterveld (Acocks n. 5101! — Stkh.); Abhänge der Zwölf Apostel zum Meere hin (Boedeker! — Goet-

[1]) Folia inferiora linearia simplicia, superiora et bracteae 3-lobae, corolla 16 mm longa, tubo fisso, lobis 3 superioribus anguste lanceolatis, 2 petalis inferioribus lineari-lanceolatis antherae omnes glabrae in dorso, fortasse species nova **C. psilostemon** E. Wimm. — Kap G. H. (Forbes n. 175! — Br. M.). — Fig. 66 C.

ting.); Löwenberg, 650 c.m, 27. VIII. 1892 (R. Schlechter n. 1336! — Z. Neotypus; Marloth n. 200! — Pret.); Tafelberg (Ecklon n. 139!, 232!, 2433! — W., Stkh., Hausskn.); Devilsspeak, Nordseite (F. Wilms n. 3399! — Univ. W.); Nordseite des Tafelberges, 400 m (A. K. Schmidt n. 289! — Münch.); Kapstadt, Stinkwater (Rehmann n. 1222! — Z.); Stellenbosch (I. Hanf!; Marloth! — Z.; J. Sanderson n. 988! p. p. — K.); Van der Stel in Veld, 30 m (A. C. Smith n. 3212! — Pret.); Hottentot's Holland Bergen, unterhalb 300 m (Zeyher n. 3092! — W., Stkh.; Hutchinson n. 328! — K.); Caledon Div., Zwarteberg (Ecklon & Zeyher n. 2431! — Stkh.); in saxosis Zwarteberg, 1000 m, X. (Schlechter n. 5584! — B., Z.); zwischen Zwarteberg und Rivier Zondereinde (Zeyher n. 3093! — W.); Steenbras (Rogers n. 11043! — Z.); on road to Swellendam, 500 m (R. Story n. 3069! — Pret.); Bredasdorp Div., in collibus prope Elim (H. Bolus n. 6921! — Pret.); The Poort (Acocks n. 1501! — Stkh.); Swellendam (Rogers n. 27276! — Z.); Duivelsbosch, 16. X. 1826 (Ecklon?! — Stkh.); Robertson Div., McGregor (M. Wolgate n. 336! — Kirstb.); Chavonnesberg (Esterhuysen n. 8192! — Bol.); Wabooms River at foot of Waaihoek, fl. viol. IX. (Esterhuysen n. 8990! — Bol.); Paarl Div., in montosis Paarlberg et Sparbosch (Drege n. 6274a! — P., W., Stkh., n. 6274 b! — W.); Groot Drakensteen, 650 m, XI. (Rogers n. 17776! — Z.); Malmesbury Div., 7 miles N. of Malmesbury, VII. (T. M. Salter n. 8439! — Bol.); Riebeck Kastel, fl. white (A. H. Compton n. 11722! — Kirstb.); Tulbagh Div., Tulbagh (Rogers n. 17043! — Z.); at head of Tulbagh Valley, X. (Esternuysen n. 17541! — Bol.); Ceres Div., Gorge west of Ceres (J. Hutchinson n. 580! — Pret.); flats, near Ceres, fl. viol. purple, X. (J. de Jager — Bol. n. 26276!); Gydouw (Leipoldt n. 3705! — Bol.); Mitchell's Pass (Hafström & Acocks! — Stkh.); Ezelsfontein at foot of Hex River Mountains, fl. mauve viol. (Esterhuysen n. 20369! — Bol.); Piquetberg Div., Prope Piquetberg, 300 m (Schlechter n. 5259! — Z.; A. Penther n. 2707! — W.); Plateau on Kapitein's Kloof Mountains, X. (Pillans n. 7830! — Bol.); Twenty Four River Mountains, X. (Esterhuysen n. 16125! — Pret., der *C. subtubulata* nahe stehend); Clanwilliam Div., juxta flumen Olifant's River (A. Penther n. 2704! p. p. — W., zweites Stück *C. zeyheriana*); Elands Kloof, X. (Esterhuysen n. 3253; G. J. Lewis — Bol. n. 22042!); Pakhuis Pass (T. M. Salter n. 1669! — Br. M.; Leipoldt n. 4470! — Bol.); between Leopoldtville and Graafwater, 7. VII. 1941 (Leipoldt n. 3704! — Bol.); Narduow Mountains (T. M. Salter n. 3621! — Bol.); Van Rhynsdorp Div., Giftberg, IX. (R. H. Compton n. 20743! — Kirstb.); „Common to the Colony and the Karroo" (Bowie n. 1 — Br. M., diese Angabe ist wohl übertrieben, beruhend auf zu ungenauer Unterscheidung ähnlicher Arten).

In sensu strictissimo gehören zur typischen Art nur jene Pflanzen, bei denen die Blätter und Brakteen einfach, ungeteilt sind und höchstens über der Basis einen kleinen Zahn haben und die Stamina sehr kurz sind, ein Viertel bis ein Drittel von der Länge der Korolle. Da aber die Art so viele Übergänge aufweist, rechne ich auch noch jene Specimina zum Typus, die an der Basis der Brakteen kurze Lappen (lobuli) besitzen. Auch die Größe der Korolle ist sehr variabel, von 8—26 mm, vom Typus bis zur letzten Varietät. Eben so veränderlich ist die Blütenfarbe, oft innerhalb des einen Specimens.

var. **longipes** E. Wimm. var. nov. — *C. angustiloba* Presl in Ecklon & Zeyher, Enum. (1837) 289 et in E. Meyer, Comment. Pl. Drege (1837) 298; A. De Candolle, Prodr. VII (1839) 500, errore *C. angustifolia*, ab eo correctum p. 792. — Folia 3-partita, rarius 5-partita laciniis anguste linearibus. Bracteae 3-partitae, pedicellis multo breviores. Pedicelli filiformes, 15—25 mm longi, supra medium conspicue bibracteolati. Lobi calycis anguste sublineares, subcuspidati, 2,5 mm longi, patentissimi usque subreflexi. Corolla „purpurea", 11—14 mm longa lobis extremis lanceolatis. Stamina 3—4 mm longa: filamenta glabra, antherae in dorso apicem versus densius pilosae. — Fig. 65.

Kap-Provinz: Caledon Div., in latere boreali montis Zwarteberg, 300—600 m, IX. (Zeyher n. 3095![1]) — Univ. W., Pret., Z., Stkh. Typus); Zwarteberg und Kleinriviersberg (Ecklon & Zeyher — Stkh.); Rhenosterhill, N. of Baths, 300 m, (Marloth n. 9230! — Pret.); near Caledon, VIII. (R. Pattison — Bol. n. 26275!); Slopes of Zwarteberg (L. Guthrie n. 17033! — Bol.); between Caledon and Napier Bokkeveld (Esterhuysen n. 3037! — Bol.); Kleinmond, on slightly clayay soil, VII. (Esterhuysen n. 26262! — Bol.); Rivier Zondereinde Mt., on foot (T. P. Stokoe n. 8998! — Bol.); Zonder Einde Village (Esterhuysen n. 10360! Cotypus — Bol.).

Auffällig ist das Vorkommen dieser Varietät, die nach obigen Fundorten ein kleines Areal im Gebiet von Caledon bewohnt.

var. **latipetala** (Presl) E. Wimm. comb. nov. — *C. latipetala* Presl in Ecklon & Zeyh., Enum. (1837) 391; A. De Candolle, Prodr. VII (1839) 793. — Folia sessilia, simplici-linearia usque 3-partita, rarius etiam 5-partita, segmentis linearibus, integerrimis vel callose dentatis, medio longiore. Bracteae 3-lobae. Corolla 14—22 mm longa, „candida" (Acocks), „extus purpurea petalis in superiore parte albis obscure maculatis in fauce" (Marloth) vel „alba, extus sordide violacea" (Strey): tubus rectus, fere tam longus quam lobi vel parum brevior, lobi ipsi fere duplo latiores quam lobi corollae var. *volubilis*, „ovato-oblongi vel elliptici" (Presl), 7—10 mm longi et 3,5—4 mm lati. Stamina 4,5—5 mm longa: filamenta glabra vel puberula; antherae 3 mm longae, in superiore parte connectivae dorsalis pilosae. — Fig. 64 c, 68 C.

Kap-Provinz: Stellenbosch Div., prope villam Grietjesgat in collibus supra Palmietriver (Ecklon & Zeyher n. 2440 — n. 140 sub „*Cyphia latipetala* Presl" ipse — Stkh! Typus); Kirstenbosch, among bushes on lower slopes, X. (Acocks n. 2245! — Stkh.); Kapstadt, Tafelberg, 27. VIII. 1846 (Alex. Prior — K! p. p., alis est *C. volubilis* var. *volubilis*); in clivis montis Tabularis supra Oranje Kloof, 500 m et in monte Vlaggeberg (Schlechter n. 1307! — Bol., n. 1470! — Bol., W., K., Z.); Wynberg Hill, 130 m, X. (H. Bolus n. 7261!); Redhill über Simonstown (Hafström & Acocks n. 1469! — Pret., n. 1471! — Stkh.); Camp Bay, 200 m (Marloth n. 11523! — Pret.); Skoorsteen Kap, Hout Bay, häufig (Acocks n. 5287!, n. 5288! — Stkh.); Bellville, Cape Flats, IX. (E. Wall! — Stkh.); foot of Groot Drakenstein, near Priel (Esterhuysen n. 14029! — Bol.); near top of Hottentot's Holland Mts. (Acocks n. 2388! — Stkh.); am Fuße des Babylonschen Toores (Zeyher n. 3094! — Stkh.); Piquetberg (A. Penther n. 2707! — Stkh., im Hb. Wien aber *C. zeyheriana*); Levant Mountain, Farm Mouton Valley, 1050 m (Marloth n. 11523! — Pret.); Kapitein's Kloof (T. P. Stokoe n. 8252! — Pret.); Clanwilliam Div., Elandskloof Pass (Hafström & Acocks n. 1469! — Stkh.); Pakhuis (Esterhuysen n. 3252! — Pret.); Olifant's River Bergen (Schlechter n. 5093! — Z., nicht aber Herb. Berlin und Bolus!). Wahrscheinlich auch hierher gehörig das Exsikkat vom Prospect Peak der Hex River Mts., coll. Esterhuysen n. 15958! — Bol., nahe kommend auch der *Cyphia subtubulata*.

Eine sehr schwankende Varietät, bei der man nur bei ausreichendem und gutem Material ein verläßliches Urteil fällen kann.

Schwer zu taxieren ist auch die folgende Varietät:

var. **banksiana** E. Wimm. var. nov. — Stirps gracilis. Folia linearia, basi utrinque dente vel lobulo instructa, rarius distincte 3-lobata, sic etiam bracteae, lamina folii 7×1 mm. Flores plerumque racemose dispositi, secundi. Pedicelli 2—6 mm

[1]) non Sonder, Fl. Cap. nec Hb. W. Mus., ubi *C. digitata*!

longi, supra medium minute bibracteolati. Calycis lobi triangulares, 1,5 mm longi. Corolla „malvacea", 8—12 mm longa, intus extusque glabra, lobi extremi lanceolati. Stamina 3 mm longa: filamenta glabra; antherae 1,7 mm longae, albidae, anguste lineares, in dimidio superiore connectivi dorsalis pilosae.

Kap (Banks Hb! — Typus): Ceres Div., damp clayey place beside road N. of Gydouw Pass, 30. IX. 1934 (Acocks n. 2232! — Stkh. Syntypus); Karroò Port (Hafström & Acocks n. 1473! — Stkh.); Ceres, 21. VIII. 1936 (Gösta Lindeberg — Stkh!); Cold Bokkeveld, Gydow Pass, Rhenoster veld, 950 m, X. (Marloth n. 10604! — Pret.); Clanwilliam Div., rocky slopes and shale band, Tafelberg area Cederbergen, 1300 m, X. (Esterhuysen n. 13041! — Pret.); Laingsburg Div., Witteberg Kloof, 1150 m, IX. (Compton n. 3006! — Bol.); Tweedside, 1050 m, IX. (Compton n. 3029! — Bol., mit größeren bis 15 mm langen Blüten).

var. **intermedia** E. Wimm. var. nov. — *C. longipetala* Presl in Ecklon & Zeyher, Enum. (1837) 389; A. De Candolle, Prodr. VII (1839) 792. — ? *C. volubilis* × *C. digitata.* — Differt a *C. volubili* foliis digitato-partitits ut in *C. digitata* occurrunt: lamina 3—5-partita, segmenta linearia, remote adpresse denticulata vel integra, medio segmento 20 mm longo, laterilibus 16 mm longis et parum brevioribus; bracteae minores, 3-lobatae. Corolla (10)12—18 mm longa. Stamina 4—6 mm longa: filamenta saepe puberula, antherae in dorso pilosae. Stamina pro portione brevia i. e. breviora quam dimidia pars corollae, plerumque tertiam partem corollae tantum attingentia, affinitatem cum *C. volubili* ostendunt. — Fig. 64 a.

Kap-Provinz, Südwest: Die hier genannten Exsikkaten mögen zum Teil echte Varietäten, z. T. Hybriden sein. Welche zu den einen, welche zu den anderen gehören, kann nur eine Beobachtung der lebenden Pflanzen offenbaren.

Kap (Thunberg! — Stkh.; Zeyher n. 1048! — K. nicht aber im Hb. Stkh. und Del., wo sie zu *C. dentariaefolia* var. *psilandra* gehören; Drege n. 6274 b!, n. 6276 a!, n. 6278 a! — K. p. p., nicht Hb. W!); Somerset West, Lourensford, 250 m, 9. XI. 1945 (R. N. Parker n. 3987! — Bol.); Zwarteberg, Caledon (Ecklon & Z. n. 146!, n. 165! p. p.—Stkh.); Swellendam, twining among Rhenoster bushes (Galpin n. 5006! — Pret.); Mountains Garcias Pass, near Toll House, 300 m (Galpin n. 4301! — Pret.); Ceres, Cold Bokkeveld, near Elandskloof (F. W. Leighton n. 1278! — Pret.); Gydouw, X. (Leipoldt n. 3980! — Pret.); Chavonnesberg, X. (Esterhuysen n. 8180! — Bol.); Clanwilliam Div., Pakhuis Pass Plateau, 300—680 m (R. Story n. 2978! — Pret.); Langkloof, S. of Nardouw (F. M. Leighton n. 1108! p. p. — Bol., mit *C. zeyheriana*); Little Namaqualand, 3 miles from Leliefontein in the Khamiesbergen, 400 m, X. (Leipoldt n. 3313!, n. 3290! — Bol.); Sneeuwkop, Khamiesbergen (J. Hutchinson n. 860! — Bol.); Riversdale Div., Hills of Government Reserve opposite Still Bay, IV. (J. Muir n. 135! — Pret!); Mossel Bay Div., Ruytersbosch, abundant on hillside (G. van Niekerk n. 43! — Bol.); Robertson Div., Robertson Pass, Outeniqua Mts. (Beatrice Hops n. 12! — Bol.).[1])

48. **Cyphia tricuspis** E. Wimm. spec. nov. — Planta gracilis, glabra. Radix tuberosa. Caulis volubilis, tenuis, remote foliatus, inferne foliis minutis, sublinearibus

---

[1]) Zu dieser Varietät kann man folgende Form hinzufügen: Folia (inferiora non visa) superiora 5-partita, segmenta lineari-lanceolata, c. 20 mm longa, 3—5 mm lata, medio parum longiore, uno alterove dente vel lobo laterali praedita. Pedicelli 10—15 mm longi. Corolla 21—24 mm longa, lobis extremis lanceolatis 12—14 mm longis et 4 mm latis. Stamina 5,4 mm longa; antherae in dorso pilosae. — Kap (Ecklon & Z. n. 85! — Stkh.); Cedarbergen at Pakhuis Pass, 14. X. 1897 (H. Bolus n. 26264!): **C. volubilis var. intermedia f. major** (Presl) E. W. — *C. digitata* var. *major* Presl in Ecklon et Z., Enum. (1837) 391.

denticulatis, 2—4 mm longis obsitus. Folia subpetiolata, tricuspidata, i.e. lacinia media anguste linearis, 12—15 mm longa, supra basin utrinque 1 dente 4—5 mm longo cuspidato munita, superne in bracteas foliaceas transeuntia. Flores saltem inferiores in axillis foliorum solitarii, ceteri racemose dispositi videntur. Pedicelli c. 15 mm longi, bibracteolati. Calycis tubus turbinatus, 2 mm longus, glaber; lobi calycini anguste triangulares, 2 mm longi, integri, suberecti. Corolla 14 mm longa, distincte bilabiata, extus glabra: labium superius exacte trifidum, ejus lobi ovato-acuti, 5 mm longi et 3 mm lati, intus glabri, pars tubi intus crispo-pubescens, labium inferius 2-petalum, eius lobi inter se et a labio superiore liberi, unguiculati et ibi intus etiam crispo-pubescentes, partes extremae lanceolatae. Stamina 5 mm longa: filamenta glabra, 2 mm longa; antherae angustae, fere 3 mm longae, in dorso, excepto apice, pilosae. — Fig. 66 A.

Kapland: Cap B. S., Owen (Forbes! — Br. M., Typus).

Der *C. volubilis* ähnlich, aber deutlich verschieden durch die spitzdreilappigen Blätter, die langen Blütenstiele und besonders durch die eigenartige Blüte. Es wundert mich, daß aus dem viel besuchten Gebiet keine weiteren Funde in den Herbarien vorhanden sind.

49. **Cyphia eritreana** E. Wimm. spec. nov. — Caulis erecto-volubilis, glaber, sparse foliatus, ad 50 cm altus, in ima parte cataphyllis subulatis instructus. Folia herbacea, glabra, petiolata, subovato-elliptica usque elliptica, 25—45 × 13—28 mm, inferiora basi rotundata, cetera basi subacuta et in petiolum 6 mm longum breviter attenuata, apice subacuta, margine callose denticulata. Flores in racemo distincto, secundo, laxo, ad 25 cm longo. Pedicelli 3—5 mm longi, glabri, basi bibracteolati, bracteis fere subulatis denticulatis, pedicellis fere aequilongis suffulti. Calycis receptaculum campanulatum, laciniis linearibus acutis, 2 mm longis, integerrimis vel 1—2 denticulis munitis, suberectis. Corolla 8 mm longa, bilabiata, extus glabra, intus versus basin puberula, lobis extremis lanceolatis. Stamina 3 mm longa: filamenta puberula, antherae in dorso brevi-pilosae. Stylus 2 mm longus, stigmate clavato piloso terminatus. Cetera non vidi. — Fig. 67 B.

Eritrea (Äthiopien): Ghinda, 950 m, 7. II. 1891. (G. Schweinfurth n. 150! — K.).

50. **Cyphia glabra** E. Wimm. in Kew Bull. (1952) 146. — Herba glabra caule volubili, sparse foliato. Folia elliptica usque oblonga, 30—40 × 12—23 mm, apice obtusiuscula vel acuta, ad basin subacuta et in petiolum brevem angustata, margine denticulis callosis antrorsum versis conferte munita, herbacea, sensim in bracteas parvas transeuntia. Flores in racemo multifloro, laxo dispositi. Bracteae 5—10 mm longae. Pedicelli 5—6 mm longi, fere infra calycem bibracteolati. Calycis tubus turbinatus, scabriusculus, a lobis ovatis, acutis, reflexis, vix 2 mm longis, integerrimis obtectus. Corolla circiter 11 mm longa, bilabiata, extus glabra, intus versus basin puberula. Stamina 5 mm longa: filamenta puberula, antherae in dorso brevi-pilosae. Stylus cum stigmate capitato pilosulo 3 mm longus. Capsula subglobosa, semi-infera, 7 mm longa, apice valvis 2 bifidis dehiscens. Semina rotundo-elliptica, complanata, anguste alata. — Fig. 67 A.

Transvaal: In fruticetis prope Mokapano Poort, 1550 m, 31. I. 1894 (Schlechter n. 4332! — B., Z.).

Im vorliegenden Exemplar ist nur eine offene Blüte vorhanden, die anderen im Knospenzustand. Phillips führt diese Exsikkate bei *C. corylifolia* an, sie sind aber von dieser total verschieden.

Fig. 66. A. *Cyphia tricuspis* E. Wimm.; a — stamen. — B. *C. cacondensis* R. Good; a — capsula, b — semen. — C. *C. psilostemon* E. Wimm.; a — folium, b — flos, c — stamen. — D. *C. lasiandra* Diels; a — stamen, b — stylus.

Fig. 67. A. *Cyphia glabra* E. Wimm.; a — flos, b — stamen, c — stylus. — B. *C. eritraena* E. Wimm.; a — flos, b — stamen. — C. *C. floribunda* E. Wimm.; a — pars plantae, b — flos, c — stamen, d — stylus.

51. **Cyphia cacondensis** R. Good in Journ. of Bot. LXV (1927) Suppl. II, 68. — Rhizoma videtur tuberosum. Herba glabra caule terete volubili, tenuiter striato, ad 2 mm in diametro. Folia sparsa, ovata usque oblonga, 30—100×9—50 mm, apice obtusa usque acuminata, basi rotundata usque acuta et in petiolum 5—20 mm longum breviter attenuata, margine denticulis callosis antrorsum versis crenata, herbacea, subtus nervis conspicuis, venis inconspicuis. Flores in racemo laxo, secundo, non distincto, foliis lanceolatis valde deminutis suffulti. Pedicelli circiter 5 mm longi, puberuli, supra medium bibracteolati. Calycis tubus late turbinatus, lobi triangulares, basi utrinque 1 dente muniti, 2—3 mm longi, divaricati. Corolla 12—15 mm longa, lilacina vel violacea vel rosea, bilabiata, extus glabra, intus basin versus pubescens: labium superius trifidum, labium inferius bipetalum, lobis extremis anguste lanceolatis. Stamina 4—5 mm longa: filamenta pubescentia, inferne dilatata; antherae lanceolatae, in dorso albido-villosae. Stylus vix 3 mm longus stigmate capitato piloso coronatus. Capsula subglobosa, 7 mm longa, semi-infera, valvis 2 bifidis dehiscens. Semina inaequalia, ovato-triangularia vel late ovalia, reticulata, subcomplanata, c. 1 mm longa. — Fig. 66 B.

Angola: Hochland von Benguella, in offenen grasbewachsenen Wäldern zwischen Caconda und Poissawa, 5. III. 1907 (John Gossweiler n. 4302! — Br. M. Isotypus); zwischen Ganda und Caconda, Xongorola, in hohem Gras an Bachrand, 1700 m, 20. I. 1933 (O. Hundt n. 393!, 9. III. 1934 — n. 853 a! — B., Br. M., bei letzterer folia acuminata, lang zugespitzt, weswegen ich dieselbe als f. *acuminatifolia* bezeichnet habe. O. Hundt bemerkt noch „rankt sich in hohem Gras an Schilf, Stauden und Busch 3—4 m hoch. Blüten veilchenblau bis rot. Weißer Milchsaft.“). — Tanganyika Territ. (Tansania): Iringa bis Dabaya, Ngaguo-Höhen, Nebelwald, 2000 m, 11. III. 1934, zarte Liane, blüht rosa (C. Troll n. 5405! — B.).

52. **Cyphia lasiandra** Diels in Engler's Bot. Jahrb. XXVI (1899) 111. — Caulis volubilis, interdum fortasse plus minus erectus, glaber, ad 35 cm altus, remote foliatus. Folia lanceolata, utrinque acuta, remote denticulata, ad basin in petiolum brevem angustata, inferiora non visa (secundum Diels 50×12 mm), in specimine nostro 15×2,5 mm, subpetiolata, glabra. Flores in racemo laxo terminali. Bracteae sublineares, denticulatae, 4—7 mm longae. Pedicelli 6—7 mm longi, glabri, in medio bibracteolati. Calyx patelliformis, brevissimus, 5-fidus; lobi 2,5 mm longi, triangulares, denticulati, reflexi. Corolla 13 mm longa, „lutea“, extus glabra, intus inferne pubescens, fisso-bilabiata: lobi extremi lanceolati. Stamina 5 mm longa: filamenta pubescentia, ad basin ampliata; antherae lanceolatae, in dorso dense lanatae. Stylus unus, 4 mm longus, stigmate capitato piloso terminatus. — Fig. 66 D.

Angola: 200 miles inland, 1600 m, woods .... IV. 1907 (Name des Kollektors unleserlich — Hb. Bolus n. 12513! Neotypus!); Benguella, Huilla (Antunes — ex Diels).

Der eigentliche Typus ist nicht auffindbar und wahrscheinlich durch den Brand des Berliner Museums zugrunde gegangen. Unser Neotypus unterscheidet sich sehr wenig (nach Diels' etwas kurzer Beschreibung) durch kleinere und kurzgestielte Blätter, etwas kürzere Kelchblätter und rein windenden Stengel.

4. Subsect. **Longistes** E. Wimm. subsect. nov.

Caulis volubilis, raro etiam partim erectus. Folia in caule dispera. Flores solitarii in axillis foliorum superiorum vel in racemo terminali dispositi vel flores solitarii in racemum transeuntes. Stamina (filamenta cum antheris) dimidium corollae dictincte superantia, i.e. 2/3—3/4 longitudinis corollae attingentia.

Conspectus:

Caulis volubilis

Stamina longiora quam dimidium corollae

1. *Lobatae* 2. *Digitatae* 3. *Integrales*

1. spec. angustifoliae 2. spec. latifoliae

Clavis serium:

1. Folia in 3—5 lobos fissa, foliis *Hederae helici* L. similia, lobus medius foliorum superiorum autem longius protractus .... 1. Ser. *Lobatae.*

1′ Folia aliter formata:

a. Folia palmato-partita usque etiam pinnatifido-laciniata laciniis anguste linearibus usque sublanceolatis, foliis *Adonidi aestivali* L. similia .... 2. Ser. *Digitatae.*

b. Folia integra, non partita, interdum folia 1—2 dentibus longioribus vel lobulis supra basin conspicua, ut videtur in *Cyphia basiloba* .... 3. Ser. *Integrales.*

1. Series **Lobatae** E. Wimm.

Folia 3—5-lobata, lobi late ovati, lobi imi multo minores, folia superiora magis triangularia, eorum lobus medius elongatus et lobi basales plerumque duo tantum; lamina foliorum inferiorum in ambitu suborbicularis, basi truncata, petiolo 17 mm longo. Pedunculi 1—2-flori. 12—15:6—8. CP.

53. **Cyphia heterophylla** Presl in Ecklon & Zeyher, Enum. (1837) 389 et in E. Meyer, Commentar. Pl. Drege (1837) 297; A. De Candolle, Prodr. VII (1839) 500; Sonder in Harvey & Sonder, Fl. Cap. III (1865) 602; Phillips in Annals S. Afr. Mus. IX (1917) 461. — Caulis volubilis, glaber, ramosus, sparse foliatus, ad 60 cm longus. Folia 4—20 mm longe petiolata, lamina foliorum inferiorum (in specimine Eckl. & Z.) hederaeformis: late triloba, 50×50 mm, lobi ovati subacuti mucronulati (lobus medius 25×25 mm, laterales 11×15 mm, duo lobuli basales minus conspicui 2 mm tantum longi), lamina foliorum reliquorum triangularis, 20—28×9—23 mm, basi truncata vel rotundata et 2—1-loba (lobus medius elongatus, laterales triangulares 2—7 mm longi, interdum ut dentes majores tantum formati, apice acuti), omnia in margine crenulata, rarius distincte dentata, herbacea, glabra. Flores solitarii in axillis bractearum ovato-lanceolatarum supra basin utrinque dente conspicuo munitarum. Pedicelli 5—10 mm longi, filiformes, glabri, bibracteolati. Calycis tubus brevi-campanulatus, lobi sublineares, 2—4 mm longi, integerrimi, erecti. Corolla „alba, purpureo-striata“ (Compton), 12—15 mm longa, extus glabra, intus basin versus subpubescens, bilabiata, lobi extremi lanceolati. Stamina 6,5—8 mm longa: filamenta pubescentia, versus basin dilatata; antherae in dorso pilosae. Stylus 5—6 mm longus, stigmate capitato, piloso terminatus. — Fig. 68 A.

Kapland: George Div., in silvis prope George, IX. (Ecklon & Zeyher n. 141! — Stkh., Typus); dasselbe (Eckl. & Z. n. 2429 ex. auct.); Doukamma, in silvis, infra 150 m, X. (Drege! — Stkh., Del.); Grahamstown, VIII. (Rogers n. 2139! — Z.); Knysna Div., Wilderness, X. (R. H. Compton n. 7599! — Kirstb.).

Ein von Marloth im Garten gefundenes Exemplar ohne Blüten und Früchte sah ich im Hb. Pretoria: die jungen noch geraden Sprosse haben langgestielte, einfache, länglich-lanzettliche Blätter, die windenden Triebe die dreilappigen, oben beschriebenen Blätter.

Fig. 68. A. *Cyphia heterophylla* Presl; a — flos, b — stamen. — B. *C. schlechteri* Phillips. — C. *C. volubili* var. *latipetala* (Presl) E. Wimm.; a — flos, b — stamen.

2. Series **Digitatae** E. Wimm.

Folia digitato-partita in 3—5(7) lacinias anguste lineares vel anguste lanceolatas, inaequalilongas, subsessilia. Flores solitari-axillares, plerumque in racemos laxos dispositi. Corolla 5—15 mm longa. Antherae omnes vel 2 tantum pilosae, 3 glabrae.

Clavis specierum:

1. Caulis erecto-volubilis, foliis subternatis, glabris. Flores racemosi, corolla 5—8 mm longa. Bracteae simplices. Antherae 2 in dorso medio pauci-pilosae, 3 vel omnes glabrae. 5—8:4, 5—6. CP. .... 54. *C. triphylla.*

1' Caules volubiles. Folia in lacinias integras vel adpresse denticulatas partita, lobus eorum medius longior. Flores laxe racemosi 2

2. Foliorum laciniae 3, ± anguste lanceolatae, subacuminatae vel obtusiusculae, petiolo 6—10 mm longo. Corolla 10—14 mm longa, 10—14:5—9. CP. .... 55. *C. dentariaefolia.*

2' Foliorum laciniae 3—5(7) anguste lineares, saepe iterum laciniatae, acutae vel obtusiusculae (si folia simplicia interdum occurrunt, vide hybridas!), folia sessilia vel subpetiolata. Corolla 7—15 mm longa. 7—15:5—9. CP. .... 56. *C. digitata.*

54. **Cyphia triphylla** Phillips in Annals S. Afr. Mus. IX (1917) 466. — *C. volubilis* var. *parviflora* Chamisso in Linnaea VIII (1833) 225. — *C. linarioides* var. *micrantha* Presl in E. Meyer, Commentar. Pl. Drege (1837) 234; A. De Candolle, Prodr. VII (1839) 498. — *Cyphopsis volubilis* var. *parviflora* (Cham.) O. Kuntze, Revis. Gen. Pl. III/2 (1898) 186.

Caulis e tubero ovoideo (c. 65×26 mm) exsurgens, erectus vel volubilis, teres, glaber, ad 50 cm altus, inferne cataphyllis squamaeformibus vestitus. Folia in caule sparsa, brevi-petiolata, glabra, in 3, raro in plures lacinias partita: laciniae supra basin folii orientes anguste lineares, integrae vel parce dentatae, 30—60 mm longae, lacinia media plerumque longior. Flores in racemo distincto, multifloro, vago. Bracteae integrae, lineares, interdum basi bidentatae, 3—5 mm longae. Pedicelli 2—5 mm longi, glabri, bibracteolati. Calycis tubus brevi-turbinatus, lobi dentiformes, circiter 1 mm longi. Corolla 5—10 mm longa, „rosea et obscurius maculata in basi petalorum inferiorum" (Smith) vel „lilacina" (Kuntze), glabra, lobi extremi lanceolati. Stamina 4—6 mm longa: filamenta filiformia, glabra, raro puberula, basi parum dilatata; antherae ellipticae, 3 earum in dorso parce pilosae, 2 glabrae. Stylus 3—5 mm longus, apice stigmate capitato, ciliato terminatus. Semina oblonga, complanata, fusca, anguste alata, c. 0,8 mm longa (sic in speci mine Sister Francis n. 40).—Fig. 69 A.

Kapland: Redhouse, Port Elizabeth Div., V. (Patterson n. 466! — Typus, ex auct.); Brak River, Riversdale Div., IV. (J. Muir! — Pret.); Karroo Gebiet, Graaff Reinet, c. 1400 m, IV. (Bolus n. 13! — K., Sister Francis n. 40! — Pret.); Kraam Berg. Distr. Albert (T. Cooper n. 1351! — K., W.); Molteno, 1700 m, 24. II. 1894 (O. Kuntze! — K.); in montibus prope Eland's Hoek, near Aliwal North, c. 1500 m (F. Bolus n. 10489! — K., Z.); Kipfontein Kopje, near Aliwal North (G. E. Hutchinson — Hb. Moss n. 17007! — Witw. R.); Ruigtefontein (Thode n. A 1823! — Pret.); Distr. Barkley East, in patches of *Danthonia disticha* veld on uneroded spots on black basalt soil, locally frequent, II. (Acocks 12525! — Pret.).— Basutoland: Leribe Distr., slopes at Malavaneng, II. (A. Dieterlen n. 945 — P. Congo Mus. Brux.); Peha Bridge, 27° 34' × 27° 27' S., dray grassy slope, III. (A. J. Guillarmod n. 484! — Pret.). — Oranje-Freistaat: Distr. Fauresmith, Hill on the Fauresmith, c. 1500 m und Hill near South Boundary (C. A. Smith n. 3979! 3929! — Pret.); Fanida (J. C. Verdoorn n. 1329! — Pret.).

Fig. 69. A. *Cyphia triphylla* Phillips; a — flos, b — stamen. — B. *C. digitata* (Thunb.) Willd.; a — flos, b — stamen, c — capsula, d — sepalum, e — semen a fronte. — C. *C. dentariaefolia* Presl; a — stamen.

Einheimischer Name: im O. F. S: „*Baroe*“ (Smith).

55. **Cyphia dentariaefolia** Presl in E. Meyer, Commentar. Pl. Drege (1837) 295; Sonder in Harvey & Sonder, Fl. Cap. III (1865) 603 excl. var. — *C. digitata* Phillips in Annals Afr. S. Mus. IX (1917) 468. — Caulis volubilis, glaber, ramosus, sparse foliatus, exsurgens e tubero oblongo-globoso, 35×25 mm. Petioli marginati, 8—12 mm longi. Folia ramulorum inferiorum (in varietate *luttigii* saltem) longius petiolata, parva, ovato-oblonga usque oblonga, supra basin 1-dentata, vel etiam lanceolata et integra vel basi 1-lobulata, secus ternata aut fere ternata, segmenta lanceolata, utrinque acuta, remote denticulata: segmentum medium longius (circiter 60×8—9 mm), lateralia (40—50×5 mm) interdum basi iterum 1 lobo breviore, instructa. Flores in racemis laxis solitarii in axillis foliorum deminutorum tripartitorum 10—20 mm longorum. Pedicelli 8—12 mm longi, glabri, in medio bibracteolati. Calycis tubus hemisphaericus, lobi triangulares, integerrimi, suberecti, 3 mm longi. Corolla bilabiata, 11—13 mm longa, extus intusque glabra: labium inferius bipetalum, labium superius trifidum, eorum lobi extremi lanceolati. Stamina 6—7 mm longa: filamenta plus minusve puberula, linearia, inferne vix dilatata; antherae in dorso pilosae vel glabrae. Stylus 5 mm longus, stigma capitatum, pilosum. — Fig. 69 C.

Clavis varietatum:

1. Antherae omnes in dorsali connectivo toto pilosae. Folia glabra. Corolla 13 mm longa . . . . var. *dentariaefolia*.
1′ Antherae omnes vel saltem tres in dorso glabrae. Corolla circiter 11 mm tantum longa 2
2. Antherae omnes in dorso glabrae, 2 mm longae, lineares. Folia supra adpresse hirtella . . . . var. *psilandra*.
2′ Antherae oblongae, 1,5 mm longae, 2 earum in dorsi medio piloso-ciliatae, 3 autem glabratae. Folia glabra. Corolla vix 11 mm longa . . . . var. *luttigii*.

var. **dentariaefolia**. — Folia glabra, plus minusve ternata, in speciminibus a me visis majora quam in varietatibus. Bracteae tripartitae vel lanceolatae, basi utrinque 1-dentatae. Calycis receptaculum brevi-campanulatum. Corolla 13 mm longa. Filamenta sub antheris densius pubescentia, secus glabrescentia; antherae in dorso brevipilosae, 6—7 mm longae.

Kapland: Driefontein, Mosselbay (Drege n. 6276! — W. Isotypus, sine n. — Stkh.); Mosselbay, VIII. (Rogers n. 4209! — Witw. R., p. p. in Hb. Z!, alia est *C. sylvatica*).

var. **psilandra** E. Wimm. var. nov. — Folia tripartita, supra adpresse hirtella, segmenta lanceolata, denticulata, 25—30×2—3 mm, segmenta lateralia saepe cum uno lobulo inferiore. Calycis receptaculum turbinato-campanulatum, lobi 2 mm longi. Corolla 11 mm longa. Stamina 6 mm longa, filamenta puberula; antherae solae 2 mm longae, lineares, glaberrimae.

Kapland: Bergrivierport, VII. (Zeyher n. 1048! — DC., Del., nicht Stkh., wo es zu var. *dentariaefolia* gehört, antherae in dorso pilosae).

var. **luttigii** E. Wimm. var. nov. — Folia novella in ramulis adhuc sterilibus ut supra notatum est. Folia alia tripartita, glabra, segmenta lanceolata, dente vel lobo inferiore excepto integerrima, apice interdum obtuso, 30×4 mm, lateralia 20×2 — 3 mm et minora. Bracteae foliaceae, trilobae. Calycis receptaculum brevissime patelliforme, fere nullum, lobi triangulares, 2 mm longi. Corolla vix 11 mm longa, lobi extremi videntur oblongo-lanceolati. Stamina 6 mm longa: filamenta 4,5 mm longa, fere glabra ad basin vix ampliata; antherae 1,5 mm longae, oblongae, 2 earum in dorso medio pilis paucis obsitae, 3 videntur in dorso glabrae. Capsula immatura supera, ovata, 4 mm longa, basi a lobis calycis circumdata.

Kapland: Prince Albert Div., 14. VIII. 1929 leg. Luttig (Hb. Marloth n. 13697!—Pret. Typus); Mountains near Prince Albert, V. 1907 und VIII. 1921 (Marloth n. 4488!, 10506! —Pret., ersteres Exemplar hat nur Knospen, letzteres ist ohne jede Blüte).

56. **Cyphia digitata** (Thunb.) Willd., Spec. Plant. ed. 4, I. (1797) 953; Phillips in Annals S. Afr. Mus. IX (1917) 467 excl. *C. dentariaefolia*. — *Lobelia digitata* Thunb., Fl. Cap. II (ed. Hafn.) (1818) 50, ed. Schult. (1823) 185. — Radix cum tuberis oblongo-globosis. Caulis volubilis, tenuis, teres, glaber vel raro puberulus, sparse foliatus, ramosus, 60—80 cm longus. Folia subradicalia ovata usque ovato-lanceolata, serrata vel incisa, mox emarcescentia; folia caulina digitato-partita, sessilia vel brevi-petiolata, plerumque glabra, segmenta linearia vel lanceolato-linearia, integerrima, interdum 3-partita tantum, interdum iterum laciniata vel uni-lobata, 15—28(40) mm longa, 1—3 mm lata, superne in bracteas 3—5-lobas foliaceas transeuntia. Flores solitarii in axillis foliorum vel bractearum, saepe in racemos laxos terminales dispositi. Pedicelli et calyces glabri vel raro tomentosi. Pedicelli 3—6 mm longi, minute bibracteolati. Calycis tubus campanulatus vel turbinatus, lobi triangulares, integri, erecti, 2—3 mm longi. Corolla 7—14 mm longa, „alba usque lilacina" (Esterh.), bilabiata, extus et intus glabra: labium superius 3-fidum, labium inferius 2-petalum, lobi extremi lanceolati vel elliptici, acuti. Stamina 5—9 mm longa: filamenta plerumque pubescentia, ad basin dilatata; antherae oblongae, in connectivo dorsali pilosae vel 2 earum tantum pilosae et 3 glabrae. Stylus 4—6 mm longus, stigmate capitato pilosulo terminatus. Ovarium et capsula bilocularis. Capsula semi-infera, subglobosa, c. 7 mm longa. Semina complanato-ovalia, late alata. — Figg. 69 B, 70, 71.

Eine der häufigsten Arten am verbreitetesten im südwestlichen Teil des Kaplandes in Höhen von 30—1100 m und blühend hauptsächlich vom September bis Oktober, öfter auch ein oder zwei Monate vor und nachher.

Clavis subspecierum:

1. Antherae omnes in connectivo dorsali pilosae; plantae plerumque glabrae. Si calyx tomentosus, etiam antherarum 2 vel 3 glabrae occurrunt .... subspec. *digitata*.
1' Antherae 2 in dorso pilosae, 3 glabrae; plantae glabrae .... subspec. *gracilis*.

subspec. **digitata**. — *Lobelia digitata* Thunb. l. c. quoad typum. — *Cyphia digitata* Presl in Ecklon & Zeyher, Enum. (1837) 391 et in E. Meyer, Comm. Pl. Drege (1837) 295; A. DC., Prodr. VII (1839) 500. — *C. polydactyla* Presl in E. Mey., Comm. Pl. Drege (1837) 296; A. DC. l. c. — Glabra, raro subpuberula. Folia 3—5-partita, bracteae saepius 3-partitae tantum. Corolla 8—15 mm longa, tubo fisso. Stamina dimidium corollae superantia; antherae in dorso pilosae, raro 3 earum glabrae, sic si simul calyx tomentosus.

Clavis varietatum:

1. Calyx glaber, raro in basi hirtellus. Antherae in dorso pilosae 2
1' Calyx tomentosus. Antherae 2 tantum vel raro omnes in dorso pilosae .... var. *tomentosa*.

2. Folia in lacinias 3—5 anguste lineares partita 3
2' Folia in lacinias 3 tantum lanceolato-lineares partita .... var. *trimera*.

3. Filamenta puberula, basi breviter dilatata .... var. *digitata*.
3' Filamenta glabra, ad basin longius triangulariformiter dilatata ..... *f. glabrifilis*.

var. **digitata**. — Plantae glabrae. Folia 3—5-partita segmentis inaequilongis et saepe iterum partitis vel lobulatis. Pedicelli et basis calycis interdum hirtelli. — Fig. 70.

Kapland: Kap-Bezirk: Kap (Thunberg! — Ups., Typus!); Tafelberg (Drege!, Burchell n. 1234!, A. Prior! — K. n. Ecklon & Zeyher! — P.); Abhänge des Löwenberges, 130 m (Schlechter n. 1337! — W., Bolus n. 26263!); in monte Diaboli (Bolus n. 3796!); Groene Kloof (Bolus n. 4306!); Groot Schuur (Wolley Dod n. 194! — K.); 2 miles N. of Bellville and W. of Hercules Pillar (Acocks n. 5012!, n. 5100! — Stkh.); S. spur of the Kanonberg overlooking Bottelary Road (Acocks n. 5310! — Stkh.); Stellenbosch Div. (A. V. Duthie n. 886! — Bol.); Newlands (J. Anderson n. 988! p. p. — K.); Newlands, Mountpleasant (Marloth n. 1564! — Pret.); Caledon Div., Villiersdorp (Compton n. 3477! — Bol.); Rooi Els (Leipoldt n. 4161! — Bol.); Paarl Div., Paarl (Drege! — W.); inter Paarl et Pont (Drege! — Stkh.); near Klapmuts (Esterhuysen n. 20428! p. p. — Bol.); Wellington (J. B. Thomnson n. 82! — Pret., C. E. Moss n. 2386! — Witw. R.); Worcester Div.; Worcester (Van Breda n. 78!, Rogers b. 16534! — Pret.); Fairy Glen (Marloth n. 7547! — Pret.); Wabooms River (Esterhuysen n. 8949! — Bol.); Du Toits Kloof and Elands Kloof (Esterhuysen n. 15659!, 15724!, 17524! — Bol.); Hex River Valley (Tyson n. 634! — Pret.); Hex River Mountains, lower stony slopes of Prospect Peak (Esterhuysen n. 15888! — Pret.); Robertson Div., McGregor (H. F. Barker n. 1203! Kirstb.); Montagu, near Triangle, Bokkeveld (M. R. Mitchell n. 336!, 408! — Pret.); Malmesbury Div., in collibus prope Malmesbury, 660 m (Schlechter n. 5347! — Z., F. M. Leighton n. 3349! — Bol.); Hopefield (Bolus n. 12765! — Brux.); Hopefield, am Bergfluß bei Thezanthoek (F. Bachmann n. 984!, 2183! — W. Z.); upper south slopes of the Conterberg (N. S. Pillans n. 6915! — Bol.); Piquetberg (G. Edwards n. 182! — Z.); Tulbagh Div., Tulbagh (Pappe! Schlechter n. 1430! — B., Bolus.); Artois (Compton n. 11676! — Kirstb., Esterhuysen n. 6081! — Bol.); Clanwilliam Div.; Olifantsrivier (Zeyher! — W. Z.); Olifantsrivier, Barrage (Esterhuysen n. 5374! — Bol.); Brackfontein (Ecklon & Zeyher! — Stkh.); Karrooberg (Bolus n. 23154! — Pret.); Middelplaas on left bank of Bidouw River on way to Wupperthal, 400 m (Leipoldt n. 3706! — Pret.); Sandveld between Grey's Pass and Graafwater (Leipoldt n. 3289! — Bol.); Uitkyk Pass (M. C. Gillett n. 4094! et sine n.!; Acocks n. 5687! — Stkh.); Van Rhynsdorp Div., Giftberg (Compton n. 20843! — Bol.); Klein Namaqualand, Dekom, 3 miles from Leliefontein in the Kamiesbergen (Leipoldt n. 3314! p. p. — Pret.); Calvinia Div., Lokenberg (Esterhuysen n. 5744! — Bol.); Niemandtville, 600 m (Hb. Bol. n. 19814); Sutherland, Roggeveld, Farm Fransplaas, 1400 m (Marloth n. 9834!); stony plain towards Waterkloof (Marloth n. 10408! — Pret.); Laingsburg Div., Pietermeintjes (Rogers n. 16366! — Z.); Witteberg Kloof, VII. (Compton n. 2581! — Bol.); Prinz Albert (S. P. Luttig n. 15053! — Pret.); Swellendam Div., Rivierzondereinde, 660 m (Zeyher n. 3091! — Pret.); Rivierzondereinde Village (Salter n. 6701! — Bol.); Riversdale Div., Stille Bay, IV. (Hb. Galpin n. 5223! — Pret.); Knysna Div., Belvedere (Rehmann n. 449! — Z.).

f. **glabrifilis** E. Wimm. f. nov. — Differt imprimis filamentis glabris, breviter infra antheras longe triangulariter ampliatis antherae omnes in medio dorsi paucipilosi. 11:5.

Caledon Div., between Caledon and Napier, Bokkeveld, 3. VIII. 1940 (E. Esterhuysen n. 3036 p. p., alterum specimen *C.digitata*, corolla 8mm lg., stamina 5mm lg.).

var. **tomentosa** (Presl) Sond. in Harvey & Sonder, Fl. Cap. III (1865) 604. — *C. tomentosa* Presl in E. Meyer, Comm. Pl. Drege (1837) 295; A. De Candolle, Prodr. VII (1839) 499.—*C. digitata* Phillips l. c. p. pte.—Caulis et folia supra subpuberula. Pedicelli et calyces tomentosi, pili densi adpressi fuscescentes. Antherae 3 in dorso pilosae, 2 glabrae vel omnes in medio dorsi pauci pilosae. Corolla 8 mm longa, stamina 6 mm longa (in specimine a me viso). Ceterum vix differt a subsp. *digitata*.

Kapland: Mierenkasteel, karrooartige Höhe, 1—2000 ped., VIII. (Drege! — Stkh.); Kap (Drege n. 6276! — Stkh., K., n. 6277! — Hb. Hausskn., Stkh., Ecklon & Zeyher n. 2439 fide Sonder).

Presl's Diagnose scheint auch Pflanzen der var. *digitata* einzuschließen, daher sie auf jene einzuschränken ist, die tatsächlich Pedicelli und Calyces tomentosi haben; bei denen aber diese Teile nur mehr oder weniger pubeszente Behaarung zeigen, gehören sie nicht zur var. *tomentosa*. *Cyphia tomentosa* var. *minor* Presl l.c. ist nach dem Exemplar Presl's nur eine kleinerblütige *C. digitata* var. *digitata* und die *C. tomentosa* var. *glabra* A.DC. l.c. gehört auch zu var. *digitata*. Die Herbarpflanze aus Klein-Namaqualand, von Leipoldt gesammelt und im Herbar Pretoria aufbewahrt, enthält 2 verschiedene Arten, aber keine davon ist eine var. *tomentosa*; so vermute ich, daß auch Presl's Pflanze „in parte inferiore occid. prov. Parvae Namaquae" keine richtige *C. tomentosa* war.

var. **trimera** E. Wimm. var. nov. — Caulis volubilis, remote foliatus, glaber. Folia caulina (quantum visa) 3-partita tantum, segmentis linearibus, obtusis, integerrimis, basin versus paulo latioribus, dein angustatis, segmento medio 36—40 mm longo et 2 mm lato, lateralibus 26—35 mm longis. Bracteae item 3-partitae, flore longiores. Pedicelli puberuli, infra calycem conspicue bibracteolati, 12 mm longi. Calycis tubus late campanulatus, glaber, lobi ovato-acuminati, 2,5 mm longi, erecti. Corolla 13 mm longa, lobi extremi oblongi, acuti, fere 3 mm lati. Stamina 8 mm longa: filamenta puberula; antherae oblongae, 2 mm longae, in medio dorsi pilosae. Flores solitarii in axillis foliorum.

Clanwilliam Div., in monte Koudeberg prope Wupperthal, 800 m, 4. XII. 1897 (H. Bolus n. 9055! — Bol.).

subspec. **gracilis** E. Wimm. subsp. nov. — Planta glabra. Caulis a basi ramosus, volubilis, tenuis, c. 60 cm longus, remote foliatus. Folia petiolata, in segmenta 3—5 anguste linearia integerrima partita, 5—20 mm longa, 1 mm lata, saepe anguste laciniata. Flores solitarii in axillis foliorum sensim decrescentium, versus apicem racemose dispositi. Bracteae foliaceae, 3-lobatae. Pedicelli glabri, 3—5 mm longi, bracteolae minutae calyci adjunctae. Calycis tubus turbinatus, 1 mm longus, lobi anguste triangulares, erecti, 1 mm longi. Corolla gracilis, 8—9 mm longa, tubo fisso, sed labia serius divergentia, exinde flores similes illis sectionis *Cyphiellae*, lobis extremis oblongis, acutis. Stamina 4,5—6 mm longa: filamenta glabra, basi paulo dilatata; antherae 2 in dorsali connectivo pilosae, 3 glabrae. Stylus apice stigmate capitato pilosulo coronatus. Capsula subglobosa, 3 mm longa. Semina 0,8 mm longa. — Fig. 71.

Port Elizabeth Div., Dassie Klip, VII. 1931 (Bolus n. 22566! — Bol. K.).

Cyphia digitata ist eine sehr variable Art sowohl in bezug auf die Blätter als auch auf die Blüten, nur die Länge der Stamina ist ziemlich konstant. Bei Hybriden zwischen dieser Art und *C. volubilis* kann das Verhältnis der Länge der Stamina zur Korolle einen guten Wegweiser abgeben. Vergleiche *C. volubilis* var. *intermedia*! Auch zwischen *C. digitata* und *C. zeyheriana* var. *eckloniana* scheinen hybride Pflanzen vorzukommen; so Esterhuysen n. 5908 von Pakhuis im Hb. Pretoria: Folia ut in *C. digitata*, corolla ut in *C. zeyheriana* var. *eckloniana*, sed angustus videtur fissus, 13:5.

3. Ser. **Integrales** E. Wimm.

Folia integra, non partita neque fissa, interdum autem supra basin 1—2 dentibus longius exsertis vel lobulis conspicua, ut videri potest in *Cyphia basiloba* vel *C. undulata*.

Der leichteren Bestimmung wegen fassen wir zuerst die Arten mit schmalen Blättern zusammen (§ 1), dann jene mit breiteren Blättern (§ 2), ohne damit Gruppen bilden zu wollen.

§ 1. Species angustifoliae.

Folia linearia vel lanceolata, sessilia vel petiolata.

Clavis specierum:

1. Corolla minima, 3,5 mm longa, glabra. Flores laxe racemosi. Bracteae pedicellis adnatae. Filamenta glabra, antherae in dorso brevi-pilosae et in apice ipso subtiliter ciliolatae. 3,5:2. S. Rhod. .... 57. *C. reducta.*
1′ Corolla major, 7—16 mm longa; stamina 5—8 mm longa 2

2. Pedicelli 18—20 mm longi flores fere duplo superantes, cum calyce puberuli. Folia brevia, linearia, remote argute dentata. Calycis lobi anguste triangulares, integerrimi. 12:7. CP. .... 58. *C. longipedicellata.*
2′ Pedicelli multo breviores, 5—10 mm longi 3

3. Calycis lobi integerrimi 4
3′ Calycis lobi denticulati 12

4. Folia ima vel partim inferiora spathulata, reliqua lanceolata vel linearia, interdum pauca brevia suboblonga et remote longi-dentata ut in *C. undulata* 5
4′ Folia ± conformia, linearia vel lanceolata 7

5. Pedicelli et calycis tubus ± pilosus vel tomentosus. Flores solitarii in axillis foliorum superiorum vel raro racemose dispositi, a bracteis ± superati 6
5′ Pedicelli et calyx glabri, calycis tubus patelliformis, folia floralia lanceolata, suprema integra. 9:6. CP. .... 59. *C. tortilis.*

6. Folia flores fulcrantia linearia, adpresse denticulata. Calyx adpresse dense tomentosus, folia supra leviter puberula. 9:5. CP. .... 60. *C. schlechteri.*
6′ Folia flores fulcrantia linearia, margine pinnatifido-dentata (dentes angusti, longi, plerumque 2 utrinque, 1—2 mm longi). Calyx puberulus. Folia glabra. 10:6,5. CP. .... 61. *C. salteri.*

7(4′). Folia linearia, margine valde revoluta et costa subtus prominens. Calycis tubus obconicus, superne disciformiter ampliatus, ita ut tubus fere suppressus videatur. 10:6. CP. .... 62. *C. galpinii*
7′ Folia margine denticulata, crenulata vel integerrima, interdum basi dentibus 1—2 longis, angustis vel lobiformibus praedita 8

8. Folia petiolata, elongato-lanceolato-linearia, occasionaliter basi uni-lobulata, integerrima vel remote denticulata, etiam linearia (var.). Pedunculi 1-, raro 3-flori. 8—13:6—7. CP. .... 63. *C. sylvatica.*
8′ Folia sessilia 9

9. Caulis plerumque erectus, rarius volubilis vel inferior pars caulis erecta, superior pars volubilis. Flores in racemo secundo pedunculato. Pedunculi axillares 1—3-flori, puberuli, bracteae ± subulatae. Semina oblonga, trigona. 7—13:5—7. CP. .... vide 41. *C. undulata.*

9′ Caulis volubilis. Flores solitari-axillares, folia floralia pedicellos superantia. Semina compresso-ovalia, late alata 10

10. Calycis tubus cum pedicellis tomentosus, interdum pubescens tantum, lobi triangulares acuti, glabrati. Folia exacte angustissime linearia, elongata, remote minute denticulata, 20—45 × 0,8—1 mm, bracteae foliaceae, pedicellos multo superantes usque breviores. Corolla intus extusque puberula vel extus glabrata. 9—11:5—7. CP. .... 64. *C. angustifolia.*

10′ Calycis tubus ± glaber, pedicelli minute puberuli. Folia anguste linearia, 1—2 mm lata, multo breviora. Corolla intus puberula, extus glabra 11

11. Calycis lobi ovato-acuminati, 2 mm longi, primo patuli, mox reflexi. Flores racemosi, bracteae pedicellos vix aequantes. Folia margine revoluta. Antherae omnes in dorso pilosae. Semina ovalia, complanata, minus late alata, 1,5 mm longa. 9:7. CP. .... 65. *C. alicedalensis.*

11′ Calycis lobi triangulares, acuti, 2 mm longi, suberecti, demum reflexi. Flores solitari-axillares. Folia 8—18 × 0,8—1, minute denticulata, nonnulla supra basin utrinque 1 dente elongato. Antherarum 2 pilosae, 3 glabrae in dorso. Semina ovalia, complanata, late alata. 9:5. CP. .... vide 43. *C. georgica.*

12(3′). Calycis lobi denticulati 13

13. Corolla intus dense velutina, antherae in dorso dense villosae. Pedunculi axillares 1-flori. Folia conferte uncinato-serrata. 8:5. Kongo .. 66. *C. scandens.*

13′ Corolla intus versus basin pubescens. Pedunculi axillares 1—2—3-flori 14

14. Petioli breves, 2—4 mm longi, lamina foliorum ovato-lanceolata et supra basin utrinque 1—2 dentes obtusos vel lanceolata et fere integra, 8—11 mm lata et 55—63 mm longa. Calycis tubus late campanulatus vel patelliformis lobis ovato-acuminatis. 13:7. CP. .... 67. *C. maculosa.*

14′ Petioli 6—10 mm longi, folia lanceolata, in medio latissima, utrinque acuta, denticulata, 5—12 mm lata, 50—70 mm longa. Calycis tubus turbinatus lobis anguste triangularibus. 9—11:5—6,5. T. T. .... 68. *C. zernyana.*

57. **Cyphia reducta** E. Wimm. in Kew Bull. (1952) 144. — Herba glabra, tubere hypogaeo perennis. Caulis volubilis, fere filiformis, ramosus, sparse foliatus. Folia 4—6 mm longe petiolata, lanceolata usque linearia, 15—40 × 1—3 mm, utrinque acuta, margine remote callose denticulata. Flores in racemo valde laxo, elongato, solitarii in axillis bractearum linearium et pedicellis adnatarum. Pedicelli filiformes, 1—4 mm longi, sursum curvati, minute bibracteolati, bracteis fere aequilongi. Calycis receptaculum turbinatum, lobi dentiformes, integri, erecti, vix 1 mm longi. Corolla „alba vel alba et rubescenti-suffusa“ (Wild), 3,5 mm longa, extus intusque glabra, bilabiata: labium superius trifidum, inferne fenestratum, labium inferius bipetalum, lobi a basi lineares, extremitates anguste lanceolatae, recurvatae. Stamina 2 mm longa: filamente vix puberula, antherae lanceolatae, in dorso brevi-pilosae, in apice ciliolatae. Stylus 1,5 mm longus, apice stigmate capitato pilosulo coronatus. Capsula subglobosa, semi-infera, 4 mm longa, valvis 2 bifidis dehiscens. Semina fusca, late ovalia, late alata, complanata, 1,2 mm longa, 0,8 mm lata. — Fig. 72 C.

Süd-Rhodesia: Distr. Salisbury, Domboshawa, auf Granitboden zwischen Gräsern sich emporwindend, 1650 m, 7. III. 1946 und 16. II. 1947 (H. Wild n. 902!, 1662! — W., Typus Govt. Hb. Salisb.); Chindamora, Res. Ngoma Kurira, 1800 m, 25. III. 1952 (H. Wild n. 3774! — W., Govt. Hb. Salisb.).

Die mir bisher bekannte kleinstblütige Art, der *C. sylvatica* verwandt, aber durch die Samen hauptsächlich klar verschieden.

58. **Cyphia longipedicellata** E. Wimm. in Kew Bull. (1952) 144. — Caulis volubilis, tenuis, glaber (frustula tantum vidi). Folia sessilia, linearia, 10—20×1 — 2 mm, apice subacuto callosa, margine dentibus remotis, callosis, sursum subcurvatis, basalibus saepe magis productis munita, lamina rigidiuscula, glabra. Flores in axillis foliorum superiorum parum minorum et ab invicem circiter 15 mm distantes solitarii. Pedicelli patentes, fere filiformes, puberuli, 18—20 mm longi, in medio 2 bracteolis minutis praediti. Calycis receptaculum campanulatum, puberulum; lobi anguste triangulares, integri, glabri, patentes usque expansi, 5 mm longi. Corolla 12 mm longa, bilabiata, intus extusque glabra: petala linearia, acuta, 1 mm lata, fere aequilata, 3 superiora in medio diutius cohaerentia. Stamina 7 mm longa: filamenta 5 mm longa, glabra, versus basin vix dilatata; antherae anguste oblongae, in medio connectivi dorsalis pilis paucis ornati. Stylus 5 mm longus, stigma capitatum, pilosum. — Fig. 72B.

Kapland: Südwestliche Region (Schlechter! — B.).

Der *C. undulata* var. *linarioides* ähnlich, unterscheidet sich von ihr durch die scharfzähnigen Blätter, die langen Blütenstiele, die weit abstehenden Sepalen und die schmalen längeren Petalen.

59. **Cyphia tortilis** N. E. Brown in Kew Bull. (1894) 356. — *C. crenata* Phillips in Ann. S. Afr. Mus. IX (1917) 471 sub synonymis.—Tuber subterraneus carnosus, ovoideus, 16×10 mm. Caulis volubilis, ramosus, glaber, sparse foliatus. Folia difformia: inferiora et ea ramorum novellorum spathulata vel obovato-oblonga (20—30×10 mm), apice subrotundata vel subacuta, ad basin in petiolum c. 10 mm longum attenuata, reliqua folia caulina lanceolata (30×4—5 mm), utrinque acuta, in petiolum brevem angustata, omnia crenulato-denticulata, glabra. Flores solitarii in axillis foliorum superiorum lanceolatorum deflectorum, sensim decrescentium. Pedicelli circiter 8 mm longi, glabri, bibracteolati. Calycis receptaculum subcampanulatum, lobi triangulares, 2 mm longi, integri, erecti. Corolla lilacina, extus glabra, intus pubescens, in 2 labia fissa: labium superius trifidum, basin versus fenestratum, labium superius bipetalum, lobis extremis lanceolatis. Stamina 6 mm longa: filamenta pubescentia, inferne dilatata; antherae oblongae, in dorso pilosae. — Fig. 72A.

Kapland: Albany Div., at the Kowie, 1890 (lg. Mrs. Whyte — Alb. Mus!); Knysna Div., Belvedere, V. 1922 (Duthie n. 803! — Bol.).

Holotypus nach einem im Herbar Kew aufbewahrten Exemplar, das von Prof. MacOwan aus Kapstadt gesendet worden war. Name: „*Barroe*". — „Die saftigen Knollen werden in der heißen Asche eines Feuers geröstet und von den Reisenden und Einheimischen gegessen." — Von *Cyphia crenata* ist unsere Pflanze total verschieden.

60. **Cyphia schlechteri** Phillips in Annals S. Afr. Mus. IX (1917) 466. — Rhizoma carnosum, cylindricum, 20×5 mm (in specimine a me viso). Caulis glaber, infernus videtur suberectus et foliis difformibus spathulatis (8×4—5 mm), singulis vel fasciculatis obsitus, reliqua pars caulis scandens vel volubilis, foliis sparsis — in ramulis approximatis — linearibus vestita; lamina sessilis, 8—25×1—2 mm, apice subacuta, margine remote callose denticulata, glabra vel subtus in costa parcissime hirta. Flores solitarii in axillis foliorum linearium. Pedicelli 2,5 mm longi, subtomentosi, minute bibracteolati. Calycis tubus campanulatus, tomentosus, lobi ovati, callose apiculati, superne minute ciliati, integri, erecti, 2 mm longi. Corolla 9 mm longa, in 2 labia fissa, glabra: labium superius trifidum, inferne fenestratum, labium inferius bipetalum, extremitates loborum lanceolatae, recurvatae. Stamina 6 mm longa: filamenta subpuberula; antherae albidae, oblongae, in dorso brevi-pilosae. Stylus 3,5 mm longus, stigmate capitato pilosulo terminatus. Cetera non visa. — Fig. 68B, 73.

Südwestliches Kapland: Clanwilliam Division, Windhoek, 160 m, VIII. (Schlechter n. 8351! — W., Typus); Tulbagh Div., Porterville, neben Straße, 130 m (Schlechter n. 10723! — B., W. Syntypus).

Das von Phillips an erster Stelle a. a. O. genannte Exemplar, von Bolus unter Nr. 9407 in Klein Namaqualand gesammelt, und das ich im Herbar Kew und Zürich gesehen habe, ist aber von dieser Art ganz verschieden und ist *Cyphia longiflora* Schltr.

61. **Cyphia salteri** E. Wimm. spec. nov. — Caulis volubilis, glaber, ad 50 cm longus, ramosus, sparse foliatus. Ramuli 2 imi densius foliati, sed folia a caulinis supernis valde diversa, obovata, c. 15×5 mm, ad basin sensim angustata, apice subrotundata, margine irregulariter subrenata vel obtuse dentata; folia ramulorum mediorum oblonga, 10×2—3 mm, remote parvi-dentata, subpetiolata; folia caulina ipsa linearia, 15—17×2—4 mm, pinnatifido-dentata, plerumque 2 dentes utrinque. Bracteae parum minores foliis similes, fere longiores quam flos. Pedicelli uniflori, solitarii in axillis bractearum, 3 mm longi, puberuli, in medio 2 bracteolis parvis. Calyx subpubescens, turbinatus 5-lobatus: lobi triangulares, integri, erecti, 2 mm longi. Corolla 10 mm longa, fisso-bilabiata, extus intusque glabra: lobi superne lanceolati. Stamina 7 mm longa: filamenta soluta, basi ampliata, puberula; antherae oblongae, stramineae, in nervo dorsali medio pilis paucis munitae. Stylus longitudine staminum, apice capitatus, glaber. — Fig. 73.

Kapland: Between Van Rhyn's Dorp and Van Rhyn's Pass, 11. VII. 1932 (T. M. Salter n. 2505! — Bol., Holotypus).

Durch die Form der Stengelblätter erinnert die Pflanze an *C. undulata* aus dem Gebiet von Uitenhage.

62. **Cyphia galpinii** E. Wimm. spec. nov. — Caulis volubilis, tenuis, ramosus, sparse foliatus, ad 150 cm longus. Folia sessilia (saltem ea a me visa), lanceolato-linearia usque linearia, 20—40×1—3,5 mm, apice obtusiuscula vel subacuta, basi subangustata, margine integerrimo anguste revoluta, glabra, crassiuscula. Flores in racemo laxo terminali vix disrincto, plurifloro. Bracteae sessiles sublineares, acutae, basi non angustatae, pedicellis breviores. Pedicelli filiformes, 6 mm longi, cernui, glabri, fere in apice minute bibracteolati. Calycis patelliforme receptaculum fere nullum (in flore aperto, in alabastro late turbinatum!), glabrum, laciniae anguste triangulares, 2 mm longi, integrae, subpatentes. Corolla 10 mm longa, in 2 labia fissa, extus glabra, intus in parte angusta segmentorum puberula, in parte extrema lanceolata glabra. Stamina 6 mm longa: filamenta pubescentia, ad basin parum ampliata; antherae fere lineares, in dorso, parte apicali excepta, pilosae. Stylus 4 mm longus, stigmate capitato piloso coronatus. Cetera non visa. — Fig. 74A.

Kapland: Grahamstown, woods, twining on bushes, X. 1888 (E. E. Galpin n. 277! — Pret., wo ich das Exsikkat anfänglich als *C. undulata* var. *linarioides* f. *revoluta* bezeichnete, glaube aber, daß es als gute eigene Art anzusprechen ist).

63. **Cyphia sylvatica** Ecklon in S. Afr. Quaterly Journ. (1830) 373; Sonder in Harvey & Sonder, Fl. Cap. III (1865) 602; Phillips in Ann. S. Afr. Mus. IX (1917) 472. — Radix tubere magno insignis. Caulis volubilis, glaber, ramosus, sparse foliatus, ad 60 cm longus. Folia petiolata, inferiora ovato-lanceolata, reliqua elongato-lanceolata, linearia, 30—100×1,5—15 mm, apice acuta, ad basin sensim in petiolum 2—6 mm longum angustata, vel subsessilia, margine minute vel adpresse remote denticulata vel subintegra, raro spura basin bilobulata, glabra, herbacea. Flores solitarii in axillis foliorum superiorum, paulatim in bracteas transeuntium. Pedicelli filiformes, glabri vel hirti, 3—6 mm longi, in medio minute bibracteolati. Calycis tubus turbinatus, glaber vel tomentosus, lobi triangulares, 1—2 mm longi, integri,

erecti. Corolla „alba cum maculis purpureis", „dilute rosea" vel „malvacea" aut „coerulescens", 7—11 mm longa, extus glabra, intus inferne puberula, bilabiata: lobi extremi lanceolati. Stamina 6—7 mm longa: filamente puberula, inferne dilatata; antherae in dorso pilosae. Stylus 4—5 mm longus, stigmate capitato piloso coronatus. Capsula globosa, 7×6 mm, semi-infera. Semina ovali-triangularia, 1,5 mm longa, sub-complanata, reticulata, vix alata.

Von Natal bis Kapstadt vorkommend, vereinzelt im Gebiet von Clanwilliam und Calvinia auftretend, in Seehöhen von 30—1000 (2500) m, blühend von April bis Oktober. Der *Cyphia undulata* sehr nahestehend.

Clavis varietatum:

1. Folia distincte petiolata. Pedicelli et calyces glabri vel puberuli 2
1' Folia fere sessilia. Pedicelli et calyces tomentosi .... var. *salicifolia.*
2. Folia pro maxima parte lineari-lanceolata vel linearia, interdum supra basin unilobulata (f. *sublobata*) .... var. *sylvatica.*
2' Folia angustissime linearia, minus distincte petiolata. Corolla parum major ... . var. *graminea.*

var. **sylvatica.** — *Cyphia sylvatica* Ecklon l. c. quoad typum; Presl in Ecklon & Zeyher, Enum. (1837) 388 et in E. Meyer, Comm. Pl. Drege (1837) 297; A. De Candolle, Prodr. VII (1839) 501, 793; Baillon, Hist. Pl. VIII (1886) 336, f. 175, 176. — Folia in petiolum c. 5 mm longum angustata, lamina ovato-lanceolata usque linearia, elongata. Pedicelli et calyces glabri vel subglabri. Pedunculi 1—2—3-flori, sed plerumque 1-flori tantum. Corolla 7—12 mm longa, interdum intus glabrescens. Antherae in dorso densius pilosae.

Kapland: Uitenhage, Zwartkopsrivier (Ecklon & Zeyher n. 2427! — Stkh., Typus); Zwartkopsrivier und Ado, VI. (Ecklon & Zeyher ohne Nr. und n. 129! — Hausskn., Stkh.); ohne näheren Standort (Ecklon n. 155! — Münch., W., Zeyher n. 3090! — Stkh.); Winterhoeksbergen, 300—1000 m, XI. (Zeyher sub. 109.11! — Stkh.); Thornveld at Despatch, near Port Elizabeth, IX. (J. Rodin n. 1208! — Pret.); Coega — Kamma, 27 miles from Port Elizabeth to Addo, 65 m und Zuurberg, 760 m (F. R. Long n. 567!, 1257! — Pret.); Cradoc place, 30 m (Galpin n. 6406! — Pret.); East of Graaff Reinet, Mountain side, V. (H. Bolus n. 59! — K.); Humansdorp Div., between Assegai Bosch and Wit Eis Bosch (Thode n. A 2545! p. p. — Pret.); Mosselbay, VIII. (Rogers n. 4209! p. p. — Z.); Felswände des Tafelberges, X. (A. Peter, Exkurs. 8! — B.); Alexandria Div., Debega Valley (Galpin n. 10826! — Pret.); Redhouse, VI., IV. (Paterson n. 1057! — Bol.; n. 619! — B.); Fish River Valley, V. (R. A. Dyer n. 1538! — Pret.); Komgha, 400 m, IX. (Flanagan n. 453! — W.); Natal, Weenen, above Culvers, 2500 m (Rogers n. 27790! p. p. — Z.).

f. **sublobata** E. Wimm. f. nov. — Folia supra basin cum 1 vel 2 lobis sublinearibus, 5—15 mm longis.

In fruticetis prope Grahamstown, XI. 1867 (McOwan — Univ. W! Typus); Boschberg (McOwan n. 1814! — K.); Clanwilliam (Mader — P!).

var. **salicifolia** (Presl) E. Wimm. comb. nov. — *Cyphia salicifolia* Presl in Ecklon & Zeyher, Enum. (1837) 390; A. De Cand. l. c. 793. — *C. sylvatica* Sonder l. c., p. pte; Phillips l. c., p. pte. — Caulis superne hirtellus vel glabratus. Folia subsessilia vel exceptionaliter brevi-petiolata, ovato-lanceolata, lanceolata usque linearia, cetera ut in var. *sylvatica*, etiam sed raro folia basi brevi-lobata. Pedicelli tomentelli. Calyces plus minusve tomentosi. Corolla 8—10 mm longa. Stamina 6—7 mm longa: filamenta puberula, inferne cohaerentia; antherae in dorso pilosae.

Clanwilliam Div., ad pedem montium prope Brackrivier (Ecklon & Zeyher n. 2432 ex Presl, Typus, non vidi); Brackfontein, VIII. (Zeyher n. 1 — Stkh., Isotyp); Victoria East, Hogsback, 1600 m, I. 1920 (G. Rattray — Pret!); Fisch River, between Fort Brown and Botha's Ridge, Albany Div., c. 300 m, VII., fairly frequent (Acocks n. 12767! — Pret.).

f. **linearis** E. Wimm. f. nov. — Folia subsessilia, linearia, 12—15 × 1,4 mm, adpresse denticulata.

Calvinia Div., 17 miles south of Loerisfontein, W. Mt. Karroo, 760 m, 19. VI. 1948 (Acocks n. 14411! — Pret.); Hermanus, on plains, near Klein River, IV. (Galpin n. 12845! — Pret.).

var. **graminea** E. Wimm. var. nov. — Folia subpetiolata, elongato-linearia, acutiuscula, remote denticulata, 30—60 × 1,5—2 mm, glabra. Bracteae foliaceae, 7—25 mm longae. Pedicelli glabri, 4 mm longi. Calycis tubus turbinatus, glaber; lobi 1 mm longi. Corolla 12—13 mm longa, glabra etiam intus. Stamina 7 mm longa.

Natal (H. C. Day — Brit. Mus!).

64. **Cyphia angustifolia** Ecklon & Zeyher, Enum. (1837) 390; A. De Candolle, Prodr. VII (1839) 792, non p. 500. — *C. undulata* Sond. in Harvey & Sonder, Fl. Cap. III (1865) 603 p. pte.; Phillips in Ann. S. Afr. Mus. IX (1917) 472 p. pte. — Caulis volubilis, ramosus, glaber vel subpubescens, radice tuberosa. Folia in caule dispersa, sessilia, exacte anguste linearia, 20—50 × 0,8—1,2 mm, obtusa vel acuta, margine remote denticulata vel integerrima, glabra vel supra subpubescentia. Flores in axillis foliorum superiorum solitarii, bracteae pedicellos multo superantes vel interdum eis fere aequilongae. Pedicelli 4—10 mm longi, plus minusve hirti, in medio fere bibracteolati. Calycis receptaculum turbinatum, hirtum, rarius tomentosum, lobi triangulares, 1—2 mm longi, integri, primo subpatentes, demum subreflexi. Corolla (7) 9—11 mm longa, extus puberula vel glabrescens, intus partim puberula, in 2 labia fissa, lobi extremi lanceolati. Stamina (5)6—7 mm longa: filamenta pubescentia, inferne dilatata et cohaerentia; antherae lanceolatae, in dorso pilosae. Capsula late ellipsoidea, 5 mm longa. Semina complanata, ellipsoidea, alata, 1,5 mm longa. — Fig. 56D.

Kapland: Kap (Ecklon n. 155! — Haussk.); Uitenhage Div., in solo argilloso prope Krome River, III. 1839 (Krauss! — W., Z.); in monte prope Trompeterspoort et Grootrivier, V. (Ecklon & Zeyher ex Presl, n. 3436 ex Sonder — Typus, non vidi); Ylandsrivier und Steenbockvlakte, nördlich vom Winterhoeksberg, III. IV. (Ecklon & Zeyher sub. 105,3! et 103,4! — Stkh.); in agris prope Zwartkopsrivier, II.—III. (sine nom. Collect. n. 64! — Stkh.); Somerset, Hügel und Wälder am Baviansrivier, 600—900 m (Zeyher sub 115.7! — Stkh.).

65. **Cyphia alicedalensis** E. Wimm. spec. nov. — Caulis volubilis, teres, glaber, sparse foliatus. Folia sessilia, integra, supra parce pilosa, linearia, 20—50 × 1—2 mm, apice obtusa. Flores in racemo terminali, laxo. Bracteae foliaceae, 4—15 mm longae, pedicellos vix superantes. Pedicelli 4—5 mm longi, supra medium bibracteolati et ibi hirtelli. Calycis receptaculum turbinatum, parce hirtellum, 2 mm longum et fere latum, lobi calycis ovato-acuminati, integri, 2 mm longi, patentes, mox reflexi. Corolla 9 mm longa, alba (?), extus glabra, intus basi puberula, lobi lanceolati. Stamina 7 mm longa: filamenta puberula, ad basin dilatata; antherae in dorso albopilosae. Stylus 5 mm longus, stigmate capitato piloso coronatus. Capsula subovoidea,

5 mm longa, fere semi-infera, glabrata. Semina ovalia, complanata, alata, 1,5 mm longa. — Fig. 74B.

Kapland: Albany, Alicedale, IV. 1924 (F. A. Rogers n. 28600! — Pret.).

Ist der *C. angustifolia* sehr ähnlich, unterscheidet sich von derselben durch die Kelchzipfel, welche ovat-acuminat und nach dem Aufblühen bald zurückgeschlagen sind und die Kelchröhre bedecken, durch den Blütenstand mit kurzen Bracteen und kürzeren Pedicelli. Angaben über die Größe der Pflanze und die Blütenfarbe der Korolle fehlen.

66. **Cyphia scandens** De Wildeman, Etud. Fl. Katanga in Ann. Mus. Congo, ser. IV (1903) 163. — Radix verosimiliter tuberosa. Caulis volubilis, glaber, striatus, ramosus, sparse foliatus. Folia petiolata (5 mm), ovato-lanceolata usque lanceolata, 25—70×4—12 mm, apice subcuspidata, basi rotundata vel acuta, margine uncinato-serrata, glabra. Flores in racemis terminalibus, sublaxis, 9—12-floris, inferiores in axillis foliorum deminutorum, sensim in bracteas floribus breviores transeuntium. Pedicelli ad 6 mm longi, in medio 2 bracteolis subulatis 1—2 mm longis dentatis vel integris ornati. Calycis tubus turbinatus, glaber, laciniae triangulares, basi utrinque 1 dente munitae, 3 mm longae, patentes. Corolla 8—9 mm longa, extus glabra, intus — lobis extremis exceptis — tomentosa, 2 labia formans: labium superius trifidum, labium inferius bipetalum, eorum lobi extremi lanceolati. Stamina 5 mm longa: filamenta pubescentia, ad basin dilatata et cohaerentia; antherae in dorso dense villosae. Stylus 3 mm longus, stigmate clavato pilosulo coronatus. — Fig. 74C.

Kongo (Kongo-Kinshasa): Katanga, Lukafu, II. 1900 (E. Verdick n. 368! — Mus. Brux., Typus). — Einheim. Name: „*Kitjiangululu*".

Die sehr ähnliche *Cyphia erecta* aus dem Kongogebiet unterscheidet sich von dieser Art durch die angedrückt-gezähnelten Blätter, die kürzeren Blütenstiele, die flache unbedeutende Kelchröhre, die schließlich herabgeschlagenen Kelchzipfel, die am Grunde ausgesackten Petalen und die meist größeren Blüten, so daß wir beide als getrennte Arten betrachten können.

67. **Cyphia maculosa** Phillips in Annals S. Afr. Mus. IX (1917) 463. — Caulis volubilis, teres, tenuis, glaber, sparse foliatus, circiter 60 cm longus. Folia lanceolata, 30—60×5—10 mm, ad apicem acutum sensim angustata, ad basin cuneatam et latiorem in petiolum 2—6 mm longum breviter attenuata, et super eam (apud folia majora) dente obtuso utrinque munita, secus in margine obsolete dentata, glabra. Flores solitarii vel 2—3 in pedunculo axillari foliorum superiorum, plerumque sine dentibus inferioribus. Pedicelli 2—5 mm longi, glabri, 2 bracteolis minutis in medio. Calyx patelliformis, glaber, 5-fidus: lobi triangulares, acuti, integri vel unidentati, erecti, 2—3 mm longi. Corolla „alba lilacino-maculata", 13 mm longa, fisso-bilabiata, glabra: lobi lineares, basin versus puberuli, pars extrema lanceolata. Stamina 7,5 mm longa: filamenta pubescentia, inferne dilatata; antherae oblongae, stramineae, 2,5 mm longae, in dorso albo-pilosae. Stylus 4 mm longus, glaber; stigma oblique capitatum, pilosulum. — Fig. 75.

Kapland: Transkei, Kentenani Div., Valleys, 1903 (A. Pegler n. 277! — Bol., Holotypus).

Eine seltene Art. Sie ist der *C. crenata* in der Blattform ähnlich.

68. **Cyphia zernyana** E. Wimm. spec. nov. — Caulis volubilis, glaber, ramosus?, sparse foliatus, e radice tuberosa assurgens. Petioli 6—10 mm longi. Lamina foliorum lanceolata, circiter 60×10 mm, ad apicem sensim acuta vel subacuminata, ad basin acuta et in petiolum angustata, margine denticulis 4—5 mm ab invicem distantibus serrulata, glabra, herbacea. Flores in racemis secundis, laxissimis, multifloris. Pedunculi 1—2—3-flori, 1—2 mm tantum longi, in speciminibus gracilibus (aut eorum

Fig. 70. *Cyphia digitata* (Thunb.) Willd. var. *digitata* (Esterhuysen 15888).

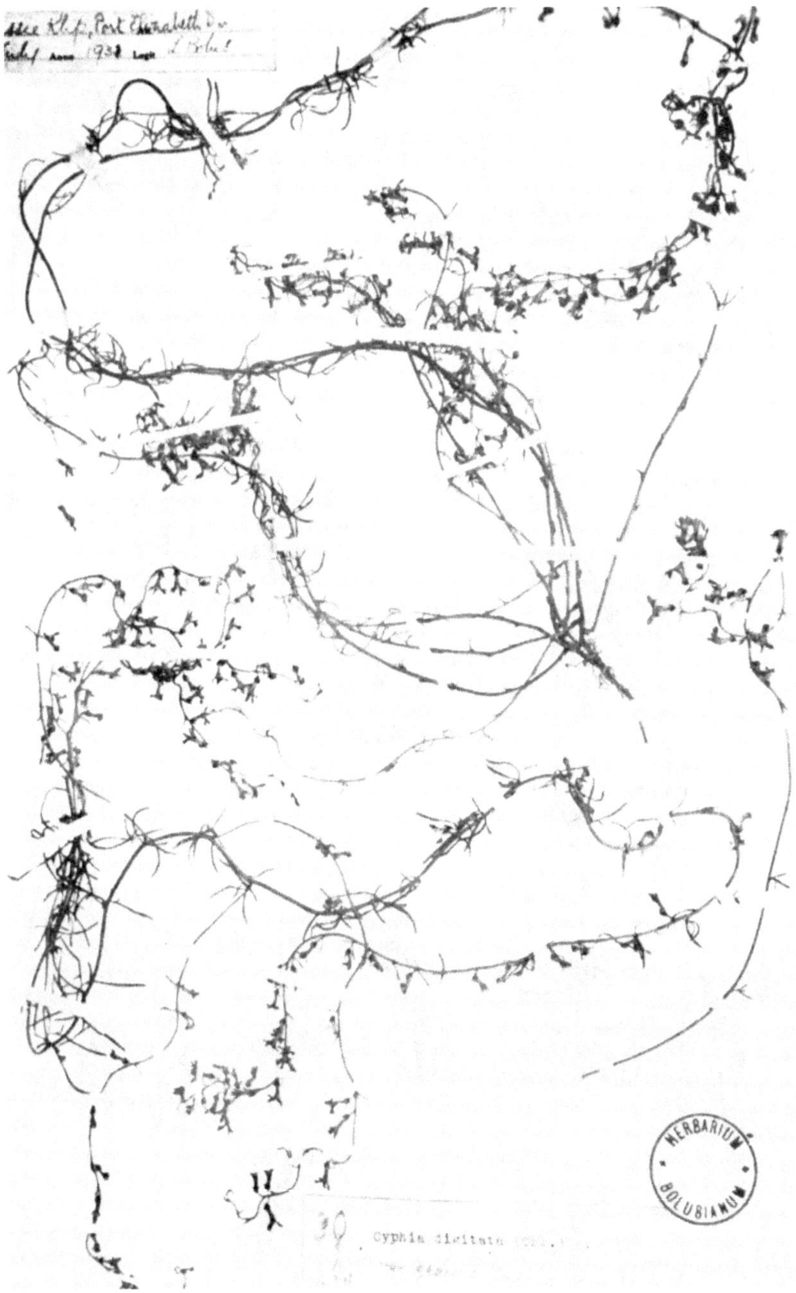

Fig. 71. *Cyphia digitata* (Thunb.) Willd. subspec. *gracilis* E. Wimm. (Bolus n. 22566 — Bol.).

Fig. 72. A. *Cyphia tortilis* N. E. Brown; a — flos, b — stamen. — B. *C. longipediceliata* E. Wimm.; a — flos, b — stamen, c — stylus. — C. *C. reducta* E. Wimm. (H. Wild n. 902); a — flos, b — capsula, c— semen a fronte.

Fig. 73. Links: *Cyphia schlechteri* Phill. (Typus! Schlechter n. 8351). — Rechts: *Cyphia salteri* E. Wimm. (Holotypus! Salter n. 2505).

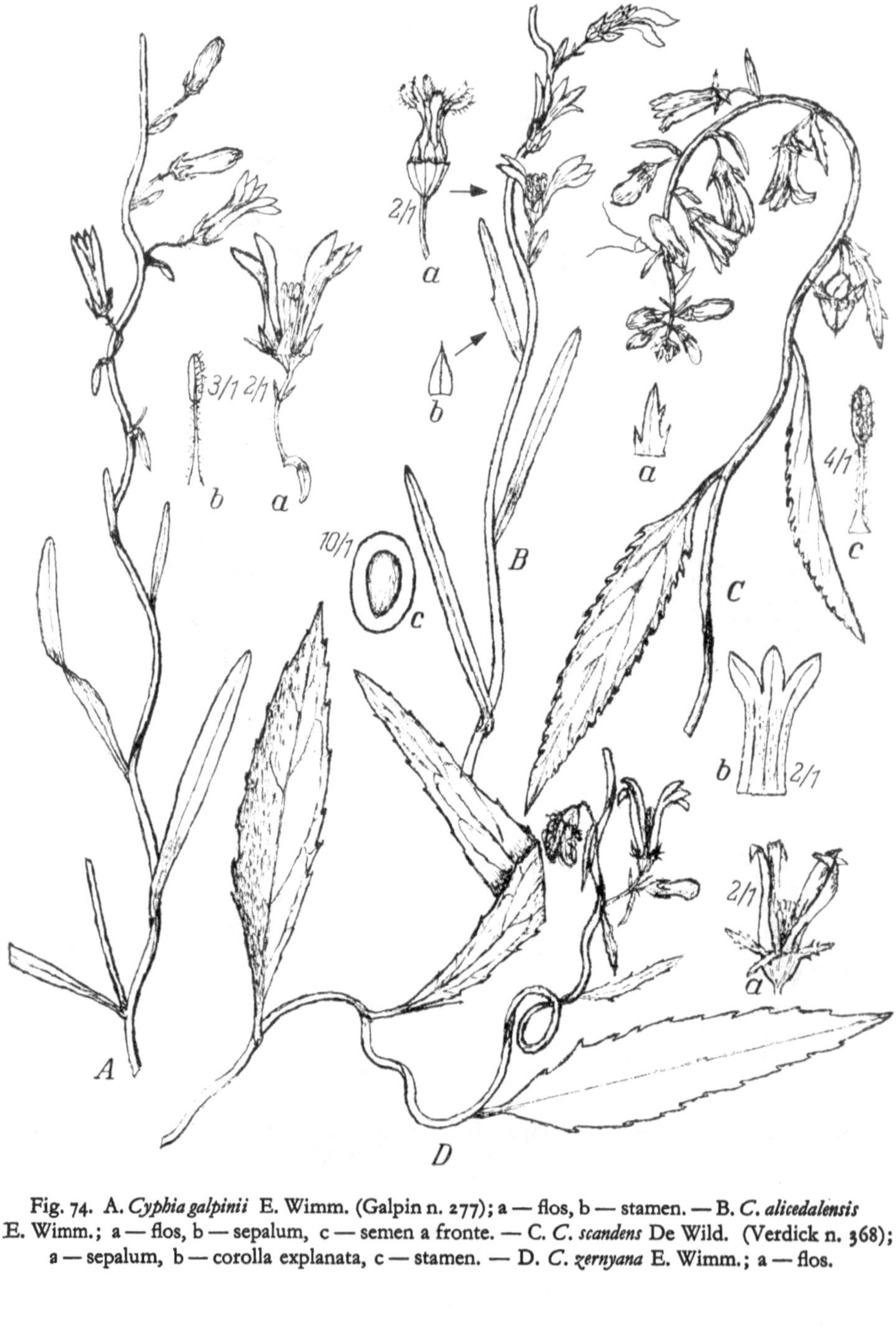

Fig. 74. A. *Cyphia galpinii* E. Wimm. (Galpin n. 277); a — flos, b — stamen. — B. *C. alicedalensis* E. Wimm.; a — flos, b — sepalum, c — semen a fronte. — C. *C. scandens* De Wild. (Verdick n. 368); a — sepalum, b — corolla explanata, c — stamen. — D. *C. zernyana* E. Wimm.; a — flos.

Fig. 75. *Cyphia maculosa* Phill. (Holotypus! Pegler n. 277).

Fig. 76. A. *Cyphia crenata* (Thunb.) Presl (sec. sp. orig. Thunberg); a — semen a fronte. — B. *C. crenata* (Thunb.) Presl var. *crenata*; pars plantae, a — stamen. — C. *C. crenata* (Thunb.) Presl var. *crenata* (sp. Salter), pars plantae; a — flos, b — capsula. — D. *C. crenata* var. *angustifolia* E. Wimm.; a — stamina et stylus. — E. *C. exelliana* E. Wimm.; a — flos, b — stamen, c — semen.

Fig. 77. *Cyphia nyasica* Baker; a — flos inapertus, b — stamen; c — capsula, d — semina.

Fig. 78. *Cyphia peteriana* E. Wimm. (Typus! Peter n. 34472).

Fig. 79. A. *Cyphia aspergilloides* E. Wimm.; a — flos, b — sepalum, c — stamen. — B. *C. corylifolia* Harvey; a — flos, b — sepalum, c — stamen. — C. *C. peteriana* E. Wimm; a — corolla explanata, b — sepala, c — stamen, d — stylus, e — semina.

Fig. 80. A. *Cyphia deltoidea* E. Wimm. — B. *C. basiloba* E. Wimm.; a — flos, b — stamen.

Fig. 81. *Cyphia natalensis* Phill. (Herb. Bol.)

Tafel 68

Fig. 82. *Cyphia stephensii* E. Wimm. (Typus! Stephens n. 7203).

Fig. 83. *Cyphia floribunda* E. Wimm. (Dekindt n. 1201).

ramis?) vidi 1-flori tantum, in his calycis lobi 1,5 mm tantum longi et plus minusve reflexi. Bracteae lanceolatae, denticulatae, 6—18×0,5—2 mm, sessiles. Pedicelli singuli, 2—3 mm longi, pecicelli in pedunculis 2—3-floris circiter 1,5 mm longi, puberuli basi vel in medio bibracteolati. Calycis tubus late turbinatus, subglaber, lobi sublineares, 3—4 mm longi, denticulati, patentes. Corolla „dilute lilacina", 11 mm longa, extus glabra, intus versus basin parce puberula, bilabiata: labium superius trifidum, fenestratum; labium inferius bipetalum, lobi extremi late lanceolati. Stamina 6,5 mm longa: filamenta puberula, inferne ampliata; antherae in dorso fere villosae. Stylus 5 mm longus, stigmate clavato pilosulo terminatus. Cetera non visa. — Fig. 74D.

Tanganyika Territ. (Tansania): Matengo Hochland, westsüdwest von Songea, buschige Abhänge bei Litembo, 1500—1600 m, 15. II. 1936 (H. Zerny n. 432! — W., Typus).

Der *Cyphia cacondensis* und der *C. nyasica* ähnlich, von beiden durch Blattform und Büte gut unterscheidbar.

§ 2. Species latifoliae.

Folia oblonga et latiora.

1. Antherae omnes in connectivo dorsali glabrae. Folia tenerrima, 70—80 mm longa, 30 mm lata, ovato-lanceolata. Flores singuli vel 2—3 in ramulis axillaribus. Pedicelli duplo longiores quam flores. 8—10:6,5. CP. (Species dubia) ..... 69. *C. tenera.*

1' Antherae in dorso pilosae, saltem 2 2

2. Calycis tubus fere nullus, ovarium et capsula supera. Pedunculi 1—3-flori. Folia triangularia usque lanceolata (atriplicifolia), basi utrinque dente vel lobulo majore minuta, ceterum crenulata vel subrepanda, raro linearia et adpresse denticulata. 8—11:7. CP. ..... 70. *C. crenata.*

2' Calycis tubus evolutus: turbinatus vel campanulatus 3

3. Lobi calycis reflexi, interdum ante et per anthesin divaricati, deinde reflexi ... 4

3' Lobi calycis erecti 6

4. Folia elongato-ovata, acuminato-cuspidata, basi rotundata, serrata. Pedunculi 1—3-flori in axillis foliorum diminutorum. Antherae in dorso dense pilosae. 9—12:6—6,5. Nyas. ..... 71. *C. nyasica.*

4' Folia ovata, basi rotundata vel cordata, superiora paulatim lanceolata, omnia ad apicem ± acuminata, serrata vel denticulata. Antherae in dorso dense albolanatae 5

5. Lobi calycis vix 2 mm longi, triangulares, 5—7 mm longi. Flores in racemo laxo elongato, bracteae lanceolatae minutae, pedunculi uni-, raro biflori. 9:6. Nyas. ..... 72. *C. exelliana.*

5' Lobi calycis lineares, 5—7 mm longi. Flores solitarii in axillis foliorum superiorum decrescentium. Pedicelli uniflori. 10—11:5—6. T. T. .. 73. *C. peteriana.*

6(3'). Flores 2—6 pseudoverticillati (fasciculati), brevi-pedicellati in axillis foliorum superiorum paulatim diminutorum. Folia late ovata et ovata, 30—40 mm longa, 22—30 mm lata, serrata. Calycis lobi sublineares utrinque 1-dentati. 6—7:4—5. Natal ..... 74. *C. corylifolia.*

6' Flores in pedunculo axillari distincto 1—2—3-floro, omnis flos pedicellatus ... 7

7. Corolla 6—7 mm longa. Flores in pedunculo (5)10—45 mm longo; calycis lobi fere longitudine corollae 8

7′ Corolla 8—14 mm longa. Pedunculi, si adsunt, 2—9 mm longi; calycis lobi dimidio breviores quam corolla 9

8. Folia oblongo-ovata, 40—80 mm longa, 14—40 mm lata, serrata vel adpresse denticulata. 6—7:4—5. Natal .... 75. *C. aspergilloides.*
8 Folia exacte triangularia, supra basin late cuneatam utrinque 1 dente longiore, reliquo margine inaequaliter dentata vel serrulata, 40—70 mm longa, 25—40 mm lata, folia floralia sensim lanceolata. 6:4,5. Tvl. Natal .... 76. *C. deltoidea.*

9(7′). Folia inferiora oblongo-ovata, reliqua (plurima) ovato-lanceolata, longe sensimque acuta, fere cuspidata, basi late cuneata, 40—85 mm longa, 3—16 mm lata, margine versus basin dentes parum majores, versus apicem crenulato-denticulata, folia floralia paulatim angustiora. 10—14:5—6. Natal .. 77. *C. natalensis.*
9′ Folia ovata, elliptica, oblonga, superiora etiam lanceolata[1]) 10

10. Folia sessilia (saltem illa a me visa), subovata, acuta, basi late cuneata, margine inaequaliter grosse dentata, 20—24 mm longa, 10—12 mm lata. Lobi calycis anguste triangulares, 5 mm longi, integri. Antherarum 2 in dorso pilosae, 3 glabrae. 10:6. CP. .... 78. *C. stephensii.*
10′ Folia petiolata, petioli 5—7 mm longi 11

11. Folia ovata, basi utrinque 1 lobo vel dente brevi ornata, secus crenulata, 30—40 mm longa, 16—26 mm lata, apice acuta, basi rotundata. Calycis lobi sublineares, integri, 2,5 mm longi. 8:5. CP. .... 79. *C. basiloba.*
11′ Folia elliptica, oblonga, lanceolata, utrinque acuta, margine crenato-denticulata. Calycis lobi triangulares, dentati, 4—5 mm longi. 10—13:6. Nyas., T. T., Angola. .... 80. *C. floribunda.*

69. **Cyphia tenera** Diels in Engler's Bot. Jahrb. XXVI (1899) 112. — Glabra. Caulis volubilis, filiformis. Folia tenerrima, ovato-lanceolata, 20—80×6—30 mm, subito in petiolum c. 5 mm longum contracta, margine leviter crenata vel subintegra. Flores singuli vel 2—3 in ramulum compositi, e foliorum superiorum axillis enati. Pedicelli capillares, dimidium fere folii aequantes et duplo longiores quam flores, primo 12—15 mm longi. Lobi calycis 4×0,7 mm longi, acuminati, petalis dimidio breviores. Petala 8—10×1,5 mm. Stamina 6,5 mm longa, antherae in dorso glabrae. (Diagn. auct.)

Kapland: Cape Prov., Hopefield, Weg nach Langebenan, in Gebüsch, am Beginn des Blühens, August 1887 (F. Bachmann n. 2064 — ex auct., Typus, non vidi.).

Phillips stellt diese Art zu *C. crenata*, ich glaube aber nicht, daß sie dahin gehört, sondern doch eine gute Art ist, wenn die Angaben in der Diagnose Diels: Pedicelli dimidium fere folii aequantes und antherae glabrae stimmen. Der Holotypus ist wohl beim Brande des Bot. Museums Berlin im Kriege vernichtet worden.

70. **Cyphia crenata** (Thunb.) Presl, Monogr. Lobeliac. (1836) 51 et in E. Meyer, Commentar. Pl. Drege (1837) 279; A. De Candolle, Prodr. VII (1839) 500; Sonder in Harvey & Sonder, Fl. Cap. III (1865) 602; Phillips in Ann. S. Afr. Mus. IX (1917) 471 excl. *C. tenera* et *C. tortilis.* — *Lobelia crenata* Thunberg, Prodr. (1794) 39, Fl. Cap. II (1818) 40; Aiton, Hort. Kew. 2. ed. I (1810) 362?. — Radix tuberosa, caulis volubilis, ramosus, sparse foliatus, glaber. Folia petiolata, petioli 2—7 mm longi, vel in varietate *angustifolia* subsessilia, triangularia usque lanceolata, 20—55×7—15 mm, obtusa vel acuta, basi breviter cuneata et angulato-dentata, secus crenulata,

[1]) Vide etiam *C. undulatam*!

inferiora saepe grossius et inaequalius dentata, raro omnia folia linearia et adpresse denticulata (var.), glabra, crassiuscula. Flores solitarii vel 2—3 in axillis foliorum superiorum lanceolatorum minorum. Pedunculus 1—2 mm longus; pedicelli filiformes, glabri, 4—8 mm longi, basi bibracteolati. Calycis tubus planus, fere nullus; lobi calycini lineares, acuti, integri, erecti, 2—4 mm longi, sinus inter eos late rotundati. Corolla fragrans, „malvacea", 9—11 mm longa, in 2 labia fissa: labium superius trifidum, labium inferius bipetalum, lobi extremi lanceolati, intus pubescentes. Stamina 5—6 mm longa: filamenta pubescentia, inferna dilatata et collata; antherae lineares, in dorso pilosae. Stylus 4 mm longus, stigma capitatum, pilosum. Capsula ovoideo-globosa, supera, 6×5 mm. Semina complanata, late ovalia, late alata, 2×1,5 mm. — Fig. 76A—D.

Südwestliches Kapland, auf Sanddünen und am Meeresstrand, dürfte aber nicht häufig sein. Für diese Art ist die fast oberständige Blüte und Frucht ein charakteristisches Merkmal.

Clavis varietatum:

1. Folia distincte petiolata, anguste vel latius triangulata usque lanceolata, supra basin cuneatam dente 1 majore, raro dentibus 2 utrinque munita, secus crenulata vel quandoque obtusiusculo-dentata .... var. *crenata.*

1' Folia subsessilia, linearia, denticulis adpressis ornata .... var. *angustifolia.*

var. **crenata.** — *C. crenata* var. *smithiae* (L.Bolus) E. Wimm. in Kew Bull. (1952) 145. — *C. smithiae* L. Bolus in Journ. of Bot. LXVIII (1930) 78. — *C. atriplicifolia* Presl in Ecklon & Zeyher, Enum. (1837) 389. — *C. dregeana* Presl in E. Meyer, Commentar. Pl. Drege (1837) 294. — *Lobelia crenata* Thunb, l. c. sensu stricto. — Folia ad 7 mm longe petiolata, anguste (25×6 mm in specimine Thunberg) vel latius (30×15 mm) triangularia usque lanceolata, aliqua minora oblanceolata, obtusa, subacuta usque acuta, basi breviter cuneata et super eam utrinque dente uno majore, raro duobus praedita, secus in margine crenulata. Flores racemose dispositi vel singuli in axillis bractearum lanceolatarum, saepe oblanceolatarum, 4—8 mm longarum. Pedunculi singuliflori vel 2—3-flori. (Ramuli florentes, plures flores gerentes, non commutentur cum pedunculis!) Cetera ut supra notatur. — Fig. 76B, C.

Kap-Distrikt: Dünen an der Saldanhabay (Thunberg! — Ups., Typus, Ecklon & Zeyher! — Stkh.); in arenosis prope Saldanhabay, infra 100 pedes (Drege — Stkh!); Sanddünen am Strand bei Melkosch, IX. (Acocks n. 2529! — Stkh.); am Meeresstrand und in den Dünen bei Rietvalley, X. (Ecklon & Zeyher n. 124! und am Strand der Simonsbay, Ecklon & Zeyher n. 2428! — Stk., beide sub. „*Cyphia atriplicifolia* Presl"); Namaqualand, Doornbosch, VIII. (W. F. Barker n. 1201! — Kirstb., bei diesem Exsikkat die Blätter fast nur lanzeolat und fast ganzrandig); Kap-Halbinsel, West of Karbonkelberg, near Hout Bay, twining on low bushes, X. (B. H. Smith — Hb. Bolus n. 18927, Typus pro *C. Smithiae* Bolus!, K.; leg. T. Salter 14. X. 1920 — K.); Malmesbury Div., Umgebung von Hopefield, Waschklip, VIII. (F. Bachmann n. 2059! — Z.); betw. Bokbaai and Darling (E. Esterhuysen n. 3823! — Bol.).

Eine von Poeppig mitgeteilte Pflanze in Hb. Wien, angeblich von Port Natal stammend, schönes Exemplar unserer var. *crenata*, aber Standortsangabe wahrscheinlich ein Irrtum. — Die von Presl als „inter Gekau et Basche 1000—2000 ped." vorkommende und von Drege gesammelte Pflanze, von mir nicht gesehen, dürfte einer anderen Art angehören, wie schon Sonder und nach ihm Phillips bemerkten.

var. **angustifolia** E. Wimm. var. nov. — *C. crenata* Phillips l. c., saltem quoad Bolus n. 1193. — Folia subsessilia, linearia, 10—50×1,5—3 mm, remotius adpresse denticulata, apice obtusiuscula. Pedunculi 1—2-flori. Calyx fere planus, subnullus, inferus. Flores in racemum secundum, sublaxum dispositi. Corolla 8 mm longa. Stamina 5 mm longa: filamenta videntur glabra, inferne connata; antherae 1,2 mm longae, in dorso pilosae. Stigma capitatum, pilosum. — Fig. 76D.

Klein-Namaland: Klipfontein, 1000 m (H. Bolus n. 1193! — W.).

71. **Cyphia nyasica** Baker in Kew Bull. 1898, 157. — Caulis volubilis, tenuis, teres, glaber, sparse foliatus. Petioli 3—14 mm longi, lamina foliorum herbacea, glabra, lanceolato-ovata, ad apicem sensim longeque acuminato-cuspidata, basi rotundata, margine conferte serrata, 20—75×5—25 mm. Flores solitarii in axillis foliorum superiorum vel in pedunculis axillaribus 3—10 mm longis et 2—3-floris, pedicelli 4—5 mm longi, bibracteolati, glabri. Calycis tubus campanulatus, glaber, lobi calycis anguste triangulares, 3 mm longi, reflexi, utrinque uno dente muniti. Corolla 12 mm longa, extus glabra, intus basin versus pubescens, lobi lanceolati. Stamina 6,5 mm longa: filamenta pubescentia, antherae in connectivo dorsali dense pubescentes. Stylus brevis, stigma capitatum, pilosum. Capsula late ovoidea, semi-infera, valde nervosa, 8×5 mm. Semina ovoidea, angulata, compressa (?), punctulata, 1—1,2 mm longa. — Fig. 77.

Nyassaland (Malawi): Zwischen Kondowe und Karonga, c. 2000 m, VII. 1896 (Whyte — K., Typus).

72. **Cyphia exelliana** E. Wimm. spec. nov. — Caulis volubilis, teres, glaber, remote foliatus. Petioli 5—9 mm longi, marginati. Lamina foliorum ovata usque ovato-oblonga, acuta vel subacuminata, 32×17 mm, basi subrotundata, margine serrata, glabra, folia ima non visa, superiora paulatim angustiora vel lanceolata, saepius adpresse denticulata. Flores racemose dispositi, laxi, bracteis lanceolatis parvis suffulti, solitarii in pedicellis 4—6 mm longis vel in pedunculo brevi 2—3-floro. Calycis tubus brevi-turbinatus, lobi anguste triangulares, 1,5—2 mm longi, 1—2-dentati, primo divaricati, deinde subreflexi. Corolla 9 mm longa, „pallido-purpurea", extus glabra, intus basi puberula: labium superius 3-fidum, petala 2 libera inferiora, omnes lobi lanceolati. Stamina 6 mm longa: filamenta pubescentia, antherae 2 mm longae in dorso albo-lanatae. Capsula ellipsoidea, 8 mm longa, 4 mm lata, semi-infera lobis persistentibus reflexis. — Fig. 76 E.

Nyassaland (Malawi): Centralprovinz, Dedza Mt., 2140—2230 m, 20. III. 1955 (Exell, Mendonça & Wild, Iter zambesi. 1955 n. 1080! — Govt. Hb. Salisb., Typus).

Durch die kürzeren, nur spitzen Blätter, die Infloreszenz und kleinere Korolle, vielleicht auch durch den Samen von der vorigen Art verschieden.

73. **Cyphia peteriana** E. Wimm. spec. nov. — Radix tuberosa, tuber globosus. Caulis volubilis, ramosus, sparse foliatus, glaber, 1—2 m altus. Petioli 10—30 mm longi. Lamina foliorum late cordato-ovata vel ovato-elliptica, 40—60×2,5—40 mm, basi cordata, truncata vel rotundata, apice plus minus acuminata, margine argute serrato-dentata vel integro-denticulata, glabra. Flores solitarii in axillis foliorum superiorum, paulatim diminutorum. Pedicelli 5 mm longi, glabri, bibracteolati. Calycis tubus turbinatus, 5-costatus, puberulus; lobi 4—7 mm longi, lineares, acuti, basi utrinque 1-dentati vel fere integri, patentes, demum reflexi. Corolla 10—11 mm longa, coerulescens vel lilacina, extus glabra, intus pubescens, in 2 labia fissa: labium superius trifidum, versus basin fenestratum; labium inferius bipetalum, lobis linearibus, extremis sublanceolatis. Stamina 5—6 mm longa: filamenta pubescentia, basi dilatata; antherae oblongae, in dorso dense albo-pilosae. Stylus 3 mm longus,

stigmate capitato piloso terminatus. Capsula, ovoidea, 7 mm longa, semi-infera, apice 2 valvis bifidis dehiscens. Semina subcompressa, irregulariter tri-quatuor-angulata, reticulata, rubiginosa, vix alata, 1 mm longa. — Fig. 78, 79 C.

Tanganyika Territ. (Tansania): Landschaft Unyanyembe bei Malongwe, 1200 m, 8. I. 1925 (A. Peter n. 34472! — B., Typus); Landschaft Uyansi, Tschaya, Pori und ehemaliges Ackerland, 1250 m, I. (A. Peter n. 34396! — B.); Manyoni, Kazikazi, 1300 m, II. (B. D. Burtt n. 5070! — Brux., Stkh.); Iringa, 17. II. 1932 (H. Lynes I. h. 123! — K.); Little Ruaha River, near Iringa, on old cultivation and near river banks, 1800 m, II. (St. Cl. Thompson n. 504! — K.).

In der Blattform ziemlich veränderlich, scheinen manchmal die herzförmigen Blätter zu fehlen und nur eiförmige vorhanden zu sein. Eine dicht sich ausbreitende, im Gras windende Pflanze.

74. **Cyphia corylifolia** Harvey, Thesaurus Cap. II (1863) 39, t. 161; Sonder in Harvey & Sond., Fl. Cap. III (1865) 601; Engler & Prantl, Natürl. Pflanzenfam. IV/5 (1894) 62; Phillips in Ann. S. Afr. Mus. IX (1917) 463 p. pte. — Caulis volubilis, quadrangularis, sparse foliatus, ramosus, superne pubescens ad 2 m inter frutices ascendens. Folia 3—7 mm longe petiolata, rotundo-ovata usqu oblongo-ovata, 30—40×1,8—30 mm, apice abrupte breviter acuminata vel subacue minata, basi rotundata et breviter in petiolum 5—7 mm longum attenuata, marginsubirregulariter acute serrata, glabra, superiora gradatim deminuta et in bracteas demum lanceolatas transeuntia. Flores 2—6 breviter pedicellati in axillis bractearum foliacearum, in racemo terminali laxo spurio dispositi, raro singuli. Pedicelli puberuli, basi bibracteolati. Calycis receptaculum turbinatum, 5-costulatum, plus minusve puberulum vel glabratum; lobi sublineares, 4 mm longi, utrinque 1-dentati. Corolla 6—7 mm longa, extus glabra, versus basin puberula, in 2 labia fissa: labium superius trifidum segmentis in medio cohaerentibus erectis; labium inferius 2-petalum petalis sublinearibus acutis deflexis. Stamina 3,5—5 mm longa: filamenta pubescentia, inferne dilatata; antherae anguste oblongae, in dorso pilosae. Stylus 5 mm longus, stigmate capitato piloso terminatus. — Fig. 79 B.

Kapland: Natal, Ingoma, II. (Gerrard et M'Ken n. 1465 — Univ. Dublin, Typus, n. 1461, 1464 ex Sond.; Gerrard n. 1465! — K.); Karkloof, c. 1800 m, 20. II. 1895 (Schlechter n. 2477! — Pret., f. *singuliflora* mihi — differt corolla 6 mm tantum longa, staminibus 3,5 mm longis, calycis lobis lanceolatis).

75. **Cyphia aspergilloides** E. Wimm. in Kew Bull. (1952) 146. — *C. corylifolia* Phillips in Ann. S. Afr. Mus. IX (1917) 463 p. pte. — Caulis tenuis, volubilis, teres, tenuiter striatus, glaber, sparse foliatus, inter frutices scandens. Petioli 5—10mm longi, glabri. Foliorum lamina ovata, oblongo-ovata usque ovato-lanceolata, 30—80× 10—38 mm, apice acuta usque subacuminata, basi rotundata vel brevi-acuta, margine serratula, denticulata vel denticulato-crenulata, glabra. Pedunculi axillares 1—5-flori, 20—40 mm longi, glabri vel puberuli; pedicelli 2—6 mm longi, interdum bibracteolati. Calycis receptaculum turbinato-campanulatum, subglabrum; lobi lanceolato-lineares, 4—5 mm longi, obsolete denticulati, erecti, in fructu interdum reflexi. Corolla 6—7mm longa, alba, extus glabra, in 2 labia fissa: labium superius trifidum, labium inferius bipetalum, petala sublinearia. Stamina 4 mm longa: filamenta pubescentia; antherae oblongae, in dorso pilosae. Stylus 3,5 mm longus; stigma obliquo-capitatum, pilosum. Capsula ovoidea, fere 3 mm longa, semina complanata, fusca, late alata. — Fig. 79 A.

Im östlichen Kapland in Gebüsch und Wald vereinzelt, 600—2000 m.

Clavis varietatum:

1. Pedunculi 20—40 mm longi, glabri; folia serrulata .... var. *aspergilloides*.
1' Pedunculi 5—10 mm tantum longi, puberuli; folia denticulata .... var. *brevipes*.

var. **aspergilloides**. — Folia oblongo-ovata, acuta, 30—50×10—16 mm, margine adpresse denticulata, plerumque autem serrulata, supra scabriuscula. Pedunculi nudi, glabri, apice 2—5-flori, 20—40 mm longi. Pedicelli basi bracteati, scabriusculi. Calycis lobi oblanceolato-lineares, obsolete denticulati, erecti, demum patentes vel reflexi. Corolla 7 mm longa, intus versus basin puberula. Cetera ut supra.

Natal: In fruticetis prope Karkloof, 1800 m, 20. II. 1895 (Schlechter n. 6834 !— B., Z., Typus); Distr. Bergville, Cathedral Peak, 2100 m, rare in *Cliffortia* shrub on streambank, 31. I. 1951 (D. S. B. Killick n. 1361 — Pret!).

var. **brevipes** E. Wimm. var. nov. — Folia ovata usque oblongo-ovata, 40—80× 15—40 mm, acuta, basi rotundata usque acuta et in petiolum breviter angustata, margine denticulato-crenulata, laevia. Pedunculi 4—8 mm longi, puberuli vel glabrescentes, 2—4-flori, raro 1-flori . Calycis lobi 4—5 mm longi, cum vel sine denticulis in margine, in fructu reflexi, an in omnibus? Corolla 6—7 mm longa, videtur intus glabra. Cetera ut supra.

Oranje-Freistaat: Witzie's Hoek, II. 1907 (H. Junod n. 17458! — Pret., Typus). — Natal: Distr. Estcourt, rare in Hlatikulu Forest Reserve, 1800 m, fruchtend, 16. IV. 1953 (Killick n. 1954! — Pret.). — Zululand: In forest Entumeni 600—1000 m, VIII. 1888 (J. M. Wood n. 3970! — K.).

76. **Cyphia deltoidea** E. Wimm. spec. nov. — Caulis volubilis, teres, sparse foliatus, glaber. Petioli validiusculi, 4—20 mm longi. Lamina foliorum triangularis (deltoidea), supra basin cuneatam cum dente majore protracto utrinque instructa (foliis *Atriplicis* similia), apice acuta, margine serrata, glabra, superné paulatim subovato-lanceolata, fere sine dente protracto, 40—70×10—40 mm. Flores in pedunculis axillaribus, nudis, 10—20 mm longis, 3—5-flores gerentibus. Pedicelli 3 mm longi, basi minute bracteati. Calycis tubus turbinatus, subglaber; lobi lineares, acuti, 5 mm longi, 1—2 denticulis muniti, erecti. Corolla alba, 6 mm longa, extus puberula, intus basin versus puberula, segmenta fere linearia, bilabiata. Stamina 4,5 mm longa: filamenta pubescentia, basi ampliata; antherae anguste lineares, in dorso pilosae. Stylus teres glaber, vix 4 mm longus, stigmate capitato circum albo-piloso obliquo coronatus. — Fig. 80 A.

Kapland: Natal, Weenen County, Dalton Bridge, 1300 m, fairly frequent, 21. I. 1948 (Acocks n. 13978! — Pret.). — Transvaal: Distr. Lydenburg, Sekukuniland, Farm Pareys, I. (Barnard & Mogg n. 727! — Pret.).

Eine leicht kenntliche Art, steht der *Cyphia aspergilloides* nahe.

77. **Cyphia natalensis** Phillips in Ann. S. Afr. Mus. IX (1917) 464. — Stirps glabra caule volubili, terete, sparse foliato. Folia inferiora oblongo-ovata, cetera ovato-lanceolata, 40—100×3—35 mm, ad apicem longe sensimque acuta, basi rotundata usque breviter cuneata, in petiolum 7—15 mm longum vix angustata, margine dentibus adpressis crenulata vel dentibus remotis exsertis serrata, basin versus saepius auctis. Flores pedicellati solitarii vel 2—4 in pedunculo brevi. Bracteae foliaceae, flores superantes. Pedicelli 3—6 mm longi, bibracteolati. Calycis tubus brevis, late turbinatus, interdum supbuberulus, lobi lineares, 2 mm longi, integri, erecti. Corolla 9—10 mm longa, extus glabra, intus versus basin puberula, in 2 labia fissa, demum saepe 5-petala. Stamina 6 mm longa: filamenta pubescentia, inferne dilatata et co-

haerentia; antherae oblongae, in dorso pilosae. Stylus 2,5 mm longus, stigma capitatum. — Fig. 81.

Kapland: Natal, in fruticetis prope flumen Umzimkulu, 1300 m, 7. II. 1895 (Schlechter n. 6630! — Z., Del., Typus, n. 1774! — Pret.); Alice to Queenstown, I. (C.E. Moss n. 15324! — Witw. R.); Pfefferskop, Alice, 900 m, rare at forest margin, IV. (Acocks n. 9764! — Pret.).

78. **Cyphia stephensii** E. Wimm. spec. nov. — Caulis volubilis vel partim erectus (specimen 26 cm tantum longum indeficiens), glaber, vix 2 mm in diametro, usque ad inflorescentiam foliatus, internodia foliorum 1—2,5 cm longa. Folia sessilia, glabra, elliptica, 20—24×10—12 mm, basi cuneata, apice acuta, in medio folii 1—3 dentibus inaequalibus obtusis vel acutis munita, subtus pallida. Flores in racemo terminali, 5 flores gerente. Bracteae foliaceae, oblongae usque lanceolatae, utrinque 1—2 dentes longos vel breves exhibentes, 6—10 mm longae. Pedicelli 4 mm longi, glabri, apice 2 bracteolis longis muniti. Calycis tubus turbinatus, glaber, lobi anguste triangulares, 5 mm longi, subcuspidati, integri, erecti. Corolla „malvacea et alba", 10 mm longa, glabra, fisso-bilabiata. Stamina 6 mm longa: filamenta sparse pubcrula, inferne dilatata; antherae oblongae, albidae, 2 mm longae, 2 earum in dorso-pilosae, 3 glabrae. — Fig. 82.

Kapland: Van Rhynsdorp Div., foothills of Cold Bokkeveld Mts. opposite Warmbath's, Olifant's River Valley, 26. 9. 1911 (Percy Sladen Mem. Exped. to the Khamiesberg, Giftberg and Olifant's River Mountains, 1911, lg. E. L. Stephens n. 7203! — Bol.).

Erinnert habituell an *C. oligotricha* Schltr., aber bei dieser sind die Blätter stumpf und alle 5 Antheren am Rückennerv behaart.

79. **Cyphia basiloba** E.Wimm. spec. nov.—Caulis volubilis, glaber, subramosus, sparse foliatus. Foliorum internodia 30—50 mm longa; petioli 4—7 mm longi; lamina ovata, 35—40×20—40 mm, apice acuta, basi fere truncata et utrinque lobo oblongo obtusiusculo ad 6 mm longo vel dente protracto ornata, margine plano-crenata, nervi et venae subtus fere plani. Flores solitarii in axillis foliorum superiorum. Pedunculi 1—2-flori, 7 mm longi; pedicelli 5 mm longi, si autem pedunculus 1-florus, tunc 9 mm longus pedicellus et supra medium bibracteolatus, glaber. Calycis tubus campanulatus; lobi 2,5 mm longi, sublineares, integri, glabri, erecti. Corolla 8 mm longa, alba (?), extus intusque glabra, in 2 labia fissa: labium superius trifidum, labium inferius bipetalum, lobi extremi lanceolati. Stamina 5,5 mm longa; filamenta parce pubescentia, inferne ampliata; antherae oblongae, in dorso pilosae. Stylus fere 5 mm longus; stigma capitatum, pilosum. Cetera non visa. — Fig. 80 B.

Kapland: Regio orientalis (A. Prior! — K., Typus); Port Alfred, IX. 1915 (W. Tyson! — Pret., Exs. sine Flores).

Der *Cyphia crenata* nahe stehend, unterscheidet sie sich durch die eiförmigen Blätter, deren Ränder zur Spitze konvex zulaufen, deren Grund abgestutzt ist und deren abstehende anders geformte Seitenlappen, durch den Kelch, der deutlich ausgeprägt ist (nicht plan und fast nicht entwickelt) und durch die kleinere Blüte.

80. **Cyphia floribunda** E. Wimm. spec. nov.—Caulis volubilis, ramosus, glaber, sparse foliatus. Folia petiolata, „luteo-viridia, subnitida, fusco-marginata", crassiuscula, glabra, ovata usque elliptica, oblonga et lanceolata, 30—60×0,6—12 mm, (15×13 mm, 40×8 mm), apice acuta, basi acuta et in petiolum 2—10 mm longum angustata, margine callose denticulata vel crenulata, superne in bracteas foliaceas transeuntia. Flores solitari-axillares, raro 2 flores in pedunculo brevi, saepe multi

ramuli florentes obveniunt. Bracteae lanceolato-lineares, subpetiolatae, flores superantes. Pedicelli 3—8 mm longi, infra calycem bibracteolati. Calycis receptaculum late turbinatum, subglabrum; lobi triangulares, acuti, 2—4 mm longi, integri vel 2—3-dentibus utrinque muniti, suberecti. Corolla „dilute lilacina", extus glabra, intus tomentosa: labium superius trifidum, inferius bipetalum, eorum lobi extremi lanceolati. Stamina 5—6 mm longa: filamenta plus minusve pubescentia, inferne dilatata; antherae oblongae, in dorso dense pilosae. Stylus 5 mm longus, glaber; stigma clavatum, pilosum. — Fig. 67 C, 83.

Nyassa-Hochland: Distr. Kyimbila, nördlich vom See, Bwanye Mwagoye, Bergwiese, 2000 m, 16. II. 1914 (A. Stolz n. 2521! — B., Typus; Brux., P., Pret., W., Z.); Mountains East of Lake Nyassa (W. N. Johnson, comm. H. Waller IV. 1884! — K.). — Tanganyika Territ. (Tansania): Mt. Rungwe, frequent, 11. III. 1932 (St. Clair-Thompson n. 655!, 841! p. p. — K.). — Angola: Huilla, aux parois de la gorge de Monyno Grande, 1760 m, grimpant autour des graminées, longeur de 0,5—1 m, IV. 1899 (E. Dekindt n. 1201! — P., f. calycis laciniis integris et subreflexis, antheris in dorso villosis). — Einheim. Name in Angola: „*Ondandala*".

Register

zu F. E. Wimmer, Campanulaceae — Lobelioideae Supplementum et Campanulaceae — Cyphioideae.

Die abgehandelten Gattungen sind **fett** gedruckt, die deskriptiv erfaßten Arten, Varietäten und Formen sind mit einem Stern (*) versehen, f. bedeutet Figur.

Die Vulgärnamen (nomina vulgaria seu incolarum) sind in einem anschließenden Register enthalten.

Register der Volksnamen

FSC
www.fsc.org
MIX
Papier | Fördert
gute Waldnutzung
FSC® C083411

Zeitfracht Medien GmbH
Ferdinand-Jühlke-Straße 7
99095 Erfurt, Deutschland
produktsicherheit@kolibri360.de